W0269089

Additional material to this book can be downloaded from http://extras.springer.com

ISBN 978-3-7091-3631-7   ISBN 978-3-7091-3630-0 (eBook)
DOI 10.1007/978-3-7091-3630-0

ZUR SOZIOLOGIE DER KONTINENTALEN HALOPHYTENVEGETATION MITTELEUROPAS

UNTER BESONDERER BERÜCKSICHTIGUNG DER SALZPFLANZEN-GESELLSCHAFTEN AM NEUSIEDLER SEE

VON

GUSTAV WENDELBERGER

(MIT 16 TEXTBILDERN UND 3 TAFELN)

(AUS DEM BOTANISCHEN INSTITUTE DER UNIVERSITÄT WIEN)

(VORGELEGT IN DER SITZUNG AM 28. OKTOBER 1943)

GEDRUCKT MIT UNTERSTÜTZUNG DES „INSTITUTES ZUR WISSENSCHAFTLICHEN UND WIRTSCHAFT-LICHEN ERFORSCHUNG DES NEUSIEDLER SEES"

Inhaltsverzeichnis.

Die vorliegende Untersuchung wurde im Juli 1943 abgeschlossen und anschließend in Druck gelegt. Der vollständige Satz fiel 1944 einem Bombenangriffe zum Opfer. Ein Auszug erschien 1943 in der Österreichischen Botanischen Zeitschrift (Bd. 92, S. 124—144).

Die nunmehrige Drucklegung wurde durch eine Subvention des „Institutes zur wissenschaftlichen und wirtschaftlichen Erforschung des Neusiedler Sees" an der Burgenländischen Landesregierung in Eisenstadt ermöglicht. Die Arbeit erscheint gleichzeitig als Folge 1 der Veröffentlichungen dieses Institutes.

Im Zuge der Überarbeitung des Manuskriptes konnten bereits die neuen einschlägigen Arbeiten von Soó und Slavnić berücksichtigt werden.

I. Das Untersuchungsgebiet am Neusiedler See.

1. Einleitung.

Wer jemals auf den Höhen des Leithagebirges gestanden und über die weite Ebene nach Osten geblickt hat, der weiß von dem Zauber, den das fremde Land ausübt, das vor ihm liegt und dessen Grenzen im ungewissen Dunst der Ferne verschwimmen. Zu seinen Füßen breitet sich die blinkende Silberfläche des Neusiedler Sees, bis auch diese sich im Süden in der grauen Weite auflöst.

Im östlichsten Teil dieses Landes aber, unweit der ungarischen Grenze, liegt das Arbeitsgebiet der vorliegenden Untersuchung. Zwischen dem Ostufer des Neusiedler Sees und der Grenze liegt der „Seewinkel", ein ebenes Land, in das zahlreiche flache Mulden eingesenkt sind, die von seichten Lachen mit stark salzhaltigem Wasser ausgefüllt werden. Dort siedelt eine Pflanzenwelt, die weniger mit den Pflanzen des Meerstrandes, als vor allem mit jenen der Salzsteppen Südrußlands verwandt ist, eine Kostbarkeit, eine Ahnung Asiens vor den Toren Wiens und doch vom Bewußtsein dieser Stadt mehr gemieden als geschätzt. Der fremde Charakter der Landschaft, das heiße Klima des Sommers und die wenig günstigen Verkehrsverhältnisse hatten das Gebiet immer schon etwas abseits liegen lassen. Freilich vermag nun dieses Gebiet seiner Ausdehnung nach keineswegs an die Salzsteppen der zentralungarischen Ebene heranzureichen, an das Alföld, das so überaus reich ist an Alkalisalzstellen. Im kleinen aber ist es trotzdem ein getreues Abbild der weiten Pußten und Sodalachengebiete, die Artenzusammensetzung ist mit einigen Ausnahmen die gleiche, die Gesellschaftseinheiten sind im wesentlichen dieselben wie in Ungarn und der Boden ist nicht weniger extrem wie die salzreichsten Alkaliböden Ungarns. Die Vegetation dieses Gebietes, des Seewinkels am Neusiedler See im besonderen, war der Ausgangspunkt der vorliegenden Untersuchung.

2. Klimatische Faktoren.

Das **Klima** des Neusiedler Sees ähnelt in weitem Maße den Verhältnissen im zentralungarischen Raum. Es trägt bereits ausgeprägt kontinentale Züge mit hoher sommerlicher Trockenheit, wenn auch noch nicht die extremen Werte der südrussischen Steppe erreicht werden (die Spanne zwischen der monatlichen Durchschnittstemperatur im Januar und im Juli schwankt für den Neusiedler See zwischen $-1,5°$ und $+20°$, bei Stalingrad jedoch — nach **Keller** — bereits zwischen $-9,8°$ und $+24°$, bei Irgis in der Halbwüstenzone zwischen $-16,3°$ und $+23,7°$).

Besonders die sommerliche Hitze und die damit verbundene Dürre ist es, die vor allem physiognomisch augenfällig wirkt; die im Frühjahr blütenreichen farbigen Trockenrasen liegen zur Sommerszeit verbrannt und vergilbt in der sengenden Sonne; nur wenige Pflanzen entwickeln in der Gluthitze ihre Blüten, die Mehrzahl hat bereits wieder eingezogen oder erwacht erst mit dem Herbstregen zu neuem Leben. Auf den Salzheiden stäubt der Wind den ausgewitterten Salzstaub hoch und weht ihn über das ausgedörrte Land und der erschöpfte Wanderer ist oft froh, in dem weithin baumlosen Gelände in den Furchen eines Maisfeldes Schutz vor der sengenden Mittagssonne zu finden, gleich dem dort lebenden Bauern, der die Mittagsstunde im Schatten seines Wagens verschläft.

Und dennoch ist die Vegetation selbst in den Sommermonaten nicht so völlig erstorben wie unter der sommerlichen Glut südrussischer Steppen und Halbwüsten, wie denn auch das Klima des ungarischen Tieflandes als ein „semihumides Übergangsklima" (Soó) von dem eigentlichen russischen Steppenklima weit entfernt ist.

Die **Niederschlagsmenge** sinkt nach dem Seewinkel zu deutlich ab. Während in Wien im Jahresdurchschnitt (1891—1930) etwa 683 *mm* Regen gemessen werden, sind es in Neusiedl am See nur mehr 631 *mm* (Repp 1936), in Rust 624 *mm* und in Apetlon inmitten des Seewinkels 593 *mm*. In dem regenarmen Jahre 1932 fielen in Wien 404 *mm*, in Neusiedl 356 *mm* und in Apetlon 346 *mm*.

Nach den Durchschnittswerten aus den Jahren 1891—1930 fielen in Apetlon jährlich im Mittel 593 *mm*. Da nun Apetlon bereits im Zentrum des Seewinkels liegt, ist nicht anzunehmen, daß noch an anderen Stellen des Seewinkels tatsächlich „die 400 *mm*-Linie erreicht oder vielleicht sogar unterschritten wird", wie es Bojko auf Grund verschiedener Überlegungen vermutet. Die von ihm zum Vergleich angeführten Verhältnisse in den Salzgebieten des Alföld sind gar nicht derart extrem und gehen nirgends unter 500 *mm* (S. 7). Noch nicht einmal bei Odessa, bereits in der echten Steppe, wird mit einem Jahresdurchschnitt von 410 *mm* die 400 *mm*-Grenze erreicht oder unterschritten, sondern erst weiter östlich. Das Auftreten einzelner Arten, wie *Lepidium cartilagineum* und *Camphorosma annua*, die Bojko als Klimazeiger ansieht, ist wohl mindestens ebensosehr auf das Vorhandensein bestimmter Böden zurückzuführen. (Diese Art der Beweisführung Bojkos unterzog bereits Zolyomi 1936 einer berechtigten Kritik!)

Die Niederschlagsmengen wie auch die jährlichen Durchschnittstemperaturen kommen im ganzen den Werten der großen ungarischen Tiefebene recht nahe, reichen aber wohl nicht ganz an diese heran. Als einen mittleren Durchschnitt für die zwischen 500 *mm* und 600 *mm* sich bewegende Niederschlagsmenge darf man etwa 550 *mm* annehmen. Für die größte ungarische Alkalisteppe, die Hortobágy (bei Püspökládany) gibt Hayek (1916) 576 *mm* an, eine Zahl, die sich den Durchschnittswerten Stockers der späteren Jahre 1924—1928 nähert. Allerdings herrschen in der Hortobágy noch nicht derart extreme Verhältnisse vor wie in gewissen Sandgebieten Ungarns, die zu den niederschlagsärmsten Gebieten des Alföld zu rechnen sind.

Die nachstehend wiedergegebenen Niederschlagswerte entsprechen einem langjährigen Durchschnitt aus den Jahren 1891—1930.

Die Orte Breitenbrunn, Donnerskirchen und Rust liegen unmittelbar am Ufer des Neusiedler Sees, während Trauersdorf westlich vom See abgesetzt ist und Apetlon im eigentlichen Seewinkel liegt. Diese Daten überließ mir, ebenso wie die nachfolgenden Temperaturwerte, das „Reichsamt für Wetterdienst" in Berlin, wofür ich an dieser Stelle meinen verbindlichsten Dank aussprechen möchte.

Mittlere Niederschlagssummen (mm) 1891—1930.

Monat	Jn	Fb	Mz	Ap	Ma	Jn	Jl	Au	Sp	Ok	Nv	Dz	Jahr	Mai—Juli
Trauersdorf, 148 *m* .	44	35	49	66	78	73	80	63	66	50	49	54	707	231
Breitenbrunn, 150 *m*	43	34	48	65	76	71	79	62	65	49.	48	53	693	226
Donnerskirchen 148 *m*	41	32	46	62	73	68	76	59	62	47	46	50	662	217
Rust, 124 *m*	35	26	37	48	61	64	79	63	62	51	46	52	624	204
Apetlon, 120 *m*	36	32	33	48	52	63	71	61	64	44	45	44	593	186

Eine Eigenart der klimatischen Verhältnisse liegt ferner in den weiten Grenzen, innerhalb derer häufig die jährlichen Werte schwanken. So fielen nach Höfler in Apetlon 346 *mm* im Jahre 1932, während es 899 *mm* im Jahre 1936 waren, ein Unterschied von mehr als dem 2½fachen.

Zahl der Tage mit mindestens 1,0 mm Niederschlag 1896—1916.

Monat	Jn	Fb	Mz	Ap	Ma	Jn	Jl	Au	Sp	Ok	Nv	Dz	Jahr
Mannersdorf, 200 *m*	5,5	4,9	6,7	7,6	7,5	7,7	8,5	7,9	6,9	6,3	5,3	6,7	81,1
Rohrau, 151 *m*..........	5,7	5,7	6,9	7,4	7,7	6,9	8,6	6,0	6,2	5,2	6,6	6,9	79,8

Für die mittlere **Jahrestemperatur** liegen aus dem Untersuchungsgebiet selbst keine Werte vor. In Andau am Ostrande des Seewinkels beträgt der Durchschnitt 9,2°, im Seewinkel selbst liegt dieser wahrscheinlich höher, vielleicht zwischen 9,5—10,0° (bis 11,0°). Ist doch schon in Neusiedl am See die Temperatur mit 9,6° wesentlich höher als in Andau.

Mittlere Temperaturen (1881—1930).

Monat	Jn	Fb	Mz	Ap	Ma	Jn	Jl	Au	Sp	Ok	Nv	Dz	Jahr
Mannersdorf, 200 *m*	-1,4	0,2	5,0	9,5	14,7	18,0	20,3	19,0	15,4	9,8	4,0	0,4	9,7
Neusiedl, 140 *m*	-1,3	0,0	4,9	9,8	14,8	17,7	19,9	19,1	15,2	9,9	4,3	0,9	9,6
Andau, 118 *m*	-1,5	-0,2	4,8	9,1	14,4	17,1	19,4	18,5	15,0	9,4	3,9	-0,1	9,2

Mittlere monatliche und jährliche Temperaturmaxima und -minima.

	Jn	Fb	Mz	Ap	Ma	Jn	Jl	Au	Sp	Ok	Nv	Dz	Jahr
Mannersdf.	10,2	11,4	17,6	22,5	17,8	18,8	31,7	19,6	15,8	10,7	14,0	10,4	32,3Max
Mannersdf.	-12,5	-11,1	-3,7	-2,6	2,5	7,4	10,5	9,6	6,5	0,7	-3,6	-9,4	-13,9Min

Mannersdorf: Mittleres Datum des letzten Frostes: 19. April
Mittleres Datum des ersten Frostes: 6. Oktober
Mittlere Dauer der frostfreien Zeit: 201 Tage.

Für die monatlichen und jährlichen Maxima und Minima liegen leider nur Angaben von Mannersdorf am Westrande des Leithagebirges vor, das schon unter ganz anderen klimatischen Verhältnissen steht. Für den Seewinkel erwähnt Mazek-Fialla (1941) Temperaturextreme von $+38°$ und $-22°$.

Aus den nachfolgenden Vergleichswerten der Niederschlagsmengen und jährlichen Temperaturen geht vor allem die weitgehende Ähnlichkeit der klimatischen Werte des ungarischen Tieflandes untereinander hervor — namentlich hinsichtlich der Alkalipußta —, wie anderseits der weite Abstand gegenüber den russischen Steppengebieten.

	Jährliche Niederschlagsmenge *mm*	Jährliche Durchschnitts-Temperatur
Rekawinkel (Niederösterreich)	über 900	
St. Pölten (Niederösterreich)	732	7,9
Wien (Repp)	683	9,9
Wiener Becken	unter 600	
Marchfeld...	529	
Mistelbach (Vierhapper)	455	8,8
Neusiedler See-Gebiet („Reichsamt für Wetterdienst"):		
Trauersdorf...	707	
Breitenbrunn...	693	
Donnerskirchen...	662	
Neusiedl am See	631	9,6
Rust	624	
Seewinkel (Apetlon, bzw. Andau)	593	9,2
Süd-Slowakei (Stara Dala, Kyntera)	598	9,8
Szeged (Kyntera)	593	10,5
Kecskemet (Kyntera)	577	10,0
Püspökládany (Hayek, Stocker)	576	9,5
Püspökládany (Ujvárosi, 1931—1936)	550	
Pallag bei Debrecen (Máthé)	543	10,0
Turkeve (Máthé)	523	10,8
Tiszafüred (Máthé)	520	
Szentmargita-puszta (Máthé)	508	10,2
Jászberény (Máthé)	502	10,6
Odessa (Rotmistroff)	410	
Stalingrad (Keller)	300	7,7
Irgis, Halbwüstenzone (Keller)...........................	180	4,9

Der **Trockenheitsindex I** beträgt im Neusiedler-See-Gebiet etwa 20 bis 22 im Jahr. Rohrau an der Leitha, 15 km nördlich des Sees, hat einen Trockenheitsindex von 22,4, das Weinviertel in Niederdonau einen solchen von 25 bis 30, das Waldviertel bereits 50 bis 60 und die Alpen über 100 bis 300.

Der Trockenheitsindex nimmt mit zunehmender Trockenheit ab. Sinkt er unter 20, so beginnt das eigentliche Steppenklima, dem sich der Trockenheitsindex des Neusiedler-See-Gebietes demnach ziemlich nähern würde. Die höchsten Werte erreicht er in den Alpen, wo die Niederschläge mit der Höhe stark zunehmen, während die Temperatur sinkt.

Der Trockenheitsindex wird berechnet nach der Formel:

$$I = \frac{N}{t+10} \cdot \frac{K}{120}$$

N = jährliche Niederschlagshöhe
t = jährliche Durchschnittstemperatur
K = Zahl der Tage mit mindestens 1,0 mm Niederschlag im Jahr
120 = Durchschnittliche Zahl der Tage im Deutschen Reich mit mindestens
1,0 mm Niederschlag im Jahr.

Um bei Kältegraden negative Werte zu vermeiden, steht im Nenner +10. (Diese Angaben ebenfalls nach Mitteilung des „Reichsamtes für Wetterdienst".)

Die **relative Luftfeuchtigkeit** bewegt sich um 70 v. H. (Wien 74 v. H., Neusiedl am See 66 v. H., im Alföld etwa 75 v. H.). Im eigentlichen Seewinkel nimmt sie infolge der Verdunstung der zahlreichen Lachen wieder zu und ist zum Beispiel (nach Repp) am Oberen Stinker um 7 bis 10 v. H. höher als in Podersdorf.

Eine wesentliche Rolle spielen die dauernd über die Ebene dahinstreichenden Winde, seien es nun solche, die vom Nordwesten her über den Spiegel des Neusiedler Sees hinwegstreichen und naturgemäß feuchter sind oder seien es die aus dem Osten und Südosten kommenden trockeneren Tieflandswinde. Sie sind meist recht intensiv, wenn sie auch kaum einen entscheidenderen Einfluß auf eine etwaige natürliche Baumlosigkeit des Gebietes ausüben, wie es Bojko vermutet. Ständig ist jedoch die Luft bewegt und dankbar empfindet man in den heißen Tagen des Hoch- und Spätsommers eine leichte Kühlung.

3. Der Neusiedler See.

Der Neusiedler See breitet sich am Fuße des Leithagebirges aus, dessen Abhänge bis nahe an das Seeufer herantreten. Im Norden erhebt sich der Horst der Parndorfer Platte mit einer Erhebung von etwa 30 bis 40 Meter. Gegen Osten verflacht das Land in der unendlichen Weite der ungarischen Ebene. Der See verliert dort seine ausgeprägten Ufer in einem Gelände, das nur wenig über dem Spiegel des Sees liegt und bei einem Höhenspielraum zwischen 112 und 126 m ein ausgeprägtes Mikrorelief aufweist. In den kleinen Eindellungen und flachen Mulden sammelt sich das Wasser in zahlreichen kleinen und größeren Schalen, den „Lachen", analogen Bildungen zum größeren Neusiedler See und wie dieser seicht, kaum bis zu 50 cm tief, und mit einem meist beträchtlichem Gehalt an Salzen. Es ist das Gebiet des „Seewinkels" im Südosten des Sees, der im Gebiete der Gemeinden Illmitz und Apetlon liegt und vom Neusiedler See im Westen und den Gemeinden Podersdorf im Norden, Frauenkirchen, St. Andrä und Wallern im Osten umschlossen wird. Gegen Süden zu geht der Seewinkel in das versumpfte und ausgesüßte Gelände des Wasen (ung. „Hanság") über (Abb. 1).

Salzreich wie der Boden ist auch der Neusiedler See und die zahlreichen kleineren Lachen, an deren Ufern eine Vegetation salzliebender Pflanzen ihre schönste Entfaltung findet, welche ihrer Zusammensetzung nach eine große Mannigfaltigkeit aufweist.

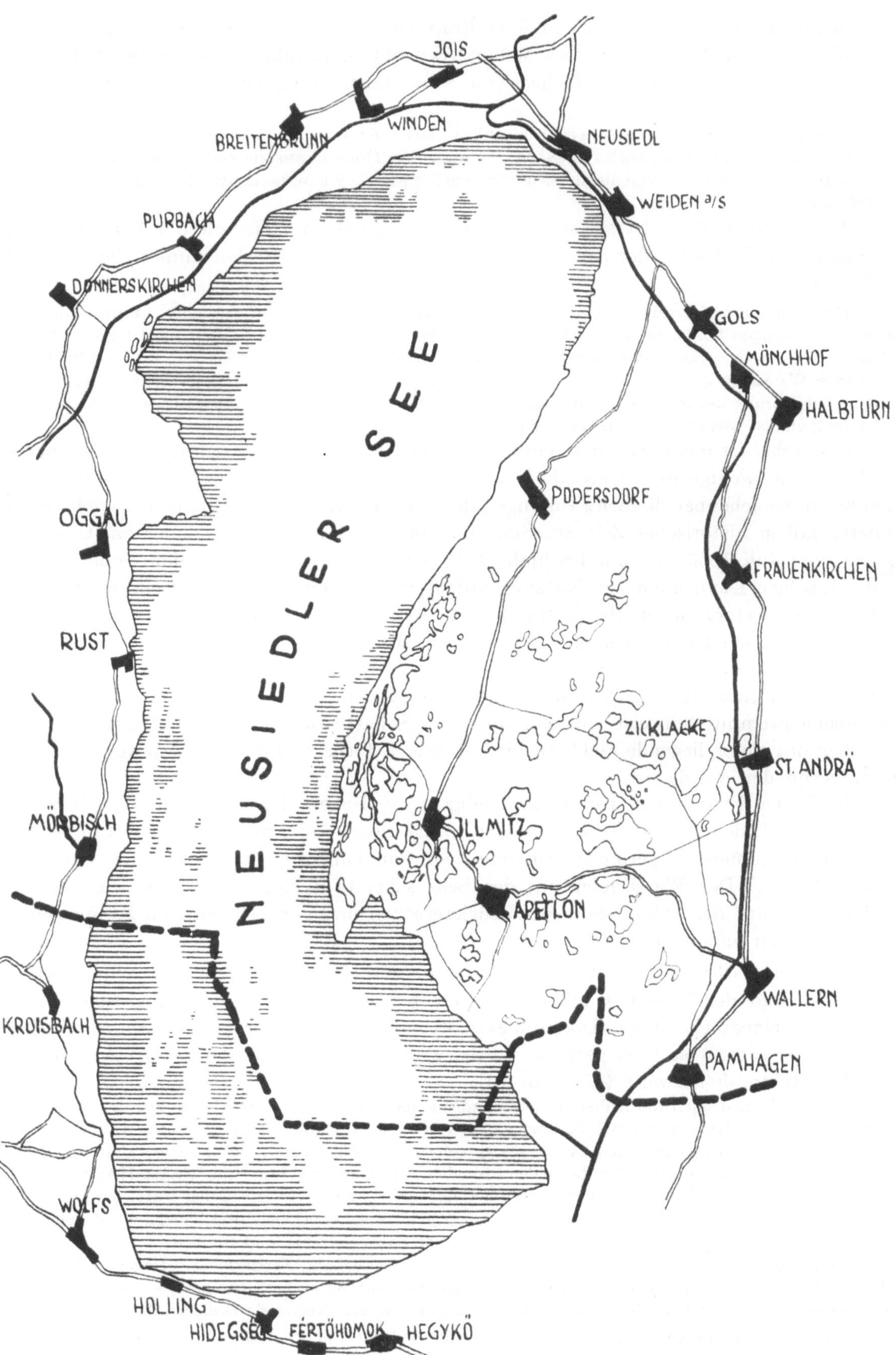

Abb. 1. Kartenskizze des Seewinkels am Ostufer des Neusiedler Sees.

Während der Neusiedler See in einer Erstreckung von 36 *km* Länge bei einer Breite von 5 bis 7 *km* eine Fläche von etwa 330 *km²* bedeckt, schwankt die Größe der Salzlachen von kleinsten Tümpeln bis zu Flächen von 2 *km* Ausdehnung bei einer Breite von über einem Kilometer.

Die Erhebung des Seespiegels wird schwankend zwischen 113 und 116 *m* über NN angegeben. Die Höhe des Neusiedler Pegels beträgt 113,981 *m*. In ähnlicher Höhe liegen die südslowakischen Salzböden (zwischen 109 und 115 *m*), während die kleine ungarische Tiefebene als ganzes eine durchschnittliche Erhebung von 125 *m* aufweist.

Der Neusiedler See ist ein seichter Steppensee, dessen Tiefe selten 1,5 *m* übersteigt. Im ungarischen Teil mißt der See durchschnittlich 50 *cm*, im Norden nimmt die Tiefe allmählich zu.

Ein breiter Schilfgürtel (*Phragmites communis*), der sich kilometerweit ausdehnt, säumt seine Ufer. Nur an einer einzigen Stelle, bei Podersdorf, verschwindet der Schilfgürtel und läßt die Ufer unmittelbar an den See herantreten. Sonst aber gelingt es nur mühsam, durch ausgehauene Gassen, die „Schluichten", an das freie Wasser zu gelangen und die weite Rohrwildnis vermag die Erinnerung an Kerners unvergängliche Schilderung der ungarischen Röhrichte zu wecken. Das Schilf findet als Stukkaturrohr begehrte Verwendung und ist wirtschaftlich von großer Bedeutung.

Sonderbar ist dieser See, dem ein natürlicher Abfluß fehlt und der an Zuflüssen neben der Wulka nur wenige unbedeutende Wasserrinnen aus dem Leithagebirge aufnimmt, und scheinbar unberechenbar die Schwankungen des Seespiegels: während man sich noch dessen erinnert, daß in historischer Zeit am Südrand von Apetlon die Boote anlegten, trocknete der See vom Juli 1865 bis zum Frühjahr 1867 völlig aus, so daß man den Boden bereits an die einzelnen Gemeinden zur Nutzung aufzuteilen begonnen hatte. Doch erreichte der See bald darauf einen neuen Höchststand und erstreckte sich 1885 wieder bis an die Ufergemeinden. Ein starker Rückgang fällt wiederum in das Jahr 1917. Es ist aufschlußreich, zu verfolgen, wie die Siedlungen bereits in vor- und frühgeschichtlicher Zeit am Rande der erhöhten Schotterauflage angelegt wurden, die der See bei Hochstand bespült, aber nicht mehr überschwemmt, teilweise auf vorstoßenden Schotterzungen wie Pamhagen, das erst 1780 über das tiefer liegende Gelände hinweg mit Esterháza durch einen aufgeschütteten Damm verbunden wurde.

G. Roth-Fuchs hat auf Zusammenhänge zwischen der schwankenden Höhe des Seespiegels und den Sonnenfleckenperioden hingewiesen. Jahre eines Hochstandes des Sees fallen zusammen mit geringem Auftreten von Sonnenflecken und allgemeiner Feuchtigkeit des Jahres. Der Wasserreichtum des Sees scheint in elegantester Art einer Interpolationskurve aus der 33 bis 35jährigen Brücknerschen und der $11^1/_2$jährigen Köppenschen Klimaperiode zu entsprechen.

Die Entstehung des Neusiedler Sees hat Hassinger dahingehend erklärt, daß der See und der Wasen in einem Teile einer spätdiluvialen Flußschlinge der Donau liegen, der zu einer Zeit, als die Donau dieses Strombett bereits verlassen hatte, durch Verwerfungen um etwa 8 bis 10 *m* gesenkt wurde, wie denn überhaupt das Gebiet eine starke Verwerfungstektonik aufweist (S. 15 u. 16).

Damit scheinen auch die früheren Vorstellungen überholt, die den Neusiedler See als einen Rest des Tertiärmeeres ansehen wollten, wie sie etwa von Hayek (1916), Penz (1932) und noch Mazek-Fialla (1941) vertreten wurden. Gegen diese Annahme sprechen auch die zahlreichen Gasausstrahlungen, Salzquellen und Säuerlinge, die wohl mitentscheidend für den Salzgehalt des Sees sind. Selbst Hayek spricht zwar von dem Tertiärmeer, das selbst heute immer noch nicht ganz verschwunden wäre, erwähnt aber unmittelbar darauf die zahlreichen Salztümpel, namentlich zwischen Donau und Theiß, die durch Salzquellen gespeist werden! Auch die Zusammensetzung der Salze — Soda und Sulfate — wäre schwer in Übereinstimmung zu bringen mit dem ehemaligen kochsalzreichem Tertiärmeer. Dagegen berichtet Keller (1928) von dem Baskuntschak-Salzsee im Gouvernement Astrachan, der auch seiner Zusammensetzung nach eine „Kochsalzschale" und den Rest eines ehemaligen Meeres darstellen soll.

Seiner Zusammensetzung nach ist der Neusiedler See durch den hohen Gehalt an Sulfaten ausgezeichnet. Eine Analyse aus dem Jahre 1903, veröffentlicht bei Treitz 1926, hatte folgendes Ergebnis:

Na_2SO_4 .... 0,79— 7,99 g
$NaHCO_3$ .... 1,34— 3,41 g
$MgSO_4$ .... 0,43 g
$MgCl_2$ .... 0,8 — 2,33 g
K_2SO_4 .... 0,03— 1,28 g
$NaCl$ .... 0,11— 0,55 g
$CaSO_4$ .... 0,03— 0,33 g
SiO_2 .... 0,01— 0,06 g

Gesamtsalze .... 3,72—13,57 g

Die Versalzung wird hauptsächlich verursacht durch zahlreiche Gas- und Sauerquellen, die den anstehenden kristallinen Schiefer zersetzten und deren wechselndes Auftreten und Zahl die starken Schwankungen im Salzgehalt des Sees bewirken. Durch die im nördlichen Teil einmündende Wulka wird der Salzgehalt herabgesetzt. Dieser ist dadurch im Norden des Sees im allgemeinen geringer als im Süden. Das Wasser des Sees ist stärker salzhaltig als noch das salzigste Grundwasser, was für die Annahme zu sprechen scheint, daß Grundwasser längs des Ostufers zum See infiltriert (Höfler 1937) und das Seebecken einen Sammler des salzreichen Grundwassers der Umgebung darstellt und so als riesige Verdunstungsschale fungiert. Es ist bei den komplizierten Grundwasserverhältnissen in der wechselnden Lagerung von porösen und wasserundurchlässigen Schichten unwahrscheinlich, daß der Spiegel des Neusiedler Sees einen „offenen Grundwasserspiegel" darstellt, wie es Bojko (1934, S. 611) vermutet und wofür der „Beweis bereits erbracht zu sein" scheint, den er allerdings schuldig bleibt. Pozdena (1932) bezweifelt dagegen überhaupt jede Verbindung zwischen dem Grundwasser und dem Neusiedler See.

4. Neuere botanische Arbeiten aus dem Gebiete des Neusiedler Sees.

Vorbehaltlich einer zusammenfassenden Darstellung der Geschichte der botanischen Erforschung des Neusiedler Sees verweise ich schon jetzt auf einige Untersuchungen der neueren Zeit, die sämtliche von Wien aus durchgeführt wurden und die in unmittelbarer Beziehung zur vorliegenden Arbeit stehen.

Eine erste pflanzensoziologische Erfassung dieses Gebietes wurde von Bojko mit einer Arbeit über Trockenrasengesellschaften (1934) und zwei Aufsätzen allgemeinerer Art (1931 und 1932) versucht. Im Anschluß an Bojko untersuchte Wenzl die bodenbakteriologischen Verhältnisse halischer und glykischer Böden am Neusiedler See. Zwei wichtige ökologische Arbeiten gingen aus dem Institute Karl Höflers hervor, nämlich die „Ökologischen Untersuchungen im Halophytengebiet am Neusiedler See" von Gertrude Repp-Nowosad (1939) und eine Arbeit über die „Ökologie der Diatomeen burgenländischer Natrontümpel" von Fr. Legler (1941). Bedeutungsvoll erscheint die geologisch-botanisch-zoologische Gemeinschaftsarbeit von H. Franz, K. Höfler und E. Scherf zur „Biosoziologie des Salzlachengebietes am Ostufer des Neusiedler Sees" (1937). In der vorliegenden Arbeit, die aus dem Botanischen Institut der Universität Wien unter der damaligen Leitung von Prof. Dr. Fr. Knoll hervorgegangen ist, wurden die soziologisch-pflanzengeographischen Verhältnisse der Salzpflanzenvegetation untersucht.

Aus dem Schrifttumsverzeichnis am Schlusse der Arbeit (S. 166—180) möge man weitere Angaben über die im Laufe der Jahrzehnte schon recht zahlreich gewordenen Arbeiten über den Neusiedler See entnehmen.

II. Der Boden.

1. Die Entstehung der ungarischen Pußta und die Frage der Fruchtbarmachung des Alkalibodens.

Die klimatischen Verhältnisse des ungarischen Tieflandes sind trotz ihres kontinentalen Charakters nicht als baumfeindlich zu bezeichnen. Die Niederschlagsmenge liegt überall über 500 *mm*, die nach Schimper das Minimum des Waldwuchses bedeutet. Selbst der mittlere, waldarme Teil der großen ungarischen Tiefebene entspricht nach Soó einem semihumiden Übergangsklima und ebenso das Klima der großen ungarischen Alkalisteppe Hortobágy bei Debrecen. Der Ohat—Eichenwald bei Debrecen steht auf Alkaliboden unter den geringsten Niederschlagsbedingungen des Alföld. Auch Stocker spricht von einem „Steppengebiet mit sehr starker Grundwasserströmung", das einen Baumwuchs ermögliche und nach Regenmenge und jährlicher Verteilung dem mitteleuropäischen Waldgebiete immer noch näher steht als den eigentlichen Steppengebieten Südrußlands. Überall dort, wo Baumpflanzungen angelegt werden oder Bäume künstlich gepflanzt wurden, erhalten sie sich ohne besondere weitere menschliche Hilfe. Auch sind überall in Ungarn, selbst in der weitesten Pußta, da und dort Baumgruppen zu sehen; nirgends hat der Horizont die öde Weite echter Steppen und Wüsten (Bernátzky).

Kerner von Marilaun hatte noch die Baumlosigkeit des mittleren Alföld als eine klimatisch bedingte angesehen, für das Zwischenstromland zwischen Donau und Theiß und das Nyirség allerdings ursprüngliche Wälder angenommen. Auch Hayek spricht von einem Grasflurklima und sucht eine Beziehung zu den südrussischen, echten pontischen Steppen. Er weist darauf hin, daß die jährlichen Niederschlagsmengen zwar ausreichend sind, daß jedoch die Trockenperioden im Spätsommer einen Baumwuchs unmöglich machen. Noch Treitz bezeichnet das Klima des Alföld als ein trockenes, echtes Prärieklima.

Demgegenüber wies bereits Grisebach darauf hin, daß das Alföld kein Steppenklima aufweist. Grisebach sieht die Baumlosigkeit als edaphisch bedingt an, Rapaics und Borbás heben den menschlichen Einfluß hervor. Heute wird von den ungarischen Forschern allgemein die Ansicht vertreten, daß echte Steppen auf Sand- oder Sodaboden auftreten, also edaphisch-physiographischen Ursprunges seien, das ungarische Tiefland als ganzes jedoch dem Klimaxgebiet des *Quercion pubescentis-sessiliflorae* und des *Fraxino-Carpinion* zuzurechnen ist. (Man vergleiche die Zusammenfassungen der Ergebnisse bei Vierhapper und vor allem bei Soó, z. B. 1940 a.)

In der ungarischen Tiefebene herrschte nach der Eiszeit, im Praeboreal und Boreal des Pleistozän, eine xerotherme Periode mit der Vegetation einer klimatischen Ursteppe (nach Soó), die im Atlantikum von einer Wald- und Moorperiode zurückgedrängt wurde. Im Subatlantikum folgte eine Waldsteppe, welche als die noch heute herrschende Klimaxvegetation anzusehen ist und die unter dem Einflusse des Menschen zur heutigen Kultursteppe degradiert wurde.

Aus der klimatischen Ursteppe mögen sich Reste auf den Lößrücken der Tiefebene erhalten haben. Vor allem waren es jedoch Elemente der Trockenrasen von den angrenzenden Gebirgen, vor allem der Matra, die in die Ebene hinabwanderten und die heutigen Steppen besiedelten (Ösmatratheorie von Borbás).

Manches spricht für die einstige Erstreckung der Wälder, wie die Holzkohlenreste von Hollendonner aus einem heute kahlen und baumlosen Gebiete. Kerner weist auf die weite Verbreitung ungarischer Ortsnamen hin, die mit Birke (Nyír) gebildet sind. Rapaics (1926) vermutet in dem Vorkommen von *Fragaria elatior* in Trockenrasen einen Waldrest. Bodenprofile könnten manchen Aufschluß geben.

Es scheint, daß sich einst überall dort Wälder erstreckten, wo es die Höhe des Grundwassers und eine nicht allzu hohe Salzkonzentration erlaubten. Vor allem müssen wir die heute von Trockenrasen und Feldern eingenommenen Gebiete als ehemaligen Waldboden ansehen. In den Niederungen der Flüsse haben sich weite Auen und Sumpfwälder ausgedehnt.

Die heutige Waldlosigkeit weitester Strecken stellt demnach eine Folge menschlichen Einflusses dar, der sich in Rodung und Beweidung auswirkte. Darüber hinaus hatten Entwässerungen die weite Ausdehnung der heutigen Alkalipußta zur Folge.

Die Regulierung der großen Ströme, vor allem der Theiß zwischen 1850 und 1900, bewirkte die Senkung des Grundwasserspiegels und damit die Entwässerung und Trockenlegung weiter Gebiete. Hatte doch gerade die Theiß vorher ein Gefälle von bloß 3,7 *cm* auf einen Kilometer und überschwemmte jährlich weite, unübersehbare Flächen! Über 24.000 *km²* wurden durch die Regulierung trockengelegt. Nach der Regulierung verschlechterte sich der Boden, vertrocknete und versalzte zur Alkalisteppe. Stocker weist darauf hin, daß auch früher schon Sodabildung stattgefunden hatte, daß der Boden jedoch durch die regelmäßige Überflutung ständig ausgewaschen wurde. So wurden vor allem die Sümpfe und die Sumpfwälder von der Entwässerung betroffen. Sie versalzten mit dem Ausbleiben der jährlichen Überschwemmungen zusehends und wurden zu den weiten öden Alkalipußten der Tiefebene.

Die Pußta Hortobágy war nach Vierhapper zur Zeit des Königs Matthias Corvinus noch weit mit Sumpfwäldern bedeckt und ist, zumindest in ihrer heutigen Ausdehnung, aus entwässerten Sümpfen hervorgegangen. Der Ohatwald im Westen der Hortobágy ist ein heute noch erhaltener Überrest der ehemaligen Auenwälder. Die Hortobágy war „mit ausgedehnten, stehenden Gewässern, Sümpfen und Wiesenmooren bedeckt" (Soó 1933 d). Stocker schreibt geradezu (1929, S. 194) von der Hortobágy, daß diese große Trockensteppe in ihren Hauptteilen ein Kulturprodukt der letzten 50—100 Jahre ist. „Noch im Jahre 1850 dehnte sich dort auf weite Strecken ein Rohrlabyrinth unermeßlicher schilfbewachsener Sümpfe, nur zu befahren mit flachen Booten und unter guter Führung." Györffy berichtet von trockengelegtem Ackerland der Gemeinde Karcag an der Hortobágy, das heute wieder versalzt und zum großen Teil nur mehr als Viehweide zu verwenden ist. Das Klima wurde, worauf Treitz 1926 hinweist, infolge der starken Entwässerungen trockener und trägt dadurch rückwirkend wiederum zur zunehmenden Ausdehnung der Zickpußten bei.

Beim Studium namentlich der ungarischen Literatur könnte sich nun leicht der Eindruck ergeben, als ob die Alkalisteppe zur Gänze erst eine Folge der Entwässerung der großen Stromlandschaften durch den Menschen wäre. Besonders Rapaics vertritt die Anschauung einer fast absolut anthropogenen Herkunft der Sand- und Salzsteppen des Alföld. Demgegenüber ist festzuhalten, daß Salzböden immer schon vorhanden waren und daß die Salzpflanzen auch immer schon dagewesen sind, somit nicht erst seit den letzten 50 oder 100 Jahren. Uralt sind vor allem die Pflanzengesellschaften und die Böden des Solontschak an den Ufern der Natronseen und Teiche. Aber auch auf Blindzickstellen mit *Camphorosma* wird kaum jemals ein Baum gestanden haben und ganz allgemein werden an extremen Stellen immer schon extreme Salzpflanzen in einer ähnlichen Verbreitung wie heute gewachsen sein.

Darüber hinaus scheint es mir wesentlich, darauf hinzuweisen, daß sich die Betrachtungen der ungarischen Botaniker vorwiegend auf die „Alkalipußta" oder „Szikespußta" beziehen, also auf die Gebiete des Solonetzbodens (S. 22). Diese ist — neben der Sandpußta — die ungarische „Pußta" schlechthin, wie etwa die berühmte Hortobágy bei Debrecen. Diese Alkalipußta ist aber auf weite Flächen von einer Gesellschaft des wenig versalzten Bodens bedeckt, dem „*Pseudovinetum*" der ungarischen Autoren, bzw. überhaupt von einem vollkommen salzfreien Trockenrasen. Der Sodaboden liegt dann erst in tieferen Schichten und hat für diese Pflanze keinerlei Bedeutung mehr. Auch die aus Ungarn mehrfach bekannten Inundationswälder auf Zickboden (vgl. S. 16) stehen auf oberflächlich sauer reagierendem Boden (auf „Zickboden I. Klasse"), unter dem die Versalzung erst tiefer einsetzt. Vom Walde „Cserje-erdö" gibt Máthé (1939) pH-Werte der Oberfläche von 5,2—6,1!

Entwässerung und Rodungen haben demnach die räumliche Ausdehnung der Alkalipußten wohl entscheidend beeinflußt und vergrößert, aber nicht ursächlich geschaffen.

Es ist ferner nicht zu übersehen, daß namentlich die zum Vergleich herangezogenen älteren Autoren meist aus Landschaften kamen, die von jenen der ungarischen Tiefebene in Klima, Bodenerhebung und Vegetation völlig verschieden waren. Die schönen Schilderungen der hitzesterbenden Pußta Woenigs von seiner Ungarnfahrt geben das Erlebnis eines Menschen wieder, der aus dem mitteleuropäischen Waldlande kommt, und werden von Soó in ihrer Richtigkeit etwas angezweifelt. Die uns so beeindruckende Baumlosigkeit der ungarischen Pußta ist tatsächlich nicht in diesem Maße vorhanden, wie Bernátzky bereits feststellt (s. o.), sondern immer ist der Horizont von kleinen Baumgruppen oder wenigstens von einzelnen Bäumen unterbrochen.

Auch Kerners Befürchtungen über das Verschwinden der ursprünglichen Steppenvegetation in Ungarn sind nicht in Erfüllung gegangen (Stocker) und mit offenen Herzen vermag man heute noch die Romantik der Schilderungen aus der Feder Kerners in der weiten Pußta zu erleben.

Der Einfluß der Menschen wirkt sich somit wie folgt aus:

1. Durch Rodung wird der Waldbestand vermindert und die heutige Waldlosigkeit des ungarischen Tieflandes verursacht; durch die Beweidung wird vornehmlich der einmal gegebene Zustand der Baumlosigkeit aufrecht erhalten.

2. Durch die Regulierung der großen Ströme und der damit verbundenen Entwässerung und Trockenlegung weiter, früher überschwemmt gewesener Gebiete wird der Boden verschlechtert und versalzt und die Ausdehnung der Alkalisteppen begünstigt.

Zur Frage der Fruchtbarmachung des Alkalibodens.

Vielfältig sind die Versuche, die weiten Flächen des landwirtschaftlich öden, brachliegenden Alkalibodens nutzbar zu machen. Diese Versuche verlaufen im wesentlichen in der Richtung auf eine Gewinnung von Wald, von Ackerboden oder aber von Weideflächen aus dem unfruchtbaren Boden.

An eine Aufforstung wird mit Aussicht auf Erfolg wohl überhaupt nur dort gedacht werden können, wo schwächer versalzte Böden mit Solonetzprofil vorliegen. In Ungarn wurden Versuche vornehmlich mit solchen Bäumen durchgeführt, deren tiefgehende Pfahlwurzeln die Akkumulationsschicht zu durchstoßen vermögen. Es sind dies vorzüglich zwei Tamarisken, nämlich *Tamarix tetrandra* und *T. odessana*, sowie die Ölweide, *Elaeagnus angustifolia*. Möglicherweise vermögen die Wurzeln dieser Bäume, die durch die Akkumulationsschicht hindurch in die Tiefe stoßen, diese zu zerlöchern und so die Struktur des Bodens auch für die Ansprüche anderer Pflanzen zu verbessern.

Darüber hinaus wird in der Frage der Wahl der Holzarten eine Erfassung der Restwälder von entscheidender Bedeutung sein, da der bodenständige Wald die besten wirtschaftlichen Aussichten bietet — ist er doch das Ergebnis jahrhundertelanger Auslese jener Holzarten, die dem gegebenen Standort am besten angepaßt sind! Das prächtigste Beispiel eines natürlichen Waldes auf versalztem Boden bietet der Ohat-Eichenwald am Rande der Hortobágy bei Debrecen! (Vgl. Máthé 1933.) Diese Frage ist jedenfalls eng verknüpft mit der Frage nach der Entstehung und der Herkunft der ungarischen Pußta sowie der Differenzierung von primär und sekundär waldlosen Gebieten. Es darf in diesem Zusammenhange auf die Besprechung dieser Frage auf den vorhergehenden Seiten verwiesen werden.

Eine Bodenverbesserung durch mechanische Lockerung und Kalkung (zur Neutralisation der Na-Ionen) kommt ebenfalls nur dort in Frage, wo schwächer versalzte Böden vorliegen, deren salzreicher Horizont nicht näher als 20 *cm* zur Oberfläche liegt (nach Scherf). Dies sind aber gleicherweise die Solonetzböden der eigentlichen ungarischen Alkalipußta.

Von vornherein gänzlich aussichtslos und zum Scheitern verurteilt aber sind Meliorisationsbestrebungen auf extremem Solonetz oder auf den sodaglitzernden Solontschakböden um die Sodalachen. Auf dem harten Blindzick, der bloß einigen kümmerlichen Pflänzchen von *Camphorosma* kärgliche Lebensbedingungen bietet, wird nie eine reichere Vegetation sich zu entfalten vermögen und auf dem salzreichen Schlick abgelassener Sodalachen wird nur ein Phantast in seinen Träumen wogende Getreidefelder zu sehen vermögen. Wohl breiten sich in den Mulden einzelner abgelassener Zicklachen im Seewinkel des Neusiedler Sees (Podersdorfer Zicksee, Illmitzer Zicklacke, Feldsee bei Illmitz) weite Wiesen von üppigem Zickgras (*Puccinellia salinaria*) aus, die ein vorzügliches und beliebtes Pferdefutter abgeben; nie aber wird dort einmal ein Acker die Mühe des Umbrechens lohnen!

Über den Wert einer Entwässerung der zahlreichen Sodalachen gehen die Meinungen überhaupt auseinander. Eine Trockenlegung der Lachen vermag wohl zur Ausbreitung der Zickgraswiesen auf dem abgelassenen Lachenboden beizutragen und die jährlichen Überschwemmungen der Äcker in den Frühjahrsmonaten herabzusetzen, dürfte aber sonst im allgemeinen eine Bodenverschlechterung bedeuten, da kaum die erwartete Auswaschung des Alkalibodens eintreten dürfte, als vielmehr eine weitere Verschlechterung der Bodeneigenschaften infolge der verstärkten Austrocknung. Darüber hinaus würde sich ein Fortfall der Verdunstungsflächen der Lachen in einer entscheidenden Veränderung des Lokalklimas auswirken. Verdunstet doch der Neusiedler See allein — der bereits mehrmals entwässert werden sollte — an einem einzigen Tage 674.000 m^3 Wasser!

Von größerer Bedeutung sind in diesem Zusammenhange die neuen Untersuchungen hinsichtlich der Möglichkeit des Reisbaues auf Alkaliboden, der in Ungarn mehrfach versucht wurde und von österreichischer Seite von Repp-Nowosad (1942) studiert wurde. Es scheinen allerdings die nicht unerheblichen Kosten für Pflege und Betreuung einer Rentabilität im Wege zu stehen.

Für alle diese Fragen aber ist eine Erfassung der natürlichen Gegebenheiten eine unumgängliche Voraussetzung. Der feinste und unbestechlichste Zeiger des Standortes ist immer noch die Pflanze in ihrer charakteristischen Vergesellschaftung, besonders dort, wo ein mannigfaltiger Wechsel der Bedingungen auf kleinstem Raume physikalische oder chemische Untersuchungen von vornherein zum Scheitern verurteilt, wie dies gerade für Alkaliböden so bezeichnend ist. Eine pflanzensoziologische Erfassung der Vegetation und eine darauffolgende Vegetationskartierung stellen die Voraussetzungen aller wirtschaftlichen Planungen in diesem Gebiete dar und sind allein imstande, Fehlinvestititionen der Wirtschaft zu vermeiden. (Vgl. hiezu auch die S. 68—69!)

Im Zuge dieser Bestrebungen liegt aber auch die Einrichtung biologischer Forschungsstationen in den Gebieten, die hier in Frage kommen. Am Rande der großen ungarischen Pußta Hortobágy liegt die ungarische staatliche Versuchsanstalt in Püspökládany bei Debrecen, deren Ergebnisse in den „Erdészeti Kisérletek" („Forstliche Versuche", herausgegeben von der Forstlichen Versuchsanstalt in Sopron-Ödenburg) veröffentlicht und niedergelegt sind. Für das Gebiet des Neusiedler Sees ist ebenfalls die Errichtung einer Biologischen Station durch das „Institut zur wissenschaftlichen und wirtschaftlichen Erforschung des Neusiedler Sees" an der Burgenländischen Landesregierung in Eisenstadt Wirklichkeit geworden. Eine derartige Station bringt nicht nur die Erfüllung eines langgehegten Wunsches aller Forscher, die am Neusiedler See tätig waren, sondern ist auch ein Gebot wirtschaftlicher Notwendigkeit: die wissenschaftliche Grundlagenforschung ist nur eine Voraussetzung erfolgreicher wirtschaftlicher Planung.

2. Tektonik der ungarischen Alkaliböden.

Nach der allgemein verbreiteten Anschauung ist das Auftreten von Alkaliböden im Binnenland an tektonische Störungszonen in Gebieten trockener Klimate gebunden. Im einzelnen sind vor allem geologische und klimatische, ferner aber auch biologische Faktoren (Tätigkeit nitrifizierender Bakterien) wirksam (Treitz; bereits bei Kerner angedeutet).

In tektonisch gestörten Gebieten entströmen längs Bruchlinien Gase dem Erdboden. Sie entweichen entweder unbemerkt der Erde oder aber sie quirlen in Teichen oder Tümpeln im Wasser hoch und bilden sogenannte „Schlammsprudel". Häufig treten sie aber zusammen mit Sauerbrunnen an die Oberfläche und es sind dann vor allem Exhalationen von CO_2, CH_2 oder H_2S, die selten fehlen. Vielfach treten Säuerlinge dort auf, wo sich im Untergrund zwei tektonische Bruchlinien kreuzen. Sie steigen oft als artesische Brunnen auf, manchmal führen sie heißes Wasser. Die Thermen im ungarischen Tieflande erreichen Temperaturen von 60 bis 72° und ermöglichten manchem Tertiärrelikt das Überdauern bis auf den heutigen Tag. Die chemische Analyse einer ungarischen Heißwasserquelle gibt Treitz (1927, S. 8).

Das aufsteigende Wasser der Säuerlinge und Thermen zersetzt das Gestein und reichert verschiedene Salze an der Oberfläche an, wodurch das Auftreten von hohen Salzkonzentrationen im Boden verursacht wird. Für diese Ansicht spricht auch die weitgehende Bindung der ungarischen Alkaliböden an Bruchlinien. Auch in Spanien und in Ägypten treten derartige Böden in geologisch gestörten Gebieten oder direkt an tektonischen Brüchen auf (Treitz).

Am Neusiedler See beobachten wir ebenfalls tektonische Störungen und schwere Verwerfungen im Untergrund. Der „Wasen" liegt in einem tektonischen Graben, seine Umgebung weist eine „schachbrettartige Bruchtektonik" auf, der Neusiedler See selbst ist von Bruchlinien namentlich an seinem Westufer begleitet. Scherf berichtet (bei Höfler 1937), daß bei Bohrungen der „Eurogasko" das kristalline Grundgebirge bei Podersdorf in 370 *m* Tiefe erreicht wurde, dagegen bei Frauenkirchen, in 7 *km* Entfernung davon, erst bei über 1620 *m*! Gasausströmungen treten überall entlang der Bruchlinien auf und ebenso saure Quellen. In Illmitz und Apetlon wurden auf dem Dorfplatze artesische Brunnen gefaßt, von denen der erstere aus 209 *m* Tiefe hochsteigt, der andere aus 180 *m*. Das Wasser besonders der Illmitzer Quelle ist frisch und hat einen angenehmen Geschmack.

Überall am Rande des Neusiedler Sees und auf dem Seegrunde steigen Quellen auf. Sie sind die Ursache der an verschiedenen Stellen so sehr schwankenden chemischen Zusammensetzung des Neusiedler Sees. Zusammen mit der Verdunstung der großen Wasserfläche gleichen sie die Aussüßung durch die Bäche, die in den See münden, wieder aus.

Infolge der Wirkung der klimatischen Faktoren werden die Salze in humiden Gebieten ausgeschwemmt, während sie in den ariden Gebieten im Boden angereichert werden. Es bleibe dahingestellt, wie weit dieser Umstand für die ungarische Tiefebene zutrifft (jedenfalls aber für die Dauer der Sommermonate). Wesentlich erscheint ferner die Ansammlung von Salzen an abflußlosen Stellen, wie es für die Lachen des Seewinkels und den Neusiedler See selbst zutrifft.

Scherf erklärt demgegenüber die Entstehung der Alkaliböden durch die Lagerungsverhältnisse der Pleistozänschichten des Tieflandes. Infolge einer muldenartigen Lagerung des pliozänen, blauen und wasserundurchlässigen Tones entstehen Pfannen, in denen sich Salze des Grundwassers anzureichern vermögen. Die weitere Eigenschaft des Alkalibodens selbst ist dann abhängig vom Vorhandensein und der Ausbildung einer holozänen Schlammbedeckung über dem pleistozänen, salzreichen Untergrund. (Die weitere Entwicklung der Anschauungen von Scherf folgt bei der Besprechung der Böden selbst.)

3. Chemismus der Alkaliböden.

Die Alkaliböden sind chemisch gekennzeichnet durch einen hohen Gehalt namentlich an Alkalisalzen. Es sind dies in erster Linie Na_2CO_3 (Soda) und $NaHCO_3$ (doppelkohlensaures Natron), bzw. NaCl (Kochsalz) und Na_2SO_4 (Glaubersalz). Ferner werden in den Alkaliböden gefunden: $MgSO_4$ (Bittersalz), K_2SO_4 (Kaliumsulfat), $CaSO_4$ (Gips), $MgCl_2$ (Magnesiumchlorid), KNO_3 (Kalisalpeter) und $NaNO_3$ (Chilesalpeter). Analysen von Alkaliböden, namentlich Sodaböden, geben u. a.: Stocker 1930, Kyntera 1937, Klika 1937, Krist 1940.

Die Sodaböden des ungarischen Tieflandes werden allgemein als „Zickböden" bezeichnet, abgeleitet vom ungarischen Worte „szik", das ist Soda, Salz. Die Ableitung des Wortes vom lateinischen „siccus", wie sie etwa Treitz (1926) versucht, erscheint unwahrscheinlich. Es ist nicht recht gut vorstellbar, wie das lateinische Wort in den allgemeinen Sprachgebrauch der Bevölkerung gekommen sein soll, für einen Boden, dessen auffallendste Eigenschaft weniger seine Trockenheit, als sein hoher Salzgehalt ist, worauf eben das ungarische Wort „szik" hinweist. Allgemein wird damit der stark salzhaltige und auch salzauswitternde Boden bezeichnet, der schon durch seine eigenartige und abweichende Vegetation dem Menschen auffällt. Die Schreibung „Xix“, wie sie uns in dem Worte „Xixsee“ (bei Apetlon) entgegentritt und in dieser Fassung auch von der Bevölkerung gebraucht wird, ist wohl nur eine Verballhornung des Wortes „Zick“. Sonderbar ist der Gleichklang des Wortes „Zick“ mit dem „Schlick“ des Meerstrandes, ein ebenfalls fein-körniger, salzreicher Boden.

Von den ungarischen Autoren wird das Wort „szik“ (als „Szikboden“, „Szikpuszta“ oder „szikes-puszta“) als Fachausdruck für den Boden mit Solonetzprofil gebraucht. Im allgemeinen Sprachgebrauch jedoch wird unter „Zickboden“ der sodahaltige Alkaliboden überhaupt verstanden, wie es sich ähnlich auch in der verbreiteten Bezeichnung „Zicklachen“ für die Sodaseen ausdrückt. Vielleicht ist es demnach besser, unter „Zickboden“ den sodahältigen Alkaliboden des ungarischen Tieflandes in seiner Gesamtheit zu verstehen und ihn nicht auf eine bestimmte Bodenart zu begrenzen.

Geographische Verbreitung der Salzböden.

Die Kochsalzböden des Meerstrandes verdanken ihren Salzreichtum dem Meer-wasser und erreichen oft einen hohen NaCl-Gehalt (litorale Salzböden). Die Vegetation des Meerstrandes ist eingehend beschrieben worden und gut bekannt.

Für kontinentale Salzgebiete in schwächer ariden Landstrichen sind Sodaböden kennzeichnend, wie sie in Europa im ungarischen Tieflande auftreten, in Rumänien und in der nördlichen Schwarzerdezone Rußlands; ferner in Kalifornien. Im aralo-kaspischen Wüstengebiet und in Innerasien sind sie wahrscheinlich von weitaus geringerer Ausdehnung als die Sulfat-Kochsalzböden. Diese edaphisch bedingten Sodaböden bestimmen den Charakter der ungarischen Alkaliböden: in der Hortobágy, im Donau-Theiß-Gebiet, am Neu-siedler See und wohl auch in der Süd-Slowakei. Dagegen gibt Soó von Klausenburg über-wiegenden NaCl- und Na_2SO_4-Gehalt des Bodens an (Soó 1927).

Stets aber finden sich in den Sodaböden — zumindest des Neusiedler Sees — Sulfate in geringeren Anteilen beigemengt (Dietz, mdl.). Salpeterböden und Salpeterausblühungen (Kalksalpeter und Chile-salpeter) finden sich stets im Sodagebiet, vor allem in der Nähe von Mooren und Sümpfen, die eine dauernde Feuchtigkeit des Bodens gewährleisten (Treitz 1926). Im wesentlichen ist das Auftreten von Salpeter im ungarischen Tieflande aber bedeutungslos und auf die Vegetation von keinerlei Einfluß. In den Wüsten-gebieten dagegen wird der Salpetergehalt zu einem entscheidenden Faktor im Salzgehalt des Bodens (Treitz).

Reich an Sulfaten und Chloriden sind die Salzböden der südrussischen Halbwüsten- und Wüstengebiete zwischen dem Kaspischen Meer und dem Altai, in denen Sodaböden nur von ganz untergeordneter Bedeutung sind, ferner in Persien, in Zentralasien, im westlichen Nordamerika, in Nordafrika (z. T. nach Braun-Blanquet). Die Sulfatböden sind klimatisch bedingt und charakteristisch für die Vegetation arider Gebiete. (Kontinentale Salzböden. Vgl. die Typen der Solonetzböden S. 24.)

Die hohe Gemeinsamkeit in der Vegetation der verschiedenen Salzbodentypen mag neben den Eigenschaften, die allen Salzböden gemeinsam sind, wie etwa die Erhöhung des osmotischen Druckes, ihre Ursache im hohen Gehalt dieses Bodens an Na-Ionen haben, die als der ursächliche Faktor für die physikalische Struktur des Bodens anzusehen sind und darüber hinaus eine spezifische Wirkung auf die Pflanze selbst ausüben.

In der ungarischen Tiefebene treten häufig, vor allem in den Sandgebieten, Sodaseen und Sodalachen von verschiedenster Größe auf. Meist sind es zahlreiche und kleinere Lachen von geringer Tiefe, selten größere Seen. Sie finden sich in den Sandgebieten zwischen Donau und Theiß, beginnend bald unterhalb von Budapest und südlich bis auf die Höhe von Baja und Szeged, im Deliblater Sandgebiet, im Nyirség und im Seewinkel am Ostufer des Neusiedler Sees. Sie fehlen in den ausgesprochenen Solonetzgebieten, wie in der Hortobágy und in der Süd-Slowakei.

Sulfatseen liegen oft unmittelbar neben Sodateichen, sind aber selten. Der weitaus größte See dieser Art ist der Neusiedler See. An seinem Ostufer liegen zahlreiche kleine Lachen mit stark sodahältigem Wasser. Treitz erwähnt (1926) sonst für die ungarische Tiefebene nur zwei kleinere Sulfat-Seen: den Palics-See bei Subotica (Szabatka) und den Rusanda-See bei Melence südlich der Maros.

Nach dem äußeren Bild unterscheiden die Ungarn „weiße Seen“ (fehér-tó) und „schwarze Seen“ (fekete-tó). Die verschiedene Farbe des Wassers rührt beim „schwarzen

See" von zahlreichen kleinsten Humusteilchen her, die im stark alkalischen Wasser treiben. Die „weißen Seen" sind stets milchig getrübt, nach Treitz (1926) eine Folge der im Wasser in feinster Verteilung enthaltenen kolloidalen Ca-Mg-Karbonate.

Beide Typen von Steppenseen unterscheiden sich voneinander auffallend in ihrer Vegetation. Die weißen Seen sind meist gänzlich vegetationslos oder nur spärlich bestanden. In ihrem Wasser treiben *Potamogeton pectinatus* oder *Zannichellia * pedicellata* [1], während jede Ufervegetation in der Regel vollständig fehlt. Dagegen sind die schwarzen Seen trotz ihres hohen Salzgehaltes von einer reichen Pflanzenwelt bestanden. Breite Schilfgürtel umgeben den Seerand oft in kilometerweiter Ausdehnung, wie am Neusiedler See, einem schönen Beispiel für den Typus dieser schwarzen Seen. Weiße Seen sind dagegen die Mehrzahl der Lachen des Seewinkels östlich des Neusiedler Sees. Manche Namen dieser Lachen beziehen sich auf die Färbung des Wassers, wie „Silberlacke", „Weißer See", „Weiße Grundlacke", andere wieder heißen „Schwarzer See" (zwischen Apetlon und Wallern) oder „Schwarze Lacke" bei Tadten. Andere Namen wieder nehmen Bezug auf einen starken Schwefelwasserstoff-Geruch einzelner Lacken, wie die der beiden „Stinkerseen" zwischen Podersdorf und Illmitz; auch in Ungarn kennt man „Stinkteiche" (Büdöstó), wie Treitz (1931) aus dem Zwischenstromland berichtet.

4. Die Eigenschaften der Alkaliböden.

Das auffallendste und bezeichnendste morphologische Kennzeichen der Alkaliböden ist der unendliche Wechsel der Standortsverhältnisse auf kleinstem Raum, der wohl auf keinem anderen Boden in ähnlicher Mannigfaltigkeit wiederkehrt und der eine Vielfalt der Vegetation bei einem oft nur verschwindenden Höhenunterschied des Bodens von wenigen Zentimetern verursacht. Diese geringe Differenz in der Höhe der Standorte gegeneinander ist jedoch meist der Ausdruck einer tiefen inneren chemisch-physikalischen Verschiedenheit des Bodens. Als feinster Zeiger der Standortsverhältnisse spiegelt die Pflanzenwelt die wechselnde Mannigfaltigkeit des Bodens getreulich wieder: auf Solonetz in mosaikartigem Ineinanderwachsen und Assoziationskomplexen, auf Solontschaken in der Gürtelung der Pflanzengesellschaften um die Sodalachen.

Stocker hatte darauf hingewiesen, daß die Natur des Alkalibodens nicht in der ursprünglichen petrographischen Beschaffenheit des Untergrundes begründet liegt, sondern sekundär durch die Art und die Lagerung der oberen Schichten verursacht ist und auf eine Mächtigkeit von höchstens 2 bis 3 m in die Tiefe beschränkt ist.

Die beiden wesentlichsten und bestimmendsten Faktoren des Alkalibodens dürften folgende sein:

1. die Anhäufung von Alkalisalzen;
2. die hohe Dispersität des Bodens, namentlich des Solonetz.

In beiden Fällen ist das Na-Ion der Bodensalze von ausschlaggebender Bedeutung.

Natrium ist im Na_2CO_3 der Sodaböden enthalten, wie im $NaCl$ und Na_2SO_4 der Kochsalz- und Sulfatböden.

Von einem Alkaliboden spricht man, sobald die Menge der Na-Ionen im austauschbaren Basenkomplex 25 v. H. überschreitet, eine Zahl, die sich bis auf 70 v. H. erhöhen kann. Im Alkaliboden sind (nach Treitz 1933) gegenüber dem Steppenboden mehr austauschbare Mg-Ionen als Ca-Ionen, und mehr Na-Ionen als K-Ionen vorhanden; beim Steppenboden sind die Verhältnisse umgekehrt.

Das Na-Ion bewirkt eine Quellung der Bodenteilchen, und zwar steigend mit der Dispersität des Bodens. In feuchtem Zustande quillt der Boden zu einer zähen, schmierigen Masse auf, trocken versteinert er zu zementartigen, harten Klumpen. Die Vegetation unterliegt derart den extremsten Standortsschwankungen: bald herrschen „die Lebensbedingungen eines Sumpfes, bald die einer Wüste" vor (Stocker).

---

[1] In der vorliegenden Arbeit wurden der Kürze wegen häufig die Namen von Subspezies (nicht von Varietäten!) nicht voll ausgeschrieben, sondern durch ein Sternchen (*) abgekürzt. Diese in den Nomenklatur-Regeln nicht vorgesehene Form ist ebensowenig streng regelgerecht wie die binäre Schreibung von Subspezies!

Die beiden ursprünglichen Faktoren des Alkalibodens, nämlich der Reichtum an Alkalisalzen und die hohe Dispersität des Bodens, haben eine Reihe weiterer Eigenschaften des Alkalibodens zu Folge:

a) Der pH-Wert ist meist sehr hoch. Er geht z. T. parallel mit dem Sodagehalt und ist ein leidlicher Zeiger für den Sodagehalt des Bodens.

b) Eine osmotische Wirkung: Mit zunehmendem absolutem Salzgehalt und steigender Trockenheit erhöht sich die Bodensaugkraft (vgl. die Kurven bei Repp, S. 565).

c) Die Bildung einer Anreicherungsschicht (Akkumulationsschicht) im Solonetzboden, die von tiefgreifender Wirkung auf die Wasserbewegung des Bodens und auf die Bewurzelung der Pflanzen ist: sie verhindert das Eindringen des Niederschlagwassers in den Boden sowie das Aufsteigen des Grundwassers bis an die Oberfläche und stellt ein unüberwindliches Hindernis für die Wurzeln der meisten Pflanzen dar.

d) Die Wasserführung.

Der Boden wird physiologisch trocken:

α) Ein Teil des Bodenwassers wird als Schwarmwasser infolge der Quellung der Bodenteilchen festgehalten.

β) Durch die Verengung der Kapillaren wird der Wassernachschub erschwert. Deshalb ist das Bodenwasser zum großen Teil für die Pflanzen nicht nutzbar, wahrscheinlich erst bei einem Wassergehalt des Bodens, der 10 v. H. übersteigt (Stocker).

γ) Der dichte Oberflächenabschluß. Das Aufquellen der obersten Schichten verhindert das weitere Eindringen des Regen- oder Überschwemmungswassers. Der größte Teil des Niederschlagwassers läuft ab, sammelt sich in Mulden oder sonstigen kleinen Unebenheiten des Bodens zu Pfützen oder größeren Lachen und verdunstet, ohne wesentlich in den Boden einzusickern. So scheinen auch manche Lachen — wie etwa der Feldsee südlich Illmitz—nur von Regenwasser aufgefüllt zu werden und in keinem Zusammenhang mit dem Grundwasser zu stehen. Pozdena vertritt die Ansicht, daß überhaupt sämtliche Lachen von Tageswasser gefüllt werden und ohne jede Beziehung zu einer Grundwassereinströmung stehen.

Ein schönes Beispiel für die nahezu absolute Wasserundurchlässigkeit des Bodens berichtet Stocker aus der Hortobágy. Unter einer 20 *cm* tiefen Wasseransammlung nach einem Regen war der Boden nur 1—2 *cm* tief durchfeuchtet und nach wenigen Stunden war das Wasser wieder verdunstet. Von einem weiteren Beispiel ebenfalls aus der Hortobágy gibt er folgende Werte (Stocker 1929, S. 194):

0—2 *cm*	....	25,3 v. H. Wassergehalt/Trockengewicht
2—8 *cm*	....	8,9 v. H. Wassergehalt/Trockengewicht
100 *cm*	....	12,2 v. H. Wassergehalt/Trockengewicht

Noch extremere Werte wies eine von der *Pholiurus pannonicus-Plantago tenuiflora*-Ass. in wiesenartiger Erstreckung bedeckte Fläche an der Straße südlich der Langen Lacke bei Apetlon auf (vom 9. Mai 1939):

Wurzelhorizont, feuchter, schwarzer Boden .... 0—2 *cm*   15,6 v. H.
fast wurzelfreier, harter, kompakter Boden .... ab 2 *cm*   3,2 v. H.

Umgekehrt verhindert der dichte Abschluß der Oberfläche eine stärkere Austrocknung des tieferen Bodens. Die obersten Schichten blättern ab und werden steinhart, darunter liegt dann in wenigen Zentimetern Tiefe das feuchte Erdreich. Höfler 1937 (S. 360) gibt folgenden Wassergehalt für ein Profil in der *Puccinellia*-Fazies an:

0— 2 *cm*	...	21,8 v. H.
0— 7 *cm*	...	27,0 v. H.
20—27 *cm*	...	26,9 v. H.
30—37 *cm*	...	28,9 v. H.

Die Trockenrisse, die dem Abblättern der Oberfläche vorausgehen, vermögen die Wurzeln zu einem gewissen Grad mechanisch zu schädigen, vor allem jene der Oberflächenwurzler.

Die Verdunstung selbst wird teilweise von der Dichte des Vegetationsschlusses beeinflußt. Repp (1939, S. 565—568) berichtet von ihrem Standort *a*, der nur zu 20 v. H. von der Vegetation bedeckt war, einen Wassergehalt von 20 v. H. nach einem Morgenregen, der im Laufe des Tages auf 11 v. H. herabsank. An dem Standort *b* dagegen, der von der *Puccinellia-Aster*-Ass. bewachsen war, sank der Wassergehalt an sonnigen Tagen bis zum Abend nur um 1 v. H. gegenüber dem morgendlichen Werte!

e) Die schlechte Durchlüftung des Bodens bei geringer Luftkapazität und kleinem Porenvolumen. Vgl. Profile und Werte bei Repp und Höfler.

f) Der Wurzelwiderstand ist in dem hochdispersen, gequollenen Boden sehr hoch, vor allem im Akkumulationshorizont, der für die meisten Pflanzen ein undurchdringliches Hindernis nach unten und damit zum Grundwasser bildet.

Außerdem sind noch Nitrifikationsprozesse als eine Folge der Tätigkeit von Bodenbakterien zu erwähnen. Hiebei entstehende Nitrite könnten sich vielleicht pflanzenschädigend auswirken (Treitz 1926).

5. Die Bodentypen.

a) Solontschak.

Syn.: Salzböden bei Rapaics, nicht bei Keller (1926 = Solonetz!),
     Salzsümpfe bei Keller (1926),
     Szikesböden bei Vierhapper, irrtümlich mit Solontschak synonym gesetzt („natriumzeolithartige Kolloide" enthaltend = Solonetz),
     Sandpußta (Sodapußta) bei Soó (1933 c),
     Alkaliböden auf Sand bei Treitz (1927),
     Kalkhältige Sandalkaliböden bei Treitz (1933),
     Salzreiche, karbonathaltige Sodaböden (Alkaliböden) bei Scherf (1935),
     Sodaböden bei Treitz (1926); bei Vierhapper.

Das Wort „Solontschak" oder „Soloncak" setzt sich zusammen aus dem russischen Worte „sol", das heißt Salz (solon = salzig), und dem kirgisischen „chaki" (oder tschak, chack, cak), den weißen Salzausschwitzungen der Salzschlämme in den weiten Ebenen.

Die Endung „-etz" (oder „-ec") im Worte „Solonetz" (oder „Solonec", „ssolonjetz", pl. ssolontzy) ist eine im Russischen sehr häufig anzutreffende Endung ohne weitere Bedeutung. (Nach Woinoff, briefl., und Keller.)

Definition: Leichter, grobdisperser, sandiger Boden mit häufigen Salzausblühungen und hohem Gehalt an Natriumsalzen, ohne Horizonte und $CaCO_3$-reich.

Solontschakböden sind ihrer Entstehung nach älter als die Solonetzböden. Sie treten in den Niederungen der Sandgebiete auf, an Seeufern, an Lachenrändern, in den Überschwemmungsgebieten der Flüsse, überhaupt in Niederungen mit nahem Grundwasserspiegel. Im Frühjahr werden sie meist überschwemmt.

Voraussetzung für die Bildung von Solontschakböden ist ein an Natriumsalzen reiches Grundwasser und sandiger Boden in Gebieten mit trockenem Klima. Der sandige Boden ist wesentlich durch die stratigraphische Lagerung der Schichten bedingt. Ausgeprägte Bodenhorizonte fehlen (vgl. Scherf). Trockenrisse fehlen ebenfalls dem eigentlichen, sandigen Solontschak.

Das Grundwasser steht hoch, der Boden ist auch in den trockenen Hochsommern noch feucht. Überhaupt ist der Boden physikalisch und chemisch weitaus weniger extrem als der Solonetzboden, er ist weniger dispers und weist eine ungleich bessere Wasserversorgung auf. Salzgehalt, Sodagehalt und pH können teilweise gleich hoch mit den höchsten Werten des Solonetz werden, sind aber meist doch wesentlich geringer. Es ist dabei zu beachten, daß sich am Grunde der Sodalachen, die für das an sich sandige Solontschakgebiet so bezeichnend sind, ein feinkörniger Schlick ablagert, dessen physikalische Eigenschaften wesentlich ungünstiger sind als die des reinen Sandbodens und der in mancher Beziehung dem feinkörnigen Solonetz ähnelt, wenn auch dessen Profil (S. 23) gänzlich fehlt.

Als klassisches Beispiel eines Solontschakbodens sei das Profil der *Salicornia herbacea*-Ass. bei Keller (1926, S. 115) auf Chlor-Sulfatboden wiedergegeben (Ssarepta, IX. 1922):

	Feuchtigkeit	Cl	SO$_3$
Oberfläche ...	9,10	*3,005*	*7,982*
10 cm.......	23,10	0,593	2,096
20 cm.......	32,08	0,361	1,609
40 cm.......	35,80	0,334	1,154
60 cm.......	35,28	0,482	1,018
100 cm.......	31,78	0,472	1,013

Weitere Beispiele finden sich in dem in Frage kommenden Schrifttum bei: Rapaics 1927 c (S. 25), Pozdena 1932 (Profil 21), Wenzl 1934 (S. 463), Höfler 1937 (S. 357/8), Repp 1939 (Profil *b* und *C.*).

Infolge der starken sommerlichen Verdunstung steigt das salzhaltige Grundwasser durch Kapillarität bis an die Oberfläche und scheidet dort das mitgeführte Salz aus. Im Zusammenhang damit erreicht die Bodenoberfläche auf Solontschak auch die höchsten Werte an Gesamtsalzgehalt, Sodagehalt und pH, die nach der Tiefe zu gleichmäßig absinken, im Gegensatz zu der Salzanreicherung in der Akkumulationsschicht der Solonetzböden.

Das Ausblühen des Salzes beginnt bei einem Feuchtigkeitsgehalt des Bodens von 44 v. H. und endet bei 28 v. H. (Moser 1866). Beim Verdunsten einer reinen Salzlösung blühen einzelne Kristalle aus, bei Lösungen, welche Kolloide enthalten, überzieht eine dicke, zusammenhängende Salzkruste den Boden (Treitz 1926). Meist wird Na$_2$CO$_3$ als Sodaschnee abgeschieden, der auch zusammengekehrt und verwertet wurde: so im Zwischenstromland zwischen Donau und Theiß, vom Grunde der Salzseen (Treitz), am Neusiedler See vom Illmitzer Kirchsee. Soó erwähnt Ausblühungen von NaCl und Na$_2$SO$_4$ vom Klausenburger Becken (Soó 1927), Treitz (1926) aus dem ungarischen Tieflande solche von Salpeter.

Das Auftreten von Salzausblühungen ist an das Vorhandensein von kalkreichem Sand und darüber hinaus an die Sodalachen gebunden, an deren Rändern sie durch Aufsteigen und Verdunsten des Grundwassers, oder auf deren Grunde sie beim Austrocknen der Lachen auftreten. Salzausblühungen entstehen aber auch bei der Verdunstung des salzhaltigen Frühjahrswassers in Niederungen und Mulden.

Auf kleineren Erhöhungen des Bodens, auf den Spitzen kleiner Unebenheiten, die durch den Viehtritt hervorgerufen wurden, scheidet sich der erste Flaum ab, bis sich mit zunehmender Trockenheit schließlich der ganze Boden mit einer „Schneedecke" aus Soda überzieht. Meist wird das Salz auf einem Boden ausblühen, der nackt ist oder nur locker von der Vegetation bedeckt wird. Zur Zeit der hochsommerlichen Trockenheit bedeckt jedoch ein weißer Schimmer selbst die *Puccinellia*-Wiesen in feuchterem Gelände. Die vertrocknenden vorjährigen Stengel und Blätter, die niederliegenden Fruchtstengel der *Lepidium cartilagineum*-Pflanzen werden vielfach bis zur Spitze inkrustiert, an den einzelnen Pflanzenteilen steigt das Salz empor und im Frühjahr gedeihen selbst die empfindlichen Keimlinge inmitten des Sodaschnees. Wenig später bieten die frischgrünen, jungen saftigen Blätter von *Lepidium cartilagineum* ein hübsch kontrastrierendes Bild in der blendend weißen Fläche des Sodaschnees. Ein Regen schwemmt die ganze Pracht wieder in den Boden und der graue Zickboden tritt öde zutage. Aber am nächsten und übernächsten Tage zeigt sich bei trockenem Wetter bereits wieder der erste weiße Schimmer. Merkwürdigerweise fehlen den mit Salzausblühungen bedeckten Flächen vollkommen die Trockenrisse, die in der sommerlichen Hitze so bezeichnend sind für den Solonetzboden und den trockenen Schlick der Lachen.

Am schönsten und ausgeprägtesten treten Salzausblühungen in der *Lepidium cartilagineum*-Fazies auf, in schwächerem Maße im *Salicornietum*, im *Suaedetum maritimae*, selten in der *Plantago maritima*-Fazies des *Puccinellietum*. Vollkommen fehlen sie den Pflanzengesellschaften des dauernd feuchten Bodens, aber auch den Assoziationen des *Puccinellion limosae* auf Solonetzboden.

Im ungarischen Tieflande findet sich Solontschakboden allenthalben in den Vertiefungen der Sandgebiete am Neusiedler See (hier bezeichnend für den Charakter der Landschaft des Seewinkels), in der Süd-Slowakei nur bei Tardoskedd, im kalkarmen Nyirség, vor allem aber im Sandgebiet zwischen der Donau und der Theiß (*Praematricum*) (südlich von Budapest bis Kúnszentmiklós).

Außerhalb Ungarns werden Solontschakböden noch aus Rußland beschrieben, wo sie in den Grassteppen, vor allem aber in Wüsten und Halbwüsten auftreten, ferner aus Ägypten und aus Amerika.

Merkwürdig ist eine „Solontschakgeschwulst", wie sie Ţopa aus Nordrumänien abbildet (Topa, 1939a, Fig. 1). Eine ähnliche Erscheinung konnte ich in schwächerem Ausmaße in einer Sodamulde nordwestlich der Einsetzlacke bei Illmitz beobachten. Hier wölbte sich der Boden an einer begrenzten Stelle als eine flache, vegetationslose Linse empor. Erst an deren äußerem Rande siedelten kümmerliche Pflänzchen von *Suaeda maritima* (vgl. S. 118).

Vegetation auf Solontschak.

Die typische Solontschakpflanze der kontinentalen Salzstellen ist wohl *Lepidium cartilagineum*, das charakteristische Gras *Puccinellia salinaria*. Das *Puccinellion salinariae* ist als ganzes ein Verband des Solontschak, während das *Puccinellion limosae* ausschließlich Solonetzboden besiedelt. *Salicornia* und *Suaeda* treten an den kontinentalen Salzstellen im Solontschakgebiete auf. Schließlich ist hier die Ufervegetation der für dieses Gebiet charakteristischen Sodalachen zu erwähnen, vornehmlich die Gürtel von *Crypsis aculeata*, *Cyperus pannonicus* und auch von *Bolboschoenus maritimus*.

Keller beschreibt aus dem südrussischen Halbwüsten- und Wüstengebiete um und östlich des Kaspisees in einer „ökologischen Reihe" folgende Assoziationen mit zunehmendem Salzgehalt und zunehmender Feuchtigkeit:

    Obione verrucifera-Ass.
    Petrosimonia crassifolia-Ass.
    Halocnemum strobilaceum-Ass.
    Salicornia herbacea-Ass.

Aus der Hungersteppe Turkestans unterscheiden Sprygin und Popow (nach Braun-Blanquet) verschiedene Gesellschaften, die ebenfalls nach der Zunahme des Gehaltes der Böden an Feuchtigkeit und Salzen angeordnet sind (einzelne Assoziationen auch bei Großheim 1930 von Transkaukasien):

    Gesellschaft von *Anabasis salsa* (C. A. M.) Benth.
    Gesellschaft von *Artemisia maritima* L.
    Gesellschaft von *Salsola lanata* Pall.
    Gesellschaft von *Salsola crassa* M.B.
    Gesellschaft von *Suaeda arcuata* Bge.
    Gesellschaft von *Kalidium caspicum* (L.) Ung.-Sternb.
    Gesellschaft von *Halostachys caspica* (Pall.) Mey.
    Gesellschaft von *Halocnemum strobilaceum* (Pall.) Moq.
    Gesellschaft von *Salicornia herbacea* L.

b) Solonetz.

Syn.: Szikböden bei Rapaics, Soó, Scherf,
        Salzböden bei Keller (1926),
        Alkalipußta (Szikpußta) bei Soó (1933 c), Stocker,
        Alkaliboden auf Clay bei Treitz (1927),
        Alkalisteppenboden bei Stocker (1929),
        kalklose Tonalkaliböden bei Treitz (1923),
        ausgelaugte Alkaliböden bei 'Sigmond,
        salzfreie Alkaliböden bei Scherf (1937).

Definition: Gebundener, schwerer, hochdisperser, toniger Alkaliboden mit dreischichtiger Struktur (Akkumulationshorizont). Kalkarm, arm an Na_2CO_3, reich an natriumzeolithartigen Kolloiden, oft auch an Na_2SO_4 (nach Soó).

Soó unterscheidet auf Grund von 94 Analysen im Anschluß am 'Sigmond und Magyar vier Klassen der Zickböden (eigentlich: der Solonetzböden), und zwar nach dem Gesamtsalzgehalt, dem Sodagehalt, dem pH, der Saugkraft in der Wurzelschicht und nach der Pflanzendecke und ihren Assoziationen (vgl. S. 28).

Das Grundwasser liegt sehr tief und erreicht nicht die Oberfläche. Daher fehlen auch Salzausblühungen. Der Boden ist im Sommer sehr trocken und häufig von Trockenrissen zerklüftet.

Die Solonetzböden stehen heute nach Ansicht ungarischer Botaniker (Soó) an Stelle der früheren Sümpfe und Sumpfwälder.

Das Solonetzprofil.

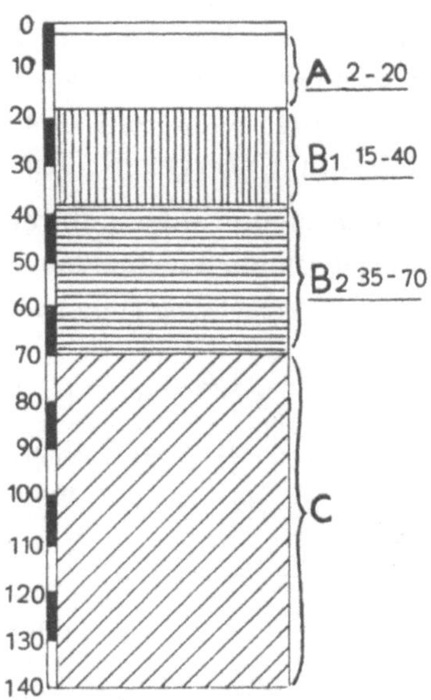

Abb. 2. Schema eines Solonetzprofils.

A. Oberflächenschicht.

Oberflächenschicht, 2—20 *cm* stark, poröse Humusschicht, nach Regen feucht und oft schmierig, salzarm.

Eluvialhorizont.

Die sandige Auflage ist oft von verschiedener Mächtigkeit; an den „Blindzickstellen" des *Camphorosmetum* tritt der Illuvialhorizont bis an die Oberfläche, es herrschen dann extremste Standortbedingungen vor. Bei Auskeilen der Oberflächenschicht oder durch zu tiefes Pflügen kommt der Zickboden zutage, es entstehen Flecken unfruchtbaren Bodens, sogenannte „Fenster".

Oft ist die Oberflächenschicht nur als Kruste ausgebildet. Keller (1926) unterscheidet nach der Stärke der Oberflächenschicht:

a) Tiefsäulenförmige Solonetzböden mit einem A-Horizont (Eluvialhorizont) in der Mächtigkeit von 10,5 bis 18 *cm*. (Der Begriff der Säulenschicht wird nachstehend bei der Besprechung des B-Horizontes erläutert.) Boden als Übergang zwischen Wüste und Halbwüste.

b) Krustensäulenförmige Solonetzböden mit geringer Ausbildung des A-Horizontes von einer schwachen Kruste bis zu einer Dicke von 3,5 *cm*. Wüstenboden.

B. Anreicherungshorizont.

Illuvialhorizont Klika; Wenzl.

B_1: Säulenschicht (Keller); Zwischenschicht (Keller); Illuvialschicht (Keller); Zickbodenschicht (Stocker). — In 15—40 *cm* Tiefe.

Außerordentlich dichter, schwerer Boden, der sich im Hochsommer durch vertikale Spalten in Prismen oder Säulen klüftet („Säulenschicht"), die in horizontaler Richtung durch Risse in kleinere kubische Stücke zerfallen. Die einzelnen Säulchen sind nach oben abgerundet und von einem schwachen, weißlichen Überzug aus Salzen der Oberschicht bedeckt. Bei Regen verliert der Boden seine Struktur und wird klumpig und schmierig. Die Schicht ist salzarm im Gegensatz zu B_2, weist aber ansonsten alle typischen Eigenschaften des Alkalibodens in gleicher Weise auf: höchste Dispersion, größte Quellung und schlechte Durchlüftung bei kleinem Porenvolumen und geringer Luftkapazität.

Die Säulenschicht stellt bereits ein unüberwindliches Hindernis für die Wurzeln der meisten Pflanzen dar und begrenzt als Quellkörper das Eindringen des Regenwassers in die Tiefe, vor allem aber das kapillare Aufsteigen des Grundwassers. Sie entspricht wohl der „Tonsteinbank" („hardpan") bei Treitz.

B_2: Akkumulationsschicht: Salzschicht, in 35—70 *cm*.

Dunkler bis schwarzer, bröckeliger, harter Boden mit gleichen Eigenschaften wie B_1, jedoch mit den höchsten Werten an pH, Soda und Gesamtsalzgehalt.

B_3: Übergangsschicht: zum Untergrund (Mutterboden).

C. Mutterboden: Heller, oft gelber Lehm oder kalkreicher Löß mit Kalkinkrustationen.

Grundwasser: Oft sehr tief, nach Treitz bei 4—5 *m*.

Ein Solonetzprofil aus der forstlichen Versuchsanstalt in Püspökládany auf Abb. 3 zeigt den folgenden Aufbau:

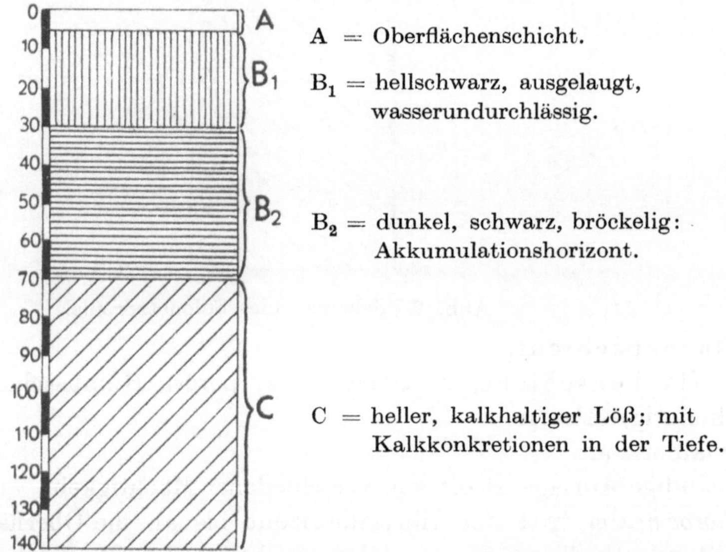

A = Oberflächenschicht.

B_1 = hellschwarz, ausgelaugt, wasserundurchlässig.

B_2 = dunkel, schwarz, bröckelig: Akkumulationshorizont.

C = heller, kalkhaltiger Löß; mit Kalkkonkretionen in der Tiefe.

Abb. 3. Solonetzprofil aus der Forstlichen Versuchsanstalt zu Püspökládany.

Schließlich noch ein Solonetzprofil von den südrussischen Chlor-Sulfatböden aus Keller (1926, S. 1157), das die *Artemisia pauciflora-Camphorosma monspeliaca*-Ass. trägt (Ssarepta, IX. 1912):

	Feuchtigkeit	Cl	SO_3
Oberfläche ...	3,3		
1—4 *cm*		0,005	0,025
10 *cm*	13,9		
15 *cm*		0,040	0,007
20 *cm*		0,128	0,006
30 *cm*	10,3	0,187	0,30
45 *cm*		*0,260*	*0,388*
60 *cm*		0,214	0,166
90 *cm*		0,202	0,051
100 *cm*	9,0		

Nach der Art der Einsalzung des Akkumulationshorizontes unter der Säulenschicht unterscheidet Keller (1930) verschiedene Typen der russischen Solonetzböden:

1. die nördlichsten Säulensolonetzböden ohne nennenswerte Mengen mineralischer oder organischer Salze;

2. südlich davon Solonetze mit Anreicherung von Soda: der Sodatyp;

3. der schwefelsaure Sodatyp mit bedeutenden Mengen von Sulfaten in der mittleren und südlichen Tschernosjem-Zone;

4. der chlor-schwefelsaure Typ in Halbwüsten mit hohem Gehalt an Chloriden.

Weitere Beispiele von Solonetzprofilen finden sich im Schrifttum bei den folgenden Autoren: Klika 1937 (S. 408 oben, Abb. S. 409), Rapaics 1927 c (S. 23), Magyar 1928 (Profile S. 39, 41, 43, 45), Stocker 1929 (S. 192, 194), Stocker 1930 (S. 37), Repp 1939 (Profil A, S. 562/566).

In der ungarischen Tiefebene liegen die weiten Flächen der Hortobágy-Pußta über Solonetzboden. (Die Pußta Bugacz im Donau-Theiß-Gebiet ist aber sandiger Boden!) Neben diesem ausgedehntestem Vorkommen findet sich Solonetzboden in der Nyirség, in der Jászság von Ujszász bis Jászapáti, im Gebiete der Komitate Arad, Bihar und Topontal, in der Süd-Slowakei, mit Ausnahme von Tardoskedd, und teilweise am Neusiedler See (südlich und östlich von Apetlon).

In Rußland treten Solonetze vor allem in den Halbwüstengegenden Südrußlands und in den turkestanischen Wüsten auf (Keller).

Chemismus der Solonetzböden.

(Nach Stocker, 1929.)

„Die stark alkalische Sodalösung des Bodenwassers wirkt auf Kolloide peptisierend. Sowohl die Humusbestandteile wie die kolloiden Fe-, Al- und Si-Verbindungen gehen in Lösung und werden ausgewaschen. ... Die Auswaschung erfolgt aber in den Szikböden zu einem großen Teil nach oben hin im Gegensatz zu den meist sandigen Podsolböden, wo die starken Niederschläge die gelösten Kolloide nach unten führen." Diese Auswaschung nach oben hin steht in ursächlichem Zusammenhang mit der schlechten Wasserdurchlässigkeit des Bodens und der sommerlichen Trockenheit, die eine Aufwärtsbewegung der Salzlösungen bewirkt. Niederschläge vermögen wenig bis gar nicht in den Boden einzudringen und schwemmen die nach oben hin ausgelaugten Salze wieder weg.

„Durch die Wegführung der Kolloide wird aber die Beschaffenheit des Bodens in chemischer und physikalischer Beziehung grundlegend verändert. In chemischer zunächst dadurch, daß mit der Fortführung der Bodenkolloide des Aluminiums und Siliziums die sogenannten ‚Austausch-Zeolithe‘ verloren gehen, die für die Bindung der wichtigen Pflanzennährsalzjonen von größter Bedeutung sind; die Auslaugung des Bodens wird dadurch weiter gefördert. In physikalischer Hinsicht findet eine sehr dichte Lagerung, eine ‚Verschlämmung‘ des Bodens statt, das Gegenteil der ‚Krümelstruktur‘ der guten Schwarzerdeböden, in denen die Neutralsalze koagulierend wirken. Die ausgelaugte Zickbodenschicht (B_1) verhält sich wie ein Quellkörper, der bei Berührung mit Wasser zwar aufquillt, aber das Wasser nur sehr langsam durchläßt. Dem Regenwasser wird so das Eindringen in den Boden, dem Grundwasser der Aufstieg verwehrt." — Dies ist der wesentliche Unterschied in der Wasserbewegung des Bodens gegenüber dem sandigen Solontschak, dessen quellbare Kolloide zu gering sind, um die größeren Poren des Sandes zu verkleben (Treitz 1926). Diese Zickbodenschicht mit den Eigenschaften eines Quellkörpers verhält sich auch sonst wie ein kolloidaler Körper: sie entzieht den Salzlösungen — in diesem Falle dem aufsteigenden salzreichen Grundwasser — das Wasser, quillt selbst auf und bewirkt das Abscheiden der Salze an ihrer unteren Grenze. So entsteht unterhalb der an sich salzarmen Zickschicht eine Anreicherung von Salzen des aufsteigenden Grundwassers: die Akkumulationsschicht oder Salzschicht (B_2), das Kennzeichen des Solonetzbodens (Keller: „Böden mit verborgener Einsalzung").

Die meisten Bodenkundler ('Sigmond, Russel, P. Keller, Kyntera) sehen die Ursache der Bildung der Akkumulationsschicht allerdings nicht in der Ablagerung von Salzen, die mit dem Grundwasser von unten nach oben geführt wurden, sondern fassen sie als eine Anreicherung von Salzen auf, die von oben her nach unten eingewaschen wurden.

Im Zusammenhang mit dieser Ansicht werden auch die Solonetzböden in ihrer Entstehung vom Solontschak abgeleitet, die durch Absinken des Grundwasserspiegels — natürlich oder künstlich — vom Regenwasser ausgewaschen wurden. Später wurden Oberflächensalze in den Boden eingeschwemmt und die obere Bodenschicht ausgelaugt. Es bildet sich eine Anreicherungsschicht, die Akkumulationsschicht, in der sich die eingewaschenen Salze stauen und die das weitere Eindringen in tiefere Schichten und das Wegführen der Salze verhindert. Im Zuge der Auswaschung werden mehrfach Übergänge beobachtet, die entstehen, wenn der Auswaschung von oben nach unten ein kapillares Ansteigen des Grundwassers entgegenwirkt. Russel (1936) unterscheidet drei Stadien in der fortschreitenden Solontzierung: 1. Schwarzalkaliböden (Black alkali-soils), 2. den typischen Solonetz und 3. den Solod (Solotj) als Endstadium zwischen Solontschak und eigentlichem Solonetz.

Dieser Auslaugungstheorie der Bodenkundler steht die Ansicht von Scherf gegenüber, der den entscheidenden Faktor in der ursprünglichen stratigraphischen Lagerung der Schichten sieht. Die unteren blauen Töne des Pliozän bewirken durch ihre muldenartige Lagerung und ihre Wasserundurchlässigkeit die Ansammlung salzreichen Wassers in Lachen. Diese Lachen sind eingebettet in „Erosionsvertiefungen einstiger höherer Seestände" in den Schotterablagerungen der pleistozänen Niederterrasse, die oberhalb der pliozänen Schichten gelegen sind. Diese wasserdurchlässigen pleistozänen Schotter und Sande sind stark versalzt und karbonathältig. Sie stellen die eigentliche „Sodafabrik" dar. Darüber liegen häufig fluviatile, sandig-schlammige und wasserdurchlässige holozäne Auflagerungen. Diese reagieren ursprünglich sauer und sind Na-frei. Dort, wo diese holozäne Auflagerung fehlt, finden sich die Verhältnisse des Solontschakbodens. Liegen aber holozäne Schichten in einer gewissen Mächtigkeit über den salzreichen Pleistozänen, so werden mit dem Grundwasser die Salze kapillar hochgesaugt; die unmittelbar an der Trennungslinie liegenden Holozänschichten werden am stärksten versalzt, allmählich undurchdringlich und hemmen das weitere Aufsteigen der Salze nach oben. Der Salzhorizont im Solonetz entspricht demnach „nicht einem Akkumulationshorizont in einem Auslaugungsprofil, sondern einer Anreicherung kapillar gehobener Salze an der Trennungsfläche des Pleistozän und des Holozän".

Scherf erklärt damit anscheinend zwanglos das dichte Nebeneinander von ausgelaugten Zickböden (Solonetzen) und salzreichen Sodaböden (Solontschaken) als eine Folge der verschiedenen Mächtigkeit, bzw. des Fehlens der holozänen Auflagerung.

Vegetation auf Solonetz.

Camphorosma annua ist die typische Solonetzpflanze des ungarischen Tieflandes, das *Camphorosmetum annuae* die typische Solonetzassoziation auf den „Blindzick"-Stellen. Mit dem *Puccinellietum limosae* und der *Pholiurus-Plantago tenuiflora*-Ass. des Szikfok bildet es den für Solonetzboden bezeichnenden Verband des *Puccinellion limosae*. Auf salzärmeren Bänkchen gedeiht das *Staticeto-Artemisietum monogynae*.

Keller erwähnt in seiner „ökologischen Reihe" folgende Assoziationen aus dem aralo-kaspischen Wüstengebiet:

Kochia prostrata-Camphorosma monspeliaca-Ass.

Artemisia pauciflora-Camphorosma monspeliaca-Ass.

Nanophytum erinaceum-Ass.

Und nach Feuchtigkeit, Salzgehalt und Boden als Übergang zum Solontschak:

Anabasis salsa-Ass.

Atriplex canum-Ass.

6. Die ursächlichen Faktoren der Verschiedenheit der Pflanzengesellschaften.

Bojko (1934) sieht die Ursachen der Zonation (namentlich der Sandgesellschaften) in der „festbegrenzten Beziehung von ganzen Artgruppen" zur Höhe des Grundwasserspiegels. (Ebenso Wenzl im Anschluß an Bojko.) Es scheint jedoch nicht angängig, einen einzelnen Faktor aus einem ganzen Faktorenkomplex herauszugreifen. Ebenso könnte man die Verteilung der Pflanzengesellschaften durch irgend einen anderen Faktor, wie etwa den Salzgehalt oder Feuchtigkeitsgehalt des Bodens, erklären und ökologische Reihen aufstellen, wie es etwa Keller für die Salzpflanzengesellschaften des südlichen Rußland getan hat (S. 22 u. 26). Allerdings erhält man bei einer Anordnung der Pflanzengesellschaften nach der Entfernung vom Grundwasserspiegel als wirksamen Faktor die elegantesten und äußerlich bestechendsten derartigen Reihen. Die Bojko'sche Anordnung der Pflanzengesellschaften nach der Grundwasserhöhe wäre überhaupt nur in der Form anwendbar, daß man die Pflanzengesellschaften nach der Erhebung über ein absolutes Niveau, etwa einen durchschnittlichen Lachenspiegel, anordnet, da man von einem überall gleichhohen Grundwasserniveau überhaupt nicht sprechen kann. Die verschiedene Lagerung wasserundurchlässiger Schichten bedingt ein weitgehendes Schwanken in der Höhe des Grundwasserspiegels. Darüber hinaus müssen aber immer noch andere Faktoren, vor allem die Struktur des Bodens, berücksichtigt werden.

Die Untersuchungen von Eggersmann (bei Tüxen 1940) bestätigen die Bedeutung des Grundwassers für die Vegetation auf sandigem Boden, während auf Tonboden das Regenwasser von entscheidender und alleiniger Bedeutung für den Wasserhaushalt der Vegetation wird. Auch der verschiedene Salzgehalt der Lachen verursacht eine gänzlich verschiedene Zusammensetzung ihrer Ufervegetation („weißer Seen" und „schwarzer Seen") und das Auftreten einer Süßwasserquelle im salzigen Bereich, wie z. B. an der Einsetzlacke bei Illmitz, bewirkt eine völlig veränderte Vegetation in gleicher Höhe über dem Grundwasserspiegel.

Darüber hinaus haben die Untersuchungen von Scherf (bei Höfler 1937) das stellenweise Vorhandensein zweier Grundwasserhorizonte gezeigt, eines salzreicheren oberen und eines ausgesüßteren unteren Grundwassers. Meist sind beide Horizonte durch wasserundurchlässige Schichten voneinander getrennt. Beim Auskeilen oder Fehlen dieser Trennungsschicht vermischt sich jedoch das unter Druck stehende untere Grundwasser mit dem salzreicheren oberen und bewirkt auf diese Weise eine Aussüßung, die sich in einer oft scharfen Trennungslinie in der Vegetation der Lache auswirkt. Scherf kommt auf Grund seiner Untersuchungen in Berichtigung der Bojko'schen Hypothese zu dem Ergebnis, daß „sich nicht nur die Niveauhöhe des Grundwassers, sondern auch dessen Chemismus, ja vielleicht sogar dieser in erster Linie auf die Vegetations- und Faunenzusammensetzung auswirkt" (bei Höfler 1937, S. 341). Scherf sieht also immer noch das Grundwasser als den entscheidenden, vegetationsbedingenden Faktor an.

Der naheliegendste Faktor für eine ökologische Einteilung und Bewertung der Salzpflanzengesellschaften wäre der Salzgehalt des Bodens. Aber auch dieser wirkt nicht als allein ausschlaggebend. So verlangen unter den Zickarten etwa *Festuca pseudovina* und *Agrostis alba* ähnlichen Salzgehalt, weisen aber einen gänzlich unterschiedlichen Feuchtigkeitsgehalt des Bodens auf. *Agrostis* wiederum gedeiht unter Feuchtigkeitsbedingungen wie *Puccinellia*, meidet aber völlig die stark alkalischen Böden dieser Assoziation. Das *Camphorosmetum* schließlich und *Lepidium cartilagineum* stehen gleicherweise auf Böden mit extremstem Salzgehalt, sind aber nach der Struktur des Bodens streng voneinander geschieden. *Camphorosma annua* ist eine typische Solonetzpflanze, *Lepidium cartilagineum* charakterisiert die sandigen Solontschake.

Feuchtigkeit und Salzgehalt des Bodens stehen in keinem näheren proportionalen Verhältnis zu einander. Darüber hinaus vermögen Pflanzen, die auf Sand siedeln, höhere Mengen von Alkalisalzen zu ertragen als solche auf tonigem Boden unter ungünstigeren physikalischen Bodenbedingungen.

Es geht also nicht an, einen einzigen Faktor oder einige wenige aus einem Faktorengemisch herauszugreifen und allein dadurch einen Standort zu definieren. Auch die „ökologischen Reihen" bei Keller vermögen nicht sämtliche Salzpflanzengesellschaften seines Gebietes in einer linearen Folge anzuordnen, sondern sind nur jeweils für bestimmte Bereiche gültig.

Ein Standort ist eben nie durch einen Faktor allein bestimmt, sondern durch das Zusammenwirken verschiedenster Faktoren, die in mannigfaltiger Wechselwirkung und in jeweils verschiedenem Ausmaße am Zustandekommen der einzelnen Standortsverhältnisse beteiligt sind.

Als derartige Faktoren, die in ihrer gegenseitigen Wechselwirkung den Standort und damit auch die Verteilung der Alkaligesellschaften bestimmen, können die nachstehend aufgeführten gelten, wenn man dabei von den großen klimatischen, geologischen und orographischen Faktoren absieht.

1. Die Struktur des Bodens: Die ursprüngliche, stratigraphische Lagerung (wesentlich vor allem bei den Überlegungen von Scherf); von entscheidender Bedeutung die Dispersität des Bodens — Sand oder Ton —; davon abhängig die Durchlüftung und Wasserführung des Bodens; die Bildung eines Akkumulationshorizontes im tonigen Solonetzboden.

2. Die Wasserbilanz des Bodens: Der Feuchtigkeitsgehalt des Bodens; die Wasserführung des Bodens, bedingt vor allem durch Dispersität und Grundwasserhöhe; die Höhe des Grundwassers und seine Zusammensetzung; das Auftreten und die Dauer periodischer Überflutungen.

3. Der Salzgehalt des Bodens: Der Gesamtsalzgehalt — seine Menge; seine Anreicherung in Akkumulationshorizonten; seine Zusammensetzung, vor allem der Gehalt an Na-Salzen (Sodaböden und Chlorid-Sulfatböden); die Wasserstoffzahl (pH-Wert); die Bodensaugkraft; die Tätigkeit von Bakterien bei starker Versalzung.

Die Neigung des Bodens und die Exposition spielen in diesem flachen Gelände eine geringe Rolle (bloß bei *Camphorosma annua* und *Artemisia maritima*) oder sind gänzlich bedeutungslos. Sämtliche Salzpflanzengesellschaften unseres Gebietes wachsen auf ebenem bis schwach geneigtem Boden. Die Beweidung ist unmittelbar von geringerer Bedeutung und beeinflußt nur den Standort weniger Gesellschaften.

Demnach erscheinen als wesentliche Faktoren: Die **Struktur des Bodens**, seine **Wasserbilanz** und sein **Salzgehalt**. Nach dem unterschiedlichen Zusammenwirken dieser Hauptfaktoren sollen im folgenden Kapitel die Standorte der Pflanzengesellschaften der pannonischen Alkaliböden abgegrenzt und beschrieben werden.

7. Der Standort.

Rapaics gliedert die Standorte der Salzpflanzengesellschaften nach der Morphologie der Bodenoberfläche, wesentlich im Hinblick auf die überschwemmende und erodierende Wirkung des Wassers der Sodalachen. Seine Einteilung hat demnach in erster Linie für Solontschakgebiete Gültigkeit — an denen sie erstellt wurde — und ist auf die Vegetation der Solonetzböden schwerer zu übertragen. Er unterscheidet:

1. **Rücken oder Uferrand** (Parttetö, hát): Steppe;
2. **Bänkchen** (Padka): *Pseudovinetum*;
3. **Abtragsraum** (fok, szikfok): *Camphorosmetum annuae*;
4. **Überschwemmungsraum** (Ártér): *Caricetum distantis, Puccinellion salinariae*;
5. **Wellenraum** (Hullántér): *Juncion Gerardi, Scirpetum maritimi*;
6. **See** (Viszint): *Phragmites communis*-Fazies.

Treitz gibt eine Gliederung nach der Struktur des Bodens und eine weitere Unterteilung wesentlich nach Salzgehalt und Feuchtigkeitswerten. (Die ,,Alkaliböden auf Sand" entsprechen hiebei den Solontschaken, die ,,Alkaliböden auf Clay" den Solonetzen.) Er unterscheidet im einzelnen:

A. **Alkaliböden auf Sand:** (im zentralen Teil der Tiefebene kalkreich, im Nyirség kalkfrei).
   1. **Steppe;**
   2. **Schmaler Saum** von *Lepidium cartilagineum*;
   3. **Kurze Zeit wasserbedeckt:** *Agrostis alba*-Ass.;
   4. **Im Frühjahr wasserbedeckt**, später mit Salzausblühungen: *Puccinellietum limosae*;
   5. **Lachenboden:** *Puccinellietum limosae, Suaedetum maritimae*.

B. **Alkaliböden auf Clay.**
   a) **Auf kalkigem Clay:** ähnlich in der Vegetation dem Sandboden, vor allem das kalkholde *Lepidium cartilagineum*;
   b) **auf kalklosem Clay:** Terrassen (1—3) und Niederungen (4).
   1. **Fruchtbarer Zick:** *Cynodon-Lolium perenne*-Ass.;
   2. **Bänkchen:** *Pseudovinetum*;
   3. **Kahle Alkaliflächen:** *Camphorosmetum annuae*;
   4. **Niederungen:** *Alopecurus*-Ass. und *Beckmannia*-Ass.

Soó gliedert die Böden der Hortobágy im Anschluß an 'Sigmond und Magyar nach ihrer Güte in je vier Klassen nach trockenem, bzw. feuchtem bis nassem Gelände. Der Boden der Hortobágy ist ein Solonetzboden, daher hat diese Einteilung auch für Solonetzböden Gültigkeit und entspricht im wesentlichen den ,,Alkaliböden auf Clay" bei Treitz. Soó unterscheidet nach Gesamtsalzgehalt, Sodagehalt, pH und Saugkraft sowie den Assoziationen:

I. Auf trockenem Boden.

1. **Klasse:** *Lolium perenne-Cynodon dactylon-Poa pratensis angustifolia*-Ass.;
2. **Klasse:** *Festucetum pseudovinae achilleosum* (= *Festuca pseudovina-Centaurea pannonica*-Ass.);
3. **Klasse:** *Festucetum pseudovinae artemisiosum* (= *Staticeto-Artemisietum monogynae*);
4. **Klasse:** *Camphorosmetum annuae*.

II. Auf nassem oder zeitweise übermäßig durchfeuchtetem Boden.

1. **Klasse:** *Agrostis alba*-Ass. und *Alopecurus pratensis*-Ass.;
2. **Klasse:** *Agrostis alba*-Ass. und *Alopecurus pratensis*-Ass.;
3. **Klasse:** *Agrostis alba-Beckmannia erucaeformis*-Ass.;
4. **Klasse:** *Puccinellietum limosae*.

Ich selbst unterscheide in Anlehnung an die vorliegende bodenmäßige Gliederung von Treitz und die wohl mehr morphologische von Rapaics eine Reihe von Standorten auf

Solonetzboden und eine Reihe auf Solontschak. Dabei stimmen die Standorte auf Solontschak weitgehend mit der Zonierung um die Sodalachen überein. Im folgenden die von mir (*Wendelberger*) unterschiedenen Standorte mit ihrer entsprechenden Vegetation.

I. Solonetzreihe.

1. Rücken: Trockenrasen.
2. Bänkchen: *Staticeto-Artemisietum.*
3 a: Blindzick: *Camphorosmetum annuae.*
4 a: Szikfok: *Puccinellietum limosae* s. lat.
5. Niederungen (Lápos): *Agrostideto-Beckmannietum.*

II. Solontschakreihe.

1. Rücken: Trockenrasen.
2. Bänkchen: *Staticeto-Artemisietum.*
3 b. Lachensaum: *Caricetum distantis.*
4 b. Überschwemmungsraum: *Puccinellion salinariae,* bzw. *Juncetum articulatae,* bzw. *Magnocaricion.*
5. Niederungen (Lápos): *Juncetum Gerardi.*
6. Wellenraum: *Scirpetum maritimi.*
7. Strand: *Suaedetum maritimae, Crypsidetum aculeatae, Cyperetum pannonici.*
8. Sodalache: *Parvipotameto-Zannichellietum pedicellatae.*

I. Solonetzreihe.

Syn.: Alkaliböden auf Clay bei Treitz.

1. Rücken.

Syn.: Rücken oder Uferrand (Rapaics); fertile szik (Treitz); Parttetö, hát (Rapaics).

Höchstgelegene Bodenlage über den eigentlichen Alkalischichten in 30—60 *cm* Tiefe, dunkelbraun, salzfrei und humusreich (5—6 v. H. Humusgehalt), Steppenboden, manchmal sandig, vielfach eine Art Schwarzerde, tschernosiom-ähnlich, fruchtbarster Teil der sandigen Distrikte Ungarns und bevorzugt geeigneter Boden für Getreidebau, besonders für Weizen; trockenere Böden I. Klasse bei So ó. Auflage fertilen Bodens über dem unfruchtbaren eigentlichen Alkaliboden und anscheinend gleicherweise über sandigem wie über tonigem Alkaliboden. Am Neusiedler See von hohem Kalkgehalt.

Bodenchemie nach Treitz: Die Sandporen sind ausgefüllt mit Ca-, Mg- und Na-Karbonaten; das CO_2 des Regenwassers löst das Na_2CO_3 und gibt mit dem Humus eine dicke Emulsion, die von den oberen Schichten absorbiert wird und diesem die dunkle Farbe verleiht.

Vegetation: Trockenrasen, „Steppe".

2. Bänkchen.

Syn.: Bänkchen (Rapaics; So ó); Padka, Padkás szik (Rapaics, Treitz).

Leicht erhöhte, von den tieferen Alkaliböden mit einer ausgeprägten, 5—30 *cm* hohen Wand abgesetzte Flächen von größerer Ausdehnung oder in kleineren, oft inselartig in die Alkaliböden eingestreuten Bänkchen, meist als sandige Auflage über den eigentlichen Alkalischichten ähnlich den Böden der Trockenrasen (vgl. diese); bereits mit schwachem Salzgehalt und geringerem Humusgehalt (3—4 v. H.) und Übergang zwischen den nichtsalzigen und den Alkaliböden, von hellbrauner Farbe. Trockener Boden II. und III. Klasse bei So ó. Bedeckt nach So ó den größten Teil der einstigen Überschwemmungsgebiete. Steppenboden, liefert mit minder ergiebigen Trockenrasen die Flächen der Hutweiden.

Vegetation: Auf besserem Boden die *Festuca pseudovina — Centaurea pannonica*-Ass. (das *Achilleeto-Festucetum pseudovinae* der ungarischen Autoren), auf stärker versalzten

Böden das *Staticeto-Artemisietum monogynae* (das *Artemisieto-Festucetum pseudovinae* der Ungarn); Álkalisteppe (Máthé 1939); Szikespußta (Ujvárosi).

3 a. Blindzick.

Syn.:   Blindzick (Soó), Vakszik (Ujvárosi), „Kahle Alkaliflächen" (Treitz).

Stärkst versalzte, ödeste Böden von hoher Dispersität, im Frühling kaum wasserbedeckt (Wasser nach Treitz alkalisch, aber ohne Alkalisalzgehalt), im Sommer völlig ausgetrocknet; in linsenartigen Vertiefungen des höher gelegenen Geländes (Blinkzick); an den Lehnen der Bänkchen. Trockener Boden IV. Klasse bei Soó.

Vegetation: *Camphorosmetum annuae*; Alkaliwüsten (Máthé 1939 p. p.). — Manchmal wächst an ähnlichen, entsprechenden Standorten auf sandigem Boden *Lepidium cartilagineum*, jedoch tiefer als das *Camphorosmetum* und das *Caricetum distantis*.

4 a. Szikfok.

Syn.:   Szikér (Soó 1933 d).

Stark versalzte Flächen, die im Frühling überschwemmt und naß sind, im Laufe des Sommers völlig austrocknen und nach Regenfällen vorübergehend aufquellen. Feuchte Böden IV. Klasse nach Soó. Entspricht dem Überschwemmungsraum (Nr. 4 b) am Ufer der Salzlachen.

Vegetation: *Puccinellietum limosae; Suaeda maritima* und *Salicornia europaea* kommen hin und wieder inselartig eingestreut vor; an degradierten Stellen das *Hordeetum Hystricis*; an den Wasserläufen und den oft schmalen, zungenartigen Abflußrinnen und Bänkchen des Szikfok (Szikfok-Kehlen) die *Pholiurus-Plantago tenuiflora*-Ass.; in den Wasserläufen des Szikfok die *Ranunculus aquatilis-polyphyllus*-Ass. Soó 1933 d.

5. Niederungen.

Syn.:   Niederungen (Treitz), Lápos, Wellenraum z. T. (Rapaics).

Nasse Niederungswiesen auf schwach salzhaltigem Boden, im Frühling bis in den Sommer hinein von salzarmem und humusreichem Wasser bedeckt; fruchtbar und heute vielfach kultiviert an Stelle früherer Wiesen und Sümpfe. Auf Sand wie auf tonigem Boden. Feuchte Böden I. bis III. Klasse bei Soó.

Vegetation: Gesellschaften des *Agrostideto-Beckmannietum*-Komplexes; (nach Treitz *Agrostis alba*-Ass. auf Sand und auf tonigem Boden die *Alopecurus*-Ass. im Frühling, bzw. *Beckmannia*-Ass. im Herbst). Salzwiesen.

II. Solontschakreihe.

Syn.:   Alkaliboden auf Sand (Treitz).

1. Rücken: Wie über tonigem Boden.

2. Bänkchen: Soweit ausgeprägt, wie über tonigem Boden.

3 b. Lachensaum: Oberer Uferbereich.

Am Rande der Salzlachen, wo der Schotter des Untergrundes zwischen der Sand- und Zicklage des Lachenbodens und der beginnenden Sandauflage der Rücken oder Bänkchen zutage tritt.

Vegetation: *Caricetum distantis*.

4 b. Überschwemmungsraum: Unterer Uferbereich.

Syn.:   Überschwemmungsraum (Rapaics), Ártér (Rapaics).

Entspricht dem Szikfok Nr. 4 a des tonigen Bodens. Umgürtet die Salzlachen und steht im Frühjahr unter Wasser. Häufige Salzausblühungen, namentlich in den höheren, von der *Lepidium cartilagineum*-Fazies bedeckten Teilen, in kleinen Pfannen und am Abtragsraum: wo Abtragung und aufsteigende Feuchtigkeit aneinander grenzen (Abtragsraum oder „fok" bei Rapaics).

Vegetation: *Puccinellion salinariae*; hin und wieder *Suaeda maritima*, nackte Sodaflecken umgrenzend.

Auf brackigem Boden tritt im Überschwemmungsraum das *Juncetum articulatae* auf, auf ausgesüßtem Boden Gesellschaften des *Magnocaricion* in der glykischen Verlandungsserie.

5. Niederungen.

Wie auf tonigem Boden, vielleicht mit Unterschieden in der Vegetation: *Agrostideto-Glycerietum Soó* in Ungarn? Am Neusiedler See: *Juncetum Gerardi*.

6. Wellenraum.

Syn.: Wellenraum (Rapaics), Hullántér (Rapaics).

Bis tief in den Sommer hinein stets überschwemmter Spülraum der Wellen an den Rändern der Salzlachen, nur in heißen Sommern vorübergehend austrocknend, an den tieferen Stellen ständig wasserüberflutet. Anscheinend vorwiegend an den Ufern der „Schwarzen Seen".

Vegetation: *Scirpetum maritimi*.

7. Strand.

An den flachen Ufern der Salzlachen, im Frühjahr stets von der Lache überschwemmt, teilweise erst spät im Sommer trockenliegend, bei den flachen Ufern oft weite Strecken bedeckend. Boden sandig oder schlickig. Anscheinend vorwiegend am Ufer der „Weißen Seen" ausgeprägt.

Vegetation: *Suaedetum maritimae, Crypsidetum aculeatae, Cyperetum pannonici*.

8. Sodalachen:

Syn. See, Viszint (Rapaics).

Ständig wasserbedeckt; flache, nur selten gänzlich austrocknende Lachen.

Vegetation: *Parvipotameto-Zannichellietum pedicellatae*.

8. Zur Ökologie des Standortes.

Die ökologischen Werte sind — mit Ausnahme der Struktur des Bodens — unbeständig und schwanken im jahreszeitlichen Ablauf und im Gefolge der verschiedenen Jahre. Frühjahrswerte sind vollkommen verschieden von den sommerlichen Werten und ein nackter Sodafleck ist im Frühjahr feuchter als das *Puccinellietum* im Sommer.

Die jährlichen Schwankungen namentlich der pH-Werte wurden für Alkaliboden von Ujvárosi untersucht. Es ergibt sich daraus, daß Einzelwerte ziemlich bedeutungslos sind, daß sich aber aus den Durchschnittswerten eines ganzen Jahres ein deutliches Gefälle und eine deutliche Unterscheidung erkennen läßt, ebenso aus den Differenzen zwischen Maximum- und Minimumwerten. Die Spannweite der pH-Werte zwischen Maximum und Minimum zeigt eine deutliche Verschiebung für die einzelnen Gesellschaften (vgl. Ujvárosi, Taf. I, S. 173).

Die ökologischen Werte sind in gewissen Grenzen nur als relativ anzusehen und nur in Beziehung zueinander brauchbar. Es ist jedoch anzunehmen, daß dieses feststehende Verhältnis sich als ganzer Block gesetzmäßig auch im Verlauf der verschiedenen Jahre verschiebt, wenn Niederschlagsbedingungen usw. ähnliche Veränderungen in den ökologischen Verhältnissen der Böden hervorrufen.

Bei der schwankenden Abgrenzung der ökologischen Werte der einzelnen Gesellschaften untereinander erscheint neben einem weit gefaßten Durchschnittswert das im Laufe der

Vegetationsperiode einmal erreichte Maximum bestimmend: die Fähigkeit des Ertragens extremer ökologischer Werte. In den Grenzgebieten des Lebensbereiches einer Assoziation spielt sich der erbittertste Kampf ab um Sein oder Nichtsein, um Vorstoß oder Rückzug einer Gesellschaft, wie es Braun-Blanquet an Hand der pH-Zahl bei alpinen Gesellschaften gezeigt hat (Br.-Bl. 1928, S. 146).

Die Wirkung extremer Werte beginnt bereits sehr früh bei der 1. Auslese der Keimlinge. Zahlreiche Samen werden im Umkreis der Mutterpflanze ausgestreut (z. B. die große Menge der Samen von *Puccinellia salinaria* und *Lepidium cartilagineum* am Stinkersee; das Zählquadrat von *Suaeda maritima*, S. 104; die Massen der an den Spülsäumen angeschwemmten *Bolboschoenus*-Samen); unter den jungen Keimlingen, die aus diesen Samen hervorgehen, findet eine gewaltige Auslese statt. Die Wirkung dieser Auslese wird sichtbar, wenn auf ganz nacktem Sodaboden schließlich nur wenige und zuletzt verkümmerte Exemplare vorstoßen.

Diese Keimlingsauslese scheint die wichtigste Form der Auslese zu sein. Zeitlich anschließend wirkt dann die 2. sommerliche Auslese durch das Maximum der maßgebenden Standortsfaktoren. Als Beispiel sollen die Gürtel von toter *Crypsis aculeata* am Ufer sommerlich austrocknender Lachen genannt sein, unterhalb derer sich häufig ein weiterer, wassernaher Gürtel von frischgrüner *Crypsis* anschließt.

Im Herbst sind die Gürtelungsverhältnisse erreicht, die meist dem langjährigen Durchschnitt des Standortes entsprechen. Die Gürtel sind stabil, obwohl die Möglichkeit bestünde, daß infolge verschiedener Niederschläge und verschiedener Überflutungen in den einzelnen Jahren Verschiebungen eintreten. Die heutige Verteilung stellt jedoch das Ergebnis eines Auspendelns durch viele Jahrzehnte hindurch dar. Unterstützt wird dies durch die Mehrjährigkeit der meisten Pflanzen, derzufolge eine vorübergehende Änderung den Pflanzen selbst wenig ausmacht. Erst bei oftmaliger Wiederholung verschiebt sich der Gürtel, pendelt die Vegetation den veränderten Standortsverhältnissen langsam nach.

Tatsächliche Verschiebung wurde beobachtet bei *Bolboschoenus maritimus* am Oberen Stinker (vgl. S. 95). Beweglich sind namentlich die einjährigen Pflanzen und auf diese wirkt sich die oben beschriebene Jahresauslese vor allem aus: *Camphorosma annua, Suaeda maritima, Crypsis aculeata, Cyperus pannonicus.* Ein ständiger Kampf ist lebendig zwischen dem Ausbreitungswillen der Art und den begrenzenden Faktoren des Standortes.

Vor allem scheinen extreme Werte das Vordringen der Arten und Pflanzengesellschaften nach extremen Standorten, also nach obenhin zu begrenzen und in geringerem Maße nach unten, also in Richtung nach normalen, gemäßigteren Pflanzenstandorten: hier tritt vor allem die Konkurrenz in Erscheinung.

Als Beispiel diene *Suaeda maritima*, die auf nacktem Sodaboden am weitesten vorstößt. Dort zeigen dann vereinzelte, verkümmerte Pflanzen von der ökologischen Begrenzung des Vordringens der Art nach dem extremen Boden, während an gemäßigteren Stellen *Suaeda maritima* durch das dort auftretende und sich behauptende *Lepidium cartilagineum* ausgeschaltet wird. Daß *Suaeda maritima* in den folgenden Gürteln noch wohl wachsen könnte und nur aus Konkurrenzgründen verschwindet, nicht infolge einer ökologischen Begrenzung auch nach unten, zeigt das Auftreten von *Suaeda maritima* unter ökologisch ganz abweichenden Bedingungen auf offenem Strand und auf Äckern, wo es auf konkurrenzlosem und nährstoffreichem, weniger extremem Boden sogar eine üppige Entfaltung aller Teile der Pflanze zeigt.

Anders liegt der Fall bei *Lepidium cartilagineum. Lepidium* wächst mit *Puccinellia salinaria* in geschlossenem Rasen, dringt aber auch auf Böden vor, die für *Puccinellia* zu extrem sind und findet erst am konzentrierten Salzgehalt seine Grenze. Die obere Grenze ist demnach durch ökologische Werte (Salzgehalt) bedingt. Aber auch nach unten hin ist das Auftreten der Pflanze ökologisch begrenzt, diesmal infolge des Wassergehaltes. Zwischen den Stöcken der *Puccinellia*-Fazies ist vielfach noch genügend Raum offen, der jedoch von *Lepidium* nicht mehr besiedelt werden kann. Der Boden der *Puccinellia*-Fazies ist für *Lepidium* als extremer Standort hinsichtlich der Feuchtigkeit anzusehen, das Auftreten von *Lepidium* demnach nach beiden Seiten vor allem durch ökologische Faktoren begrenzt, nämlich durch extremen Salzgehalt einerseits und durch eine für die Pflanze extreme Feuchtigkeit anderseits. (Gegenüber diesen ausschlaggebenden ökologischen Werten ist die Konkurrenz von *Puccinellia* — wenn auch als Faktor von sekundärer Bedeutung — nicht ganz zu übersehen, denn durch den dichten Rasenwuchs von *Puccinellia* wird *Lepidium* am Wachstum und in seiner Artausbreitung immerhin gehemmt.)

Dagegen ist die weitere Verbreitung von *Camphorosma annua* im *Puccinellia*-Rasen wieder wie bei *Suaeda maritima* durch die Konkurrenz von *Puccinellia* gehemmt; an der oberen Grenze bedeuten extreme Standortsverhältnisse die Grenze der Art.

Einen Beweis für die begrenzende Wirkung der Konkurrenz namentlich nach unten, gegen den gemäßigteren Standort zu, vermöchte man darin zu sehen, daß viele Salzpflanzen gerade extremer Stellen über den sonstigen Bereich der Art hinaus an konkurrenzlosen Stellen zu gedeihen vermögen und dort eine mächtige Entwicklung, weite flächenhafte Ausweitung und dichten Horstwuchs zeigen, wie es bereits von *Suaeda maritima* erwähnt wurde.

Neben den Maximalwerten ist wahrscheinlich auch die Schwankungsweite des Standortes zwischen Maximum- und Minimum-Werten von Bedeutung, ohne daß darüber Bestimmtes gesagt werden kann, nachdem jede vergleichende zahlenmäßige Unterlage noch fehlt. (Bei Ujvárosi [pH-Werte] sind keine wesentlichen Unterschiede festzustellen!)

Zusammenfassend kann gesagt werden, daß die heutige Pflanzenverteilung den jahrzehntelangen Standortsdurchschnitt wiederspiegelt und daß die einzelnen Gürtel im wesentlichen durch ökologische Maximumwerte nach dem oberen, extremen Bereich und durch Konkurrenzfaktoren nach dem unteren, gemäßigten Bereich begrenzt werden.

9. Methodik der Bodenuntersuchung.

a) pH-Wert.
b) Gesamtsalzgehalt.
c) Sodagehalt.
d) Karbonatgehalt.
e) Chlorgehalt.
f) Sulfatgehalt.
g) Korngröße.
h) Bodensaugkraft.
i) Feuchtigkeitsgehalt; Abtropfkapazität; maximale Wasserkapazität; Porenvolumen.

a) Die Reaktionszahl (der pH-Wert).

Die Bestimmung der pH-Werte wurde kolorimetrisch nach der Methode von St. Kühn und E. Scherf im Institut für Bodenkunde an der Hochschule für Bodenkultur in Wien durchgeführt. Dem damaligen Vorstande dieses Institutes, Herrn Professor Dr. Walter Kubiena schulde ich aufrichtigen Dank für sein Entgegenkommen, das mir die Durchführung der Untersuchungen in seinem Institute ermöglichte. Herr Prof. Kubiena selbst wie Herr Ing. Rotter als Assistent unterstützten mich jederzeit in freundlichster Weise bei meinen Arbeiten.

Die Bodenproben wurden im Gelände an Ort und Stelle luftdicht verschlossen. Am folgenden Tage wurde davon im Laboratorium eine Probe entnommen und mit der 2½ bis 3fachen Menge H_2O in einer Glasröhre aufgeschüttelt. Für das verwendete destillierte Wasser wurde ein Gleichgewicht mit der CO_2-Tension der Luft und ein pH von 5,7 bis 6,7 angenommen (nach Treitz). Die Aufschwemmung mußte bei den hochdispersen Tonböden in den meisten Fällen durch Schütteln mit $BaSO_4$ (pro Röntgen) geklärt werden. Vielfach war es notwendig, das Gemisch zu zentrifugieren, um die gewünschte Klärung zu erreichen. Anschließend wurden der Probe einige Tropfen des Indikatorgemisches beigefügt. Der erhaltene Farbwert wurde mit den vorhandenen durchsichtigen Röhren verglichen und der pH-Wert abgelesen. Das Indikatorgemisch „Komplex I" ist für den Bereich pH 4,0 bis 8,0 zu verwenden, „Komplex II" für pH 7,5 bis 12,0. Zwischenwerte sind mit beiden Indikatoren zu bestimmen.

Auf diese Weise wurden auch die Werte in der Arbeit von Repp gewonnen. Dagegen untersuchte Höfler die Bodenproben in naturfeuchtem Zustande gleich im Gelände. Nach Treitz läßt man die Suspension einen Tag lang absetzen und versetzt erst am folgenden Tag mit dem Indikator. Treitz verwendet ferner für die niederen pH-Werte statt des „Komplex I" nach Kühn und Scherf den Merck'schen Indikator Nummer I (pH-Bereich von 4,0 bis 8,5), bzw. die Chinhydronelektrode. Die kolorimetrisch bestimmten pH-Werte aus 55 seiner Proben zwischen pH 8,6 und 9,9 (wesentlich zwischen 9,0 und 9,9) liegen durchschnittlich um 0,6 höher als die Werte der Chinhydronelektrode.

b) Der Gesamtsalzgehalt.

Die Bestimmung des Gesamtsalzgehaltes erfolgt durch Messen der elektrischen Leitfähigkeit nach M. Mithney und T. H. Means und bezieht sich auf Prozente der Trockensubstanz (z. B. 0,2 v. H. $= 2\,g/$ 1 *kg*; nach Treitz).

c) Der Sodagehalt.

Die Bestimmung des Sodagehaltes wurde im genannten Institut der Hochschule für Bodenkultur in Wien durch Titration der wässerigen Lösung mit Phenolphthalein durchgeführt: 10 *ccm* der Lösung wurden mit ein bis zwei Tropfen Phenolphthalein versetzt und darauf mit HCl bis zur Farblosigkeit titriert. Die gefundene Alkalität wurde als von Soda herrührend angenommen und der Sodagehalt in Prozenten des Trockengewichtes angegeben (z. B. 0,05 v. H. $= 0,5\,g/1$ *kg*). Den genauen Vorgang vergleiche man bei Franz-Höfler-Scherf S. 301/2. Treitz titrierte mit $KHSO_4$ und berechnete daraus in ähnlicher Weise den Sodagehalt.

d) Der Karbonatgehalt.

Eine ungefähre, qualitative Bestimmung kann mit 10%iger HCl durchgeführt werden. Nach der Intensität der H_2-Entwicklung können drei Stufen unterschieden werden: 1. bei starkem Aufbrausen, 2. bei schwachem Aufbrausen und 3. bei geringer, noch wahrnehmbarer Gasentwicklung.

Die quantitative Untersuchung erfolgt nach Scheibler oder Passon (vgl. Treitz, Franz-Höfler-Scherf). Die gefundenen Karbonate werden auf $CaCO_3$ bezogen und in Gewichtsprozenten des getrockneten Bodens ausgedrückt.

e) Der Chlorgehalt.

Der Chlorgehalt wurde durch Titrierung mit Silbernitrat bestimmt: 10 cm^3 der Lösung wurden filtriert, mit 2 cm^3 5%iger K_2CrO_4 versetzt und mit etwa 50 cm^3 H_2O verdünnt, anschließend mit $\frac{n}{10}\,AgNO_3$ filtriert. Der Chlorgehalt wurde in Prozenten des Trockengewichtes ausgedrückt.

f) Sulfatbestimmung.

Der Sulfatgehalt wird durch Titrieren mit Natronlauge bestimmt: 30 *g* der Probe werden in HCl gelöst, gekocht und abgeraucht, sodann in H_2O aufgenommen und mit HCl bis zu schwach saurer Reaktion neutralisiert. Dann wird die Probe mit 15 cm^3 Benzidinchlorhydrat filtriert und nach Zusatz von Phenolphthalein mit NaOH bis zur Rotfärbung titriert. Die Gewichtsprozente werden ebenfalls auf getrockneten Boden bezogen.

g) Die Korngröße.

Repp bestimmte die Korngröße nach dem Schlämmverfahren nach Atterberg und nach der Pipettenmethode nach Kubiena (vgl. Mitscherlich 1923 und Kubiena 1932). Repp unterscheidet:

Grobsand ....Teilchengröße: 2   —0,2   *mm*
Feinsand ....Teilchengröße: 0,2 —0,02   *mm*
Rohton (Schluff) .Teilchengröße: 0,02—0,002 *mm*
Kolloider Ton ....Teilchengröße: unter 0,002 *mm*.

h) Bodensaugkraft.

Zur Bestimmung der Bodensaugkraft vergleiche Repp (1939, S. 561).

i) Zur Bestimmung von Porenvolumen, Abtropfkapazität und maximaler Wasserkapazität vergleiche Franz-Höfler-Scherf 1937, S. 300/1 und Repp, S. 560/1.

Der Wassergehalt (W) ergibt sich aus dem Gewichtsunterschied zwischen Frischboden (F) und dem bei 105° getrocknetem Boden (T) und bezieht sich auf Gewichtsprozente des Trockengewichtes (Repp, Wendelberger) oder auf Volumsprozente des Frischgewichtes: (F/ (F—T) $\times$ 100/T $=$ W-Gewichtsprozente oder (F—T) $\times$ 100/Vol. des Bodenentnahmezylinders $=$ W-Vol.-Prozente).

III. Die pflanzengeographische Gliederung der europäischen Salzflorengebiete.

1. Die europäischen Salzflorengebiete.

Sieht man von den Salzböden um das Mittelmeer herum ab, die im wesentlichen auf die Küste beschränkt sind, so gruppieren sich die Salzstellen Europas in einige große Salzflorengebiete in Mittel- und Osteuropa, die zueinander in bestimmter floristischer und pflanzengeographischer, wie auch geographisch-morphologischer Beziehung stehen. Es sind dies folgende:

1. Das atlantische Küstengebiet (einschließlich der Ostseeküste);
2. Das binnendeutsche Salzflorengebiet mit den polnischen Salzfluren;
3. Das Gebiet des pannonischen Raumes einschließlich Siebenbürgens;
4. Das rumänische Salzflorengebiet.

Hiebei sind die Salzflorengebiete der Küste sowie die des kontinentalen Rumäniens als zwei Ausstrahlungszentren innerhalb Europas anzusehen, die ihrerseits jedoch wiederum auf reichere Ausbreitungszentren hinweisen: das Küstengebiet des Atlantik als vermutliche Verarmung der reichen Küstenvegetation des Mittelmeeres und die bereits östlich bestimmten rumänischen Salzfluren als Ausstrahlungen aralo-kaspischen Salzsteppen.

Von diesen beiden Zentren aus dringen die Salzfluren gegen Mitteleuropa vor. Die Salzfloren der binnendeutschen Salzstellen einschließlich der polnischen Stellen sind Ausstrahlungen der Küste über die flache norddeutsche Tiefebene hinweg, während die östlichen Elemente von den Randgegenden des Schwarzen Meeres her in den pannonischen Raum einströmen und längs der Flüsse nach Westen vordringen, bis schließlich in entferntesten Tälern die wenigen letzten Ausläufer versiegen.

Darüber hinaus bestehen Beziehungen zwischen den einzelnen Gebieten in der Art der Zusammensetzung der Salze, die den Charakter dieser Orte ausmachen. An der atlantischen Küste und im Binnenlande ist das Kochsalz der maßgebende Faktor, während es sich bei den pannonisch-rumänischen Salzböden um Sodaböden handelt, mit Ausnahme der kochsalzhaltigen Böden Siebenbürgens und der Küste des Schwarzen Meeres.

Ein weiterer Unterschied namentlich zwischen den pannonischen Salzböden und denen der westdeutschen Meeresküste liegt darin, daß an der Küste ein zunehmender Salzgehalt des Bodens einhergeht mit einer gleichzeitigen Zunahme der Feuchtigkeit, was bei den Sodaböden des ungarischen Tieflandes durchaus nicht zutrifft, ja, mitunter sogar entgegengesetzt verläuft.

Auffallend in der geographischen Verteilung der Salzstellen ist die Gebundenheit an Flußläufe, die sich namentlich im pannonischen Raume verfolgen läßt und auf die Einwanderungsrichtung der Halophyten hinweist, sowie die geringen Höhen, in denen Salzpflanzen wachsen.

Mit Ausnahme von Siebenbürgen, wo die Salzpflanzen in einer Höhe von etwa 300 bis 400 m auftreten, werden 200 m nicht überschritten. Die Küstenflora erhebt sich nur bis wenige Meter über den Meeresspiegel. Die binnendeutschen Salzstellen liegen sämtliche unter 180 m. Etwa gleichhoch, um 180 m, liegen die Salzstellen des Pulkatales und des südlichen Mährens, auch Gallbrunn im Wiener Becken; das Marchfeld liegt bereits tiefer, etwa zwischen 140 und 150 m, die Salzstellen am Neusiedler See zwischen 113 und 120 m, endlich jene in der Südslowakei zwischen 109 und 115 m. Die durchschnittliche Erhebung der ungarischen Alkalipußten wird mit 125 m angegeben, die der nordrumänischen Salzstellen mit 36 bis 190 m und die Küstengebiete Bessarabiens und der Dobrudscha liegen schließlich wieder wenige Meter über dem Meeresspiegel.

In Anlehnung an die Arealskizzen von Krist 1940 (und Prodan 1923) wurde versucht, eine Karte der Salzstellen Mittel- und Osteuropas zu entwerfen (Abb. 4).

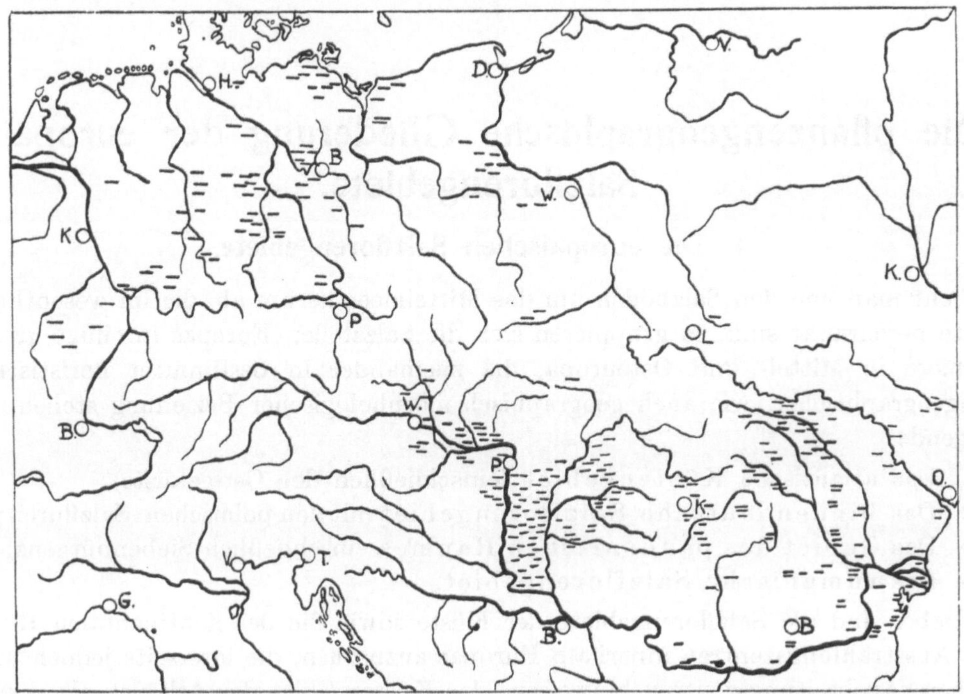

Abb. 4. Verteilung der Salzstellen von Mittel- und Ost-Europa.
(Die Abkürzungen beziehen sich auf die wichtigsten Städte und erklären sich aus ihrer Lage! Klischee aus „Natur und Land".)

Anschließend folgt eine Beschreibung und Aufgliederung der einzelnen Salzflorengebiete.

Das *Küstengebiet* umfaßt in dem hier in Frage kommenden Rahmen die Küste der Nordsee und der Ostsee bei einem ausgesprochenen Florengefälle gegen Osten (vgl. Schulz 1901), das auf ein südliches Ausstrahlungsgebiet hinweist. Das Kochsalz des Meereswassers ist der bestimmende Faktor für die Vegetation der Küste.

Das *binnendeutsche* Salzflorengebiet ist ebenfalls an das Vorhandensein von Kochsalz gebunden, das durch Solquellen und Salzwässer aus Steinsalzlagern gespeist wird, die sich stets in der Nähe der Salzstellen vorfinden und in der Regel dem Zechstein und der Trias angehören. So befindet sich an dem bekannten Solgraben von Artern nach Altehage (1939) in 300 *m* Tiefe ein 120 *m* mächtiges Steinsalzlager und ein gleiches bei Kelbra in 225 *m* Tiefe. An Salzstellen des Saalegebietes kann man sogar ein Ausblühen des Salzes beobachten, eine Erscheinung, die sonst vor allem den Alkaliböden des trockeneren Ungarns eigen ist.

Schulz unterscheidet (1901) innerhalb des binnendeutschen Florengebietes sechs Salzpflanzenbezirke: den Saalebezirk mit den artenreichsten Fundstellen, darunter die bekannten Salzstellen bei Artern und an der Numburg. Ein Teil der Arten hat in diesem Bezirk seinen alleinigen Standort innerhalb des gesamten binnendeutschen Gebietes. Der Saalebezirk wird etwa umrissen durch die Orte Magdeburg—Bad Kösen—Weimar—Erfurt—Gotha—Kelbra—Eisleben—Aschersleben—Halberstadt—Magdeburg.

Der Ober-Weser-Ems-Bezirk westlich Hannover ist wesentlich artenärmer, ebenso der Jeetze-Salzbezirk in der Umgebung von Salzwedel in der Altmark. Der Salzbezirk der Wetterau in Hessen weist einen ähnlichen Artbestand auf wie der Weser-Ems-Bezirk. Die linksrheinischen Halophyten-Bezirke sind unbedeutend, es sind dies der Rhein-Nahe-Bezirk und der lothringische Salzbezirk.

Wenig artenreich sind auch die Salzstellen in Polen, von denen Pax 1918 eine ähnliche Beschreibung gibt und die wohl als eine Fortsetzung der binnendeutschen Salzstellen anzusehen sind. Eine Einstrahlung über die Niederung des Pripet und längs des Dnjepr ist hier auch nach dem Artbestand wenig wahrscheinlich. Es sind im wesentlichen zwei Gebiete, das eine um Ciechocinek in der Nähe des Salzgebietes von Hohensalza, das andere im Süden an der unteren Nida.

Innerhalb des *rumänischen* Salzgebietes können drei Bezirke unterschieden werden: an der Meeresküste, nämlich der Küste der Dobrudscha und Bessarabiens am Schwarzen Meer, mit erheblichen mediterranen Einstrahlungen, die den Reichtum dieser Küstenflora ausmachen; im Tieflande der Walachei, vor allem zwischen Jalomiţa und Putna, dann aber auch längs der Donau, schließlich in Nordrumänien zwischen Sereth und Pruth und bis in die Bukowina. Die Salzflora ist hier ziemlich reich entwickelt, nimmt aber gegen Norden ab. Vielfach treten Salzquellen in der Nähe von Salzstöcken auf.

Der siebenbürgische Salzbezirk ist in seiner floristischen Zusammensetzung eindeutig dem pannonischen Salzgebiet zuzurechnen. Salzstellen finden sich vor allem am Rande der Mezöség (Praerossicum, rum. Câmpia) um Klausenburg, seltener jedoch gegen die Mitte des Beckens. Ferner bei Salzburg (Vizakna) nördlich Hermannstadt, wo die Salzarten ähnlich wie in Binnendeutschland auf kochsalzgetränktem Boden an der Saline der Badeanstalt auftreten.

Die reichen Alkaliböden des *ungarischen* Tieflandes wurden bei der Besprechung der Böden eingehend behandelt. Sie finden sich in reicher Entfaltung zwischen der Donau und der Theiß und in der Hortobágy bei Debrecen, ebenfalls nahe der Theiß, wie denn überhaupt dieser Strom eine so wesentliche Rolle in der Verbreitung der ungarischen Alkaliböden spielt, daß man geradezu sagen könnte, die Mehrzahl der Salzstellen wäre längs der Theiß gelagert.

Von weitaus geringerer Bedeutung, sowohl ihrer Ausdehnung nach wie auch nach ihrem Artenreichtum, sind die Salzstellen der kleinen ungarischen Tiefebene.

Eine kleine Halophyteninsel liegt abseits gelegen im Raabgelände zwischen dem steirischen Hügelland und dem Bakonywald (Gáyer 1929). Weitaus reicher sind die Salzgebiete der Süd-Slowakei: in der Umgebung von Parkan (Parkany) gegenüber von Gran (Esztergom), an der unteren Gran, namentlich zwischen Kamendin (Kemend) und Kamenne Darmoty (Köhid Gyarmat). Ein weiteres Gebiet liegt zwischen Waag und Neutra, vor allem bei Tardosked (Tardoskedd) unweit Neuhäusel (Nove Zamky, Ersek Ujvar); dann aber in unmittelbarer Umgebung von Komorn (Komarno, Komarom). Geringere Vorkommen liegen westlich davon auf der Schüttinsel an einzelnen Punkten, kleinere Inseln beim Schurwald nächst St. Georgen und bei Malacky.

Pflanzengeographisch bilden diese südslowakischen Salzfluren die Brücke zwischen der zentralen großen ungarischen Tiefebene und dem weit vorgeschobenen, aber immer noch artenreichen Salzgebiet am Neusiedler See. Hier ist es vor allem der „Seewinkel" am Ostufer des Sees mit seinen zahlreichen größeren, kleinen und kleinsten Lachen sowie das Ostufer des Sees selbst. Die südöstlich davon gelegene Sumpfniederung des „Wasen" (Hanság), zum großen Teil auf ungarischem Staatsgebiete, ist nahezu völlig halophytenfrei. Auch nördlich von Podersdorf verarmt die Salzflora und zwischen Weiden und Neusiedl wird man kaum mehr echte Salzpflanzen finden. Artenreicher ist wieder das Westufer des Sees, wenn auch dem östlichen Ufer weit nachstehend. Ausgeprägte Halophytenfluren finden sich hier noch zwischen Neusiedl und Breitenbrunn, vor allem auf der „Joiser Heide", zwischen Purbach und Donnerskirchen, dann aber wieder bei Oggau und schließlich bei Wolfs.

Die Joiser Heide wurde von Wiener Botanikern häufig besucht und ist seit langem bekannt. Aber schon Neilreich beklagte im Jahre 1870, das ist vor nunmehr 80 Jahren (!), das Zurückgehen der Halophytenfluren zwischen Neusiedl und Breitenbrunn. Es ist vielleicht nicht uninteressant, die Schilderung Neilreichs wiederzugeben: „Der Neusiedler See hat bekanntlich seit einigen Jahren den größten Teil seines Wassers verloren. Allein bevor noch dieses Ereignis eintrat, hatten sich seine sumpfigen Ufer mit jedem Jahr mehr zurückgezogen, während wenigstens auf seiner nordwestlichen Seite zwischen Neusiedl am See und Breitenbrunn Getreidefelder und Wiesen in gleichem Maße gegen den See vorrücken und die früheren salzigen und sumpfigen Triften allmählich verdrängen. Auf diese Weise werden *Cyperus pannonicus, Salicornia herbacea, Artemisia maritima, Scorzonera parviflora, Lepidium crassifolium, Spergularia marina, Silene viscosa* und *S. multiflora, Astragalus asper* auf immer kleinere Räume beschränkt, während man in Getreidefeldern *Veronica longifolia* und *Clematis integrifolia* als Überbleibsel der ehemaligen Sumpfwiesen findet. Dagegen bietet das östliche Ufer des Neusiedler Sees bei Podersdorf und noch weiter südlich ein unermeßliches Feld für botanische Tätigkeit dar." *Lepidium cartilagineum*, das seit damals noch mehrfach von der Joiser Heide erwähnt und gesammelt wurde (Sabransky, Wimmer), wird man heute vergeblich suchen und nach einer Mitteilung J. Baumgartners sind im Jahre 1942 die letzten Reste der Joiser Heide unter den Pflug genommen worden. Es war ein einmalig schöner Anblick, von der Höhe des Haglersberges herab die rotbraunen Flecken der *Salicornia* heraufleuchten zu sehen zwischen den abgeernteten Feldern und den grünen Sumpfwiesen.

Im Wiener Becken finden sich nur wenige Halophyten zwischen Gallbrunn und Margarethen am Moos. Etwas reichlicher ist die Salzflora im Marchfeld entwickelt, wenn auch ausgesprochene Salzfluren hier fehlen. Von Groß-Enzersdorf bei Wien finden sich im Schrifttum einige Angaben (*Cyperus pannonicus*, *Suaeda maritima* und *salsa*), die wohl mit der einst dort befindlichen Pottaschensiederei zusammenhängen dürften. Die reichsten Stellen des Marchfeldes liegen bei Breitensee, bei Baumgarten und gegen Zwerndorf, bei Lassee und ganz im allgemeinen gegen die March zu: auch hier besteht die auffällige Bindung der Salzstellen an das Niederungsgebiet eines Flusses. Marchaufwärts wird der südmährische Halophyten-Bezirk erreicht, den Schulz mit dem Neusiedler See zum „mährisch-österreichischen Bezirk" zählte. Längs der March hat sich hier ein letzter Vorposten der zentralungarischen Salzfluren vorgeschoben und die Ähnlichkeit mit dem Vordringen der pannonischen Flora ebenfalls längs der Flüsse, wie es etwa die bekannte Karte von Beck (1893) zeigt, ist überraschend. Demgemäß müssen wir den südmährischen Salzbezirk noch zum pannonischen Raum rechnen. Hier findet das geschlossene zentralungarische Halophytengebiet mit wenigen Arten als letzten Ausläufern sein Ende: an den Hügeln bei Brünn im Norden und westlich längs der Thaya bei Znaim sowie längs der Pulka bei Retz — überall dort, wo im Zuge der Flußläufe das Hügelland erreicht wird, aus dem diese in die Niederungen heraustreten.

Das südmährische Salzgebiet im engeren Sinne liegt im Gebiete der Bezirke Auspitz und Brünn: um den Bahnhof Auspitz an mehreren Stellen, auf den feuchten Wiesen um den Tscheitscher (Czeitscher) See, am Steinitzer Walde, südlich von Brünn, die Niemtschitzer Salzsteppe, ferner aber bei Saitz, bei Tellnitz, Gr. Seelowitz, bei Nikolsburg, bei Göding. (Von diesen ehemals reichen mährischen Standorten sind nach einer Mitteilung von Laus 1939/40 heute nur mehr letzte Reste nördlich von Lundenburg zwischen Kostel und Rakwitz erhalten. DieSalzfluren am Tscheitscher See und von Niemtschitz gehören der Vergangenheit an.) Die Salzstellen im Pulkatal liegen vor allem von Zwingendorf abwärts zwischen Zwingendorf, Laa an der Thaya und Staatz, dann noch oberhalb von Zwingendorf bis Seefeld, Hadres, Markersdorf, Haugsdorf, Watzelsdorf und in letzter Verarmung bei Retz.

Die Beschaffenheit des Bodens der südmährischen Salzstellen zeigt eine gewisse Ähnlichkeit mit den Zickböden des ungarischen Tieflandes. Der Boden ist tegelartig und bei Nässe schmierig und undurchlässig, bei Trockenheit fest und hart. Salzausblühungen an diesen „Naßgallen" sind nicht selten. Die Salzstellen treten vor allem in Niederungen auf und gehen über in Felder, Äcker und Gräben. Beachtenswert ist auch die Mischung der Salzfluren mit Ruderalpflanzen an Gänseteichen und Schuttplätzen.

Die wenigen Arten des böhmischen Halophytenbezirkes sind auch in den übrigen Salzbezirken Mitteleuropas verbreitet. Es sei dahingestellt, ob dieser Bezirk östlich von Mähren her besiedelt wurde oder aber mit den binnendeutschen Salzstellen in genetischer Beziehung steht. Das Auftreten mehrerer östlicher Arten würde für das erstere sprechen, doch kann bei der Artenarmut des Gebietes eine Entscheidung kaum getroffen werden. (Für die Einwanderung thermophiler Arten des Donauraumes sieht Podpěra im böhmischmährischen Höhenzug ein unüberwindliches Ausbreitungshindernis.) Seiner Verbreitung nach liegt dieser Halophytenbezirk im Raume zwischen dem Erzgebirge und der Elbe bis Saaz sowie elbeabwärts bis Poděbrad und an der unteren Moldau.

2. Die Herkunft der mitteleuropäischen Halophytenflora.

Die Arten der binnendeutschen Salzstellen sind wohl von der Meeresküste eingewandert, wie es eindringlich das Beispiel der meeresnahen, sublitoralen Oldesloer Salzstellen zeigt, deren Halophyten zur Gänze auch an der Meeresküste auftreten. Die Arten der Ostseeküste werden von der Nordsee eingewandert sein, zu einer Zeit, als infolge von Landsenkungen die Ostsee mit der Nordsee und dem Weißmeer in unmittelbarer Verbindung stand. Für diese Annahme spricht auch das Florengefälle längs der Küste gegen Osten. (Ausführlich untersucht H. Schulz — vor allen 1901 — die Frage nach der Herkunft und der „Verbreitung der halophilen Phanerogamen in Mitteleuropa nördlich der Alpen".)

Dagegen ist für die südosteuropäischen Arten, die zum Teil über Binnendeutschland die Meeresküsten erreichten („Strandsteppenarten") eine Einwanderung während einer aquilonaren, trocken-warmen Periode von einer osteuropäischen bzw. aralo-kaspischen Heimat her wahrscheinlich. Ein ausgeprägtes Florengefälle der irano-turanischen Arten vom Osten gegen Westen besteht heute noch. In einer Folgeperiode, die der Litorinazeit entsprechen mag, bewirkte eine Abkühlung und Verschlechterung des Klimas ein Verschwinden der östlichen pontischen Flora bis auf kleinere Restgebiete, teils an der Meeresküste, teils an einzelnen Salzstellen des Binnenlandes, vor allem aber im pannonischen Raume. Für den Reliktcharakter der östlichen, namentlich irano-turanischen Arten spricht die disjunkte Verbreitung mancher dieser Pflanzen, wie etwa *Artemisia rupestris* und *A. laciniata*, wenn auch nicht ausgeschlossen sein soll, daß sich andere Arten wieder in durchaus aktivem Vordringen befinden und nicht als Relikte anzusprechen sind.

Man kann aber nicht umhin, neben dieser Einwanderung von Arten während einer aquilonaren Wärmeperiode aus dem Osten das Vorhandensein von Überresten der Uferflora des alten Tertiärmeeres anzunehmen. Hiefür sprechen die Tertiärrelikte des pannonischen Raumes, *Juncus maritimus* am Plattensee und am Neusiedler See, *Schoenoplectus litoralis* in den Thermen von Hevíz, *Castalia lotus* bei Großwardein. Es ist darüber hinaus durchaus denkbar, daß mit dem Rückgange des Tertiärmeeres einzelne Küstenpflanzen sich auf den Salzböden des Binnenlandes erhalten haben, eine Ansicht, die für den pannonischen Raum vor allem Hayek vertreten hatte. Die Halophyten des böhmischen Salzpflanzengebietes sollen nach Hegi auf das frühere Launer-Brüxer Meer zurückgehen.

In neuerer Zeit vertreten Gams und Iljin (1937) die Auffassung, daß sogar der größte Teil der europäischen Salzpflanzen und Salztiere von den Küsten der tertiären Tethys stammt und sich „ebenso wie im aralo-kaspischen und pontisch-pannonischen Raum auch im mediterranen Raum bis Spanien und Norwestafrika" erhalten hat (Gams 1948, briefl.).

Eine letzte Gruppe endlich umfaßt die Endemiten, die namentlich im pannonischen Raum selbst entstanden sind. Dagegen fehlen Endemiten völlig den binnendeutschen Salzstellen.

Offen bleibt die Frage nach der Herkunft der siebenbürgischen Halophyten. Naheliegend ist die Annahme, daß sie aus dem ungarischen Tieflande eingewandert sind. Dafür spricht auch die Entwässerung des Raumes nach dem ungarischen Tieflande. Dies ist in dem Zusammenhang bemerkenswert, daß sich stets eine Wanderungsrichtung der Halophyten längs der Flüsse und Ströme feststellen läßt. Die Erklärung Prodáns, daß die Salzpflanzen der Mezöség (Câmpia) von den Salinengewächsen der ehemaligen Meeresufer herrühren, bleibt die Antwort auf die Frage nach der Herkunft der kontinentalen, irano-turanischen Arten Siebenbürgens schuldig. Von diesen irano-turanischen Arten erreichen *Peucedanum latifolium* und *Petrosimonia triandra* sowie die eurasiatisch-mediterrane *Plantago Cornuti* in Siebenbürgen ihre Westgrenze und fehlen im ungarischen Tieflande. Diese Tatsache würde für die Annahme Hayeks sprechen, daß die siebenbürgischen Halophyten aus der Moldau über die Pässe des Karpatenbogens hinweg nach Siebenbürgen eingewandert wären. Dieser Theorie schlossen sich Degen, Jávorka und Tuzson an. Hayek nimmt eine weitere Wanderung aus Siebenbürgen nach dem ungarischen Tieflande für Arten wie *Limonium Gmelini* und *Plantago Schwarzenbergiana* an. Dennoch scheint eine Einwanderung von den auch floristisch so überaus verwandten ungarischen Salzböden nach Siebenbürgen wahrscheinlicher als eine Einwanderung über die Karpatenpässe direkt aus Rumänien.

3. Zur Pflanzengeographie der ungarischen Salzflora.

a) Die pflanzengeographischen Bereiche und die Florenelemente.

Im Anschluß an Braun-Blanquet (1928) und Gajewski (1937) und noch ohne Berücksichtigung der neuen Arbeit von Meusel (1943) unterscheiden wir auf dem europäischen Kontinent drei große Regionen: die euro-sibirische Region, die irano-turanische Region und die mediterrane Region mit jeweils mehreren Provinzen und Sektoren. Es sind dies im einzelnen die folgenden:

1. Euro-sibirische Region: Umfaßt den größten Teil Europas mit Ausnahme des mediterranen Südens und der irano-turanischen Region im Südosten, setzt sich weit nach Rußland und Sibirien hinein fort mit mehreren Provinzen:

a) Atlantische Provinz: An der atlantischen Küste Europas bis zum südlichen Norwegen. Für das mitteleuropäische Gebiet kommt nur der nordatlantische Sektor in Betracht;

b) Mitteleuropäische Provinz: Das mitteleuropäische Laubwaldgebiet umfaßt das deutsche Reichsgebiet mit Ausnahme der westlichen atlantischen Region. Es schließt im Westen noch die oberrheinische Tiefebene ein, reicht im Süden über die Alpen hinweg und im Osten bis zum pannonischen Raum, dem Karpatenbogen und Polen. Im Norden grenzt die mitteleuropäische Provinz etwa in Südschweden an die östlich anschließende mittelrussische Provinz. Es werden verschiedene Sektoren unterschieden, deren geographische Erstreckung im wesentlichen bereits durch die jeweilige Bezeichnung gegeben ist: der alpine Sektor, der baltische Sektor, der Karpatensektor und der pannonische Sektor.

Borza unterscheidet einen dazischen Sektor („Provinz"), der mit verschiedenen Bezirken das Gebiet von Rumänien einschließlich Siebenbürgen umfaßt, jedoch ohne die Randgebiete des Schwarzen Meeres, die zur eupontischen Provinz gezählt werden. Im Anschluß an Engler faßt Borza die dazische wie die eupontische als „Provinzen" eines mitteleuropäischen „Gebietes" auf, das aber im Sinne Englers auch die nordkaspischen Steppen umfaßt und damit viel weiter gefaßt ist als die mitteleuropäische Provinz Braun-Blanquets!

c) Illyrische Provinz: Das Gebiet der Balkanhalbinsel mit Ausschluß der mediterranen Randteile.

d) Mittelrussische Provinz: Im Anschluß an die mitteleuropäische Provinz nach Osten.

e) Zirkum-polare Provinz: In den nördlichen, holarktischen Gebieten Eurasiens und Nordamerikas.

2. Irano-turanische Region: Das Gebiet der südrussischen Steppe, charakterisiert durch den Tschernosjem-Boden.

a) Sarmatische Provinz (im Sinne Braun-Blanquets! Pontische Provinz): Vom Kaukasus und dem südlichen Ural bis nach Bessarabien, der rumänischen Schwarzmeerküste und dem Unterlauf der Donau. Sarmatische Kolonien nach Gajewski im ungarischen Tiefland und in Siebenbürgen („pannonische Steppen").

b) Aralo-kaspische Provinz: Das Gebiet der Halbwüste und Salzsteppe zwischen Aralsee und Kaspisee, im Westen vom Ostkaukasus längs des Kaspisees nach Norden. Durch Endemiten ausgezeichnet und Zentrum der kontinentalen, südrussischen Salzsteppen und Salzwüsten.

Zur irano-turanischen Region rechnen ferner noch als rein asiatische Provinzen die zentralasiatische, die iranische, die turanische und die anatolische Provinz.

3. Mediterrane Region: Das Gebiet des Mittelmeeres mit mehreren Provinzen und mit Ausstrahlungen in die angrenzenden Provinzen; an der Küste des Schwarzen Meeres in der Dobrudscha und Bessarabien und die südlichsten und südöstlichsten Teile der Krim.

Fußend auf dieser pflanzengeographischen Einteilung unterscheiden wir die einzelnen Florenelemente, welche Verbreitung und Herkunft der einzelnen Pflanzen ausdrücken. Es sind dies folgende:

kosm	=	Kosmopoliten;
cp	=	zirkumpolare Arten;
eua	=	eurasiatische oder eurosibirische Arten in Europa und im nördlichen außertropischen Asien;
atl	=	atlantische Arten;
a-m	=	atlantisch-mediterrane Arten;
m	=	mediterrane Arten;
eu	=	europäische Arten, allgemein in Europa verbreitet;
me	=	mitteleuropäische Arten, Verbreitungszentrum im mitteleuropäischen Laubwaldgebiet;
end	=	Endemiten des pannonischen Sektors, u. zw.:

end_p — Endemiten des ungarischen Tieflandes,
end_S — Endemiten Siebenbürgens;

kont	=	kontinentale Arten im Sinne Máthés (1940 und 1941a); verbreitet im östlichen, kontinentalen Europa, fehlen aber in den westlichen atlantischen Gebieten;
it	=	irano-turanische Arten.

b) Die Beziehungen zwischen den mitteleuropäischen Salzflorengebieten nach ihrem Artbestand.

Bei einer statistischen Auswertung des Bestandes der einzelnen Salzgebiete an Halophyten und ihrem gegenseitigen Vergleich muß der relative Charakter derartiger Listen und Tabellen betont werden. Dem subjektiven Empfinden und den Erfahrungen des einzelnen Bearbeiters ist ein weiter Spielraum gelassen und derartige statistische Ergebnisse verschiedener Forscher sind nicht ohne weiteres miteinander zu vergleichen. Zu unterschiedlich ist die Bewertung der Arten bei den einzelnen Autoren, sei es hinsichtlich ihrer systematischen Abgrenzung, sei es hinsichtlich ihres stärker oder schwächer ausgeprägten halophilen Charakters. Unterarten oder Varietäten werden bei einer derartig statistischen, rein mechanischen Zählung gleichgestellt mit vollen Arten, weil sie in pflanzengeographischer oder soziologischer Hinsicht wertvolle Zeiger sein können, ähnlich wie an sich salzindifferente Arten maßgebend am Aufbau bestimmter Salzpflanzengesellschaften beteiligt sein können, daneben aber auch an ausgesprochen nicht-halischen Stellen auftreten, und dennoch gleichbewertet werden wie obligate Halophyten. Trotzdem liefern aber derartige vergleichende Untersuchungen brauchbare Ergebnisse, soweit man sich ihres relativen Charakters nur bewußt bleibt.

	kosm	cp	eua	atl	a-m	m	eu	me	end$_p$	end$_s$	kont	it	Gesamt
Meeresküste	17	7	15	13	4	1	9	1				1	69
Binnendeutschland	16	4	14	3	3		8	3				5	56
Ungarn	14	4	15	1		2	9	3	8	3	3	25	89
Rumänien	14	5	17		1	5	13	7	2	1	1	34	102
Gesamtartenzahl	20	8	25	12	6	7	11	3	8	3	3	39	146

In der Gesamtzahl der mitteleuropäischen Halophyten überrascht der hohe Anteil der irano-turanischen Arten, der zugleich ein stetes Ansteigen der Gesamtartenzahl in Ungarn und vor allem in Rumänien bewirkt. Dagegen ist die Abnahme der Zahl der binnendeutschen Salzpflanzen in der Tatsache der Einstrahlung von der Küste her begründet.

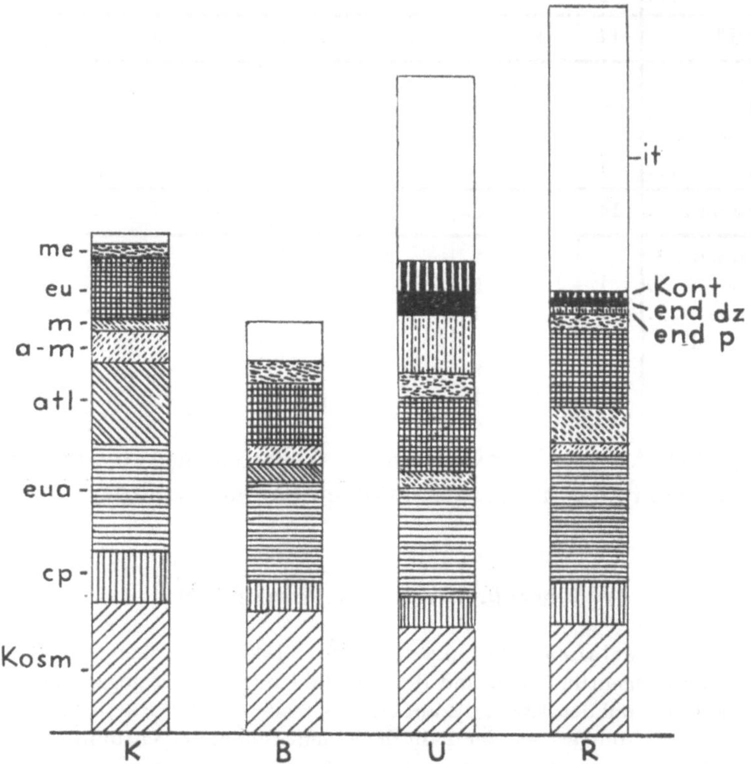

Abb. 5. Die Florenelemente in den Salzgebieten des Küstengebietes (K), in Binnendeutschland (B), im pannonischen Raume (U) und in Rumänien (R). (Die Abkürzungen der Florenelemente vgl. Seite 40!)

Deutlich ist ein gleichmäßiger Unterbau an kosmopolitischen und eurasiatischen, dann aber auch an zirkumpolaren, europäischen und mitteleuropäischen Arten in sämtlichen Florengebieten. Die Verschiedenheit der einzelnen Gebiete ist durch verschiedene Faktoren bewirkt. An der Küste sind es die atlantischen und einige atlantisch-mediterrane Arten, die der Küstenvegetation das Gepräge geben. Im Binnenland hat namentlich die Abnahme der atlantischen Arten eine Artenarmut zur Folge, die noch nicht wie in Ungarn durch einen Reichtum an irano-turanischen Arten ausgeglichen wird.

Die ungarischen und rumänischen Salzstellen sind neben einer steigenden Zunahme an mediterranen Arten ausgezeichnet durch eine hohe Zahl irano-turanischer Arten. Ungarn weist als Besonderheit eine größere Zahl von kontinentalen Elementen und von Endemiten des pannonischen Raumes auf, während die rumänische Salzflora durch eine ungewöhnlich hohe Zahl irano-turanischer Arten ausgezeichnet ist.

Nachstehend gebe ich einen aufgeschlüsselten Überblick über die gegenseitigen Beziehungen der europäischen Salzflorengebiete nach ihrer Artenliste.

	kosm	cp	eua	atl	a-m	m	eu	me	end$_p$	end$_s$	kont	it	Gesamt-arten-zahl
Meeresküste: Gesamtzahl .	17	7	15	12	4	1	9	1				1	69
Ausschließl. Küste	3	3	2	10	1	1	2						22
Küste + Binnendeutschland	3	1	4	2	3								13
Küste + BinnenD. + Ung. .	11	3	9	1			7	1				1	33
BinnenD.: Gesamtzahl....	16	4	14	3	3		8	3				5	56
Ausschließl. BinnenD.													
BinnenD. + Küste	3	1	4	2	3								13
BinnenD. + Küste + Ung. .	11	3	9	1			7	1				1	33
BinnenD. + Ungarn.......	2		1				1	2				4	10
Ungarn: Gesamtzahl	14	4	15	1		2	9	3	8	3	3	25	89
Ausschließl. Ungarn						2			7	2	2	2	15
Ungarn + BinnenD........	2		1				1	2				4	10
Ung. + BinnenD. + Küste .	11	3	9	1			7	1				1	33
Ungarn + Rumänien	1	1	5				1		1	1	1	18	29
Rumänien: Gesamtzahl ..	14	5	17		1	5	3	7	2	1	1	34	102
Ausschließl. Rumänien ...			2			4						14	20
Rumänien + Ungarn	1	1	5				1		1	1	1	18	29
Rum. + Ung. + BinnenD. ...	2		1					1				1	5
Rum. + Ung. + BinnenD. + Küste	10	2	8					6	1			1	28
Rumänien + Küste	1	2	1		1	1	2						8

Insgesamt sieben Arten mit abweichendem Verbreitungstyp wurden in dieses Schema nicht aufgenommen, wohl aber in der Gesamtarten-Summenzahl der rechten Spalte berücksichtigt.

c) Florenkontrast und Florengefälle.

Im Anschluß an Christiansen 1930 (nach Walter 1927) verstehen wir unter Florenkontrast die Zahl der einem Gebiete eigentümlichen und der ihm fehlenden Arten gegenüber einem anderen, unter Florengefälle dagegen die Zahl der Arten, die auf einer Strecke von 100 *km* ausbleiben oder neu auftreten. Im folgenden soll von Florenkontrast als der Zahl der einem Gebiete eigentümlichen und dem Vergleichsgebiete fehlenden Arten gesprochen werden und die Größe des Kontrastes durch die verschiedene Länge einzelner Teile ausgedrückt werden, wie sie Christiansen (1930) für das Florengefälle von Schleswig-Holstein verwendete.

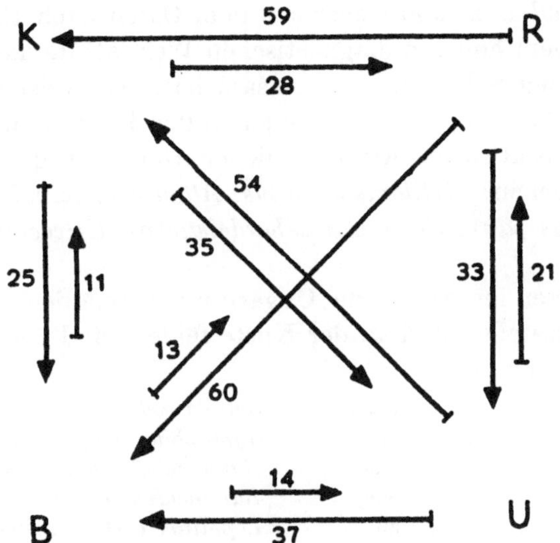

Abb. 6. Florenkontrast zwischen den Salzpflanzengebieten des Küstengebietes (K), Binnendeutschlands (B), des pannonischen Raumes (U) und Rumäniens (R).

d) Die pflanzengeographische Stellung der ungarischen Salzflora.

Die Flora der westeuropäischen Meeresküste ist durch eine größere Zahl namentlich atlantischer Arten ausgezeichnet, die den binnendeutschen und den ungarischen Salzstellen fehlen und die insgesamt rund 30 v. H. der Küstenflora ausmachen. Gemeinsam mit diesen Salzgebieten sind dagegen Arten weiterer Verbreitung, namentlich kosmopolitische und eurasiatische Artelemente.

Von den insgesamt 56 Arten der binnendeutschen Salzstellen sind 45 Arten, das sind 80 v. H., zugleich auch an der Meeresküste oder zugleich auch in Ungarn vertreten. Meist sind es Salzubiquisten kosmopolitischer oder eurasiatischer Verbreitung. Davon finden sich 13 Arten, das sind 23 v. H., in Binnendeutschland und an der Meeresküste, 22 Arten (39 v. H.) in Binnendeutschland sowohl wie an der Küste und in Ungarn, während ausschließlich mit Ungarn nur 10 Arten (18 v. H.) der binnendeutschen Salzstellen gemeinsam sind. Die große Ähnlichkeit der binnendeutschen Salzflora mit der Küstenflora spricht für die Herkunft von der Küste her, ebenso wie die Abnahme der Gesamtartenzahl, die durch das Ausklingen der atlantischen und atlantisch-mediterranen Arten bedingt ist. Auch die Tab. 42 zeigt die geringste Artdifferenz zwischen der Meeresküste und dem Binnenland, während die Unterschiede gegenüber Ungarn und Rumänien weit höher sind.

Die Halophytenfluren des ungarischen Tieflandes tragen demgegenüber ein völlig verschiedenes Gepräge. Sie sind in ihrem Charakter durch Arten östlicher Verbreitung bestimmt, die dem irano-turanischen Florenelement angehören bzw. kontinentale Verbreitung aufweisen oder Endemiten des pannonischen Raumes darstellen.

Von den Arten, die die Besonderheit der ungarischen Salzfluren gegenüber den westdeutschen wie gegenüber den rumänischen Salzstellen ausmachen, sind zu erwähnen: die Endemiten des ungarischen Tieflandes *Suaeda pannonica*, *Rorippa Kerneri*, *Cirsium brachycephalum*, vielleicht *Phragmites communis* var. *Pokornyi* und *Puccinellia salinaria*. Ferner die Endemiten Siebenbürgens: *Chenopodium Wolffii* und *Ruppia maritima* var. *obliqua*. Endemische Unterarten des pannonischen Florenbezirkes sind *Aster * pannonicus*, *Aster canus* (zu *A. punctatus*) und *Potamogeton * balatonicus*. Schließlich sind hier anzuführen die kontinentalen Arten *Trifolium angulatum* und *Achillea asplenifolia* sowie das mediterrane *Trifolium resupinatum*.

Mit den rumänischen Salzstellen im Osten gemeinsam weist Ungarn eine große Zahl irano-turanischer sowie eurasiatischer Arten auf, die in ihrer Verbreitung auf ein östliches

Ausbreitungszentrum hindeuten und sicher aus dem Osten nach Europa eingewandert sind. Diese Arten sind von einem höheren diagnostischen Wert als die kosmopolitischen Arten, die Ungarn mit den westlichen Salzstellen gemeinsam hat. Sie weisen nach Rumänien, dessen Halophytenflora sich zu 35 v. H., das ist zu einem vollen Drittel, aus irano-turanischen Arten zusammensetzt, die eurasiatischen Arten östlicher Herkunft gar nicht mit eingerechnet. (Als solche sind anzusprechen: *Melilotus dentatus, Althaea officinalis, Peucedanum officinale, Plantago Cornuti, Cyperus pannonicus, Carex hordeistichos, Heleochloa schoenoides, Heleochloa alopecuroides*.)

Die Halophytenarten insgesamt, die Ungarn mit Rumänien gemeinsam hat, die jedoch den binnendeutschen Salzstellen und an der Küste fehlen, sind zur überwiegenden Mehrzahl irano-turanischer Herkunft:

Carex divisa	kosm	*Salsola soda*	it
Beckmannia crucaeformis	cp	*Gypsophila stepposa*	it
Cyperus pannonicus	eua	*Ranunculus lateriflorus*	it
Heleochloa schoenoides	eua	*Ranunculus pedatus*	it
Heleochloa alopecuroides	eua	*Lepidium cartilagineum*	it
Crypsis aculeata	eua	*Trigonella procumbens*	it
Plantago Cornuti	eua-m	*Limonium Gmelini*	it
Plantago Schwarzenbergiana	end	*Taraxacum bessarabicum*	it
Puccinellia salinaria	end?	*Arachnospermum canum*	it
Plantago tenuiflora	kont	*Aster punctatus*	it
Rumex stenophyllus	it	*Puccinellia limosa*	it
Camphorosma annua	it	*Hordeum Hystrix*	it
Kochia prostrata	it	*Pholiurus pannonicus*	it
Suaeda salsa	it	*Matricaria * Bayeri*	it (end?)

Von den Arten, die den Reichtum der rumänischen Salzfluren bewirken, ist ein Teil vorwiegend mediterraner Herkunft und in seinem Vorkommen im wesentlichen auf die Küste beschränkt (die Arten mit einem vorgesetzten „K" treten auch an der westdeutschen Meeresküste wieder auf):

K *Ruppia maritima* var. *spiralis*	kosm	*Arthrocnemum glaucum*	m
K *Juncus maritimus* [1]	kosm	*Frankenia pulverulenta*	m
K *Carex extensa*	kosm	*Puccinellia convoluta*	m
K *Zostera marina*	cp	*Puccinellia festucaeformis*	m
K *Obione portulacoides*	cp	K *Hordeum maritimum*	m
Suaeda splendens	eua	*Bassia hirsuta*	eu
Obione pedunculata	eua	K *Zostera nana*	eu
K *Teucrium scordioides*	m-a	*Aeluporus litoralis*	it

Darüber hinaus erreichen jedoch zahlreiche irano-turanische Arten das ungarische Florengebiet nicht mehr, so daß es gewiß nicht gerechtfertigt ist, den Reichtum der rumänischen Salzflora ausschließlich auf die mediterranen Einstrahlungen der Küstenflora zurückzuführen, wie es etwa Prodán tut (1922). Es sind dies folgende irano-turanische Arten:

Obione verrucifera	it	*Nitraria Schoberi*	it
Camphorosma pilosa	it	*Peucedanum latifolium*	it
Halocnemum strobilaceum	it	*Limonium bellidifolium*	it
Petrosimonia brachiata	it	*Scorzonera mucronata*	it
Petrosimonia crassifolia	it	*Leuzea salina*	it
Petrosimonia triandra	it	*Iris halophila*	it
Tamarix Pallasii	it	*Agropyron prostratum*	it
Frankenia hispida	it ferner:	*Alopecurus ventricosus*	eua

Von diesen Arten erreichen *Peucedanum latifolium* und *Petrosimonia triandra* noch Siebenbürgen, sind dort aber an der Westgrenze ihrer Verbreitung angelangt.

Die Arten, die Ungarn umgekehrt gegenüber Rumänien voraus hat, sind die oben als charakteristisch für Ungarn angeführten endemischen und kontinentalen Arten, dazu noch

---

[1] Im ungarischen Tieflande als Tertiärrelikt.

die mediterranen Kleearten *Trifolium laevigatum* und *T. ornithopodioides* (die letztere mediterran-atlantisch) sowie das mitteleuropäische *Apium repens* und wohl auch *Bassia sedoides* (it).

Wesentlich größer als in der Richtung nach dem Osten ist der Florenkontrast zwischen der Salzflora Ungarns und der im Westen. Während die irano-turanischen Arten in ihrer Zahl sprunghaft absinken, verbleiben den ungarischen Salzstellen gemeinsam mit den binnendeutschen und denen der Atlantikküste, wie bereits erwähnt, vor allem Arten kosmopolitischer, zirkumpolarer und eurasiatischer Verbreitung:

Salicornia europaea	kosm	*Trifolium fragiferum*	eua
Suaeda maritima	kosm	*Althaea officinalis*	eua
Spergularia salina	kosm	*Peucedanum officinale*	eua
Spergularia marginata	kosm	*Centaurium pulchellum*	eua
Apium graveolens	kosm	*Schoenoplectus Tabernaemontani*	eua
Samolus Valerandi	kosm	*Trifolium striatum*	m-eu
Juncus ranarius	kosm	*Ranunculus Petiveri*	eu
Bolboschoenus maritimus	kosm	*Lotus corniculatus * tenuifolius*	eu
Schoenoplectus americanus	kosm	*Bupleurum tenuissimum*	eu
Puccinellia distans	kosm	*Centaurium vulgare*	eu
Glaux maritima	cp	*Plantago maritima*	eu
Triglochin maritimum	cp	*Carex distans*	eu
Juncus Gerardi	cp	*Cerastium subtetrandrum* [1]	me
Chenopodium glaucum	eua	*Zannichellia * pedicellata*	me
Atriplex litoralis [1]	eua	*Artemisia salina*	it
Lepidium latifolium	eua	*Atriplex hastata * salina*	eua ?
Melilotus dentatus	eua		

Ein Teil der aus dem Osten eingewanderten Arten greift noch nach Mitteldeutschland über und bewirkt dadurch eine gewisse zahlenmäßige Angleichung zwischen den beiden sonst ausgeprägt verschiedenen Florengebieten. Es sind dies namentlich jene Arten, die die Meeresküste nicht mehr erreichen:

Schoenoplectus triqueter	kosm	*Cerastium anomalum*	it
Schoenoplectus mucronatus	kosm	*Scorzonera parviflora*	it
Carex hordeistichos	eua	*Artemisia maritima* var. *erecta*	it
Schoenoplectus carinatus	eu	*Carex secalina*	it
Apium repens	me	*Festuca pseudovina*	it
*Centaurium * uliginosum*	me		

Dagegen klingen die atlantischen und atlantisch-mediterranen Arten nach Osten zu aus. Sie stellen einen großen Teil der Arten, die entweder überhaupt auf die Küste beschränkt sind (a) oder aber noch mit dem deutschen Binnenlande gemeinsam sind, in Ungarn jedoch fehlen (b):

a)	*Ruppia maritima* var. *spiralis*	kosm	*Teucrium scordioides*	m(atl)
	Carex extensa	kosm	*Hordeum maritimum*	m
	Obione portulacoides	cp	*Bassia hirsuta*	eu
	Zostera marina	cp	*Zostera nana*	eu
	Puccinellia maritima	cp		
	Pholiurus incurvus	eua	b) *Heleocharis parvula*	kosm
	Alopecurus ventricosus	eua	*Hordeum nodosum*	kosm
	Cochlearia anglica	atl	*Cochlearia officinalis*	cp
	Cochlearia danica	atl	*Obione pedunculata*	eua
	Limonium vulgare	atl	*Aster Tripolium*	eua
	Limonium humile	atl	*(Artemisia laciniata*	eua)
	Armeria maritima	atl	*(Artemisia rupestris*	eua)
	Artemisia maritima var. *maritima*	atl	*Blysmus rufus*	eua
	Festuca rubra var. *litoralis*	atl ?	*Ranunculus Baudoti*	atl
	Puccinellia retroflexa	atl ?	*Odontites litoralis*	atl
	Spartina stricta	atl	*Sagina maritima*	m-a
	Spartina Townsendi	atl	*Oenanthe Lachenalii*	m-a
	Ruppia maritima var. *brevirostris*	atl-m	*Plantago Coronopus*	m-a

---

[1] Fehlen den binnendeutschen Salzstellen.

Diese Arten sind wohl sämtliche — ausgenommen nur die beiden *Artemisia*-Arten von der Küste ins Binnenland eingewandert.

Zusammenfassend kann gesagt werden, daß der ungarische Halophytenflora eine Mittelstellung zwischen den binnendeutschen und den rumänischen Salzgebieten nicht abgesprochen werden kann, bedingt durch eine gewisse wechselseitige Durchdringung einzelner Arten. Dennoch erscheint eine Abtrennung vom binnendeutschen Salzflorengebiet gerechtfertigt infolge des Reichtums des pannonischen Raumes an östlichen, irano-turanischen Arten, die eine nahe Verwandtschaft mit den rumänischen Gebieten bewirken, sowie an kontinentalen Arten und Endemiten, die die Besonderheit und die selbständige Stellung des pannonischen Raumes ausmachen. Für eine Abtrennung vom binnendeutschen Salzflorengebiet spricht aber auch der hohe Unterschied gegenüber der Halophytenflora der Küste, welche ihrerseits wiederum mit den Salzgebieten des Binnenlandes nahe verwandt ist. Von den Salzubiquisten mit vielfach weltweiter Verbreitung muß man in diesem Zusammenhang absehen.

So lassen sich innerhalb der Salzgebiete Mitteleuropas zwei Gruppen unterscheiden:

1. Die Küstengebiete mit ihren Ausstrahlungen nach dem Binnenland und

2. die pannonisch-rumänischen Salzgebiete.

Ob diese beiden Gruppen in einer größeren europäischen Ordnung zusammengefaßt werden können oder ob die pannonisch-rumänische Gruppe den Ausläufer der aralo-kaspischen Salzsteppen und -wüsten darstellt und diesen in einem größeren Zusammenhange unterzuordnen ist, hängt von der Größe des Florenkontrastes zwischen Rumänien und der aralo-kaspischen Provinz ab.

Es wäre durchaus denkbar, daß hinter Rumänien ein großer Bruch verläuft und die Zahl der Salzpflanzen in jenem Eldorado des Halophytenforschers würde dies wahrscheinlich machen.

Welche Zahl allein von Gattungen im aralo-kaspischen Raum, deren Name mit „Salz" gebildet ist, wie: *Halanthium, Halarchon, Halimocnemis, Halocharis, Halocnemum, Halogeton,* (*Halolepis*), *Halopeplis, Halostachys, Halothamnus, Halotis, Haloxylon,* (*Halianthus*)!

Gegen die Annahme einer Vereinigung der rumänischen Salzgebiete mit den übrigen europäischen Gebieten würde allerdings die hohe Zahl der irano-turanischen Salzarten bereits in Rumänien sprechen, die den Blick von dort aus nach dem Osten schweifen läßt, nach der Heimat dieser fremden Pflanzen. Letzten Endes ist es die gleiche Frage, die vor Jahrzehnten auf verwandtem Gebiete die Zusammenhänge zwischen der pannonischen und der pontischen Flora erörtern ließ.

Eine Tabelle soll die Verbreitung der einzelnen Salzpflanzen innerhalb Mitteleuropas im einzelnen wiedergeben.

(Es bedeuten: K = Westeuropäische Meeresküste, B = Binnendeutsche Salzstellen, P = Pannonischer Raum einschließlich Siebenbürgens, R = Rumänien. Ferner wurden angegeben die Florenelemente [vgl. S. 40] und der Grad der Halophilie: obligat, fakultativ, indifferent [S. 64.]

		K	B	P	R		
HH	*Ruppia maritima* var. *spiralis*	+	.	.	.	kosm	o
H	*Puccinellia maritima*	+	.	.	.	cp	o
T	*Pholiurus incurvus*	+	.	.	.	eua	o
H	*Cochlearia anglica*	+	.	.	.	atl	o
T	*Cochlearia danica*	+	.	.	.	atl	o
H	*Limonium vulgare * Behen*	+	.	.	.	atl	o
H	*Limonium humile*	+	.	.	.	atl	o
H	*Armeria maritima*	+	.	.	.	atl	o
H	*Puccinellia retroflexa*	+	.	.	.	atl	o
H	*Spartina stricta*	+	.	.	.	atl	o
H	*Spartina Townsendi*	+	.	.	.	atl	o
HH	*Ruppia maritima* var. *brevirostris*	+	.	.	.	atl-m	o
H	*Festuca rubra* var. *litoralis*	+	.	.	.	atl ?	o

		K	B	P	R		
H	*Carex extensa*	+	.	.	+	kosm	o
H	*Obione portulacoides*	+	.	.	+	cp	o
HH	*Zostera marina*	+	.	.	+	cp	o
G	*Alopecurus ventricosus*	+	.	.	+	eua	f
Ch	*Teucrium scordioides*	+	.	.	+	m(a)	o
T	*Hordeum maritimum*	+	.	.	+	m	f
T	*Bassia hirsuta*	+	.	.	+	eu	o
HH	*Zostera nana*	+	.	.	+	eu	o
T	*Hymenolobus procumbens*	+	+	.	+	kosm	o
H	*Hordeum nodosum*	+	+	.	+	kosm	f
T	*Obione pedunculata*	+	+	.	+	eua	o
H	*Aster Tripolium*	+	+	.	+	eua	o
T	*Trifolium ornithopodioides*	+	.	+	.	a-m	i
T	*Atriplex litoralis*	+	.	+	+	eua	o
Ch	*Juncus maritimus*	+	.	+	+	kosm	o
H	*Heleocharis parvula*	+	+	.	.	kosm	o
H	*Cochlearia officinalis*	+	+	.	.	cp	o
H	*Artemisia laciniata*	+	+	.	.	eua	i
Ch	*Artemisia rupestris*	+	+	.	.	eua	i
H	*Blysmus rufus*	+	+	.	.	eua	o
HH	*Ranunculus Baudoti*	+	+	.	.	atl	o
T	*Odontites litoralis*	+	+	.	.	atl	o
T	*Sagina maritima*	+	+	.	.	a-m	o
H	*Oenanthe Lachenalii*	+	+	.	.	a-m	i
T	*Plantago Coronopus*	+	+	.	.	m-a	f
G	*Schoenoplectus americanus*	+	+	+	.	kosm	i
H	*Glaux maritima*	+	+	+	.	cp	f
HH	*Ranunculus Petiveri*	+	+	+	.	eu	f
T	*Salicornia europaea*	+	+	+	+	kosm	o
T	*Suaeda maritima*	+	+	+	+	kosm	o
T	*Spergularia salina*	+	+	+	+	kosm	o
H	*Spergularia marginata*	+	+	+	+	kosm	o
H	*Apium graveolens*	+	+	+	+	kosm	f
H	*Samolus Valerandi*	+	+	+	+	kosm	f
HH	*Ruppia maritima* var. *rostrata*	+	+	+	+	kosm	o
T	*Juncus ranarius*	+	+	+	.	kosm	f
G	*Bolboschoenus maritimus*	+	+	+	+	kosm	f
H	*Puccinellia distans*	+	+	+	+	kosm	i
H	*Triglochin maritimum*	+	+	+	+	cp	f
G	*Juncus Gerardi*	+	+	+	+	cp	f
T	*Chenopodium rubrum* var. *crassifolium*	+	+	+	+	eua	f
H	*Lepidium latifolium*	+	+	+	+	eua	f
H	*Melilotus dentatus*	+	+	+	+	eua	f
H	*Trifolium fragiferum*	+	+	+	+	eua	f
Ch	*Althaea officinalis*	+	+	+	+	eua	f
H	*Peucedanum officinale*	+	+	+	+	eua	i
T	*Centaurium pulchellum*	+	+	+	+	eua	i
G	*Schoenoplectus Tabernaemontani*	+	+	+	+	eua	f
T	*Trifolium striatum*	+	+	+	+	m-eu	i
H	*Lotus * tenuifolius*	+	+	+	+	eu	f
T	*Bupleurum tenuissimum*	+	+	+	+	eu	f
T	*Centaurium vulgare*	+	+	+	.	eu	f
H	*Plantago maritima*	+	+	+	+	eu	f
H	*Carex distans*	+	+	+	+	eu	f
T	*Atriplex hastata* var. *salina*	+	+	+	+	eua ?	f
HH	*Zannichellia * pedicellata*	+	+	+	+	me	f
Ch	*Artemisia maritima* var. *salina*	+	+	+	+	it	o
H	*Schoenoplectus mucronatus*	.	+	+	+	kosm	i

		K	B	P	R		
G	*Schoenoplectus triqueter*	.	+	+	+	kosm	i
H	*Carex hordeistichos*	.	+	+	+	eua	i
G	*Schoenoplectus carinatus*	.	+	+	+	eu	i
T	*Centaurium * uliginosum*	.	+	+	+	me	i
G	*Scorzonera parviflora*	.	+	+	+	it	o
Ch	*Artemisia maritima* var. *erecta*	.	+	+	+	it	o
H	*Carex secalina*	.	+	+	+	it	o
H	*Festuca pseudovina*	.	+	+	+	it	f
H	*Apium repens*	.	+	+	.	me	i
T	*Trifolium laevigatum*	.	.	+	.	m	i
T	*Trifolium resupinatum*	.	.	+	.	me	i
T	*Suaeda pannonica*	.	.	+	.	end	o
H	*Rorippa Kerneri*	.	.	+	.	end	o
H	*Aster * pannonicus*	.	.	+	+	end	o
H	*Aster canus*	.	.	+	.	end	i
H	*Cirsium brachycephalum*	.	.	+	.	end	i
HH	*Potamogeton * balatonicus*	.	.	+	.	end	f
H	*Puccinellia salinaria*	.	.	+	.	end ?	o
G	*Phragmites communis* var. *Pokornyi*	.	.	+	.	end ?	o
T	*Chenopodium Wolffii*	.	.	+	.	end	f
HH	*Ruppia maritima* var. *obliqua*	.	.	+	.	end	o
T	*Trifolium angulatum*	.	.	+	.	kont	f
H	*Achillea asplenifolia*	.	.	+	.	kont	f
T	*Bassia sedoides*	.	.	+	.	it	f
G	*Carex divisa*	.	.	+	+	kosm	f
G	*Beckmannia erucaeformis*	.	.	+	+	cp	o
T	*Cyperus pannonicus*	.	.	+	+	eua	o
T	*Heleochloa schoenoides*	.	.	+	+	eua	i
T	*Heleochloa alopecuroides*	.	.	+	+	eua	f
T	*Crypsis aculeata*	.	.	+	+	eua	o
G-H	*Plantago Cornuti*	.	.	+	+	eua-m	o
H	*Glyceria * poaeformis*	.	.	+	+	eu	i
T	*Matricaria * Bayeri*	.	.	+	+	end ?	o
T	*Plantago tenuiflora*	.	.	+	+	kont	o
H	*Plantago Schwarzenbergiana*	.	.	+	+	end	o
H	*Rumex stenophyllus*	.	.	+	+	it	i
T	*Camphorosma annua*	.	.	+	+	it	o
Ch	*Kochia prostrata*	.	.	+	+	it	i
T	*Suaeda salsa*	.	.	+	+	it	o
T	*Salsola soda*	.	.	+	+	it	f
T	*Petrosimonia triandra*	.	.	+	+	it	o
T	*Gypsophila stepposa*	.	.	+	+	it	f
T	*Ranunculus lateriflorus*	.	.	+	+	it	f
H	*Ranunculus pedatus*	.	.	+	+	it	f
H	*Lepidium cartilagineum*	.	.	+	+	it	o
T	*Trigonella procumbens*	.	.	+	+	it	i
H	*Limonium Gmelini*	.	.	+	+	it	o
H	*Taraxacum bessarabicum*	.	.	+	+	it	o
H	*Arachnospermum canum*	.	.	+	+	it	i
H	*Aster punctatus*	.	.	+	+	it	i
H	*Puccinellia limosa*	.	.	+	+	it	o
T	*Hordeum Hystrix*	.	.	+	+	it	f
T	*Pholiurus pannonicus*	.	.	+	+	it	o
G	*Aeluropus litoralis*	.	.	.	+	eua	o
Ch	*Arthrocnemum glaucum*	.	.	.	+	m	o
T	*Frankenia pulverulenta*	.	.	.	+	m	o
H	*Puccinellia convoluta*	.	.	.	+	m	o
H	*Scorzonera austriaca* var. *mucronata*	.	.	.	+	end ?	o

		K	B	P	R		
Ch	*Obione verrucifera*	.	.	.	+	it	o
Ch	*Camphorosma monspeliaca* var. *pilosa*	.	.	.	+	it	o
Ch	*Halocnemum strobilaceum*	.	.	.	+	it	o
T	*Suaeda splendens*	.	.	.	+	it	o
T	*Petrosimonia brachiata*	.	.	.	+	it	o
T	*Petrosimonia crassifolia*	.	.	.	+	it	o
Ph	*Tamarix Pallasii*	.	.	.	+	it	o ?
Ch	*Frankenia hispida*	.	.	.	+	it	o
Ph	*Nitraria Schoberi*	.	.	.	+	it	o
H	*Peucedanum latifolium*	.	.	.	+	it	
H	*Limonium bellidifolium*	.	.	.	+	it	o
H	*Leuzea salina*	.	.	.	+	it	o
G	*Iris halophila*	.	.	.	+	it	o
H	*Puccinellia festucaeformis*	.	.	.	+	m	o
T	*Agropyron prostratum*	.	.	.	+	it	o

e) Die pflanzengeographische Stellung der siebenbürgischen Salzflora.

Die Zahl der Salzarten, die Siebenbürgen dem ungarischen bzw. dem rumänischen Gebiet voraus hat, ist gering. Es sind dies einmal die beiden Endemiten des siebenbürgischen Beckens, *Chenopodium Wolffii* und *Ruppia maritima* var. *obliqua*. Außerdem fehlen in Ungarn die beiden irano-turanischen Arten *Petrosimonia triandra* und *Peucedanum latifolium*, die über Siebenbürgen hinaus nicht weiter nach dem Westen vordringen, und die eurasiatisch-mediterrane *Plantago Cornuti*. Wenig größer ist die Zahl der Arten, die nicht mehr in Rumänien auftreten. Es sind dies außer den beiden erwähnten Endemiten:

Trifolium angulatum	kont	*Matricaria * Bayeri* (?)	it (end ?)
Glaux martima	cp	*Carex secalina*	it
Plantago Schwarzenbergiana	end	*Puccinellia salinaria*	end ?
*Aster * pannonicus*	end	*Schoenoplectus americanus*	kosm
Achillea asplenifolia	kont		

Weitaus stärker ist der Florenkontrast in der umgekehrten Richtung von den umliegenden Gebieten nach dem siebenbürgischen Becken und hier ist er von Rumänien gegen Siebenbürgen wesentlich größer als von Ungarn her. Es beträgt die zahlenmäßige Differenz im einzelnen (Abb. 7):

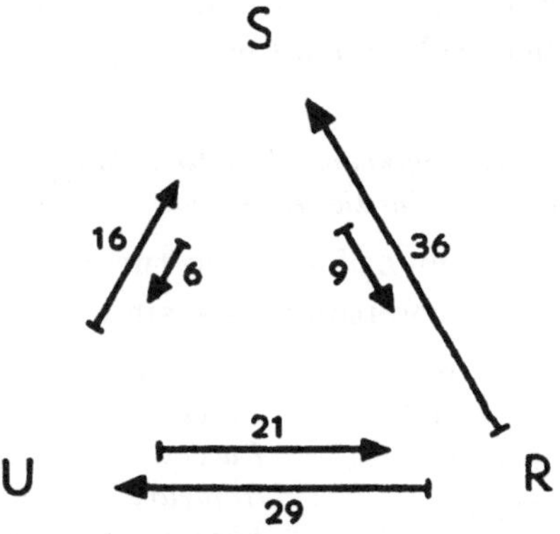

Abb. 7. Florenkontraste zwischen den Salzpflanzengebieten Ungarns (U), Siebenbürgens (S) und Rumäniens (R).

Den siebenbürgischen Salzstellen fehlen folgende Arten:

a) Arten des ungarischen Tieflandes, die auch in Rumänien fehlen.
Es sind dies vor allem die Endemiten des pannonischen Raumes:

Bassia sedoides	it	(Apium repens	me)
Suaeda pannonica	end	Aster canus	end
Rorippa Kerneri	end	Cirsium brachycephalum	end
Trifolium laevigatum	m	Potamogeton * balatonicus	end
Trifolium ornithopodioides	m-a		

b) in Ungarn und in Rumänien vorkommende Arten:

Camphorosma annua	it	Juncus maritimus [1]	kosm
Ranunculus lateriflorus	it	Beckmannia erucaeformis	cp
Lepidium cartilagineum	it	Pholiurus pannonicus	it
Ruppia rostrata	kosm		

c) sämtliche Arten Rumäniens, die auch dem ungarischen Tieflande fehlen, vorzüglich irano-turanische und die mediterranen Elemente (vgl. S. 44).

Es ergibt sich daraus eine zweifellose Verwandtschaft der siebenbürgischen Salzflora zu der des ungarischen Tieflandes, die weitaus größer ist als die Beziehung zu den rumänischen Salzstellen. (Die Salzarten des siebenbürgischen Beckens wurden in den Listen und Tabellen dieser Arbeit unter den Halophyten des ungarischen Raumes angeführt, unbeschadet der politisch-staatlichen Zugehörigkeit Siebenbürgens.)

f) Die pflanzengeographische Stellung der Salzfluren des Neusiedler Sees.

Trotz des immer noch erstaunlichen Artenreichtums der Salzfluren des Neusiedler Sees bei der geringen flächenmäßigen Erstreckung des Gebietes müssen wir den Neusiedler See bereits zu den westlichen Ausläufern der zentralungarischen Alkalisteppen rechnen. Etliche Arten der ungarischen Tiefebene erreichen den Neusiedler See nicht mehr; es sind dies insgesamt 16 Arten und darunter mehrere Arten irano-turaner Herkunft:

°Bassia sedoides	it	Trifolium angulatum	kont
°Kochia prostrata	it	Trifolium laevigatum	m
°Salsola soda	it	Apium repens	me
Ranunculus pedatus	it	Limonium Gmelini	it
Rorippa Kerneri	end	Glaux maritima	cp
°Sedum caespitosum	it	°Plantago Schwarzenbergiana	end
°Trifolium resupinatum	m	Aster punctatus	it
°Trifolium ornithopodioides	m-atl	°Beckmannia erucaeformis	cp

Hievon tritt bloß *Apium repens* und *Glaux maritima* wiederum an Salzstellen im Westen auf. Die mit ° bezeichneten Arten fehlen bereits den Salzstellen der Süd-Slowakei, während wieder andere Arten, vornehmlich Solontschakpflanzen, das Gebiet der Süd-Slowakei überspringen:

    *Suaeda pannonica, Lepidium cartilagineum, Lepidium latifolium, Peucedanum officinale, Potamogeton *balatonicus, Juncus maritimus, Puccinellia salinaria.*

Eine Reihe von Salzarten namentlich irano-turanischer Herkunft findet am Neusiedler See die Westgrenze ihrer Verbreitung. Es sind dies die zwölf Arten:

Camphorosma annua	it	Potamogeton * balatonicus	end
Suaeda pannonica	end	Puccinellia salinaria	end ?
Ranunculus lateriflorus	it	Puccinellia limosa	it
Lepidium cartilagineum	it	Hordeum Hystrix	it
Trigonella procumbens	it	Phragmites communis var. Pokornyi	end ?
Matricaria * Bayeri	it (end ?)	Pholiurus pannonicus	it

---

[1] Im ungarischen Tieflande als Tertiärrelikt.

Ferner erreichen am Neusiedler See zwei Arten von größerer Gesamtverbreitung ihre europäische Westgrenze:

Cyperus pannonicus	eua	Carex divisa	kosm

Die konstante Abnahme der Artenzahl setzt sich nach Mähren fort. Man kann geradezu von einer „Bündelung der Grenzen" im Westen des pannonischen Raumes sprechen. An den südslowakischen Salzstellen erreichen sieben Halophyten ihre Westgrenze, am Neusiedler See zwölf Arten und in Südmähren sind es zehn Arten, die westlich davon auf binnendeutschen Salzstellen nicht mehr vorkommen:

Rumex stenophyllus	it	Achillea asplenifolia	kont
Suaeda salsa	it	Cirsium brachycephalum	end
Taraxacum bessarabicum	it	Heleochloa alopecuroides	eua
Arachnospermum canum	it	Heleochloa schoenoides	eua
Aster * pannonicus	end	Crypsis aculeata	eua

Umgekehrt haben die binnendeutschen Salzstellen vor Mähren eine Reihe von Halophyten voraus:

Sagina maritima	m-atl	Artemisia maritima var. salina, var.	
Ranunculus Baudoti	atl	erecta	it
Cochlearia officinalis	cp	Artemisia laciniata	eua
Hymenolobus procumbens	kosm	Artemisia rupestris	eua
Peucedanum officinale	eua	Ruppia maritima var. rostrata	kosm
Plantago Coronopus	m-atl	Blysmus rufus	eua
Odontites litoralis	atl	Schoenoplectus americanus	kosm
		Heleocharis parvula	kosm

Groß ist die Verarmung der südmährischen Salzstellen gegenüber den Neusiedler Halophytenfluren, von denen 21 Arten und darunter wieder eine beachtliche Zahl irano-turanischer Elemente Mähren nicht mehr erreichen:

Atriplex litoralis	eua	Potamogeton * balatonicus	end
Camphorosma annua	it	Juncus maritimus	kosm
Suaeda pannonica	end	Cyperus pannonicus	eua
Ranunculus lateriflorus	it	Schoenoplectus americanus [1]	kosm
Lepidium cartilagineum	it	Carex divisa	kosm
Trigonella procumbens	it	Puccinellia salinaria	end ?
Peucedanum officinale [1]	eua	Puccinellia limosa	it
Plantago tenuiflora	kont	Hordeum Hystrix	it
Aster canus	end	Phragmites communis var. Pokornyi	end(?)
Matricaria * Bayeri	it (end ?)	Pholiurus pannonicus	it
Artemisia maritima var. salina, var.			
erecta [1]	it		

Dagegen hat Mähren nur die zirkumpolare *Glaux maritima* als Besonderheit gegenüber dem Neusiedler See aufzuweisen.

Wenn man den Neusiedler See als das reichste Halophytengebiet auf deutschem Boden mit der ungarischen Salzvegetation vergleicht, darf man beide nicht ohne weiteres gleichsetzen, da sich die letztere in ihrer Gesamtheit über ein weitaus größeres Areal erstreckt als die Enklave am Neusiedler See. Ein Vergleich mit der klassischen ungarischen Pußta, der Hortobágy, zeigt manche Arten, die man am Neusiedler See wohl vergeblich suchen wird, wie:

Bassia sedoides	it	Trifolium laevigatum	m
Kochia prostrata	it	Trifolium angulatum	kont
Salsola soda	it	Limonium Gmelini	it
Ranunculus pedatus	it	Plantago Schwarzenbergiana	end
Rorippa Kerneri	end	Aster punctatus	it
Trifolium resupinatum	m	Beckmannia erucaeformis	cp
Trifolium ornithopodioides	a-m		

---

[1] Auch wieder in Binnendeutschland auftretend.

Dabei ist jedoch nicht zu übersehen, daß die Hortobágy ein ausschließliches Solonetz-gebiet darstellt, das klassische Beispiel der „Szikespußta", von der am Neusiedler See nur geringe Flächen entwickelt sind. Dem überwiegenden Solontschakcharakter des Neusiedler Seegebietes entsprechend weist dieses manche Pflanzen auf, vor allem solche des Solontschak-bodens, die ihrerseits der Hortobágy-Pußta fehlen, nämlich:

Salicornia europaea	*Potamogeton * balatonicus*
Lepidium cartilagineum	*Juncus maritimus*
Althaea officinalis	*Cyperus pannonicus*
Aster canus	*Puccinellia salinaria*

Von den Halophyteninseln im Raabgelände zwischen dem steirischen Hügelland und dem Bakonywald werden von Gáyer (1929) folgende Arten angegeben: *Bupleurum tenuissimum, Plantago maritima, Aster * pannonicus, Scorzonera parviflora* und *Cirsium brachycephalum.*

Das Ausstrahlen der zentralungarischen Salzsteppe nach den Salzstellen des Westens soll im folgenden auf Abb. 8 und durch eine Tabelle im einzelnen wiedergegeben werden.

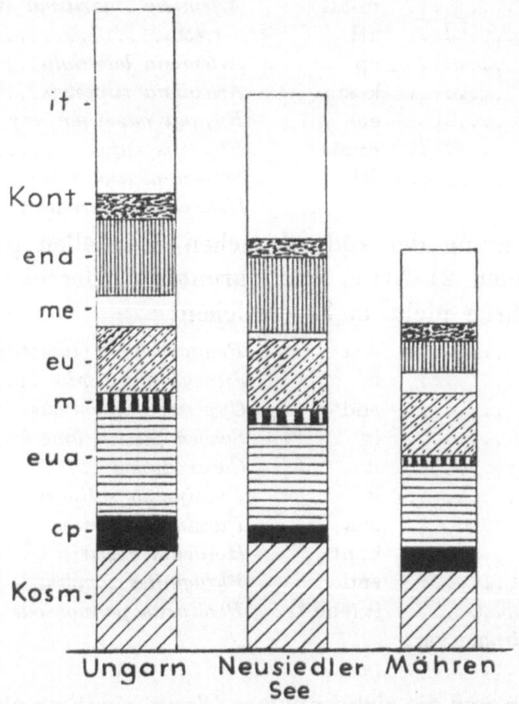

Abb. 8. Die Florenelemente in den Salzgebieten Ungarns, am Neusiedler See und in Mähren.

Es bedeuten in der umstehenden Tabelle: U = Ungarische Tiefebene, S = Süd-Slowakei, N = Neusiedler See, W = Wiener Becken, F = Marchfeld, P = Pulkatal, M = Mähren, B = Böhmen. Ferner wurden das Florenelement und der Grad der Halophilie der einzelnen Pflanze angegeben.

	U	S	N	W	F	P	M	B		
Salicornia europaea	+	+	+	+	+	+	+	+	kosm	o
Suaeda maritima	+	+	+	+	(+)	+	+	+	kosm	o
*Lotus * tenuifolius*	+	+	+	+	+	+	+	+	eu	f
Melilotus dentatus	+	+	+	+	+	+	+	+	eua	f
Althaea officinalis	+	+	+	+	+	+	+	+	eua	f
Samolus Valerandi	.	+	+	+	+	+	+	+	kosm	f
Plantago maritima	+	+	+	+	+	+	+	+	eu	f
Scorzonera parviflora	+	+	+	+	+	+	+	+	it	o
Rumex maritimus	+	+	+	+	+	+	.	+	cp	i

	U	S	N	W	F	P	M	B		
Chenopodium glaucum	+	+	+	+	+	+	+	+	kosm	i
Chenopodium rubrum var. crassifolium	+	.	+	.	+	.	+	.	eua	f
Trifolium fragiferum	+	+	+	+	+	.	+	+	eua	f
Sonchus uliginosus	+	.	+	+	+	.	.	.	eua	f
Triglochin maritimum	+	+	+	+	+	.	+	+	cp	f
Zannichellia * pedicellata	+	.	+	+	.	.	.	+	me	f
Bolboschoenus maritimus	+	+	+	.	.	+	+	+	kosm	f
Schoenoplectus Tabernaemontani	+	+	+	+	.	.	+	+	eua	f
Carex distans	+	+	+	+	+	+	+	+	eu	f
Festuca pseudovina	+	+	+	.	.	.	.	+	it	f
Trifolium striatum	+	+	+	+	+	.	+	+	m-eu	i
Bupleurum tenuissimum	+	+	+	+	+	+	+	+	eu	f
Apium repens	+	+	+	+	+	.	.	+	me	i
Centaurium uliginosum	.	.	+	+	+	.	+	+	me	i
Centaurium pulchellum	.	+	+	+	+	.	+	+	eua	i
Carex hordeistichos	+	+	+	+	+	.	+	+	eua	i
Spergularia salina	+	+	+	+	.	+	+	+	kosm	o
Spergularia marginata	+	+	+	+	.	+	+	+	kosm	o
Apium graveolens	+	.	+	+	.	+	+	+	kosm	f
Juncus Gerardi	+	+	+	+	.	+	+	+	cp	o
Ranunculus Petiveri	+	+	+	+	.	.	.	+	eu	f
Lepidium latifolium	.	.	+	.	.	+	+	+	eua	f
Glaux maritima	+	+	.	.	.	+	+	+	cp	f
Carex secalina	+	+	+	.	.	+	+	+	it	o
Atriplex hastata var. salina	.	.	+	.	+	.	+	.	eua ?	f
Peucedanum officinale	+	.	+	.	+	.	.	+	eua	i
Artemisia maritima	+	+	+	.	+	.	.	+	it	o
Trifolium parviflorum	+	+	+	.	.	.	+	+	kont	i
Rumex stenophyllus	+	+	+	+	.	.	+	.	it	i
Arachnospermum canum	+	+	+	+	+	+	+	.	it	i
Aster * pannonicus	+	+	+	+	+	+	+	+	end	o
Cirsium brachycephalum	+	+	+	+	+	+	+	+	end	i
Heleochloa schoenoides	+	+	+	.	+	+	+	.	eua	f
Crypsis aculeata	+	+	+	.	+	+	+	.	eua	o
Taraxacum bessarabicum	+	+	+	+	+	.	+	.	it	o
Achillea asplenifolia	+	+	+	+	+	.	+	.	kont	f
Heleochloa alopecuroides	+	+	+	+	+	.	+	.	eua	i
Suaeda salsa	+	.	+	.	(+)	.	+	.	it	o
Aster canus	+	+	+	+	+	.	.	.	end	i
Rorippa Kerneri	+	+	.	.	+	.	.	.	end	o
Plantago tenuiflora	+	+	+	.	+	.	.	.	kont	o
Cyperus pannonicus	+	+	+	.	(+)	.	.	.	eua	o
Atriplex litoralis	+	+	+	.	.	.	.	.	eua	o
Camphorosma annua	+	+	+	.	.	.	.	.	it	o
Ranunculus lateriflorus	+	+	+	.	.	.	.	.	it	f
Carex divisa	+	+	+	.	.	.	.	.	kosm	f
Puccinellia limosa	+	+	+	.	.	.	.	.	it	o
Hordeum Hystrix	+	+	+	.	.	.	.	.	it	f
Pholiurus pannonicus	+	+	+	.	.	.	.	.	it	o
Trigonella procumbens	+	.	+	.	.	.	.	.	it	i
Matricaria * Bayeri	+	.	+	.	.	.	.	.	it(end ?)	o
Phragmites communis var. Pokornyi	+	.	+	.	.	.	.	.	end ?	o
Suaeda pannonica	+	.	+	.	.	.	.	.	end	o
Lepidium cartilagineum	+	.	+	.	.	.	.	.	it	o
Potamogeton * balatonicus	+	.	+	.	.	.	.	.	end	f
Juncus maritimus	+	.	+	.	.	.	.	.	kosm	o

	U	S	N	W	F	P	M	B		
Puccinellia salinaria	+	.	+	.	.	.	.	.	end ?	o
Ranunculus pedatus	+	+	.	.	.	.	.	.	it	f
Trifolium angulatum	+	+	.	.	.	.	.	.	kont	f
Trifolium laevigatum..........	+	+	.	.	.	.	.	.	m	i
Limonium Gmelini..............	+	+	.	.	.	.	.	.	it	o
Aster punctatus	+	+	.	.	.	.	.	.	it	i
Bassia sedoides................	+	.	.	.	.	.	.	.	it	f
Kochia prostrata...............	+	.	.	.	.	.	.	.	it	i
Salsola soda	+	.	.	.	.	.	.	.	it	f
Sedum caespitosum	+	.	.	.	.	.	.	.	it	i

g) Die westlichsten Ausläufer des pannonischen Raumes.

Das klimatisch und bodenmäßig gemäßigtere Westufer des Neusiedler Sees läßt eine deutliche Abnahme an Arten gegenüber den extremen Salzgebieten des Seewinkels am Ostufer erkennen. Es fehlen die ausgeprägten irano-turanischen Salzpflanzen *Camphorosma annua*, *Hordeum Hystrix* und *Pholiurus pannonicus*, die am Neusiedler See ihre Westgrenze erreichen. Es fehlen ferner:

Atriplex hastata var. *microtheca*	eua	*Plantago tenuiflora*	kont
Apium graveolens	kosm	*Juncus maritimus*	kosm
Peucedanum officinale	eua	*Schoenoplectus americanus*	kosm

Die salzindifferente *Heleochloa alopecuroides* (eua) des Westufers wurde dagegen am Ostufer noch nicht beobachtet. — Die reichsten Fluren am Westufer im Überschwemmungsbereich des Sees weisen etwa folgende Arten auf (Joiser Heide):

Atriplex litoralis	*Aster * pannonicus*
Salicornia europaea	*Artemisia maritima* var. *salina* und var. *erecta*
Suaeda pannonica	*Triglochin maritimum*
Spergularia marginata	*Juncus bufonius*
Spergularia salina	*Juncus Gerardi*
Cerastium subtetrandrum	*Carex secalina*
Myosurus minimus	*Carex hordeistichos*
Lepidium cartilagineum	*Carex divisa*
*Lotus corniculatus * tenuifolius*	*Puccinellia salinaria*
Bupleurum tenuissimum	*Puccinellia distans*
Taraxacum bessarabicum	*Heleochloa alopecuroides*
Scorzonera parviflora	*Crypsis aculeata*

Ein weiteres reicheres Vorkommen am Westufer liegt bei Oggau (Oggauer Heide), ebenfalls im Überschwemmungsbereich des Sees. Von hier werden angegeben:

Salicornia europaea	*Juncus Gerardi*
Suaeda maritima	*Cyperus pannonicus*
Samolus Valerandi	*Heleochloa alopecuroides*
Plantago maritima	*Heleochloa schoenoides*
*Aster * pannonicus*	*Crypsis aculeata*
Cirsium brachycephalum	

Von den schwach salzigen Stellen des **Wiener Beckens** zwischen Gallbrunn und Margarethen am Moos werden folgende Arten angegeben (aus Schrifttum und nach Angaben von H. Metlesics):

Rumex stenophyllus	*Coronopus squamatus*
Atriplex hastata	*Lotus * tenuifolius*
Salicornia europaea	*Melilotus dentatus*
Suaeda maritima	*Althaea officinalis*
Spergularia marginata	*Bupleurum tenuissimum*
Spergularia salina	*Apium graveolens*

Samolus Valerandi	*Aster * pannonicus*
Plantago maritima	*Cirsium brachycephalum*
Taraxacum bessarabicum	*Triglochin maritimum*
Scorzonera parviflora	*Schoenoplectus Tabernaemontani*

Etwas reicher ist die Halophytenflora des Marchfeldes:

Rumex maritimus	*Plantago tenuiflora*
Chenopodium rubrum var. *crassifolium*	*Centaurium pulchellum*
Atriplex hastata var. *salina*	*Centaurium * uliginosum*
Salicornia europaea	*Taraxacum bessarabicum*
Suaeda maritima	*Sonchus uliginosus*
Suaeda salsa	*Scorzonera parviflora*
Rorippa Kerneri	*Aster * pannonicus*
Coronopus squamatus	*Aster canus*
*Lotus corniculatus * tenuifolius*	*Achillea asplenifolia*
Melilotus dentatus	*Artemisia maritima*
Trifolium striatum	*Artemisia laciniata*
Althaea officinalis	*Cirsium brachycephalum*
Bupleurum tenuissimum	*Triglochin maritimum*
Apium repens	*Juncus atratus*
Peucedanum officinale	*Cyperus pannonicus*
Samolus Valerandi	*Cyperus flavescens*
Teucrium Scordium	*Heleochloa alopecuroides*
Mentha pulegium	*Heleochloa schoenoides*
Plantago maritima	*Crypsis aculeata*

Die südmährische Halophytenflora zählt insgesamt etwa 37 Arten, von denen im Pulkatal rund 30 Arten wachsen (die im folgenden mit ° bezeichneten Pflanzen fehlen im Pulkatal):

Rumex maritimus	*Plantago maritima*
Rumex stenophyllus	°*Centaurium * uliginosum*
Chenopodium glaucum	°*Centaurium pulchellum*
Chenopodium rubrum var. *crassifolium*	°*Taraxacum bessarabicum*
Salicornia europaea	*Arachnospermum canum*
Suaeda maritima	*Scorzonera parviflora*
°*Suaeda salsa*	*Aster * pannonicus*
Spergularia marginata	*Achillea asplenifolia*
Spergularia salina	*Cirsium brachycephalum*
(*Myosurus minimus*)	°*Triglochin maritimum*
Lepidium latifolium	*Juncus Gerardi*
*Lotus corniculatus * tenuifolius*	*Bolboschoenus maritimus*
Melilotus dentatus	*Schoenoplectus Tabernaemontani*
Trifolium fragiferum	*Carex distans*
Althaea officinalis	*Carex hordeistichos*
Apium graveolens	*Carex secalina*
Bupleurum tenuissimum	°*Heleochloa alopecuroides*
Glaux maritima	*Heleochloa schoenoides*
Samolus Valerandi	*Crypsis aculeata*

Schließlich seien noch die Artenlisten der böhmischen und polnischen Salzgebiete wiedergegeben, von denen in Böhmen noch einige östliche Arten bemerkenswert sind, die zum Teil in Binnendeutschland fehlen. Auffallend ist das Zurücktreten der obligaten Halophyten gegenüber einer Mehrzahl von fakultativen und salzindifferenten Arten. Es wachsen auf den böhmischen „Srpina-Wiesen":

Suaeda maritima	kosm	*Bupleurum tenuissimum*	cp
Spergularia salina	kosm	*Triglochin maritimum*	cp
Spergularia marginata	kosm	*Juncus Gerardi*	cp
Samolus Valerandi	kosm	*Melilotus dentatus*	eua
Bolboschoenus maritimus	kosm	*Trifolium fragiferum*	eua
Glaux maritima	cp	*Althaea officinalis*	eua

Centaurium pulchellum	eua	*Centaurium vulgare*	eu
Teucrium Scordium	eua	*Plantago martima*...................	eu
Taraxacum palustre	eua	*Carex distans*	eu
Aster Tripolium	eua	*Orchis palustris*....................	me
Schoenoplectus Tabernaemontani	eua	*Centaurium * uliginosum*	me
Heleochloa alopecuroides	eua	*Trifolium parviflorum*	kont
Trifolium striatum	m-eu	*Achillea asplenifolia*................	kont
Tetragonolobus siliquosus	m-eu	*Taraxacum bessarabicum*	it
Coronopus squamatus...............	eu	*Arachnospermum canum*	it
*Lotus corniculatus * tenuifolius*	eu	*Scorzonera parviflora*	it
Bupleurum tenuissimum	eu	*Carex secalina*	it

Ganz wenige Arten sind in den beiden polnischen Salzgebieten zu finden, von denen nur *Melilotus dentatus* und *Alopecurus ventricosus* auf östliche Herkunft deuten. Alle anderen sind wohl auf Ausstrahlungen der binnendeutschen Salzstellen zurückzuführen. Die Artenliste, im wesentlichen nach Pax 1918, ist folgende:

Salicornia europaea	kosm	*Chenopodium glaucum*	eua
Suaeda maritima	kosm	*Melilotus dentatus*	eua
Spergularia salina	kosm	*Trifolium fragiferum*	eua
Potamogeton pectinatus	kosm	*Aster Tripolium*	eua
Ruppia maritima var. *rostrata*	kosm	*Alopecurus ventricosus*	eua
Glaux maritima....................	cp	*Lotus corniculatus * tenuifolius*	eu
Triglochin maritimum	cp	*Atriplex hastata* var. *salina*	eua ?

4. Übersicht der Salzpflanzen des pannonischen Raumes.

Ich gebe anschließend eine Übersicht der Salzpflanzen der ungarischen Tiefebene. Diejenigen Arten, die am Neusiedler See selbst fehlen, sind durch ein vorangestelltes ° gekennzeichnet. Von den einzelnen Arten sind neben der Lebensform angegeben: das Florenelement (vgl. S. 40), der Grad der Halophilie (obligat, fakultativ, indifferent, vgl. S. 64), die Halobien- und Hygrobienstufe (vgl. S. 67), die Blütezeit, sowie diejenige Gesellschaft, in der die Pflanze im Gebiete des Neusiedler Sees — und nur hier — Charakterart ist. Es ist zu beachten, daß namentlich unter den als „indifferent" bezeichneten Pflanzen manche Art nicht als „Salzpflanze" angesprochen werden kann. Sie wurde aber dann in diese Liste aufgenommen, wenn sie in irgendeiner Beziehung zu einer Salzpflanzengesellschaft beobachtet werden konnte.

Die Anordnung der Arten erfolgte nach Wettsteins „Handbuch der systematischen Botanik" (4. Auflage, 1935), die Nomenklatur folgt Mansfeld („Verzeichnis der Farn- und Blütenpflanzen Deutschlands" 1940) unter Berücksichtigung der Beiträge von Janchen und Neumayer (1942 und 1944).

H	*Rumex maritimus* L.:	cp—i. 7—9.
H	*Rumex stenophyllus* Ledeb.:	it—i. 7—9.
T	*Polygonum aviculare* L. var.:	i. 6—H. *Pholiurus pannonicus-Plantago tenuiflora*-Ass.
T	*Chenopodium glaucum* L.:	eua—i. 7—H. Hal. III/1, Hygr. II—III.
T	*Chenopodium rubrum* L. var. *crassifolium* (Hornem.) Moq.:	eua—f. 8—9.
T	°*Chenopodium Wolffii* Simk.:	end—f. 8—9.
T	*Atriplex litoralis* L.:	eua—o. 7—9.
T	*Atriplex hastata* L. var. *microtheca* Schumacher:	eua—f. 8—9.
T	*Atriplex hastata* L. var. *salina* (Wallr.) Gren. et Godr.:	eua?—f. 7—9.
T	*Atriplex tatarica* L.:	it—i. 7—9.
T	*Camphorosma annua* Pall.:	it—o. 7—9. Hal. IV, Hygr. I. *Camphorosmetum annuae*.
T	°*Bassia sedoides* (Pall.) Asch.:	it—f. 8—10.
Ch	°*Kochia prostrata.* (L.) Schrad.:	it—i. 7—9.
T	*Salicornia europaea* L.:	kosm—o. 8—9. Hal. III/2, Hygr. III/2. Hpt.-Ass.: *Salicornietum europaeae. Salicornietum europaeae hungaricum.*
T	*Suaeda maritima* (L.) Dum.:	kosm—o. 7—9. Hal. IV, Hygr. II—IV. Hpt.-Ass.: *Salicornietum europaeae. Suaedetum maritimae hungaricum.*
T	*Suaeda salsa* (L.) Pall.:	it—o. 8—9. Hal. IV.
T	*Suaeda pannonica* Beck:	end—o. 9. Hal. III/2, Hygr. II. *Suaedetum pannonicae.*
T	°*Salsola soda* L.:	it—f. 8—9.
T	°*Petrosimonia triandra* (Pall.) Simk.:	it—o. 7—9.
T	*Spergularia salina* J. et. C. Presl:	kosm—o. 5—9.

H   *Spergularia marginata* (DC) Kittel: kosm—o. 7—9.

T   *Cerastium anomalum* W. K.: it—i. 5—6. Hal. I, Hygr. II. *Puccinellion limosae.*

T   *Cerastium subtetrandrum* (Lange) Murb.: me—i. 4—6. Hal. I, Hygr. II.

T   *Gypsophila stepposa* Klokov: it—f.

T   *Myosurus minimus* L.: cp—i. 4—6. Hal. III/2, Hygr. III—IV.

T   *Ranunculus lateriflorus* DC.: it—f. 5—7. Hal. III/2, Hygr. III—IV. *Puccinellion limosae.*

H   *Ranunculus sardous* Cr.: eu—i. 5—9.

H   °*Ranunculus pedatus* W. K.: it—f. 5.

HH   *Ranunculus circinatus* Sibth.: eua—i. 5—8. Hygr. V.

HH   *Ranunculus trichophyllus* Chaix: eu—i. 5—7. Hygr. V.

HH   *Ranunculus Petiveri* Koch: eu—f. 5—8. Hygr. V.

H   °*Rorippa Kerneri* Menyhárth: end—o. 5—7. Hal. II, Hygr. III—IV.

T   *Lepidium ruderale* L.: eua—i. 5—6. Hal. III/2.

H   *Lepidium cartilagineum* (J. May.) Thell.: it—o. 5—6. Hal. IV, Hygr. II. *Puccinellia salinaria-Lepidium cartilagineum*-Ass.

H   °*Lepidium latifolium* L.: eua—f. 6—7.

T   *Coronopus squamatus* (Forsk.) Asch.: eu—i. 7—8.

T   °*Sedum caespitosum* (Cav.) DC.: it—i. 4.

H   *Potentilla Anserina* L.: kosm—i. 5—9. Hal. I, Hygr. III/2.

H   *Lotus corniculatus* L. ssp. *tenuifolius* (L.) Hartm.: it—f. 5—H. Hal. I, Hygr. III/2. *Juncetalia maritimi.*

H   *Tetragonolobus siliquosus* (L.) Roth: eu—i. 5—7. Hal. I, Hygr. II—III.

T   *Trigonella procumbens* (Bess.) Rchb.: it—i. 5—6.

H   *Melilotus dentatus* (W. K.) Pers.: eua—f. 5—9. *Juncion Gerardi.*

T   *Trifolium parviflorum* Ehrh.: kont—i. 5—7.

H   *Trifolium fragiferum* L.: eua—f. 5—9. Hal. I, Hygr. III/2. *Juncion Gerardi.*

T   °*Trifolium resupinatum* L.: m—i. 4—6.

T   *Trifolium striatum* L.: m-eu—i. 5—6.

T   °*Trifolium subterraneum* L.: m. 4—5.

T   °*Trifolium ornithopodioides* (L.) Sm.: a-m—i. 5—6.

T   °*Trifolium angulatum* W. K.: kont—f. 7—8.

T   °*Trifolium laevigatum* Desf.: m—i. 5—6.

HH   *Myriophyllum spicatum* L.: kosm—i. 6—8. Hygr. V.

T   °*Lythrum tribracteatum* Salzmann: m. 5—6.

Ch   *Althaea officinalis* L.: eua—f. 7—9.

H   *Linum maritimum* L.: m. 6—7.

T   *Bupleurum tenuissimum* L.: eu—f. 7—9. Hal. II, Hygr. II.

H   *Apium graveolens* L.: kosm—f. 6—8.

H   *Apium repens* (Jacq.) Rchb.: me—i. 8—9.

H   °*Oenanthe silaifolia* M. B.: eua—i. 5—7.

H   *Peucedanum officinale* L.: eua—i. 7—9. Hal. I, Hygr. I.

H   °*Peucedanum latifolium* (M. B.) DC.: it—o. 7—8.

H   °*Limonium Gmelini* (Willd.) O. Kuntze: it—o. 7—9. Hal. II, Hygr. I. *Staticeto-Artemisietum monogynae.*

H   °*Glaux maritima* L.: cp—f. 5—8. Hal. II, Hygr. III/2.

H   *Samolus Valerandi* L.: kosm—f. 6—7. Hal. II, Hygr. III/2.

T   *Odontites rubra* Gilib. ssp. *serotina* (Hoffm.) Vollmann: eu—i. 8—9. Hal. I, Hygr. II—III.

HH   *Utricularia vulgaris* L.: cp—i. 6—8. Hal. II, Hygr. V.

      °*Ajuga Laxmanni* (Murray) Benth.: m—i. 5—6.

Ch   *Teucrium Scordium* L.: eua—i. 7—8. Hygr. III—IV.

H   *Mentha Pulegium* L.: eua—i. 7—9. Hal. II, Hygr. III—IV.

H   *Plantago maior* L. ssp. *intermedia* Rouy: eua—i. 5—9.

T   *Plantago tenuiflora* W. K.: kont—o. 5—6. Hal. III/2, Hygr. III—IV. *Pholiurus pannonicus-Plantago tenuiflora*-Ass.

H   *Plantago maritima* L.: eu—f. 6—9. Hal. III/1, Hygr. III/1. *Puccinellia-Aster * pannonicus*-Ass.

G-H   °*Plantago Cornuti* Gouan: eua-m—o. 7—8.

H   °*Plantago Schwarzenbergiana* Schur: end—o. 7—8.

T   *Centaurium vulgare* Rafn ssp. *uliginosum* (W. K.) Soó: me—i. 7—8. Hal. I, Hygr. III/2.

T   *Centaurium pulchellum* (Sw.) Druce: eua—i. 7—9. Hal. (I—)II, Hygr. III/2.

T   °*Centaurium turcicum* (Velen.) Ronniger: i. 7.

H   *Taraxacum bessarabicum* (Hornem.) H.-M.: it—o. 7—H. Hal. II, Hygr. III/1. *Caricetum distantis.*

58 *G. Wendelberger,*

H   *Taraxacum palustre* (Lyons) Lam. et DC.: eua—i. 4—5.
H   *Sonchus uliginosus* M. B.: eua—f. 7—9.
H   *Arachnospermum canum* (C. A. Mey.) Dom.: it—i. 5—6. Hal. II, Hygr. III/1. *Staticeto-Artemi-*
       sietum monogynae.
G   *Scorzonera parviflora* Jacq.: it—o. 5—7. Hal. II, Hygr. III—IV. *Juncetum Gerardi.*
H   °*Aster punctatus* W. K.: it—i. 7—9. Hal. I, Hygr. I.
H   *Aster canus* W. K.: end—i. 8—9. Hal. I, Hygr. I.
H   *Aster Tripolium* L. ssp. *pannonicus* (Jacq.) Soó: end—o. 7—9. Hal. III/1, Hygr. III—IV.
       *Puccinellia-Aster * pannonicus*-Ass.
H   *Pulicaria dysenterica* (L.) Bernh.: eu(m)—i. 7—8.
H   *Achillea asplenifolia* Vent.: kont—f. 5—7. Hal. II, Hygr. III—IV.
T   *Matricaria Chamomilla* L. ssp. *Bayeri* (Kan.) Hay.: it(end ?)—o. 5—9. Hal. III/2, Hygr. I. —
       Camphorosmetum annuae.
Ch   *Artemisia maritima* L. var. *salina* (Willd.) Koch: it—o. 8—9. Hal. II, Hygr. I. *Staticeto-*
       Artemisietum monogynae.
Ch   *Artemisia maritima* L. var. *erecta* Neilr.: wie die vorige Art.
     °*Senecio Biebersteinii* Grecescu: m.
H   *Cirsium brachycephalum* Juratzka: end—i. 7—8. Hal. II, Hygr. III—IV.
H   *Triglochin maritimum* L.: cp—f. 7—8. Hal. II, Hygr. IV. *Juncetum Gerardi.*
H   *Triglochin palustre* L.: kosm—i. 6—8. Hal. I, Hygr. III—IV.
HH   *Potamogeton pectinatus* L.: kosm—i. 6—8. Hal. III/2, Hygr. V. *Parvipotameto-Zannichellietum*
       pedicellatae.
HH   *Potamogeton pectinatus* L. ssp. *balatonicus* (Gams) Soó: end—f. Hygr. V. — *Parvipotameto-Zan-*
       nichellietum pedicellatae.
HH   °*Ruppia maritima* L. var. *rostrata* Agardh: kosm—o. 6—H. Hygr. V.
HH   °*Ruppia maritima* L. var. *obliqua* (Schur) A.-G.: end—o. 7—8. Hygr. V.
HH   *Zannichellia palustris* L. ssp. *pedicellata* (Wahlbg. et Rosén) Hegi: me—f. 5—H. Hal. III/2,
       Hygr. V. *Parvipotameto-Zannichellietum pedicellatae.*

T   *Juncus ranarius* Song. et Perr.: kosm—f. 6—H.
G   *Juncus Gerardi* Lois.: cp—f. 6—7. Hal. II, Hygr. III—IV. *Juncetum Gerardi.*
Ch   *Juncus maritimus* Lam.: kosm—o. 7—8. Hygr. IV.
G   *Juncus articulatus* L.: eu—i. 6—9. Hal. I, Hygr. III/2.
G   °*Juncus atratus* Krocker: it—i. 6—8.
T   *Cyperus pannonicus* Jacq.: eua—o. 7—9. Hal. III/2, Hygr. III—IV. *Cyperetum pannonici.*
T   *Cyperus fuscus* L.: eua-m—i. 7—10.
T   *Cyperus flavescens* L.: kosm—i. 7—10.
G   *Bolboschoenus maritimus* (L.) Palla: kosm—f. 6—8. Hal. III/1, Hygr. IV. — *Scirpetum maritimi.*
H   *Blysmus compressus* (L.) Panz.: eua—i. 6—7. Hal. II, Hygr. III/1.
G   *Schoenoplectus lacustris* (L.) Palla: kosm—i. 6—7. Hygr. IV.
G   *Schoenoplectus Tabernaemontani* (Gmel.) Palla: eua—f. 6—7. Hal. III/1, Hygr. IV. —*Scirpetum*
       maritimi.
G   *Schoenoplectus triqueter* (L.) Palla: kosm—i. 6—7.
G   *Schoenoplectus carinatus* (Sm.) Palla: eu—i. 7—8.
H   *Schoenoplectus mucronatus* (L.) Palla: kosm—i. 7—10.
G   *Schoenoplectus americanus* (Pers.) Volkart: kosm—i. 7—8.
G   *Heleocharis palustris* (L.) Roem. et Schult.: kosm—i. 6—8. Hal. II, Hygr. IV. *Juncetum Gerardi.*
G   *Heleocharis uniglumis* (Link.) Schult.: eua—i. 6—9. Hal. II, Hygr. IV.
H   *Heleocharis pauciflora* (Lightf.) Link: cp—i. 5—6. Hal. II, Hygr. III/1. — *Caricetum distantis,*
       Subass. v. *Heleocharis pauciflora.*
G   *Cladium Mariscus* (L.) Pohl: kosm—i. 6—7. Hal. I, Hygr. IV.
H   *Carex stenophylla* Wahlenbg.: cp—i.
G   *Carex divisa* Huds.: kosm—f. 4—5.
H   *Carex distans* L.: eu—f. 5—6. Hal. II, Hygr. III/1. *Caricetum distantis.*
H   *Carex hordeistichos* Vill.: m—i. 5—7.
H   *Carex secalina* Wahlenbg.: it—o. 5—6.
H   *Festuca pseudovina* Hack.: it—f. 5—6. Hal. II, Hygr. I. *Festuca pseudovina-Centaurea pannonica-*
       Ass. — *Staticeto-Artemisietum monogynae,* Diff.-Art der Subass. v. *Festuca pseudovina.*

H   *Glyceria fluitans* (L.) R. Br. ssp. *poaeformis* Fries: eu—i. 5—6.
H   *Puccinellia distans* (Jacq.) Parl.: kosm—i. 5—6.
H   *Puccinellia limosa* (Schur) Holmbg.: it—o. Hal. III/2, Hygr. II—IV. *Puccinellion limosae.*

H *Puccinellia salinaria* (Simk.) Holmbg.: end(?)—o. 6—7. Hal. III/1, Hygr. III—IV. *Puccinellion salinariae.*

H *Poa bulbosa* L. var. *vivipara* Koeler: eua—i. 5—6.

T *Hordeum Hystrix* Roth: it—f. 6—8. Hal. II, Hygr. I. — *Hordeetum Hystricis.*

G *Phragmites communis* Trin.: kosm—i. 7—9. Hal. III/1, Hygr. IV. *Phragmition.*

G *Phragmites communis* Trin. var. *Pokornyi*: end?—o. Steril. Hal. III/1, Hygr. III—IV.

G °*Beckmannia erucaeformis* Host: cp—o. 6—7. Hal. II, Hygr. III—IV.

T *Pholiurus pannonicus* (Host) Trin.: it—o. 5—6. Hal. III/2, Hygr. III—IV. — *Pholiurus pannonicus-Plantago tenuiflora*-Ass.

H *Agrostis alba* L. coll.: cp—i. 6—7. Hal. II, Hygr. III—IV. *Juncetalia maritimi.*

T *Heleochloa alopecuroides* (Pill. et Mitt.) Host: eua—i. 6—9.

T *Heleochloa schoenoides* (L.) Host: eua—f. 7—9. Hal. II, Hygr. III—IV.

T °*Heleochloa Bernatzkiana* (Degen) Boros:

T *Crypsis aculeata* (L.) Ait.: eua—o. 7—10. Hal. III/2, Hygr. III—IV. *Crypsidetum aculeatac.*

H *Typhoides arundinacea* (L.) Moench: cp—i. 6—7.

G *Orchis palustris* Jacq.: me—i. 5—6. Hal. II, Hygr. III—IV.

IV. Die Salzpflanzen.

1. Das Halophytenproblem.

Das „Halophytenproblem", die Frage nach der ökologischen Eigentümlichkeit des salzreichen Standortes einerseits und die Frage nach der Ursache des Auftretens bestimmter Pflanzen an solchen Orten anderseits, war seit langem Gegenstand eingehender Untersuchungen und Theorien. Es sei hier nur an die bekannte Hypothese Schimpers von der „physiologischen Trockenheit der Salzböden" erinnert und in diesem Zusammenhang an die Arbeiten von Ruhland, v. Faber, Stocker, Fitting, Braun-Blanquet, B. Keller, Montfort u. a.

Bei der Besiedelung der Salzstellen vom salzfreien, glykischen Boden her — wie es wenigstens für die Blütenpflanzen als sicher anzunehmen ist — hat wohl der Konkurrenzfaktor eine ausschlaggebende Rolle gespielt. Nur Pflanzen, welche den Salzreichtum auf Grund ihrer physiologischen Eigenart ertragen konnten, vermochten die ansonsten unüberwindliche Schranke der hohen Salzkonzentration zu durchbrechen und breiteten sich nun in dem bisherigen Niemandslande in einer ungeheuren, hemmungslosen Individuenfülle aus. Dieses Fehlen jeder Konkurrenz durch andere Arten auf extremen Böden erklärt das stellenweise massenhafte Auftreten einer einzigen Art in unerhörten Individuenzahlen, wie etwa *Salicornia europaea* im Watt der europäischen Atlantikküste.

Tatsächlich dürften viele Salzpflanzen nur als salzertragend angesprochen werden, die von der konkurrenzkräftigeren Vegetation günstigerer Standorte in das Extremgebiet hinausgedrängt wurden. So treten auch ausgesprochen glykische Pflanzen nur selten in Halophytengesellschaften ein, während umgekehrt Salzpflanzen auch in umgebenden, kaum halischen Gesellschaften anzutreffen sind. Besonders auf Brachen oder auf umgebrochenem Boden stellen sich selbst obligate Halophyten ein und die oft üppige, luxuriierende Entfaltung an solchen Orten, weit über das an ihren üblichen Salzstandorten erreichte Ausmaß hinaus, zeigt, wie wenig günstig der extreme Standort des Salzbodens selbst für die Halophyten ist. Es sind diese Stellen brachen Bodens aber Standorte, an denen durch die Einwirkung des Menschen die ursprüngliche Pflanzendecke zerstört und mit der Schaffung vegetationsfreier Stellen auch die Konkurrenz der bodenständigen Arten ausgeschaltet wurde. Es zeigt diese Erscheinung aber auch, daß der Salzboden nicht allein durch einen hohen Salzgehalt für die meisten Pflanzen begrenzend wirkt, sondern vielfach auch durch die hohe Dispersität seiner Bodenteilchen. Das lockere Gefüge des umgebrochenen Bodens ermöglicht bei ausgeschalteter Konkurrenz, gemeinsam mit der verringerten Salzkonzentration, die üppige Entfaltung der Salzpflanzen an derartigen Stellen.

Beispiele dieser Art konnten im Gebiete an nahezu allen Salzpflanzen beobachtet werden, die dann oft erstaunliche Ausmaße erreichen: *Suaeda maritima* mit 60 *cm* im Durchmesser, *Aster * pannonicus* mit 70 *cm* Höhe, bzw. mit einem Durchmesser von 80 *cm*; in üppiger Entfaltung aber auch *Salicornia europaea, Chenopodium glaucum, Chenopodium rubrum, Camphorosma annua, Lepidium ruderale, Bupleurum tenuissimum, Matricaria * Bayeri, Artemisia maritima*.

Auch bei Artern beobachtete ich *Suaeda maritima* und *Salicornia europaea* mit viel höherem Wuchse am Rande des Solgrabens als im Bestande selbst. Die Standorte, die ein solch üppiges Gedeihen einzelner Individuen ermöglichen, sind stets künstlich geschaffen: Brachen, aufgeworfener Boden, Feldränder, Wege, umgeworfene Pflugfurchen.

Manche Arten aber zeigen über die Fähigkeit des rein passiven Ertragens hoher Salzkonzentrationen hinaus eine ausgesprochen spezifische Anpassung an salzreichen Boden, ohne den sie überhaupt nicht mehr zu gedeihen vermöchten. Entwicklungsgeschichtlich läßt sich dieser Salzhunger durch eine Auslese von Populationen ursprünglich gar nicht halischer

Pflanzen erklären, deren Vertreter auf salzfreiem Boden im Laufe der Zeit ausstarben. Eine Pflanzengruppe, bei der das Salzbedürfnis so stark ausgeprägt ist, daß man geradezu von einem spezifischen Familienmerkmal sprechen könnte, sind die *Chenopodiaceen.* In diesem Zusammenhang sei auch auf die zahlreichen Nitratpflanzen in dieser Familie verwiesen wie überhaupt auf die häufige Beziehung zwischen Nitratpflanzen und Halophyten (S. 62 bis 63).

2. Zur Morphologie der Salzpflanzen.

Auf eine spezifische Wirkung der Salze auf die pflanzliche Zelle darf man wohl die häufige Erscheinung der Sukkulenz unter den Salzpflanzen zurückführen, als eine hypertrophe Wachstumserscheinung der Pflanze. So zeigt die Familie der *Chenopodiaceen* in zahlreichen Vertretern eine deutliche Neigung zur Dickblätterigkeit (Blattsukkulenz), aber auch Arten ganz anderer Familien sind auf Salzboden häufig sukkulent, während ihre nächsten Verwandten normal entwickelte Blätter besitzen. Manche Arten entwickeln auf Salzboden dickblätterige Varietäten, wie etwa:

Polygonum aviculare L. f. *salinum* Boll. (= f. *carnosum* Schur), *Chenopodium rubrum* L. var. *crassifolium* (Hornem.) Moq., *Atriplex patula* L. subvar. *crassa* Gürke, *Lotus corniculatus* L. ssp. *tenuifolius* (L.) Hartm. f. *crassifolius* (Lamotte), *Tetragonolobus siliquosus* (L.) Roth f. *maritimus* (Ser.) A. G., *Anthyllis vulneraria* L. var. *maritima* (Schweigg.) Koch, *Odontites rubra* Gilib. ssp. *litoralis* (Fries) Schwarz, *Plantago maior* L. ssp. *intermedia* Rouy, *Plantago Coronopus* L. var. *maritima* Godr.

Es sind aber auch etliche Arten der mitteleuropäischen Salzböden als Blattsukkulente mit dicklichen, fleischigen Blättern anzusprechen, die *Chenopodiaceen*:

Chenopodium rubrum mit var. *crassifolium, Obione portulacoides, Obione pedunculata, Atriplex litoralis, Atriplex hastata* var. *salina, Suaeda maritima, Suaeda salsa* und *Suaeda pannonica*; ferner *Spergularia salina* und *S. marginata, Lepidium cartilagineum, Lepidium latifolium, Cochlearia officinalis, Cochlearia anglica, Glaux maritima,* die Arten der Gattung *Limonium, Plantago*-Arten (*Plantago tenuiflora, P. Coronopus, P. maritima, P. Cornuti, P. Schwarzenbergiana*), *Aster Tripolium* und ssp. *pannonicus, Taraxacum bessarabicum, Triglochin maritimum* — also Pflanzen aus den verschiedensten Familien.

Die Sukkulenz der Salzpflanzen ist, wie bekannt, durch direkte Bewirkung der Salze verursacht, während andere ökologische Erscheinungen wahrscheinlich entwicklungsgeschichtlicher Natur sind und keine unmittelbare Beziehung zum Salzgehalt des Bodens aufweisen, wie etwa die weißfilzige Behaarung bei *Artemisia maritima,* Rauhhaarigkeit bei *Bassia hirsuta* oder seidige Behaarung bei *Kochia prostrata,* wahrscheinlich auch die schülferige Behaarung einiger *Chenopodiaceen,* wie *Obione portulacoides,* die mehlige Bestäubung bei *Atriplex hastata* var. *salina* oder an der Blattunterseite von *Chenopodium glaucum.* Ebensowenig läßt sich die häufige Kleinblätterigkeit von Salzpflanzen auf eine direkte Einwirkung des Salzes zurückführen, wobei jedoch nicht gesagt sein soll, daß diese Erscheinung im Haushalt der Pflanze keine Rolle spielte. Beispiele hiefür sind *Camphorosma annua* und *C. monspeliaca, Suaeda maritima, Suaeda pannonica, Sagina maritima* und *Sagina nodosa, Tamarix*-Arten, *Bupleurum tenuissimum.* Bei einzelnen *Chenopodiaceen* sind die Blätter gänzlich oder nahezu völlig reduziert, wie bei *Salicornia europaea, Arthrocnemum glaucum, Halocnemum strobilaceum.* Manche Salzpflanzen sind wieder skleromorph gebaut, worauf vor allem Iversen (1936) hingewiesen hat als eine Schutzeinrichtung gegen mechanische Schädigung des Gewebes bei Turgorverlust. *Crypsis aculeata,* das „Dorngras" unserer Salzfluren, ist ein derartiges Beispiel eines ausgesprochen skleromorph gebauten Grases.

3. Salzformen glykischer Pflanzen.

Zahlreiche glykische Arten entwickeln auf Salzboden halophile Formen und Varietäten, die mitunter als Charakterarten oder Differentialarten von Salzpflanzengesellschaften soziologisch bedeutsam werden. Vielfach sind sie durch sukkulenten Wuchs gegenüber den

Stammpflanzen ausgezeichnet (vgl. S. 61). Nachstehend werden einige Beispiele derartiger Salzformen aus dem Schrifttum angeführt, wobei jedoch über ihren systematischen Wert nichts ausgesagt werden soll.

Polygonum aviculare L. var. *litorale* Koch mit f. *salinum* Boll.
Polygonum lapathifolium L. var. *nodosum* (Pers.) Schuster
Chenopodium glaucum L. f. *humile* Peterm.
Chenopodium rubrum L. var. *crassifolium* (Hornem.) Moq.
Atriplex hastata L. var. *salina* (Wallr.) Gren. et Godr.
Atriplex patula L. subvar. *crassa* Gürke
Spergularia salina J. et C. Presl f. *halophila* (Bunge) Simk.
Lepidium ruderale L. var. *salinum* Schur
Lotus corniculatus L. ssp. *tenuifolius* (L.) Hartm. f. *crassifolius* (Lamotte)
Tetragonolobus siliquosus (L.) Roth f. *maritimus* (Ser.) A. G.
Anthyllis vulneraria L. var. *maritima* (Schweigg.) Koch
Odontites rubra Gilib. ssp. *litoralis* (Fries) Schwarz
Plantago maior L. ssp. *intermedia* Rouy z. T.
Plantago Coronopus L. var. *maritima* Godr.
Taraxacum palustre (Lyons) Lam. et DC. f. *salinum* (Poll.)
Taraxacum officinale Web. var. *salina* (Poll.) Koch
Leontodon autumnalis L. var. *vulgaris* Neilr. f. *litoralis* W. Christiansen
Scorzonera austriaca Willd. var. *mucronata* Ţopa
Matricaria inodora L. var. *salina* (Rchb.) Lange
Artemisia laciniata Willd. var. *salina* Schur
Centaurea jacea L. f. *salina* Hay.
Heleocharis palustris (L.) Roem. et Schult. var. *salina* Schur
Festuca pseudovina Hack. f. *salina* Kern.
Phragmites communis Trin. var. *Pokornyi*
Agrostis alba L. var. *maritima* (Lam.) Meyer
Agrostis alba L. var. *salina* Dum.

Umgekehrt finden sich auf Salzboden Formen, die als Stammarten anderer und später nicht mehr halischer Pflanzen anzusehen sind.

Es sind dies etwa: *Beta maritima* L. als Stammpflanze der *Beta vulgaris* L., *Trigonella procumbens* (Bess.) Rchb. als mögliche Stammart der *Trigonella coerulea* (L.) Ser., *Matricaria maritima* L. als die der *M. inodora* L. und *Matricaria Chamomilla* L. ssp. *Bayeri* (Kan.) Hay. als ursprüngliche Salzpflanze der ruderalen *Matricaria Chamomilla*.

4. Halophyten und Nitratpflanzen.

Im „Pflanzenleben der Donauländer" weist bereits Kerner auf die häufige Beziehung zwischen Halophyten und Ruderalpflanzen hin, während wieder Vierhapper (1929) hervorhebt, daß die Übereinstimmung zwischen den Pflanzen beider Standorte doch wesentlich geringer ist, als es Kerner angenommen hatte und daß weniger echte Halophyten zu Ruderalpflanzen geworden sind, während die Zahl der Arten etwas größer ist, die von Ruderalstellen auf Salzböden übergetreten sind.

Von einzelnen Arten ist es als sicher anzunehmen, daß sie ursprünglich auf Salzboden wuchsen und von dort erst Ödlandstellen besiedelten, wie etwa *Matricaria Chamomilla* ssp. *Bayeri* als ursprüngliche Salzform der ruderalen *Matricaria Chamomilla* oder *Matricaria maritima* als Stammart der *Matricaria inodora*. Auch auf *Trigonella procumbens* als vermutliche Stammform von *Trigonella coerulea* sei in diesem Zusammenhange hingewiesen.

Dagegen sind einige Arten auf Ödlandstellen weit verbreitet und im Aufbau der Salzgesellschaften nur gering beteiligt, so daß man annehmen muß, daß sie den umgekehrten Weg von den Ruderalstellen nach dem Salzboden gegangen sind.

Es sind dies: *Rumex stenophyllus, Chenopodium glaucum, Chenopodium rubrum* var. *crassifolium, Atriplex hastata* in der var. *microtheca* und der var. *salina, Atriplex tatarica, Lepidium perfoliatum, Coronopus squamatus, Pulicaria dysenterica, Puccinellia distans.* Vielleicht ist auch *Potentilla Anserina* hieher zu stellen.

Weitere Arten besiedeln ohne ersichtliche morphologische Differenzierung beide Standorte und dürften ebenfalls von Salzboden ihren Ausgang genommen haben. Beispielsweise tritt das im Gebiete der pannonischen Flora durchaus ruderale *Arachnospermum canum* in einigen Salzgesellschaften sichtlich spontan auf. Die beiden Ruderalpflanzen *Polygonum aviculare* und *Lepidium ruderale* lassen ebenfalls eine derartig enge Bindung an Halophytengesellschaften erkennen — namentlich an Gesellschaften des *Puccinellion limosae*-Verbandes auf hochdispersem Tonboden mit Solonetzstruktur —, daß die Ursprünglichkeit des Vorkommens dieser Arten auf Salzboden durchaus wahrscheinlich ist. Eine Ausbildung standortgemäßer Varietäten wäre bei diesen Arten nicht ausgeschlossen.

Eine größere Zahl von Salzarten ist als nitrophil in dem Sinne zu bezeichnen, daß sie einen Nitratgehalt des meist schwach salzigen Bodens anzeigen oder daß sie außer auf Salzstellen auch auf salzfreiem, aber nitrathältigem Boden vorkommen können oder aber an solchen Standorten normalerweise vorkommen.

Hieher sind folgende Pflanzen zu rechnen: *Chenopodium Wolffii, Atriplex litoralis, Kochia prostrata, Camphorosma monspeliaca* (z. B. in Südfrankreich), *Ranunculus sardous, Potentilla Anserina, Lotus * tenuifolius, Trifolium fragiferum, T. resupinatum, T. striatum, Althaea officinalis, Glaux maritima, Juncus articulatus, J. ranarius, Puccinellia limosa, Hordeum Hystrix, Phragmites communis* var. *Pokornyi, Heleochloa schoenoides.*

Außerordentlich stark sind auch die Beziehungen von Halophytenassoziationen zu Ruderalgesellschaften und einer besonderen Untersuchung wert. Bisher sind an einschlägigen Beispielen — besonders von Seiten der ungarischen Forscher — bekannt geworden:

Die nitrophilen Ausbildungen des *Crypsidetum aculeatae* bei Soó 1947 b: CS. *Heleochloa alopecuroides* mit Fazies v. *Polygonum aviculare*, CS. *Heleochloa schoenoides.* — *Crypsis-Chenopodium glaucum*-Bestände und mit diesen in enger Beziehung Aufnahmen Klika's von schlammigen Teichufern Südmährens (*Cyperus fuscus-Chenopodium glaucum*-Ass.). — *Chenopodium * Degenianum-Atriplex hastatum*-Ass. — Die *Atriplex hastatum*-Bestände vom Illmitzer Kirchsee (Bojko). — *Suaedetum maritimae*, Subass. v. *Chenopodium glaucum.* — *Puccinellia limosa-Chenopodium chenopodioides*-Ass. (bzw. Subass.). — *Hordeetum Hystricis.* — *Chenopodietum urbici halophilum.* — *Camphorosmetum annuae*, Var. v. *Lepidium ruderale.* — *Juncetum articulatae.* — Die Weidehöcker (Grejpen) des *Caricetum distantis.*

In diesem Zusammenhange soll auch kurz auf die Bedeutung der Beweidung hingewiesen werden, die sich sowohl in der Düngung des Bodens auswirkt wie in einer Zerstörung der Vegetation, namentlich des geschlossenen Rasens, infolge des Viehtrittes. Gemäht werden dagegen vor allem die weiten Zickgraswiesen des *Puccinellietum salinariae*, die ein vorzügliches Pferdefutter liefern, aber auch beim *Juncetum articulatae* wurde Mahd beobachtet sowie beim *Caricetum distantis* einschließlich dessen Subass. von *Heleocharis pauciflora*. Allenthalben wird am See *Phragmites communis* zur Herstellung von Stukkaturrohr geschnitten.

5. Horstwuchs und Überschwemmungserscheinungen.

An Lachen, welche von *Puccinellia*-Wiesen umsäumt werden, stoßen manchmal einzelne Individuen von *Puccinellia salinaria* über den geschlossenen Rasen hinaus gegen die freie Wasserfläche und entwickeln dann einen ausgeprägten Horstwuchs. Einige wenige mächtige, bultenartige Stöcke behaupten sich als Vorposten der Gesellschaft. Auch *Triglochin maritimum* verhält sich unter den gegebenen Umständen ähnlich und baut dann mächtige Horste, die an Größe die Individuen im geschlossenen Bestand um ein Vielfaches übertreffen. Riesige *Puccinellia distans*-Bulte beschreibt Altehage vom Solgraben an der Numburg am Fuße des Kyffhäuser. Die Ursache dieses Horstwuchses, wie er am ausgeprägtesten von den *Carex elata*-Bulten der Zsombékmoore bekannt ist, dürfte mit dem Auftreten periodischer Überflutung zusammenhängen.

Länger anhaltende Überschwemmungen namentlich während der sommerlichen Vegetationszeit haben aber noch andere Veränderungen im Wuchs der Pflanzen zur Folge. Die Pflanzen, die sonst dem Boden anliegend wachsen, richten sich auf, die Äste streben hoch und die Pflanzen zeigen dann manchmal ein fast horstartiges Wachstum. Dieser aufgerichtete Wuchs infolge langer Überschwemmung wurde im Gebiet bei *Suaeda maritima, Crypsis aculeata* und *Cyperus pannonicus* beobachtet. Bei andauernder Überflutung sterben aber, worauf Pénzes (1933 b) hinweist, die Blätter der Pflanzen ab und so „stellen die blattlosen Halme bei vielen *Cyperaceen, Juncaceen* und oft auch die auf dem Halm emporgerückten Tragblattrosetten eine Anpassungsorganisation gegen oft eintretende Wasserüberflutung dar". Sehr schön zeigt *Aster * pannonicus* diese Erscheinung: der Stengel wächst blattlos vom Boden empor und entwickelt erst in einer bestimmten Höhe Blätter und waagrechte Verzweigungen. Pénzes führt als Beispiele *Cyperus glomeratus, Cyperus Michelianus* (= *Dichostylis Micheliana*) und *Cyperus fuscus* an.

Dort, wo in kleinen, flachen, abgeschnittenen Mulden oder Schüsseln das Wasser lange Zeit hindurch stehenbleibt, treten Vergrünungen in der Blütenregion auf, wie es bei *Crypsis aculeata* mehrfach beobachtet werden konnte: so an der Oberen Halbjochlacke, an der Fuchslochlacke, am Illmitzer Zicksee; an der Langen Lacke bei Apetlon (von F. Ehrendorfer beobachtet). (Ähnliche Erscheinungen finden sich an Belegen im Herbarium des Naturhistorischen Museums in Wien aber auch von der Küste des Tyrrhenischen Meeres, von Bracinone, von Katalonien.) Am Illmitzer Zicksee waren die Stämmchen mit den vergrünenden Blütenständen verlängert und ausläuferartig niedergekrümmt. Es soll dahingestellt bleiben, wieweit diese Vergrünungen der Blüten mit dem allgemeinen Zurücktreten der sexuellen Vorgänge bei Wasserpflanzen unter gleichzeitiger Begünstigung der vegetativen Sphäre stehen.

Bekannt ist die Wichtigkeit der Feuchtigkeit oder Überschwemmung für die Keimung und die jungen Pflanzen von Arten, die am Höhepunkt ihrer Entwicklung auf extremstem und trockenstem Boden zu wachsen vermögen. Das bekannteste Beispiel hiefür ist *Suaeda maritima*.

6. Die Standortsansprüche der einzelnen Arten.

Die auf Salzboden auftretenden Arten können nach dem Verhältnis ihres Vorkommens auf salzigem und nicht salzigem Boden gruppenweise unterschieden werden. Seit langem verwendet man die Bezeichnung der „obligaten" Halophyten für Pflanzen, die ausschließlich auf Salzboden zu finden sind und auf salzfreiem Boden nicht zu gedeihen vermögen, während die „fakultativen" Halophyten in verschiedenem Maße auf halischen wie auch auf glykischen Standorten vorkommen. Im allgemeinen wird man sich an die vierstufige Einteilung Braun-Blanquets halten. Er unterscheidet folgende Grade:

1. **salzbenötigend** (obligat, salzstet, salztreu, exklusiv): ausschließlich auf Salzboden;
2. **salzliebend** (halophil, salz-vorziehend, préférant, fakultativ z. T.): haben auf Salzboden ihr Optimum;
3. **salzertragend** (indifferent, akzessorisch, supportable, fakultativ z. T.): öfter auf Salzboden, meist aber auf salzfreiem Boden;
4. **zufällige** (akzidentelle) sowie die ausgesprochen **salzfliehenden** oder **salzmeidenden** Arten.

(In den Tabellen dieser Arbeit wurden die salzbenötigenden Arten mit „o" bezeichnet, die salzliebenden mit „f" und die salzertragenden mit „i"; die zufälligen konnten vernachlässigt werden.)

Mit dieser Aufgliederung ist aber noch nichts gesagt über den Grad der Versalzung des Bodens, auf dem die einzelnen Arten auftreten. Obligate Salzpflanzen sind ausschließlich an Salzboden gebunden; der Salzgehalt kann dabei extrem hoch sein oder aber auch geringfügig, ohne daß deshalb die Pflanze auch auf gänzlich salzfreiem Boden auftreten würde. Ebensowenig ist mit dieser Einteilung etwas über den Grad der Feuchtigkeit des Bodens ausgedrückt, der mitunter von entscheidender auslesender Bedeutung ist, ähnlich wie die Dispersität des Bodens. Es ergibt sich daraus wie so oft die Unmöglichkeit einer linearen Anordnung und die Notwendigkeit eines mehrdimensionalen Systems entsprechend dem Zusammenwirken der in der Natur vorhandenen mannigfachen Faktoren.

a) Hygrobientypen.

Zur Charakterisierung und gegenseitigen Abgrenzung der Ansprüche der Pflanzen hinsichtlich Feuchtigkeit und Salzgehalt des Bodens hat Iversen (1936) zwei „Serien von biologischen Typen" zusammengestellt, die die Ansprüche der Pflanzen jeweils bezüglich eines einzelnen Faktors, in diesem Falle der Feuchtigkeit bzw. des Salzgehaltes, ausdrücken sollen (Hygrobientypen und Halobientypen).

Diese Serie gründet sich nicht auf exakte chemisch-physikalische Untersuchungen, sondern soll einen Überblick über die relativen gegenseitigen Verhältnisse geben. Die einzelne Pflanze ist ein viel feinerer und vor allem unmittelbarerer Zeiger des Boden als es komplizierteste Untersuchungen und Messungen sein können, die nicht nur eine Vielzahl von Faktoren allein etwa für den „Feuchtigkeitsstandard" des Bodens berücksichtigen müssen, sondern darüber hinaus diesen selbst noch im Laufe eines Jahres und schließlich im Ablauf zahlreicher Jahresfolgen, um ein annähernd durchschnittliches Bild geben zu können. „Das macht die Anwendung der exakten, instrumentellen Methoden zur extensiven Untersuchung der Ansprüche der Pflanzen an die Bodenfeuchtigkeit nahezu unmöglich. Hier ist nur ein Weg fahrbar; die vergleichende Methode" (Iversen, 1936, S. 57/58). Das subjektive Empfinden des einzelnen Forschers, der über eine genaue Kenntnis und große Erfahrung verfügen muß, ist für Iversen die Grundlage seiner Serien, die ein relatives Bild der gegenseitigen Ansprüche der Arten hinsichtlich Feuchtigkeit und Salz geben sollen, denn „unsicherer noch als das subjektive Ermessen des gewissenhaften Beobachters ist es aber, dort mit ‚exakten‘ Methoden arbeiten zu wollen, wo sie versagen".

Ich habe versucht, für die Pflanzen meines Arbeitsgebietes in Anlehnung an die Hygrobientypen Iversens eine ähnliche Serie zusammenzustellen, ohne daß diese Gliederung aus dem so gänzlich verschiedenen Gebiete ohne weiteres der Serie Iversens und deren Pflanzen gleichzusetzen wäre. Eine fünfstufige Serie sollte Einteilungsgrundlage sein:

   I. Xerobien   = trockene Standorte;

  II. Oligohygrobien = trockene bis halbfeuchte Standorte;

 III. Mesohygrobien = feuchte, aber nicht nasse Standorte;

 IV. Polyhygrobien = nasse Standorte;

  V. Hydrohygrobien = Wasserpflanzen.

Schwierig waren die Pflanzen des Szikfok und der Strandgürtel der Salzlachen zu klassifizieren, die innerhalb eines Jahresablaufs sehr weitgehenden Feuchtigkeitsschwankungen unterworfen sind. Sie wurden unter den Pflanzen der Stufen III—IV eingereiht. Maßgebend für die Einteilung der einzelnen Pflanzen war ihr optimaler Lebensbereich und nicht die Möglichkeit ihres Vorkommens überhaupt. Im folgenden gebe ich die Serie.

Hygrobientypen.

I. Xerobien: Pflanzen trockener Standorte, Triften, Trockenrasen, extrem feuchtigkeitsarmer Salzböden:

Festuca pseudovina	*Peucedanum officinale*
Aster canus	*Hordeum Hystrix*
Artemisia maritima	*Camphorosma annua*
Limonium Gmelini	*Matricaria Chamomilla * Bayeri*

II. Oligohygrobien: Trockene bis halbfeuchte Standorte:

Bupleurum tenuissimum	*Lepidium cartilagineum*
Cerastium anomalum	*Suaeda pannonica*
Cerastium subtetrandrum	*Arachnospermum canum*

II. bis III. Euryhygrobien: Trockene und halbfeuchte bis feuchte Standorte:

Chenopodium glaucum	*Suaeda maritima* (bis IV)
Tetragonolobus siliquosus	*Carex distans*
Odontites rubra	

III. Mesohygrobien: Feuchte Standorte, fehlen aber nassen Orten:

    III/1, halbfeuchte Stellen:

Plantago maritima	*Taraxacum bessarabicum*
Blysmus compressus	*Heleocharis pauciflora*

III/2, ausgesprochen feuchte Stellen:

Salicornia europaea
Trifolium fragiferum
Potentilla Anserina
Lotus corniculatus * tenuifolius
Juncus articulatus

Samolus Valerandi
Inula britannica
Glaux maritima
Centaurium * uliginosum
Centaurium pulchellum

III. bis IV. Indifferent polyhygrob: Feuchte bis nasse Standorte:

Juncus Gerardi
Agrostis alba
Beckmannia erucaeformis
Taraxacum palustre
Orchis palustris
Achillea asplenifolia
Cirsium brachycephalum
Scorzonera parviflora
Triglochin palustre

Rorippa Kerneri
Mentha Pulegium
Teucrium Scordium
Puccinellia salinaria
Aster * pannonicus
Phragmites communis var. Pokornyi
Heleochloa schoenoides
Drepanocladus aduncus var. Kneiffii

Hieher auch die zum Höhepunkt der Vegetationszeit im Frühjahr feuchten bis nassen, im Sommer aber ausgedörrten und trockenen Rinnen und Flächen des Szikfok:

Pholiurus pannonicus
Plantago tenuiflora
Ranunculus lateriflorus

Myosurus minimus
Puccinellia limosa (II—IV)

Und die folgenden Arten, soweit sie im Bereich von Salzpflanzen-Gesellschaften auftreten:

Carex stenophylla
Polygonum aviculare
Lepidium ruderale

Poa bulbosa
Gypsophila muralis?

Ferner die im Spätherbst oft trockenliegenden Strandgürtel:

Crypsis aculeata
Cyperus pannonicus

Suaeda maritima (II—IV)

IV. Polyhygrobien: Nasse Standorte:

Heleocharis palustris mit H. uniglumis
Triglochin maritimum
Phragmites communis
Juncus maritimus

Cladium Mariscus
Schoenoplectus lacustris
Schoenoplectus Tabernaemontani
Bolboschoenus maritimus

V. Hydrohygrobien: Wasserpflanzen:

Potamogeton pectinatus
Zannichellia * pedicellata
Myriophyllum spicatum

Ranunculus sect. Batrachium
Utricularia vulgaris

b) Halobientypen.

Als „Halobien" sollen im Anschluß an Kolbe (1927) diejenigen Pflanzen bezeichnet werden, die an salzhaltigen Orten leben, als „Glykobien", die salzmeidenden Pflanzen in ihrer Gesamtheit. Die Halobientypen, die Iversen — ebenfalls im Anschluß an Kolbe — für die Nordseeküste unterscheidet, konnten hier nicht ohne weiteres übernommen werden. Allein schon die Art der Salze ist verschieden, an der Nordsee handelt es sich um Kochsalz, in unserem Gebiet dagegen um Soda. Unser vierstufiges System soll auch nur in seinem wesentlichen Grundzug auf die Serie Iversen's zurückgehen, die als Arbeitsgrundlage anzusehen ist, ohne daß im einzelnen irgendwelche Übereinstimmungen oder Entsprechungen vorhanden wären. Es wurde deshalb auch davon abgesehen, den einzelnen Stufen eigene Namen zu geben.

Die „salzliebenden" und „salzertragenden" Arten treten an anderen Stellen auch auf salzfreiem Boden auf und werden von uns in der Halobienstufe aufgeführt, innerhalb der sie in bestimmten Salzgesellschaften auftreten. Die römische Ziffer bei den einzelnen Pflanzen bezeichnet die Hygrobienstufe der Art.

Halobientypen.

IV. Extrem hoher Salzgehalt:

Obligate:

Camphorosma annua	I
Lepidium cartilagineum	II
Suaeda maritima	II–IV
Suaeda salsa	II–IV

III. Hoher Salzgehalt:

III/2. Hochversalzt:

Obligate:

*Matricaria Chamomilla * Bayeri*	I
Salicornia europaea	III/2
Puccinellia limosa	II–IV
Pholiurus pannonicus	III–IV
Plantago tenuiflora	III–IV
	(bis II ?)
Suaeda pannonica	II
Cyperus pannonicus	III–IV
Crypsis aculeata	III–IV

Fakultative, salzliebend:

Ranunculus lateriflorus	III–IV
*Zannichellia * pedicellata*	V

Fakultative, salzertragend:

Myosurus minimus	III–IV
Lepidium ruderale	(III–IV)
Potamogeton pectinatus	V

III/1. Noch reichlich versalzt:

Obligate:

Puccinellia salinaria	III–IV
*Aster * pannonicus*	III–IV
Phragmites communis var. *Pokornyi* ...	III–IV

Fakultative, salzliebend:

Triglochin maritimum	IV
Bolboschoenus maritimus	IV
Schoenoplectus Tabernaemontani	IV
Plantago maritima	III/1

Fakultative, salzertragend:

Chenopodium glaucum	II–III

II. Mäßiger bis schwacher, aber noch deutlicher Salzgehalt:

Obligate:

Artemisia maritima	I
Limonium Gmelini	I
Taraxacum bessarabicum	III/1
Scorzonera parviflora	III–IV
Juncus Gerardi	III–IV
Rorippa Kerneri	III–IV
Beckmannia erucaeformis	III–IV

Fakultative, salzliebend:

Festuca pseudovina	I
Hordeum Hystrix	I
Bupleurum tenuissimum	II
Carex distans	II–III
Trifolium fragiferum	III/2
Samolus Valerandi	III/2
Juncus articulatus	III/2
Heleochloa schoenoides?	III–IV
Achillea asplenifolia	III–IV

Fakultative, salzertragend:

Arachnospermum canum	II
Heleocharis pauciflora	III/1
Blysmus compressus	III/1
Agrostis alba coll.	III–IV
Mentha Pulegium	III–IV
Cirsium brachycephalum	III–IV
Orchis palustris	III–IV
Heleocharis palustris mit *H. uniglumis*..	III–IV
Myriophyllum spicatum	V
Utricularia vulgaris	V

I. Schwächster Salzgehalt (Spuren):

Nur fakultative, salzertragend, z. T. nitrophil:

Peucedanum officinale	I
Aster canus	I
Cerastium anomalum	II
Cerastium subtetrandrum	II
Odontites rubra	II–III
Tetragonolobus siliquosus	II–III
*Lotus corniculatus * tenuifolius*	III/2
Centaurium pulchellum	III/2
*Centaurium * uliginosum?*	III/2
Potentilla Anserina	III/2
Glaux maritima	III/2
Taraxacum palustre	III–IV
Triglochin palustre	III–IV
Cladium Mariscus	IV

c) Die Standorte der Arten.

Unter Berücksichtigung auch der Struktur des Bodens soll das vorstehende Schema einen allgemeinen Überblick über die Standortsansprüche der einzelnen Arten geben. Die der Art jeweils vorangestellte Zahl bedeutet die Halobienstufe, die nachgestellte Zahl die Hygrobienstufe der betreffenden Pflanze. Hiebei wurden unter „salzreich" die Standorte von Pflanzen der Halobienstufen IV und III verstanden, unter „salzarm" solche der Stufe II und I; „trockene" Standorte entsprechen den Stufen I und II, „feuchte" den Stufen III und IV der Hygrobienserie.

V. Zur Soziologie der Halophytenvegetation.

1. Die formationsmäßige Gliederung der Salzbodenvegetation.

Die Vegetation des Seewinkels im engeren Sinne läßt sich standortmäßig und physiognomisch im wesentlichen in drei größere Lebensräume, in drei Bereiche zusammenfassen: in den Bereich des Trockenrasens, in den Bereich des Salzbodens und der Salzlachen und schließlich in den Bereich des Süßwassers und seiner Gesellschaften. Wald- und strauchartige Einheiten fehlen dem Gebiete, wenigstens in seinem heutigen Zustande.

In der vorliegenden Arbeit soll ausschließlich die Vegetation des Salzbodens behandelt werden, die in ihrer Zusammensetzung und ihrer Eigenart aus der vertrauten mitteleuropäischen Pflanzendecke absticht und die wie ein fremder Gast sich von der umgebenden, unmittelbar und übergangslos angrenzenden Vegetation abhebt, mit der sie nichts gemein zu haben scheint. Ihresgleichen findet diese Vegetation des Salzbodens — von den Salzstellen in der Süd-Slowakei abgesehen — erst wieder über Hunderte von Kilometern entfernt in der großen ungarischen Tiefebene, dort allerdings in vollster Entfaltung.

Die älteren Geobotaniker haben ihre formationsmäßigen Wertungen auch an die Gesellschaften des Salzbodens herangetragen. Man hat die Salzbodenvegetation in ihrer Gesamtheit im Begriffe der Salzsteppen oder Salzheiden vereinigt (Beck). Besser wäre es wohl, unter Salzsteppen oder Alkalisteppen mit Máthé bloß das steppenähnliche *Staticeto-Artemisietum* zu verstehen. Máthé gebraucht ferner den Begriff der Salzwüsten oder Alkaliwüsten, der am besten für das *Camphorosmetum* als einer grasarmen Gesellschaft auf extremem, trockenem Boden in offenem Vegetationsschluß anzuwenden wäre, vielleicht auch noch für die *Lepidium cartilagineum*-Fazies. Das hochwüchsige und an eine bestimmte Feuchtigkeit gebundene *Puccinellietum salinariae*, das weite Flächen bedeckt, wäre als Zickgraswiese zu bezeichnen, während den Salzwiesen das *Juncetum Gerardi* oder vielleicht besser nur das ungarische *Agrostideto-Beckmannietum* zuzurechnen wäre. (Zu den „Salzwiesen" zählt Christiansen 1938 das *Puccinellietum maritimae* des Meeresstrandes.) Unter Salzbinsicht wäre das *Scirpetum maritimi* der Salzlachen zu verstehen und unter Salzröhricht die *Schoenoplectus Tabernaemontani*-Fazies und *Phragmites*-Fazies dieser Assoziation.

Andere Formationsnamen sind dagegen viel schwerer mit entsprechenden Pflanzengesellschaften in Deckung zu bringen und auch in den wenigsten Fällen einwandfrei definiert. Es wären dies die im Schrifttum verschiedentlich verwendeten Bezeichnungen wie Salzweiden und Salztriften (Laus 1907) sowie die Salzsümpfe (Keller) oder Salzmoräste (Novopokrovski) der aralo-kaspischen Region, welche beide die Gesellschaften des Solontschaks in sich vereinen.

2. Die Bedeutung der pflanzensoziologischen Erfassung der Salzbodenvegetation.

Selten wird die Bedeutung der Pflanzengesellschaften als feinste Zeiger des Standortes so offensichtlich sein wie gerade bei den Salzgesellschaften. Lange, zeitraubende und kostspielige chemische und physikalische Untersuchungen des Bodens werden durch die Beobachtung der Pflanzengesellschaft, die diesen Boden besiedelt, ersetzt, vor allem in der Bewertung des Bodens hinsichtlich der Möglichkeit seiner Fruchtbarmachung und des Anbaues von Kulturpflanzen. Ganz abgesehen davon, daß eine eingehende chemische Analyse der weiten Zickflächen, die in Ungarn eine Fläche von mehr als 400.000 *ha* bedecken, praktisch unmöglich ist. Wie will man erst die wechselnden Verhältnisse eines Standortes, der in seiner Pflanzendecke durch einen Komplex von Assoziationen gekennzeichnet ist, chemisch und physikalisch ohne jede Berücksichtigung seiner Vegetation untersuchen!

Darüber hinaus gibt eine einzige Bodenanalyse überhaupt noch keinen Aufschluß über die Beschaffenheit des Bodens (vgl. S. 31/32). Allein der Salzgehalt und die Feuchtigkeit des Bodens wechseln dauernd im Laufe eines Jahres, in einem gewissen Grade gleichsinnig, aber auch wieder abhängig von den Witterungsverhältnissen des betreffenden Jahres. Diese aber sind in jedem Jahre verschieden, so daß erst langandauernde Untersuchungen ein ungefähres Bild dessen geben, was die Pflanzengesellschaften auf den ersten Blick zeigen, denn nicht einzeln zufällig wachsende Pflanzen sind maßgebend, die schließlich überall auftreten und täuschen können, sondern diejenige Pflanzengesellschaft, die sich im Wechsel der schwankenden Umwelteinflüsse im Laufe der Jahre auf einem bestimmten Standort ausbalanziert hat. Jeder Boden trägt in seinem Pflanzenkleide gleichsam seine Etikette, die als getreuester Zeiger seine Eigenschaften und die in ihm liegenden Möglichkeiten kund tut.

Was liegt unter diesen gegebenen Umständen näher, als die Pflanzengesellschaften als die feinsten Indikatoren des Standortes für kulturtechnische Maßnahmen heranzuziehen! Die Erfassung der Pflanzengesellschaften bildet geradezu die Voraussetzung für alle derartige Vorhaben. Nach einer Beschreibung der Gesellschaftseinheiten, zu der die vorliegende Arbeit beitragen soll, ist eine darauffolgende Kartierung der Pflanzengesellschaften das Gebot wirtschaftlicher Notwendigkeit: die pflanzensoziologische Karte ist der unbestechlichste Ausdruck der Standortverhältnisse eines Gebietes und als solche die Grundlage für alle weiteren wirtschaftlichen und kulturtechnischen Unternehmungen.

3. Schichtung und Wurzelhorizonte der Salzpflanzengesellschaften.

Eine vertikale Schichtung der Gesellschaften des Alkalibodens ist, entsprechend dem Pioniercharakter dieser Gesellschaften, kaum ausgeprägt. Mit Ausnahme einer unteren Krautschicht fehlen höhere Schichten ebenso wie eine Moosschicht, die erst in den Folgestadien angedeutet ist, wie etwa im *Staticeto-Artemisietum* oder in späteren Stadien des *Puccinellietum*. Die soziologisch etwas höherstehenden Assoziationen der *Phragmitetalia* weichen hievon ab. Diese gehören jedoch einem anderen Bereich, dem der Wassergesellschaften, an und haben innerhalb dieser eine gewisse Organisationshöhe erreicht.

Dementsprechend ist auch die Vegetationshöhe der Salzpflanzengesellschaften gering. Der Vegetationsschluß der Gesellschaften ist mitunter recht offen, ein bezeichnendes Merkmal extremer Salzgesellschaften aller Regionen. Erst mit dem Auftreten von Horstgräsern, die extremen Boden merkwürdigerweise meiden, verwächst die Pflanzendecke zu einem zusammenhängenden Rasen mit einer Deckung von 100 v. H. Das wichtigste Horstgras unseres Gebietes ist *Puccinellia salinaria*, im zentralungarischen Tieflande *Puccinellia limosa*.

Wesentlich ausgeprägter als die oberflächliche Schichtung ist die der unterirdischen Teile, der Wurzeln. In den Halbwüsten der irano-turanischen Region übertreffen nach Keller die Wurzelsysteme die Masse der oberirdischen Teile bei weitem. Auf verschiedene Weise passen sich die einzelnen Pflanzen dem Wurzelstandort an und es lassen sich zwischen ausgeprägten Flachwurzlern und Tiefwurzlern alle Übergangsformen verfolgen.

Ausgeprägte Flachwurzler mit einem Wurzelsystem von nur wenigen Zentimetern unter der Erdoberfläche sind Arten wie *Salicornia europaea*, *Suaeda*-Arten, *Cyperus pannonicus*, *Heleochloa schoenoides* und *H. alopecuroides*, *Crypsis aculeata*. Es sind dies Therophyten mit einer nur kurzen Vegetationsdauer während eines Jahres und wesentlich Pflanzen extremer Standorte. Dabei unterliegen gerade diese Solontschakpflanzen oberflächlich extremsten Bodenverhältnissen, wenn sich im Laufe der sommerlichen Trockenheit die Bodensalze in den obersten Horizonten anreichern. Sie unterliegen aber auch stärksten Schwankungen im Zuge atmosphärischer Einwirkung, wie Regen oder Trockenheit.

Wenn Keller (1927) die hervorstechend flache Bewurzelung darauf zurückführt, daß die geringen Niederschläge nicht weiter in die Tiefe eindringen, sondern nur von den Wurzeln der oberen Schichten benutzt werden können, so bezieht sich dies wohl in erster Linie auf Solonetzböden und weniger auf solontschakartige Böden mit den oben genannten Pflanzen. An den südfranzösischen Lagunen am Mittelmeer wächst, ebenfalls auf salzreichstem Boden, *Arthrocnemum glaucum,* ein stattlicher Halbstrauch, dessen Wurzeln aber nur 10—15 *cm* in die Tiefe dringen. Braun-Blanquet führt diese Erscheinung darauf zurück, daß die Pflanze dadurch dem hohen Salzgehalt tieferer Schichten ausweicht.

Bemerkenswert ist *Camphorosma annua,* deren Wurzeln ebenfalls recht oberflächlich bleiben. Da aber an den Standorten dieser Pflanze der Akkumulationshorizont des Solonetzbodens dicht an der Oberfläche liegt, breitet sich das Hauptwurzelsystem von *Camphorosma* an der salzreichsten Akkumulationsschicht aus. Man darf *Camphorosma* daraufhin wohl als die extremste Salzpflanze des gesamten pannonischen Raumes ansprechen.

Grundsätzlich verschieden hievon sind die Tiefwurzler, die neben einem der Ernährung dienenden Wurzelsystem, das sich in geringer Tiefe ausbreitet, Pfahlwurzeln als Wasserversorger weit in die Tiefe bis zum Grundwasserhorizont senden.

Auf Salzboden sind im pannonischen Gebiete *Lepidium cartilagineum* und *Limonium Gmelini* ausgeprägte Tiefwurzler. Die Pfahlwurzel der ersteren geht bis über einen Meter tief, die von *Limonium Gmelini* bis 2,5 *m,* nach Treitz (1933) sogar bis in eine Tiefe von 8 und 9 *m.* Bei dieser Art ist dazu noch bemerkenswert, daß die Pfahlwurzeln den kompakten Akkumulationshorizont durchstoßen, während *Lepidium cartilagineum* auf gleichmäßig gelagertem, sandigem Solontschakboden wächst. Auf gleichem Boden gedeiht in den südrussischen Salzsteppen *Alhagi camelorum,* dessen Wurzeln ebenfalls weit unter die salzreichen Horizonte bis in die Tiefe des Bodens eindringen.

Die Fähigkeit, den Anreicherungshorizont zu durchstoßen, besitzen auch Phanerophyten wie *Tamarix tetrandra* und *T. odessana,* die dadurch von großer Bedeutung für die Aufforstung der Alkaliböden werden. (Vgl. S. 12—15.)

4. Die Lebensformen.

Die Zusammensetzung von Pflanzengesellschaften nach den Lebensformen ihrer Artkomponenten vermag wertvolle Aufschlüsse über das Wesen dieser Gesellschaften zu geben. Man versteht unter „Lebensform" im Sinne Raunkiaer's die Kennzeichnung der Pflanzen nach Art und Lage ihrer Überdauerungsknospen während ungünstiger Jahreszeiten. Diese Lebensformen wurden in der vorliegenden Arbeit in der erweiterten Fassung von Braun-Blanquet (1928) verwendet.

Als „Biologisches Spektrum" oder „Lebensformenspektrum" bezeichnet man allgemein die prozentuelle Verteilung der Lebensformen in den einzelnen Pflanzengesellschaften. Während man das Lebensformenspektrum meist durch eine reine Auszählung nach der Artenzahl gewonnen hatte, haben Tüxen und Ellenberg (1937) unter Berücksichtigung von Stetigkeit und Mengenverhältnissen den Begriff des „ökologischen Gruppenwertes" geschaffen, der ein wesentlich exakteres und schärferes Bild der tatsächlichen Verhältnisse gibt.

Ich habe von meinen Gesellschaften das Lebensformenspektrum nach dem ökologischen Gruppenwert und daneben auch nach der reinen Artzählung errechnet. Es seien beide wiedergegeben, um einerseits die Unterschiede gegenüberzustellen, anderseits aber um einen, wenn auch wenig exakten Vergleich mit den Lebensformenspektren der anderen Autoren zu ermöglichen, die meist durch reine Auszählung gewonnen wurden. Die auf diese Weise gewonnenen Ergebnisse sind an sich nicht unrichtig, geben jedoch das tatsächliche Bild ziemlich ungenau wieder. Wie sich die Werte bei beiden Methoden verschieben, möge an Hand des Beispieles der *Hordeum Hystrix*-Ass. gezeigt werden, wo die Verschiebung so stark ist, daß zwischen Therophyten- und Hemikryptophyten-Anteilen geradezu eine Umkehrung stattfindet (60 : 36 und 35 : 50).

Hordeetum Hystricis:	T	H	G	Ch
Lebensformenspektrum nach dem ökologischen Gruppenwert..	60	36	13	
Lebensformenspektrum nach der Artzählung	35	50	10	5

Wie wesentlich genauer der ökologische Gruppenwert das tatsächliche Bild wiedergibt als ein Lebensformenspektrum, das nach der reinen Artzählung gewonnen wurde, möge das Beispiel der *Puccinellia-Lepidium*-Ass. veranschaulichen. In dieser Gesellschaft treten die beiden Therophyten *Suaeda maritima* und *Camphorosma annua,* die in keiner weiteren Beziehung zur Gesellschaft stehen, mit niederen Deckungswerten in fünf von 34 Einzelbeständen auf. Immerhin genügen aber diese beiden Arten bei der geringen Gesamtartenzahl, um bei einer einfachen Auszählung ein Verhältnis von 22 : 78 zwischen Therophyten und Hemikryptophyten zu ergeben, während bei der Errechnung nach dem ökologischen Gruppenwert der Anteil der Therophyten mit 1 v. H. auf das gebührende Ausmaß gegenüber den gesellschaftsbestimmenden Hemikryptophyten mit 99 v. H. zurückgedrängt wird.

Nachstehend die Tabelle der Lebensformenspektra, wie sie a) nach dem ökologischen Gruppenwert und b) nach der Artzählung gewonnen wurde.

Das bei reicher gegliederten Gesellschaften gewonnene Spektrum der gesamten Assoziation entspricht im allgemeinen einem guten Mittel aus den Spektra der Subassoziationen (vgl. das *Camphorosmetum annuae* und das *Staticeto-Artemisietum monogynae*).

Lebensformenspektra.

	a)					b)					
	HH	T	H	G	Ch	HH	T	H	G	Ch	
Parvipotameto-Zannichellietum	*100*	.	.	.	.	100	.	.	.	.	v. H.
Crypsidetum aculeatae	.	*100*	.	.	.	.	100	.	.	.	,,
Cyperetum pannonici	.	*88*	12	.	.	.	37	37	26	.	,,
Scirpetum maritimi	.	.	30	*70*	.	1	16	42	37	.	,,
Salicornietum europaeae	.	.	.	.	.	.	.	.	.	.	,,
Suaedetum maritimae	.	.	.	.	.	.	.	.	.	.	,,
Suaedetum pannonicae	.	.	.	.	.	.	.	.	.	.	,,
*Puccinellia-Aster-*Ass.	.	.	97	3	.	.	8	77	15	.	,,
*Puccinellia-Lepidium-*Ass.	.	1	99	.	.	.	22	78	.	.	,,
*Pholiurus-Plantago tenuiflora-*Ass.	.	63	37	.	.	.	44	39	11	6	,,
Hordeetum Hystricis	.	60	30	1	3	.	35	50	10	5	,,
Camphorosmetum annuae	.	53	*46*	.	1	.	50	40	.	10	,,
Subass. mit *Matricaria*	.	60	40	.	.	.	61	31	.	8	,,
Subass. ohne *Matricaria*	.	51	48	.	1	.	33	58	.	9	,,
Juncetum Gerardi	.	.	53	47	.	.	7	73	20	.	,,
Caricetum distantis	.	.	99	1	.	.	5	78	17	.	,,
Staticeto-Artemisietum	.	3	77	2	*18*	.	33	51	13	3	,, ·
Subass. v. *Festuca pseudovina*	.	1	80	3	16	.	.	.	.	.	,,
Subass. v. *Puccinellia*	.	6	66	1	27	.	.	.	.	.	,,
Subass. v. *Peucedanum latifolium* ..	.	.	88	4	8	.	.	.	.	.	,,
Festuca pseudovina- *Centaurea pannonica-*Ass.	.	1	*84*		*15*	.	15	70	3	12	,,

Wie diese Tabelle zeigt, lassen sich die Salzpflanzengesellschaften des Neusiedler See-Gebietes durchaus nicht einer einzigen Lebensformenklasse zuordnen: Therophyten- und Hemikryptophyten-Gesellschaften bestimmen gemeinsam das Bild.

Als ausgesprochene Therophyten-Gesellschaften darf man das *Crypsidetum aculeatae* und das *Cyperetum pannonici* ansprechen, das *Salicornietum europaeae*, das *Suaedetum maritimae* und das *Suaedetum pannonicae*. Der Hemikryptophyten-Anteil dieser Gesellschaften geht — mit Ausnahme des *Crypsidetum aculeatae* — auf Beimischung von *Puccinellia salinaria* zurück. Ähnlich drückt *Puccinellia limosa* als wesentlicher Faktor den Therophyten-Anteil in der *Pholiurus-Plantago tenuiflora-*Ass. und dem *Hordeetum Hystricis* und erreicht im *Camphorosmetum annuae* fast einen Ausgleich zwischen beiden Gruppen. Gerade das Lebensformenspektrum des *Camphorosmetum* beweist den hohen Anteil von *Puccinellia limosa* an dieser Gesellschaft, von der nur an extremsten Stellen und da nicht häufig „Herden von *Camphorosma*" ohne alle Begleitarten vorkommen, wie sie Klika als bezeichnend für die Assoziation ansehen will (vgl. S. 73).

Die Therophyten-Gesellschaften sind meist Pioniergesellschaften. Die besprochenen Assoziationen besiedeln teilweise den Strand der Sodalachen, aber auch die Gesellschaften des extremen Solonetzbodens zählen hieher.

Als vollkommene Hemikryptophyten-Gesellschaften darf man das *Caricetum distantis*, die *Puccinellia-Lepidium-*Ass. und die *Puccinellia-Aster-*Ass. ansprechen. Einen hohen bzw. überwiegenden Hemikryptophyten-Anteil besitzen dann noch das *Juncetum Gerardi* und das *Staticeto-Artemisietum*. Das letztere weicht bereits durch einen hohen Chamäphyten-Anteil von den vorerwähnten Gesellschaften ab.

Das *Caricetum distantis* bietet von diesen Gesellschaften mit seiner hohen Artenzahl wohl das reinste Bild einer Hemikryptophyten-Gesellschaft. Es darf jedoch nicht übersehen werden, daß die Hemikryptophyten der genannten Assoziationen untereinander nicht gleichartig sind, sondern sich aus Horstpflanzen *(Hemikryptophyta caespitosa)*, Rosettenpflanzen *(Hemikryptophyta rosulata)* und Schaftpflanzen *(Hemikryptophyta scaposa)* zusammensetzen!

Die Horstpflanzen bestimmen auch das physiognomische Bild dieser Gesellschaften, die man als „Wiesen" bezeichnen möchte, wie es auch im Worte der „Zickgraswiesen" (für die Assoziationen des *Puccinellion salinariae*) zum Ausdruck kommt. Es handelt sich durchaus um Folgegesellschaften — mit Ausnahme der einzigen *Lepidium*-Fazies — und vornehmlich um solche auf Solontschakboden.

Das *Scirpetum maritimi* ist als einzige Assoziation reich an Geophyten. Es handelt sich um Rhizom-Geophyten, die man den Helophyten zurechnen könnte. In den übrigen Gesellschaften sind Geophyten nur angedeutet. Unter den Salzpflanzen des pannonischen Raumes sind Geophyten überhaupt spärlich und Knollen-Geophyten fehlen dort gänzlich.

Chamäphyten sind ausschließlich im *Staticeto-Artemisietum* in größerem Ausmaße vertreten, bewirkt durch *Artemisia maritima*, dem einzigen Halbstrauch unter den pannonischen Halophyten.

Der hohe Chamäphyten-Prozentsatz am Spektrum dieser Assoziation unterstreicht die Zugehörigkeit der Gesellschaft zu der chamäphytenreichen asiatischen Ordnung der *Halostachyetalia*. Dagegen fehlen Phanerophyten unter den mitteleuropäischen Halophyten vollends. (Erst Rumänien weist mit *Tamarix Pallasii* und *Nitraria Schoberi* zwei Phanerophyten auf.)

Die Lebensformenanteile kennzeichnen nicht nur die einzelnen Gesellschaften, sondern geben darüber hinaus ein gutes Bild von der inneren Geschlossenheit der Verbände. So stellt das *Nanocyperion* einen ausgesprochenen Therophyten-Verband dar, ebenso das *Thero-Salicornion* (bereits im Namen ausgedrückt) und auch noch das *Puccinellion limosae*. Hemikryptophyten-Verbände sind dagegen das *Puccinellion salinariae* und das *Juncion Gerardi*. Die Ordnung der *Halostachyetalia* ist wohl überwiegend durch Chamäphyten bestimmt, doch kann dies von hier aus im einzelnen nicht beurteilt werden.

Schließlich bleibt noch das *Potamion* als Hydrophyten-Verband und das geophytenreiche *Phragmition*.

Aufschlußreich ist die Verteilung der Lebensformen in den einzelnen Salzpflanzengebieten Mitteleuropas.

	HH	T	H	G	Ch	Ph		Gesamt-Artenzahl
Meeresküste	10	30	40	10	10	—	v. H.	69
Binnen-Deutschland	7	30	45	10	7	—	v. H.	56
Ungarn	5	37	40	11	5	—	v. H.	89
Rumänien	3	35	35	10	12	2	v. H.	101

Auch diese Tabelle spiegelt das allgemeine Bild Mitteleuropas als eines Hemikryptophyten-Gebietes wieder. Hemikryptophyten sind durchaus im Überwiegen, nehmen allerdings unter Zunahme der Therophyten gegen Osten, in Ungarn und noch stärker in Rumänien, ab, wo sich der Therophytenanteil mit dem der Hemikryptophyten die Waage hält. Eine sichtliche Zunahme der Chamäphyten und zwei Phanerophyten unterstreichen den östlichen Charakter der rumänischen Salzflora.

Die Zunahme der Therophyten wächst weiter in den Halbwüstenstrichen und Wüstengebieten und erreicht in der Cyrenaika einen Anteil von 50 v. H. (Raunkiaer) und in den „Transcaspian Lowlands" einen solchen von 43 v. H. (Paulsen).

5. Gürtelung und Sukzession. Assoziationskomplexe.

Gürtelung.

Der Wechsel der Standortbedingungen auf kleinstem Raume, wie er für die Salzböden so bezeichnend ist, bewirkt eine wechselnde, die ökologischen Bedingungen des Standortes getreu wiederspiegelnde Vegetation — also einerseits mehrere Assoziationen in einer oft mosaikartigen Durchdringung auf kleinem Raum (Assoziationskomplexe, vornehmlich auf Solonetz, vgl. S. 77), anderseits aber eine gürtelartige, in konzentrischen Ringen um die Lachen gelegte Anordnung der Gesellschaften. So mannigfaltig nun die Vegetation auch auf kleinem Raume mit einer größeren Anzahl von Gesellschaftseinheiten ist, so gleichförmig bleibt sie doch im größeren Raum und wiederholt die einmal erkannten Einheiten.

Das bezeichnendste Merkmal in der Physiognomie der Salzlachenvegetation wie in derem soziologischen Aufbau liegt in der erwähnten Gürtelung (Zonation). Man versteht darunter im Anschluß an Braun-Blanquet eine gürtel- oder bandartige Anordnung von Vegetationseinheiten, wie in unserem Falle von Assoziationen oder deren Untereinheiten, die ihre Ursache in der gleichsinnig gerichteten Änderung maßgebender Standortsfaktoren hat. Die Gürtelungsfolge wird nicht allein gebildet durch ringförmig aneinandergelegte Assoziationen, sondern darüber hinaus werden die einzelnen Gesellschaften gürtelförmig in ihre einzelnen Artkomponenten auseinandergezogen (Faziesbildung).

Dabei sind die Salzpflanzengesellschaften im allgemeinen an sich bereits äußerst artenarm, da nur wenige Arten auf dem salzreichen Boden zu gedeihen vermögen.

Einzelne Assoziationen werden überhaupt nur von einer einzigen Art aufgebaut, wie das *Crypsidetum aculeatae* am Strande der Sodalachen oder das *Suaedetum maritimae* auf salzreichstem Boden, sofern es nicht auf gemäßigterem Boden von *Puccinellia salinaria* begleitet wird. Ebenso wird das *Camphorosmetum annuae* in der Regel von *Puccinellia limosa* begleitet, die erst auf extremem Boden zurückbleibt. Einzelne Assoziationen, wie das *Cyperetum pannonici* und das *Suaedetum pannonici*, werden durch eine einzige Charakterart gekennzeichnet, neben der einzelne Arten in verschiedener Zahl und in meist abbauender Funktion als Begleiter in die Gesellschaft eintreten.

Das eindruckvollste Beispiel einer einartigen Assoziation ist aber das *Salicornietum* der deutschen Nordseeküste mit seiner Milliardenzahl von Quellerindividuen ohne jeden weiteren Begleiter. Bei uns tritt dagegen fast stets *Puccinellia* als abbauender Faktor in die Gesellschaft ein.

Klika glaubt solchen artenarmen Gesellschaften nicht den Charakter einer Assoziation zusprechen zu können. So spricht er (1937) von „*Camphorosma annua*-Stadium" oder „*Camphorosma*-Beständen", obwohl in seinen Aufnahmen noch etliche Arten, wenn auch als mehr minder zufällige Begleiter, auftreten. Dann dürfte man aber auch nicht von einem *Salicornietum* an der Nordseeküste sprechen und müßte auch manchen anderen Gesellschaften, wie den oben erwähnten, den Assoziationscharakter absprechen. Auch Scharfetter spricht von „Aggregationen" für Bestände dieser Art. Nun weist aber gerade Braun-Blanquet darauf hin, daß der Wettbewerb unter Individuen der gleichen Art infolge gleicher Standortansprüche der schärfste und erbittertste Lebenskampf ist, weil hier auch jede Form von Kommensalismus wegfällt. So weit aber „der Kampf um Keimplatz, Wuchsraum, Licht oder Nahrung noch nachweisbar ist, so weit reicht auch der Wettbewerb, so weit kann von sozialem Leben gesprochen werden" (Braun-Blanquet 1928, S. 7). In der Definition der Assoziation ist ebenfalls kein Anhaltspunkt dafür gegeben, solchen einartigen Gesellschaften den Assoziationscharakter abzusprechen. Die häufige Einartigkeit der Salzpflanzenassoziationen ist eben eine Erscheinung, die in den ungewöhnlichen und extremen Standortsverhältnissen des Salzbodens begründet ist.

Durch die geringe Artenzahl der Salzgesellschaften sowie durch die Auseinanderziehung der Gesellschaften in einzelne Gürtel erscheint es mitunter schwierig, die Grenzen einer Assoziation zu bestimmen. Der Typus einer Gesellschaft kann erkannt werden, wenn an — meist ebenen — Stellen mit durchschnittlichen Standortsbedingungen die verschiedenen Komponenten der Assoziation in einem Bestande vereint auftreten.

Es soll nicht bestritten werden, daß im Salzpflanzenbereich mit „ökologischen Reihen" im Sinne Keller's oder Gams' unter Umständen einfacher gearbeitet werden könnte. Allerdings würde diese Vereinfachung durch den Verzicht auf die Fassung soziologischer Einheiten erkauft werden!

Bei den wenigen Arten der Salzgesellschaften ist auch der Minimalraum klein und wird bei den meisten Assoziationen mit einem Quadratmeter zu erfassen sein, oder liegt noch darunter.

Die Gürtelungsverhältnisse an den Salzlachen am Ostufer des Neusiedler Sees sollen nun anschließend auf zwei Tabellen wiedergegeben werden. Diese Tabellen wurden durch Zusammenfassung aller Aufzeichnungen aus dem Lachengebiet gewonnen. Im Gelände ist diese lückenlose Aufeinanderfolge nirgends verwirklicht, sondern immer nur Teilausschnitte; häufig werden auch die Glieder einer direkten Reihe übersprungen. Die Tabellen geben demnach nicht die tatsächlichen Verhältnisse an einer einzigen Salzlache wieder, sondern sind eine Abstraktion aus der Mannigfaltigkeit der konkreten Gegebenheiten an den Salzlachen des gesamten Seewinkels.

Die erste Tabelle gibt ein allgemeines Übersichtsschema der Gürtel, auf der zweiten Tabelle sind die Verhältnisse im einzelnen unter Berücksichtigung der Subassoziationen und Varianten dargestellt.

Dieses Gürtelungsschema stimmt im wesentlichen auch mit den Angaben der ungarischen Autoren überein. Die Gürtelung an den binnendeutschen Salzstellen scheint dagegen eher den Verhältnissen an der Atlantikküste zu ähneln. Nach den Beobachtungen von Altehage und nach eigenen Aufzeichnungen von den Salzstellen bei Artern ergibt sich für die mitteldeutschen Salzstellen folgendes Bild:

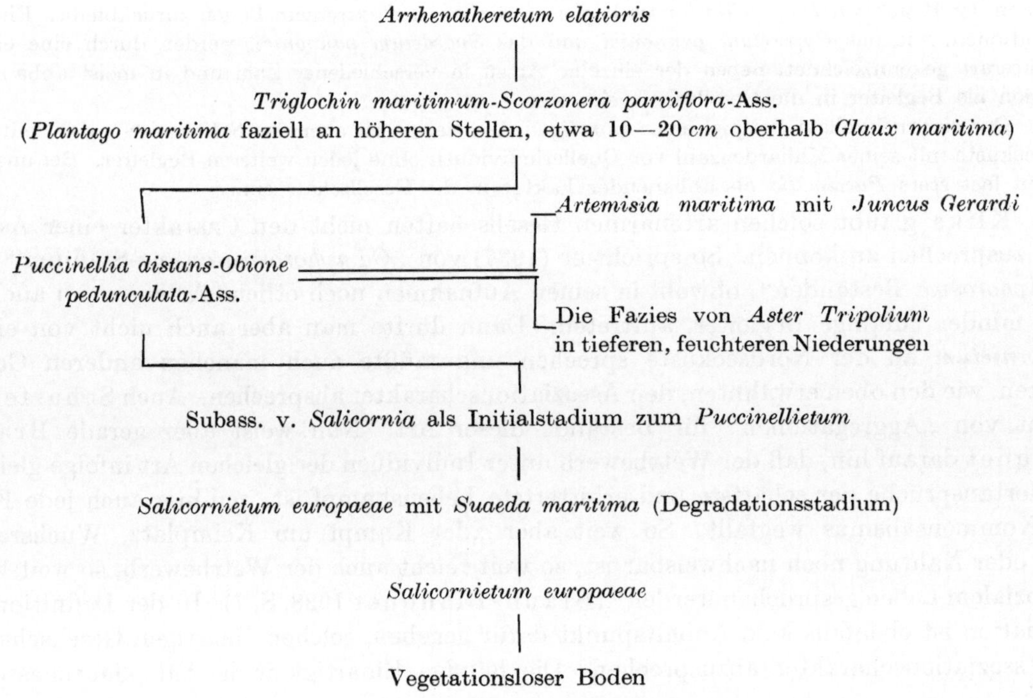

Sukzession.

Die Pflanzendecke ist in ihrer Verteilung Ausdruck der ökologischen Verhältnisse eines Standortes. So beruht auch die Verteilung der Pflanzengesellschaften im Salzlachengebiet nicht auf Zufälligkeiten, sondern ist eine durch Ökologie und Geschichte streng gesetzmäßige. Es könnten gar keine anderen Pflanzen an diesen Standorten wachsen als diejenigen, welche tatsächlich heute dort auftreten. Dabei trägt jede Pflanze durch die Vielzahl ihrer Samen in sich das Bestreben, das Areal ihrer Art dauernd zu vergrößern. Die Samen können jedoch die ihnen innewohnende Tendenz, eine neue Pflanze zu bilden, nur zu einem geringen Teil erfüllen. Die Umweltfaktoren bestimmen die Art und die Möglichkeit dieser Entfaltung, sei es daß ein Teil der Samen auf ungünstigem Boden überhaupt zugrunde geht, sei es, daß die jungen Keimlinge von anderen Pflanzen erdrückt werden, denen dieser Standort gemäßer ist. Nur an einem Standort, der den Ansprüchen der Art angemessen ist, vermögen sich neue Individuen zu behaupten. So ist jede Pflanzengesellschaft Ausdruck eines biologischen Gleichgewichtes zwischen dem Ausdehnungsbestreben der Art und den auslesenden Standortsfaktoren.

Durch die Tätigkeit der Pflanze selbst wird jedoch der Standort, namentlich der Boden, dauernd verändert. Dies geht so weit, daß die gleiche Pflanzengesellschaft, die diese Veränderung hervorgerufen hatte, an diesem Standort schließlich nicht mehr gedeihen kann. Dann stellen sich Pioniere der Folgegesellschaften ein, die in wachsendem Maße an der Veränderung des Bodens teilhaben. In einer gleitenden Reihe ändert sich die Pflanzendecke gemäß den wechselnden Bodenverhältnissen von der Anfangsgesellschaft über das erste Auftreten von Pionieren einer anderen Gesellschaft zu einem Übergangsstadium, in das zusehends weitere Arten der Folgegesellschaft und mit zunehmender Deckung eintreten, bis zuletzt nur mehr wenige Arten von der anfänglichen Vegetation zeugen und schließlich auch diese Reste verschwinden. So trägt jede Pflanzengesellschaft — mit Ausnahme des klimatisch bedingten Endgliedes, der Klimaxgesellschaft — in sich die Tendenz zur Auflösung.

Diesen beschriebenen Vorgang bezeichnen wir als Sukzession im eigentlichsten Sinne

Der Begriff der Sukzession als einer Ablösung einer Gesellschaft am gleichen Orte durch eine andere ist schärfstens zu trennen von der gleichsinnigen, streifenförmigen Anordnung der Gesellschaften, der Gürtelung. Meist liegen jedoch die Verlandungsgesellschaften vornehmlich eutropher Gewässer in einer solchen zonalen Anordnung, wie sie dem Sukzessionsverlauf entspricht, dessen zeitlichen Ablauf sie im Raume spiegelt. Es muß aber „in jedem Falle sorgfältig geprüft werden, ob die Gesellschaften einer solchen Zonierung in einer genetischen oder nur in einer räumlich-ökologischen Beziehung zueinander stehen" (Tüxen-Preising), wie es bei den Gesellschaften an den Ufern der Natronlachen wohl durchwegs der Fall ist. Der Zonationsschluß ist in keiner Weise ein Beweis für eine etwaige Sukzession (Lüdi 1932). „Die zonale Anordnung der Assoziationen ist oft sehr stabil, entsprechend den gleichbleibenden Außenfaktoren (Dauerformationen), und es bleibt stets zweifelhaft, ob die Vegetation eines inneren Gürtels jemals das Stadium eines bestimmten äußeren Gürtels durchlaufen hat" (Lüdi 1932).

Diese Worte haben für die Salzlachenvegetation vollste Gültigkeit. Allein die Verschiedenheit der Struktur des Bodens, dann vor allem sein Salzgehalt setzen einer Sukzession nahezu unüberwindliche Grenzen entgegen. Während die Assoziationen aus der Ordnung der *Phragmitetalia* an süßen Gewässern ausgesprochene Verlandungs- und Sukzessionsgesellschaften darstellen, sind die Assoziationen der Salzlachen als Dauergesellschaften anzusehen, von wenigen Ausnahmen abgesehen, die unten näher besprochen werden sollen.

Eine retrogressive Sukzession, wie sie Vierhapper angibt (S. 407), scheint als eine aktive Leistung der Vegetation vollends unmöglich: der Auenwald soll durch Entwässerung und Versalzung zur Sumpfwiese führen, meist einem *Caricetum nutantis*; anschließend soll über eine feuchte Salzwiese mit *Beckmannia erucaeformis* und über ein trockenes *Festucetum pseudovinae* das *Camphorosmetum* als Endglied der Versalzung erreicht werden. Eine derartige retrogressive Sukzession könnte stattfinden vom Auenwald zur Sumpfwiese und zur *Beckmannia*-Wiese, aber niemals weiter zum *Pseudovinetum* und über dieses zu einem *Camphorosmetum*!

Tatsächliche Sukzession konnte in den nachstehend angeführten Fällen beobachtet werden (die Seitenzahlen beziehen sich auf die eingehendere Beschreibung bei der Besprechung der Assoziationen).

1. Sukzession infolge Veränderung des Standortes durch die Tätigkeit der dortselbst wachsenden Pflanzen selbst.

Diese Art der Sukzession ist sehr ausgeprägt im Bereiche des im allgemeinen wenig salzigen *Phragmition*. Als Beispiel für eine verwachsende Lache mit ihren Verlandungsgürteln, die hier zugleich Sukzessionsfolgen darstellen, sollen die Aufnahmen von einer Lache zwischen Apetlon und Pamhagen dienen (S. 94).

Wahrscheinlich führt auch eine Sukzession vom *Staticeto-Artemisietum monogynae* (namentlich der Variante von *Camphorosma*) gegen die typische *Festuca pseudovina-Centaurea pannonica*-Ass. und von dieser zum Trockenrasen.

Die Horste von *Lepidium cartilagineum* besitzen die Fähigkeit, Sand zu speichern, und formen kleine Hügel, die sich über den anfänglichen Bereich der Gesellschaft erheben und mit zunehmender Höhe geringeren Salz- und Wassergehalt aufweisen und damit Folgepflanzen die Möglichkeit der Besiedelung geben. Durch diese Tätigkeit der *Lepidium*-Horste wird auf kleinem Raum die Sukzession von der nackten Sandfläche bis zur *Plantago maritima*-Subass. des *Puccinellietum* (bzw. deren *Cerastium subtetrandrum*-Fazies) bewirkt (S. 120).

Auch in den weiten Wiesen des Zickgrases (*Puccinellia salinaria*) lagern die Horste des Grases Sinkstoffe des Überschwemmungswassers an und speichern einwehenden Staub und Sand.

Die absterbenden einjährigen Pflanzen von *Camphorosma annua* bilden zwar eine ausgesprochene Spreuschicht auf dem sonst nackten Zickboden, doch konnte eine tatsächliche Sukzession nirgends beobachtet werden.

2. Sukzession infolge des Vorstoßens von Pionieren der Folgegesellschaften.

Das pionierartige Vorstoßen einzelner Pflanzen in andere Lebensbereiche schafft Übergänge und deutet die Sukzessionsrichtung an. So greifen Elemente des Trockenrasens und des *Staticeto-Artemisietum* in die tiefer liegenden Gesellschaften des *Caricetum distantis* und der *Plantago maritima*-Fazies des *Puccinellietum* vor; Steppenelemente besiedeln kleine Erhebungen im Bereich des *Caricetum distantis* — so am Südrande der Podersdorfer Zicklacke — und bewirken eine mosaikartige Durchsetzung beider Assoziationen. Auf den Kuppen von *Carex distans*-Horsten wächst *Cynodon dactylon* und erstickt schließlich die Pflanze. Innerhalb des *Staticeto-Artemisietum* stoßen einzelne Horste von *Festuca pseudovina* aus der Subass. von *Festuca pseudovina* in die Subass. von *Puccinellia limosa* vor und schaffen Annäherungen, wenn nicht Übergänge zwischen beiden Gesellschaften.

Das *Caricetum distantis* wird nicht nur von Steppenelementen durchsetzt, sondern dringt gleicherweise selbst an höheren Stellen in das tiefere *Puccinellietum* vor (am Südrande der Podersdorfer Zicklacke). Am Oberen Schrändl schieben sich Exemplare von *Carex distans* aufwärts auf den nackten Schotter oberhalb des *Caricetum distantis* und der *Plantago maritima*-Fazies.

Puccinellia-Rasen im *Salicornietum* oder *Suaedetum* sind wohl stets als abbauende Faktoren anzusehen. Dagegen ist das Vorstoßen von *Puccinellia salinaria*-Polstern in das *Crypsidetum aculeatae* (z. B. am Ostufer des Kirchsees) wesentlich von der Höhe des Wasserstandes und weniger von der aktiven Leistung von *Puccinellia* abhängig.

Die Aufnahme S. 88 vom Westausgang des Ortes Illmitz gibt Bestände von *Crypsis aculeata* und *Chenopodium glaucum* im Übergang zum *Puccinellietum*.

Die Ineinanderstauchung des *Suaeda maritima*-Gürtels und der *Puccinellia-Lepidium*-Ass. in einer Mulde südlich des Albersees (Aufn. S. 117) ist möglicherweise durch Trockenlegung der ehemaligen Lache zu erklären.

3. Sukzessionen, die durch äußere Umstände (Wasserstandsschwankungen u. dgl.) ausgelöst werden.

Das Auftreten von Bulben des *Bolboschoenus maritimus* im geschlossenen *Puccinellietum* des Oberen Stinkers ist eine Folgeerscheinung von Wasserstandsschwankungen und keine Sukzessionsleistung des *Puccinellietums*.

Hieher gehört wohl auch das Beispiel einer Sukzession, das Altehage von den Salzstellen an der Numburg bei Kelbra beschreibt. Als Folge der hohen Feuchtigkeit der Jahre 1935 und 1936 wird die Konzentration der Bodenlösung vermindert und dadurch den Individuen von *Aster Tripolium* die Möglichkeit gegeben, sich auszubreiten und in das *Salicornietum* einzudringen, an Stellen, wo *Aster* in den vorhergehenden Jahren nur in Spuren eingestreut war. Es ergab sich dadurch eine ausgesprochene Verschiebung des Florenbildes.

Auch am Solgraben bei Artern konnte ich eine derartige Sukzession beobachten. In einer flachen, von *Salicornia europaea* bewachsenen Mulde stellten sich bereits die Folgeelemente ein:

        Salicornia europaea 4.5
        ↓*Puccinellia distans* .... +.2
        ↓*Aster Tripolium* 3.3

4. Sekundäre Sukzession, durch das Eingreifen des Menschen, bzw. durch das Wegfallen menschlichen Einflusses bewirkt.

Durch den Wegfall begrenzender Faktoren ist die Sukzession vom *Salicornietum* gegen das *Puccinellietum* an Stellen bedingt, an denen durch dauerndes Befahren oder Betreten der ursprüngliche *Puccinellia*-Rasen zerstört und ein menschlich begünstigter Standort für das *Salicornietum* geschaffen wurde. Dort kämpft sich *Puccinellia* seinen alten Platz zurück, sobald der menschliche Einfluß aufhört. Zuletzt künden nur noch vereinzelte Stöcke von *Salicornia* im dicht geschlossenen *Puccinellia*-Rasen vom seinerzeitigen *Salicornietum* an diesen Stellen (S. 100).

Im Anschluß an die Entwässerung von Lachen breitet sich häufig *Puccinellia salinaria* aus und bedeckt dann weite Flächen des ursprünglichen Lachenbodens, wie am Feldsee, am Illmitzer Zicksee, an der Podersdorfer Zicklacke.

Ohne Bedeutung für eine Sukzession ist das *Salicornietum* des Neusiedler Sees, ganz im Gegensatz zu den Verhältnissen in den Marschen der Nordseeküste, wo die Pflanze wichtigster Schlickbildner ist. In alten, vor allem aber höher gelegenen Stadien des *Salicornietum* tritt auch im Gebiete des Neusiedler Sees *Suaeda maritima* auf, jedoch ebenfalls ohne weitere Bedeutung für eine Sukzession. An der Oberen Halbjochlacke waren einmal große Stöcke von *Suaeda maritima* zu beobachten, die sich kleine, flache, aber deutliche Sandhügelchen von etwa 2 *cm* Höhe geschaffen hatten (vgl. S. 103).

Die Strandgesellschaften des *Crypsidetum aculeatae* und des *Cyperetum pannonici* sowie die Assoziation der Sodalachen, das *Parvipotameto-Zannichellietum*, sind für die Sukzession praktisch bedeutungslos.

Altehage beschreibt schließlich von den Salzgesellschaften Mitteldeutschlands eine Sukzession von der *Artemisia maritima*- bzw. der *Plantago maritima*-Fazies des *Triglochinetum* gegen das *Puccinellietum* und von der *Aster Tripolium*-Fazies des *Puccinellietum distantis* gegen das *Salicornietum*, letztere im Zusammenhang mit der hohen Feuchtigkeit der Jahre 1935—1936 (s. o., S. 76/77).

Assoziationskomplexe.

Während bei der Gürtelung „Kontaktgesellschaften" auftreten, die in einer bestimmten Regelmäßigkeit zueinander angeordnet sind, ergibt sich, vor allem auf Solonetzboden, infolge des starken und häufigen Wechsels der Standortsverhältnisse auf kleinstem Raume eine mosaikartige Durchsetzung von Assoziationen mit bestimmtem einheitlichem physiognomischem Gepräge: Assoziationskomplexe, „mannigfaltig zusammengesetzte Gesellschaftsverbindungen auf kleinem Raum" nach der Definition von Tüxen und Preising.

Ein gutes Beispiel eines Assoziationskomplexes gibt die Aufnahme auf S. 111 vom Oberen Schrändl, wo die *Plantago maritima*-Fazies des *Puccinellietum* in kleinen Dellen mit dem *Caricetum distantis typicum* an erhöhten Stellen verzahnt ist. Oder die Durchdringung der *Puccinellia*-Fazies des *Puccinellietum salinariae* am Sandstrande des Illmitzer Kirchsees mit dem *Suaedetum maritimae* in den flachen, napfartigen Vertiefungen zwischen den Horsten von *Puccinellia* (S. 103). Als ein weiteres Beispiel schließlich die enge Verzahnung der *Pholiurus-Plantago tenuiflora*-Ass. in den Rinnen des Szikfok mit der höher gelegenen *Artemisia maritima*-Steppe (S. 156).

Magyar (1929) berichtet aus der Hortobágy von der Durchsetzung der Vegetation eines dickflüssigen Morastes, gebildet aus Arten des *Agrostideto-Beckmannietum*, mit dem „*Festucetum pseudovinae artemisietosum*" (= *Staticeto-Artemisietum monogynae*) auf den zahlreichen, steinhart getrockneten Zsombékhügeln, auf deren Kuppen sich wahre „Flechteneldorados" ausbreiteten. Auch Keller schildert aus der russischen Halbwüste Übergänge von der Grassteppe über die Halbwüste zur echten Wüste in einer Entfernung von nur wenigen Schritten.

6. Zur Methodik der pflanzensoziologischen Untersuchung.

Seit dem Wirken des genialen Anton Kerner von Marilaun kann jede botanische Untersuchung über das ungarische Tiefland nur Epigonenwerk sein. Seit Kerner sein Erlebnis der ungarischen Pußta in Worten niedergelegt hatte, vermochte niemand mehr seine meisterhafte Schau zu erreichen, es sei denn, daß wieder einmal ein Mann erstehe, der in sich den genialen Forscher mit dem Dichter vereinte, wie es Anton Kerner beschieden war. Im Schatten seiner Größe aber erkennen wir in gebotener Bescheidenheit die Grenzen unseres Wirkens.

Josias Braun-Blanquet hat der pflanzensoziologischen Forschung ein weitschauendes und grundlegendes System gegeben. Das Gedankengebäude seiner Lehre ist auch die Grundlage der vorliegenden Arbeit.

Es war mir vergönnt, bei J. Braun-Blanquet und bei R. Tüxen studieren zu dürfen. Demzufolge habe ich mich auch bei meiner Arbeit streng an die Methodik der Montpellierer Schule gehalten. Tüxen nennt (1937) als erstes, unmittelbarstes Ziel der pflanzensoziologischen Forschung das Erkennen und die Erfassung der einzelnen Gesellschaftseinheiten, ebenso wie die Systematik der Einzelarten mit dem Unterscheiden der verschiedenen Pflanzen begann. Auch in der Systematik ergibt sich dem forschenden Auge eine schier unübersehbare Formenmannigfaltigkeit, entsprechend der natürlichen Vielzahl der Gestalten. Der Begriff der Art als grundlegender Einheit wurde geschaffen, die Arten zu höheren Einheiten — Gattungen, Familien, Reihen — zusammengefaßt, bzw. in niedere Einheiten aufgeteilt, stets in Anlehnung an die tatsächlichen Verhältnisse in der Natur. Denselben Weg geht die beschreibende Pflanzensoziologie, wenn die Assoziation als grundlegende Gesellschaftseinheit festgelegt wird und die einzelnen Assoziationen zu Verbänden, Ordnungen, Klassen zusammengefaßt, bzw. in Subassoziationen, Varianten, Subvarianten und Fazies zerlegt werden. Auch hier geht man von den natürlichen Voraussetzungen in der Vegetation aus. Es ist deshalb müßig, eine angebliche „Zersplitterung" der Gesellschaftseinheiten bei konsequenter Verfolgung der Braun-Blanquet'schen Lehre festzustellen, wenn die Vegetation in ihrer Mannigfaltigkeit eben eine derartig weitgehende Unterscheidung erfordert. Schließlich verlangt die Systematik der Einzelpflanzen auch eine umfangreiche Artenkenntnis.

Bei den Pflanzengesellschaften des Salzbodens besitzt die Fazies eine größere Bedeutung, bewirkt durch die ausgeprägte Gürtelung der Vegetation an den Salzlachen. Der Begriff des „Gürtels" stellt jedoch keinen eigentlichen pflanzensoziologischen Fachausdruck dar und läßt sich durch den Fazies-Begriff gut ausdrücken (Br.-Bl.).

Die Gesellschaftseinheiten sind allgemein gekennzeichnet durch Charakterarten. Wir unterscheiden im Anschluß an Braun-Blanquet und Moor 1938 (vgl. auch Tüxen-Preising 1942) absolute, regionale und lokale Charakterarten.

Die absoluten Charakterarten sind innerhalb ihres Gesamtverbreitungsgebietes einer einzigen Gesellschaft eigen. Regionale oder Gebietscharakterarten sind innerhalb eines einheitlichen, in sich geschlossenen Gebietes an eine Gesellschaft gebunden, treten aber in anderen Gebieten in verwandten (vikariierenden) Gesellschaften wieder auf. Lokale Charakterarten schließlich charakterisieren Gesellschaften innerhalb eines kleinen, ebenfalls in sich geschlossenen Gebietes. (Bei uns etwa das Salzpflanzengebiet des Neusiedler Sees oder das des gesamten pannonischen Raumes.)

Anders als die Charakterarten sind die Differentialarten nur einer einzigen Gesellschaft in einer Gruppe von mehreren miteinander nahe verwandten Gesellschaften eigen und fehlen den übrigen. Sie können in anderen Gesellschaften außerhalb dieser Gruppe wieder auftreten und dienen zur Differenzierung namentlich niederer soziologischer Einheiten.

Mit der Schaffung des Begriffes der Hauptassoziation hat Rüdiger Knapp (1942) eine entscheidende Tat zur Klärung in der soziologischen Systematik getan.

Die Hauptassoziation ist die „unterste Gesellschaftseinheit, die noch durch absolute oder in einem ganzen Vegetationskreis gültige Charakterarten ausgezeichnet ist". Sie setzt sich zusammen aus mehreren Assoziationen im bisherigen Sinne (Gebietsassoziationen), die analoge Standorte in sich gegenseitig ausschließenden Gebieten besiedeln und deren Charakterartengruppen annähernd gleich sind. Sie stellen also lokale Ausbildungsformen der Hauptassoziation dar und werden durch regionale und lokale Charakterarten sowie durch Differentialarten gegenüber den anderen Assoziationen der gleichen Hauptassoziation gekennzeichnet. Im Rahmen der vorliegenden Arbeit konnte bisher die Hauptassoziation des *Salicornietum europaeae* (S. 96) unterschieden werden.

Jede Ordnungswissenschaft erfordert eine Nomenklatur. Braun-Blanquet und Tüxen haben eine pflanzensoziologische Nomenklatur geschaffen, die für die vorliegende Arbeit verbindlich erscheint.

Im Anschluß an Tüxen (1937) wurde jeder Gesellschaft als Autor mit der Jahreszahl jener Verfasser angegeben, „der erstmalig die vollständige charakteristische Artenliste einer Gesellschaft mit Angabe der Stetigkeit oder einer entsprechenden Tabelle gegeben hat". Diese Beifügung des Autornamens stellt bereits heute eine unbedingte Notwendigkeit in dem unübersichtlichen Gewirr der Synonyme dar und wurde in der vorliegenden Arbeit auch für die Faziesbildungen durchgeführt, deren systematische Bewertung im Laufe der Zeit und bei verschiedenen Forschern ebenfalls Schwankungen unterliegt.

Der Name einer Gesellschaft soll aus Gründen der Kontinuität in der einmal gültigen Form auch dann beibehalten werden, wenn aus nomenklatorischen Gründen der Name der gesellschaftsbezeichnenden Art geändert wurde. So heißt etwa die namengebende Art des *Scirpeto-Phragmitetum* nicht mehr *Scirpus maritimus* L., sondern nach der heute gültigen Nomenklatur *Bolboschoenus maritimus* (L.) Palla, und die entsprechenden Arten des *Staticeto-Artemisietum monogynae* heißen weder *Statice Gmelini* Willd. noch *Artemisia monogyna* W. K., sondern *Limonium Gmelini* (Willd.) O. Kuntze und *Artemisia maritima* L.

7. Zur Methodik der ungarischen soziologischen Schule.

Es ist das Bestreben jeder lokalen Untersuchung, die Zusammenhänge mit den Verhältnissen größerer Räume zu erkennen. So habe auch ich zuerst die Aufnahmen aus meinem Untersuchungsgebiet zu Gesellschaftstabellen vereinigt und habe dann auf das ungarische Schrifttum zurückgegriffen und meine Ergebnisse mit denen der ungarischen Soziologen in Übereinstimmung zu bringen versucht. Es sind vor allem die zahlreichen und eingehenden Arbeiten der modernen ungarischen soziologischen Schule R. v. Soós, mit denen sich jede soziologische Untersuchung im pannonischen Raum auseinandersetzen muß und auf deren Ergebnisse man dauernd zurückzugreifen hat. Gerade über die Vegetation der ungarischen Alkali-böden liegen ausgezeichnete Ergebnisse vor, namentlich über die Ökologie des Standortes und den Alkali-boden selbst.

Dagegen weicht die Methodik in der soziologischen Erfassung der Pflanzengesellschaften von der Arbeitsweise Braun-Blanquets und Tüxens im engeren Sinne etwas ab. So spricht Soó selbst davon, daß die konsequente Anwendung der Methodik Braun-Blanquets auf die Verhältnisse der ungarischen Tiefebene nicht durchführbar wäre, und geht teilweise eigene Wege. (Die ungarischen Soziologen sprechen sinngemäß von einer „Methodik nach Braun-Blanquet und Soó".) Ich habe demgegenüber versucht, mich streng an die Arbeitsweise Braun-Blanquets und Tüxens zu halten, und bin dabei keinen wesentlichen Schwierigkeiten begegnet, wenngleich eine andere Möglichkeit der Betrachtung in diesen Bereichen durchaus gegeben ist. Auch die rumänischen Soziologen halten sich unmittelbar an die Methodik Braun-Blanquets, wie Borza und besonders Ţopa in seiner Untersuchung über die Halophyten-vegetation Rumäniens (1939 a). Ebenso fußt die neue Arbeit von Slavnić (1947) aus dem südslawischen Anteile der ungarischen Tiefebene auf dieser Methodik.

Übersichten über die bisher beschriebenen Pflanzengesellschaften des pannonischen Raumes wurden von Soó mehrfach gegeben, worauf in diesem Zusammenhange verwiesen werden kann (besonders Soó 1940 a und 1947 b!). Im einzelnen sind die Assoziationen und Verbände der ungarischen Schule mit ihren Charakterarten im speziellen Teile dieser Arbeit besprochen.

8. Die Moosflora der Salzpflanzengesellschaften.

Nur eine geringe Zahl von Moosen ist auf den Natronböden des Seewinkels zu be-obachten, ähnlich wie auch Pilze und Flechten die Alkaliböden meiden oder dort nur ganz selten auftreten. Neben der Artenarmut der Moosflora ist das Vorwiegen allgemein ver-breiteter Arten bezeichnend. Obligate Halophyten scheinen unter den Moosen überhaupt zu fehlen. Von den nachstehend angeführten Moosen des Seewinkels sind wohl nur *Pottia Heimii* und *Funaria hungarica* als salzliebend, vielleicht auch nur als salzertragend zu be-zeichnen. Beide Arten sind auch von nichthalischen Böden bekannt. Die Mehrzahl der um die Zicklacken beobachteten Moose wächst nur gelegentlich auf alkalischem Boden, meist nur in glykischen Gesellschaften, die oft in enger räumlicher Beziehung zu Halophyten-gesellschaften stehen.

Im folgenden sind 19 Moose angeführt, die Julius Baumgartner (Wien) im Salzlachengebiet des Seewinkels sammelte. Eigene Funde wurden durch nachgestelltes (W) gekennzeichnet, alle anderen Angaben ohne besonderen Vermerk oder mit nachgestelltem (Bg) beziehen sich auf Funde oder Erfahrungen J. Baum-gartners, dem ich an dieser Stelle für die Überlassung seiner Ergebnisse sowie obiger allgemeiner Bemer-kungen meinen aufrichtigen Dank aussprechen darf.

Weitere Angaben verdanke ich Á. Boros in Budapest (durch nachgestelltes Bo gekennzeichnet), besonders aber ausführliche Schrifttumshinweise. In der Reihenfolge der Anordnung der Gattungen folge ich H. Gams (1948, briefl.).

1. *Ceratodon purpureus* (L.) Brid.: An der Darschò-Lacke bei St. Andrä (st., Bg). — Aus der Süd-Slowakei (Krist), in verschiedenen Gesellschaften bei Igmándy. — Auf Salzböden an der unteren Wolga (Gams). — Kosmopolit.

2. *Pleurochaete squarrosa* (Brid.) Ldbg.: Illmitz, von der Ortschaft gegen den See zu (st., Bg). — Pannonisch-submediterran (Gams).

3. *Tortella inclinata* (Hdw. fil.) Limpr.: Am Neusiedler See zwischen Weiden und Podersdorf (st.); Robinien-Schwarzföhren-Bestand am Unteren Stinker bei Illmitz (c. fr., Bg).

4. *Didymodon tophaceus* (Brid.) Juratzka: Sumpfstellen und Gräben am Neusiedler See bei Weiden (c. fr.); zwischen Apetlon und St. Andrä (st.). — An den Lachenumrandungen gerne mit *Barbula vinealis*, von der es in trockenem Zustande mit freiem Auge schwer zu unterscheiden ist (Bg).

5. *Barbula vinealis* Brid.: Immer steril! Podersdorf am Neusiedler See; an einer Natronlacke zwischen Illmitz und Podersdorf; Illmitz, von der Ortschaft gegen den Neusiedler See zu; an grasig-sandigen Lachenrändern bei Illmitz gegen St. Andrä hin in Menge; Steppe an der Darschò-Lacke bei Apetlon; zwischen Apetlon und St. Andrä; Natronsteppe an der Wörthenlacke bei St. Andrä (Bg); in der *Cerastium*-Fazies des *Puccinellietum*, stark entwickelte Moosschicht mit *Bryum pendulum* u. a. (Höfler 1937); in der Randzone des *Puccinellietum* mit *Plantago maritima* am Ufer der Lachen (Höfler 1937); in der Randzone des *Puccinellietum* bei Illmitz (W). — Immer steril. Früher fast nur aus dem Mediterrangebiet bekannt, wo die Pflanze stellenweise recht häufig ist (z. B. in Griechenland. Bg). — Bei Ṭopa im *Camphorosmetum pilosae*. — Vgl. Kryptog. exsicc., Nr. 2879; Schedae ad Fl. Hung. exs., Nr. 730; Bauer, Musci, Nr. 1865; Boros 1940.

6. *Syntrichia ruralis* (L.) Brid.: Massenhaft auf Sandboden des „Naturdammes", hier auch mitunter c. fr.; Illmitz, von der Ortschaft gegen den See zu (st., Bg); Illmitz, abbauend in den höheren Teilen des kurzrasigen *Puccinellietum* (W). — Bei Ṭopa aus Nord-Rumänien und als salzertragend angegeben. Eine Art der Sand- und Trockenrasengesellschaften und nur zufällig auf ausgesprochenen Natronböden.

7. *Desmatodon cernuus* (Hub.) Br. eur.: Podersdorf am Neusiedler See, an mäßig feuchten Uferstellen; Westufer der Zicklacke bei Illmitz, an grasig-feuchten Stellen (c. fr., Bg); am Feldsee bei Illmitz in der *Taraxacum bessarabicum*-Fazies des *Caricetum distantis* (W). — Vgl. Boros (1940). — Sonst in den Kalkgebirgen und hier und da bis in alpine Lagen (von K. Rechinger d. Ä. am Semmering in Niederösterreich gefunden! Bg).

8. *Pottia Heimii* (Hedw.) Br. eur.: Natronsteppe am Südufer der Langen Lacke bei Apetlon (c. fr.) und gewiß noch mehrfach anzutreffen; früher wenigstens massenhaft in der Joiser Heide und von dort in Bauers Bryothek (leg. Dr. Klaus) ausgegeben (Bg). — Vom Ufer des Neusiedler Sees bei Neusiedl in großer Menge schon seit langem bekannt (Förster 1880, S. 236, Nr. 64; Juratzka 1882, S. 94, Nr. 135). Ferner von St. Andrä zwischen Langer Lacke und Zicklacken („Sechsmahd") zusammen mit *Funaria hungarica* (Boros, Fl. Hung. exs., Nr. 830). — Bevorzugt Salzboden, wächst aber auch an salzfreien Standorten und sogar in alpinen Lagen (Bg). — Von Krist (1940) aus der Süd-Slowakei erwähnt, bei Igmándy ausschließlich im *Camphorosmetum annuae*.

9. *Mildeela* (*Pottia*) *bryoides* (Dicks.) Limpr.: Natronsteppe am Südufer der Langen Lacke bei Apetlon, mit *Funaria hungarica* (c. fr., Bg); bei Igmándy (1938/39) ausschließlich im *Pseudovinetum*. — Holarktische Art.

10. *Phascum cuspidatum* Schreb.: Natronsteppe an der „Runden Lacke" südlich des St. Andräer Zicksees, mit *Funaria hungarica* (Bauer, Musci, Nr. 1865), an der Wörthenlacke (c. fr., Bg); bei Jois, auf der Joiser Heide auch die var. *piliferum* (Bo); bei Ṭopa (1939 a) im *Camphorosmetum pilosae*.

11. *Funaria hygrometrica* (L.) Sibth.: An der Zicklacke bei Illmitz (c. fr.); Südufer der Langen Lacke bei Apetlon; Kleefeld bei der Krainer (oder Tieglert-?) Lacke nächst Apetlon (Bg); abbauend in der *Taraxacum bessarabicum*-Fazies des *Caricetum distantis* und auf den erhöhten *Lepidium cartilagineum*-Hügeln (W). — In den Sandgesellschaften Bojkos und in verschiedenen Assoziationen bei Igmándy. — Kosmopolit.

12. *Funaria hungarica* Boros: Kleefeld bei der Krainer (oder Tieglert-?) Lacke nächst Apetlon (Zickboden?); Natronsteppe am Südufer der Langen Lacke bei Apetlon; Natronsteppe an der Wörthenlacke („Sechsmahd") und an der „Runden Lacke" südlich des St. Andräer Zicksees (c. fr., Boros 1924). (Bg). — Allgem. Verbr.: Ostufer des Neusiedler Sees, wahrscheinlich auch Süd-Slowakei (Krist), Ungarn (Kl. und Gr. ungarische Tiefebene), Rumänien (Muntenia, Moldau, Bessarabien), südöstliche Ukraine, untere Wolga. — Aralo-kaspische Art. — Im ungarischen Tiefland auf Solonetzboden, bevorzugt hier nach den vorhandenen Angaben sichtlich das *Staticeto-Artemisietum* in der Subass. von *Festuca pseudovina* (das „*Festucetum pseudovinae*" der ungarischen Autoren); dann auch in der *Plantago maritima*-Randzone am Ufer der Lachen. Bei Igmándy in verschiedenen Gesellschaften und auch an der unteren Wolga im wesentlichen in Wermutsteppen. — Auf salzfreien Standorten aus der Ukraine bekannt (sonnige Kalkhügel und Felsen mit *Festuca valesiaca*), aber auch aus Ungarn; das Kleefeld bei Apetlon dürfte ebenfalls kaum zickig sein! — Interessant ist das Schwanken im Auftreten der Art. So berichtet Boros (ap. Bauer, Musci) vom Baumgartnerschen Originalfundort an der Wörthenlacke bei Apetlon, daß das Moos dort 1924

noch reichlich vorhanden war, 1925 von Baumgartner noch ein kleiner Rasen gefunden wurde und etwas weiter südlich davon eine größere Anzahl, wo im Vorjahre nur zwei mangelhafte Exemplare gestanden hatten. Im folgenden Jahr (1926) fand Bg. nicht ein Stück mehr. Die Gründe dieses Wechsels in der Menge des Vorkommens sind noch unklar (Bg). — Im übrigen vergleiche man zu dieser interessanten Art vorzüglich die beiden Arbeiten von Gams 1934 und Boros 1943 sowie das dort erschöpfend zitierte Schrifttum.

13. *Bryum pendulum* (Hornsch.) Schpr.: Illmitz am Neusiedler See in der Richtung gegen Podersdorf; am alten Ufer des Neusiedler Sees bei Illmitz; am Nordwestrand der Illmitzer Zicklacke (c. fr.); Südufer der Langen Lacke nächst Apetlon; Natronsteppen an der Wörthenlacke bei St. Andrä; Pußta bei St. Andrä (Bg). — Mit *Barbula vinealis* u. a. in stark entwickelter Moosschicht der *Cerastium*-Fazies des *Puccinellietum* und in der Randzone des *Puccinellietum* mit *Plantago maritima* (Höfler 1937). — Bei Igmándy ausschließlich im *Agrostideto-Beckmannietum.* — Holarktische Art. — Charaktermoos der Lachenumrandungen, reichlich fruchtend und durch die langen Seten auffallend. Vorzüglich in Sand- und Trockenrasengesellschaften (Bg). — Vgl. Bauer, Musci, Nr. 1865.

14. *Bryum warneum* Bland.: Gilt als Halophyt, wurde von Juratzka (1882, S. 263—264, Nr. 358) nächst dem Badehaus bei Neusiedl in großer Menge zwischen Schilf an dem damals fast ausgetrocknetem See gefunden, später aber anscheinend nicht mehr beobachtet (Bg). Juratzka vermutete damals diese Art in den salzigen Niederungen an der Thaya.

15. *Abietinella abietina* C. M. (*Thuidium abietinum* Br. eur.): Podersdorf (st.). — Mehr in Trocken-rasengesellschaften (Bg), so auch bei Igmándy. — Holarktische Art.

16. *Campylium polygamum* (Br. eur.) Bryhn.: Podersdorf, an den Natronlachen (st.); Nordende der Zicklacke bei Illmitz, Sumpfstellen (c. fr.). — Salzliebend, aber oft genug von salzfreien Standorten bekannt (Bg).

17. *Drepanocladus intermedius* (Ldbg.) Wstf.: Kalkhaltige Sumpfstellen bei Weiden am Neusiedler See (st., Bg).

18. *Drepanocladus aduncus* (Hedw.) Moenkem. var. *Kneiffii* (Schpr.) Warnstf.: Verbreitet im Seewinkel, namentlich im Rohr und in angrenzenden feuchtigkeitsliebenden Gesellschaften. Möglicher-weise Charakterart des *Phragmition.* Auch in den Sumpfgebieten der Niederung längs der Donau ver-breitet (Bg). In ähnlichen Gesellschaften auch von Igmándy und Máthé beschrieben. Formenreich und in der Größe stark abändernd (Bg).

19. *Brachythecium albicans* Br. eur.: Podersdorf (st.); Illmitz, Pappel-Schwarzföhren-Gehölz am See; Natronsteppe an der Wörthenlacke bei St. Andrä (f. *depauperata*) (Bg). — Im *Pseudovinetum* aus der Süd-Slowakei (Krist), ausschließlich im *Camphorosmetum annuae* bei Igmándy. — Holarktische Art. — Bei Țopa salzertragend. — Vgl. Bauer, Musci, Nr. 1865.

Spezielles Moos-Schrifttum:

Bauer E., 1904 ff. — Musci europaei exsiccati.

Baumgartner Julius, (1939?). — Briefl. Mitteilungen.

Boros Ádam, 1924. — *Funaria hungarica* nov. sp. — (MBL., 23, 73—75).

— — 1940. — Brioflóriszikai közlemények. — (Bot. Közl., 37, 5/6, 298—299).

— — 1943. — A *Funaria hungarica,* története és földrajzi elterjedese. — Die Geschichte und die geo-graphische Verbreitung der *Funaria hungarica.* — (Acta Geobot. Hung., 5, 280—289).

Förster J. B., 1881. — Beiträge zur Moosflora von Niederösterreich und Westungarn. — (VZBG., 1880, 30, 233—250).

Gams Helmut, 1934. — Beiträge zur Kenntnis der Steppenmoose. — (Ann. Bryolog., 7, 37—56).

— — 1948. — Briefl. Mitteilungen.

Igmándy Jozsef, 1938/39. — Die Moosflora von Hajdúnánás. — (Acta Geobot. Hung., 2, 128—142).

Juratzka Jakob, 1882. — Die Laubmoosflora von Österreich-Ungarn. — (Wien).

Schedae ad Floram Hungaricam exsiccatam, 1912—1932. — A sectione botanica Musei nationalis Hungarici editam. — (Budapest).

Schedae ad „Cryptogamas exsiccatas" editae a Museo historiae naturalis Vindobonae. Muscos curavit J. Baumgartner.

Zolyomi Balint und Boros Ádam, 1934. — Adatok a Hanság mohaflórájához. — Beiträge zur Moos-flora des Hanság. — (Bot. Közl., 31, 271—272).

VI. Die Assoziationen.

1. Übersicht der mitteleuropäischen Salzpflanzengesellschaften.

In der nachstehenden Übersicht der Salzpflanzengesellschaften Mittel- und auch Osteuropas sind die Assoziationen des Neusiedler Sees besonders gekennzeichnet (*). Die Salzpflanzengesellschaften des zentralungarischen Raumes decken sich im wesentlichen mit denen des Neusiedler Sees. Die Anordnung der Gesellschaften erfolgte nach der soziologischen Progression, wobei jedoch zu beachten ist, daß die vorwiegend glykischen Gesellschaften der *Phragmitetalia* mit den Gesellschaften aus der Klasse der *Puccinellio-Salicornietea* des Salzbodens teilweise parallel laufen.

Potametea
Potametalia
Ruppion maritimae
        Parvipotameto-Zannichellietum pedicellatae
        Ruppietum transsilvanicae
Isoeto-Nanojuncetea
Isoetetalia
Cyperio-Spergularion salinae
        Crypsidetum aculeatae
        Crypsis aculeata-Chenopodium glaucum-Bestände
        Cyperetum pannonici
        Crypsidetum schoenoidis
        *Chenopodium * Degenianum-Atriplex hastata*-Ass.
Phragmitetea
Phragmitetalia
Phragmition
        Scirpeto-Phragmitetum
        **Scirpetum maritimi*
Puccinellio-Salicornietea
Salicornietalia[1]
Salicornion-Verbandsgruppe
Thero-Salicornion
        Hauptass.: *Salicornietum europaeae*
        Suaeda maritima-Kochia hirsuta-Ass.
        Salicornietum europaeae atlanticum
        Salicornietum europaeae germanicum
        **Salicornietum europaeae hungaricum*
        **Suaedetum maritimae hungaricum*
        **Suaedetum pannonicae*
        Salsoletum sodae
Puccinellion-Verbandsgruppe
Puccinellion maritimae
        Puccinellietum maritimae
        Spergularia salina-Ass.
        Puccinellia distans-Obione pedunculata-Ass.
Puccinellion salinariae
        **Puccinellia salinaria-Aster * pannonicus*-Ass.
        Puccinellia salinaria-Carex secalina-Ass.
        **Puccinellia salinaria-Lepidium cartilagineum*-Ass.

---

[1] Die holländischen Forscher vereinigen die beiden Ordnungen der *Salicornietalia* und *Juncetalia* für den nordatlantisch-baltischen Bereich zu einer Ordnung: *Puccinellio-Salicornietalia*. Diese Ordnung umfaßt im angegebenen Raume zwei Verbände, nämlich das *Puccinellio-Salicornion* und das *Armerion maritimae*. Zur Systematik der atlantischen Halophytengesellschaften vergleiche man insbesondere die neueren Arbeiten von Westhoff und seinen Mitarbeitern.

Puccinellion limosae
    **Puccinellietum limosae*
    **Pholiurus pannonicus-Plantago tenuiflora*-Ass.
    **Hordeetum Hystricis*
    **Camphorosmetum annuae*
Juncetalia maritimi
Juncion maritimi
        Juncus maritimus-Oenanthe Lachenalii-Ass.
        Junceto-Caricetum extensae
        **Juncetum maritimi balatonicum*
Armerion maritimae
        Armerietum maritimae
        Artemisietum maritimae
        Plantago Coronopus-Carex distans-Ass.
Juncion Gerardi
        Triglochin maritimum-Scorzonera parviflora-Ass.
        **Juncus Gerardi-Scorzonera parviflora*-Ass.
        *Triglochin maritimum-Aster * pannonicus*-Ass.
        **Juncetum articulatae*
        Carex divisa-Ass.
        Puccinellietum limosae transsilvanicum
        **Carex distans-Taraxacum bessarabicum*-Ass.
Beckmannion erucaeformis
        Agrostideto-Beckmannietum
        Oenanthe silaifolia-Beckmannia erucaeformis-Ass.
        Alopecureto-Rorippetum Kerneri
Verband ?
        Leuzea salina-Oenanthe silaifolia-Ass.
Halostachyetalia
Verschiedene Verbände
        **Statice Gmelini-Artemisia monogyna*-Ass.
        Artemisieto-Petrosimonietum triandrae
        Peucedaneto-Asteretum punctati
        Obionetum verruciferae
        Camphorosmetum pilosae
        Halocnemetum strobilacei
Molinio-Arrhenatheretea
Arrhenatheretalia
Trifolio-Ranunculion pedati
        Trifolietum subterranei
        Ranunculetum pedati

2. Vergleich der mitteleuropäischen Salzpflanzengesellschaften.

Eine vergleichende Betrachtung der Salzpflanzengesellschaften Mitteleuropas nach ihrem Standort und ihrer Artzusammensetzung zeigt manche Übereinstimmungen, die dazu berechtigen, bestimmte Assoziationen aus verschiedenen Salzpflanzengebieten als vikariierende Gesellschaften anzusprechen. Diese Gesellschaften entsprechen einander in den jeweiligen räumlich getrennten Gebieten.

Ganz allgemein kann man von drei oder vier größeren Bereichen innerhalb der Halophytenvegetation sprechen, die sich an allen Salzstellen Mitteleuropas wiederholen: dem Bereich des *Potamion*, dem Bereich des *Thero-Salicornion* mit dem des *Puccinellion*, die beide gewisse Gemeinsamkeiten aufweisen, aber doch wieder voneinander verschieden sind, und schließlich dem Bereich der *Juncetalia maritimi*, mit dem die Salzgesellschaften meist enden. Es folgen dann höher gelegene, glykische Gesellschaften. In dieser Einteilung nach den Bereichen wiederholen sich in glücklicher Weise die einmal erfaßten höheren Gesellschaftseinheiten der Verbände und Ordnungen.

Eine Aufgliederung der in den einzelnen Salzpflanzengebieten Mitteleuropas einander entsprechenden, vikariierenden Gesellschaften gibt die vorstehende Tabelle wieder; bezüglich der analogen Ausbildungen in den Gesellschaften der *Puccinellion*-Verbandsgruppe sei auf S. 107 verwiesen.

3. Besprechung der Pflanzengesellschaften des Neusiedler Sees und des gesamtpannonischen Raumes.

Diejenigen Gesellschaften des pannonischen Raumes, welche den Neusiedler See nicht mehr erreichen, sind zur Gänze in Kleindruck gesetzt.

Klasse: *POTAMETEA* Br.-Bl. et Tx. 1943.
ZOSTERETALIA Br.-Bl. et Tx. 1943.

Ruppion maritimae Br.-Bl. 1931.
Parvipotameto-Zannichellietum pedicellatae Soó 1934.

Syn.: *Potametum interruptum* Soó 1927.

Im Anschluß an Soó stelle ich diese ausgesprochen halische Gesellschaft zum Verband des *Ruppion maritimae*, während die Wasserpflanzengesellschaften des Süßwassers dem *Potamion eurosibiricum* zuzuordnen sind. *)

Charakterarten.

Ass.-Ch.: HH *Potamogeton pectinatus* L. (Einschließlich der ssp. *balatonicus* [Gams] Soó.)
HH *Zannichellia palustris* L. ssp. *pedicellata* (Wahlbg. et Rosén) Hegi

Assoziationsbeschreibung.

Die Assoziation stellt eine nieder organisierte, submerse Gesellschaft der Sodalachen des ungarischen Tieflandes dar. In Lachen von höherem Alkaligehalt des Wassers bildet sie häufig die einzige Vegetation, wenn andere Wasserpflanzen schon längst nicht mehr zu folgen vermögen. Die entsprechende Gesellschaft in nichtalkalischen Gewässern dürfte das westliche *Parvipotameto-Zannichellietum tenuis* Koch 1926 darstellen. Beide Gesellschaften bewohnen seichtes Wasser.

Potamogeton pectinatus ist verbreitet im Neusiedler See selbst und in fast allen Sodalachen des Ostufers, während *Zannichellia palustris* ssp. *pedicellata* wesentlich seltener ist und von Bojko sogar gänzlich übersehen wurde. Beide Arten gedeihen vor allem im freien Wasser der Lachen und des Sees — seltener zusammen mit *Bolboschoenus maritimus*-Binsicht — und bilden dann größere zusammenhängende Watten, die an der Oberfläche des Wassers vom Winde getrieben dahinfluten.

An manchen Stellen des Sees formt *Potamogeton pectinatus* schöne Ringe, ähnlich einem Korallen-Atoll, die bei einer Breite von 50 bis 60 *cm* eine mittlere Größe von 10 bis 20 *m* im Durchmesser erreichen. Varga gibt (1933) eine Erklärung dieser Erscheinung. Die im Wasser schwebenden feinen Schlammteilchen und das $NaHCO_3$ des Wassers schlagen sich — letzteres als Na_2CO_3 — an den Blättern und Stengeln der Wasserpflanzen nieder und bringen dadurch die Stengel und Blätter und schließlich die ganze Pflanze zum Absterben, namentlich dort, wo das Wasser im Inneren eines größeren Stockes oder einer kleinen Kolonie besonders still und windgeschützt steht. Die äußeren Pflanzenteile werden dagegen von dem ständig über die Seefläche streichenden Wind bewegt und geschüttelt und dadurch nur in geringem Maße inkrustiert. So vermögen die äußeren Pflanzenteile und die äußeren Stöcke einer Kolonie weiterhin zu assimilieren und bleiben lebensfähig, während die inneren Stöcke zugrunde gehen. So entstehen diese eigenartigen Ringe von *Potamogeton*, die „*Potamogeton*-Atolle" des Neusiedler Sees.

Teile der Pflanze, die vom Wind losgerissen werden, absterbende Stengelbruchstücke werden an den Ufern zusammengeschwemmt und verfilzen mit Algenwatten, Treibsel, Schilfhäcksel und anderen Pflanzenresten, Früchten, toten Käfern, Zick und selbst kleinem Schotter zu einem Spülichtsaum. An flachen Ufern, in Buchten, in flachen Lachen, deren Wasser stark zurücktritt, bilden die absterbenden *Cladophora*-Watten mit den Fasern aus *Potamogeton pectinatus* ein ausgebreitetes, ebenmäßiges Meteorpapier, das dem Boden in einer zusammenhängenden Decke aufliegt und häufig größere Flächen bedeckt, wie etwa am Albersee.

Die ungarischen Botaniker beschreiben aus dem Plattensee und vom Neusiedler See eine endemische Unterart des ungarischen Tieflandes: *Potamogeton pectinatus* L. ssp. *balatonicus* (Gams) Soó.

---

*) Auf Tabelle S. 82/83 ist noch die alte Gruppierung wiedergegeben.

In den stark alkalischen Sodalachen finden sich an Wasserpflanzen nur die beiden Arten dieser Assoziation. An einzelnen Stellen des Sees aber und besonders in den Wasserzügen des Wasen im Südosten des Neusiedler Sees weist ein größerer Artenreichtum auf zunehmende Aussüßung des Wassers hin. Noch in sodahältigem Wasser gedeihen *Myriophyllum spicatum* und *Ranunculus*-Arten der Sect. *Batrachium* (*Ranunculus aquatilis-polyphyllus*-Ass. Soós aus alkalischen Gewässern).

Die Assoziation ist in fast allen Sodalachen des Seewinkels und im Neusiedler See selbst verbreitet. Sie ist bezeichnend für die Alkaliseen des ungarischen Tieflandes und Siebenbürgens.

Schrifttum: Soó 1927, Bojko 1932, Soó 1934, Zolyomi 1934, Soó 1936 a, Ujvárosi 1937, Soó 1938 e, 1940a, Wdbg. 1943, Soó 1945, 1947 a, 1947 b, Wdbg. 1947, Soó 1949.

Ruppietum transsilvanicae Soó (1927) 1947a.

Syn.: *Ruppietum obliquae* Soó 1927 n. n.

Ass.-Ch.: HH *Ruppia maritima* L. ssp. *transsilvanica* var. *obliqua* (Schur) A.-G.

Endemische Assoziation der Salzlachen Siebenbürgens.

Schrifttum: Soó 1927, Borza 1931, Wdbg. 1943, Soó 1947 a, 1947 b, 1949.

Klasse: *ISOETO-NANOJUNCETEA* Br.-Bl. et Tx. 1943.
ISOETETALIA Br.-Bl. 1931.

Cyperio-Spergularion salinae Slavnić 1948.

Die Zuordnung dieses Verbandes ist noch umstritten. Soó rechnet die hieher gehörigen Gesellschaften zum *Puccinellion distantis*, Slavnić stellt seinen Verband zur Ordnung der *Salicornietalia*. Hiefür würden auch Aufnahmen Topas aus Rumänien, bzw. aus der Gegend von Stauropol nach Novopokrowsky (1927) sprechen, in denen *Crypsis aculeata* mit Arten des *Thero-Salicornion* zusammen auftritt, wie *Salicornia europaea*, *Suaeda maritima*, *Kochia hirsuta*.

Dennoch handelt es sich meines Ermessens nach Standort und Ökologie der Gesellschaften um einen dem *Nanocyperion* entsprechenden Verband am Strande östlich-kontinentaler Lachen: beide Verbände umfassen Strandgesellschaften aus meist zarten, einjährigen Pflanzen, die von nur wenigen Arten gebildet werden.

Das Auftreten von Arten des *Thero-Salicornion* in diesen Gesellschaften bzw. von Arten des *Puccinellion*-Verbandes, die Soó in seiner Zuordnung bestimmen, dürfte weniger auf floristische oder soziologische Gemeinsamkeiten mit diesem Verbande zurückzuführen sein als vielmehr auf das Vorkommen im Bereiche dieses Verbandes, wobei vor allem die große ökologische Variationsbreite von *Puccinellia* in Betracht zu ziehen ist! Arten aber, die infolge eines räumlichen Kontaktes auftreten, sind zur Aufstellung ökologischer Reihen verwendbar, nicht aber bei der Erstellung eines — waagrecht gelagerten — soziologischen Systems. Einen Versuch, diese beiden Gesichtspunkte im Rahmen eines soziologischen Systems zu verbinden, stellen die Konsoziationen Soós dar.

Crypsidetum aculeatae
(Bojko 1932 n. n.) Topa 1939a.

Charakterarten.

(5 Aufnahmen.)

Ass.-Ch.: T *Crypsis aculeata* (L.) Ait. V²—³.

Gliederung.

Von Soó (1947 b) werden einige Untereinheiten beschrieben, die teilweise als kontaktbedingt anzusehen sind:

Faz. *Crypsis-Bolboschoenus maritimus* (Moesz 1940) Soó 1947 b.

Faz. *Crypsis-Atriplex hastata* Soó (1930) 1947 b (= *Agrostis alba-Atriplex hastata microspermum*-Ass. Soó 1930).

CS. *Crypsis-Puccinellia limosa* Soó (1938) 1947 b.

Assoziationsbeschreibung.

Das *Crypsidetum aculeatae* ist eine kennzeichnende, absolut einartige Gesellschaft des flachen Strandes an den Ufern der Sodalachen, namentlich der „Weißen Seen" auf salzreichem, aber feuchtem, schlickig-tonigem oder sandigem Boden, manchmal auch auf feinem Schotter. Der Standort des *Crypsidetum* ist im Frühjahr überschwemmt und wird oft erst im Spätsommer trocken. Längerdauernde Überflutung während der Vegetationszeit scheint *Crypsis* nicht zu ertragen, wie manche abgestorbene Gürtel zeigen, die erst während der Blüte eingingen oder deren aufgerichteter, vom Boden hochstrebender Wuchs von der vergangenen Überschwemmung kündet. Die oft weiten Flächen, die von der Art eingenommen werden, und die auf weite Flächen homogene Zusammensetzung weisen darauf hin, daß die Einartigkeit der Gesellschaft nicht in einem gegebenen, schmalen Gürtel begründet ist, sondern daß vielmehr der Standort als ökologisch schmal anzusehen ist.

Die Wasserstoffzahl liegt nach eigenen Untersuchungen zwischen 9,7 und 10,1. Die Vegetationshöhe ist gering und beträgt 1—2 *cm*, entsprechend dem niedrigen, dem Boden angepaßten Wuchs der Leitart. Das *Crypsidetum aculeatae* ist eine offene Gesellschaft, die Deckung liegt bei 20—40 v. H. Auf einem Quadratmeter dürfte die Gesellschaft wohl immer und leicht zu erfassen sein (Minimiareal).

An den flachen Strandflächen der Sodalachen bildet *Crypsis aculeata* in unmittelbarer Nähe des Wassers einen Gürtel von verschiedener Breite: es können schmale Säume sein, sie können aber auch eine Breite von 15 bis 20 *m* erreichen. Wenn im Laufe des Sommers der Wasserspiegel zurücktritt, so vertrocknet der alte, ockergelbe *Crypsis*-Gürtel, während sich nahe dem Lachenrand häufig ein neuer, konzentrischer, frischgrüner Streifen von junger *Crypsis* entwickelt. Erst an höheren Stellen schließt *Suaeda maritima* oder *Bolboschoenus maritimus* an.

Als Beispiel diene die Zonation am Nordufer des Kirchsees bei Illmitz:

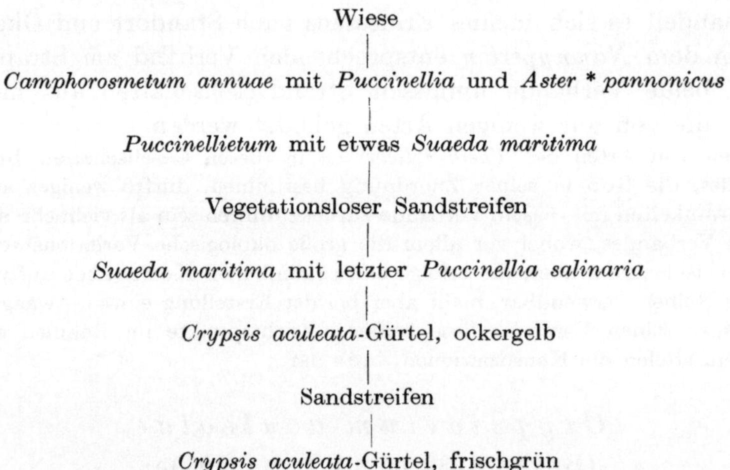

Bei Tiefstand des Wassers tritt *Crypsis aculeata* auch auf dem Lachenboden außerhalb des Schilfgürtels auf, häufiger auch dem *Scirpetum maritimi* vorgelagert.

Am Ostufer des Kirchsees kann man bereits von einer Sukzession des nachfolgenden *Puccinellietum salinariae* sprechen:

Polster von *Puccinellia salinaria* mit *Suaeda maritima*
|
Einzelne Polster von *Puccinellia salinaria* schieben sich vor in das
|
Crypsidetum aculeatae

Crypsis aculeata ist einjährig und vermutlich ohne weitere Bedeutung für die Sukzession. (Möglicherweise kommt der Pflanze eine minimale sandhäufende Wirkung zu: am Oberen Schrändl wächst z. B. *Crypsis* auf kleinen Sandhöckerchen.) Die Sukzession wird wesentlich durch das Vermögen von *Puccinellia* bestimmt, gegen das freie Wasser hin vorzudringen.

Verbreitung der Assoziation: Vgl. die zusammenfassende Übersicht auf S. 90!

Schrifttum: Bojko 1931, 1932, Soó 1933 d, Wenzl 1934 a, Felszeghy 1936, Ţopa 1939 a, Soó 1939 a, 1940 a, Moesz 1940, Wdbg. 1943, Soó 1945, 1947 a, 1947 b, Slavnić 1948.

Crypsis aculeata-Chenopodium glaucum-Bestände.

An das *Crypsidetum aculeatae* ist am besten eine Reihe von Aufnahmen nitrophiler Standorte anzuschließen, über deren soziologische Zugehörigkeit heute noch nichts Sicheres ausgesagt werden kann. Diese Aufnahmen sind auf Tabelle 1 zusammengefaßt. Sie sind gekennzeichnet vor allem durch vier Arten:

> *Crypsis aculeata,*
> *Phragmites communis* var. *Pokornyi,*
> *Bolboschoenus maritimus* (var. *monostachys* ?),
> *Chenopodium glaucum.*

Auffallend ist eine Wuchsform des Schilfes, die ich als charakteristisch für diese Gesellschaft ansehen möchte und die mit dem von Pokorny (1860) beschriebenen „Schwindstadium des Rohrs" übereinstimmen dürfte, das sich durch niederen Wuchs, kompressen Stengel und eine infolge des verkürzten und abgeflachten Stengels besonders auffallende zweizeilige Blattstellung auszeichnet. Die Form bleibt steril. (Vgl. Wdbg. 1950 a.)

Es muß noch dahingestellt bleiben, ob und wie weit diese Gesellschaft mit dem „*Chenopodietum glauci*" Bojkos (1932) von der Szerdahelyer-Lacke identisch ist, ebenso wie auch noch nicht entschieden werden kann, ob diese Gesellschaft zusammen mit dem *Crypsidetum aculeatae* in einen Verband zu stellen ist oder ob sie einem anderen, nitrophilen Verband zuzusprechen sein wird.

Chenopodium glaucum selbst ist ja im Gebiete des Seewinkels an den Spülsäumen der Sodalachen durchaus verbreitet und bildet auch größere Bestände auf flachem Schlickboden am Ufer der Lachen. Es wäre durchaus möglich, daß diese Art als Differentialart nitrophile Degradationsstadien verschiedener Gesellschaften auszeichnet, ohne selbst gesellschaftsbildend aufzutreten. (Vgl. die Subass. von *Chenopodium glaucum* des *Suaedetum maritimae* auf S. 88!) Eine Aufnahme der *Cyperus fuscus-Chenopodium glaucum*-Ass. Klikas von schlammigen Teichufern Süd-Mährens zeigt eine sehr große Ähnlichkeit mit unseren Beständen. Sie bildet dort einen Ufergürtel, der von Wasservögeln gedüngt und zertreten wird.

Bestände dieser Art, wie sie auf der erwähnten Tabelle zusammengestellt sind, konnten bisher nur am Oberen Schrändl (sowie südlich davon) und an der Baderlacke beobachtet werden. In der Vergesellschaftung, die ich als die typische ansehen möchte (Aufn. 1—6), findet man die Bestände auf ausgedehnten, stickstoffreichen Flächen an wenig geneigten Lachenufern und in Buchten der Lachen. Der Boden ist nährstoffreich, schlickig, schlammigerdig, tiefergründig und vom Vieh arg zerstampft und zerwühlt. Hiedurch ist diese Gesellschaft ökologisch deutlich unterschieden von dem flachgründigen und ungestörten Strandgürtel des *Crypsidetum aculeatae* wie auch von dem *Cyperetum pannonici* des reinen Sandstrandes. Die Vegetationshöhe beträgt 4 bis 10 *cm*, die Deckung 35 bis 50 v. H.

Die beiden letzten Aufnahmen (5 und 6) sind ausgezeichnet durch das Auftreten von *Agrostis alba*, das überleitet zu den Aufnahmen 7—9, die von den vorhergehenden schon wesentlich verschieden sind durch das Zurücktreten und Fehlen von *Bolboschoenus maritimus* und *Crypsis aculeata* bei gleichzeitigem Überwiegen von *Agrostis alba*. Diese Entwicklung kennzeichnet höhere Stufen, liegt aber noch im gleichen Bereich wie die vorhergehenden Aufnahmen. Der Boden ist hier vom Vieh bereits stark zertreten und bis 10 *cm* tief aufgewühlt, die Deckung beträgt etwa 20—45 v. H.

Wesentlich höher und bereits an der Böschung, nicht mehr in der schlickigen Niederung, liegen die Bestände der Aufnahmen 10—12. Sie liegen außerhalb des Bereiches der vorerwähnten Bestände und sind als eine Subass. von *Chenopodium glaucum* des *Suaedetum maritimae* aufzufassen. Die Aufnahmen sind noch zu spärlich, um dieser Gesellschaft ihre endgültige Fassung zu geben, doch besteht über ihre Zugehörigkeit zum *Suaedetum maritimae*, in dessen Bereich und Höhenlage sie auftritt, kaum ein Zweifel. Diese schmalen Gürtel sind vom Viehtritt nicht mehr gestört, die Deckung beträgt 35—45 v. H. Nachstehend die soziologische Fassung dieser Subassoziation.

Ass.-Ch.:	*Suaeda maritima*	2.2	3.3	+
Differentialarten:	*Chenopodium glaucum*	+	1.1	2.2
	Phragmites communis var. *Pokornyi*	1.1	+	+
	Bolboschoenus maritimus	+	+	.
	Crypsis aculeata	r	r	.
Begleiter:	*Puccinellia salinaria*	1.2	1.2	1.2
	Plantago maritima	.	.	+.2
	*Aster * pannonicus*	.	.	+
	Spergularia marginata	+	.	.
	Juncus Gerardi	+	.	.
	Atriplex sp.	.	+	.

Die ausgeprägten Übergänge zwischen den einzelnen Beständen, wie sie bereits in der Tabelle zum Ausdruck kommen, wurden auch am Westufer des Oberen Schrändl beobachtet. Die Sukzession in der Richtung zum *Puccinellietum* zeigt die Aufnahme 12 der Tabelle.

Schrifttum: Bojko 1932, Wenzl 1934a, Klika 1935.

Cyperetum pannonici
(Soó 1933d pro consoc.) Wendelberger 1943.

Syn.: *Puccinellietum limosae*, Konsoz. v. *Cyperus pannonicus* Soó 1933 d.

Charakterarten.
(5 Aufnahmen, Tabelle 2.)

Ass.-Ch.:	T	*Cyperus pannonicus* Jacq.	V$^{3-5}$
Begl.:	H	*Aster Tripolium* L. ssp. *pannonicus* (Jacq.) Soó	V^{+-1}
	T	*Suaeda maritima* (L.) Dum.	IV^{1}
	H	*Puccinellia salinaria* (Simk.) Holmbg.	III^{2}
	T	*Crypsis aculeata* (L.) Ait.	II^{1}

Assoziationsbeschreibung.

Die Gesellschaft ist artenreicher als die in der Regel einartigen Strandgürtel des *Crypsidetum* und wird manchmal auch von *Crypsis aculeata* begleitet (Aufn. 1 und 2 der Tabelle).

Der Boden ist meist ein reiner Sand an den Ufern der Lachen (namentlich der „Weißen Seen"), vielfach mit Steinchen untermischt oder kleinem Schotter. (*Crypsis aculeata* wächst dagegen mehr an verschlickten Uferstellen.) Der Boden ist infolge seiner Struktur wohl immer feucht, die Wasserführung ist eine gute. Der Vegetationsschluß ist trotz der einzigen gesellschaftsbildenden Art hoch und beträgt 50—95 v. H., die Vegetationshöhe ist mit etwa 5—12 *cm* recht niedrig.

Als ein Beispiel für die Stellung in der Gürtelung der Lachen sei die Folge von der Oberen Halbjochlacke wiedergegeben:

Puccinellietum

|

Suaeda maritima mit *Cyperus pannonicus*

|

Cyperus pannonicus sehr hochwüchsig

|

Cyperus pannonicus ganz nieder

Am Illmitzer Zicksee wächst *Cyperus pannonicus* oberhalb der weiten *Puccinellia-Aster* * *pannonicus*-Wiese. Dies hängt jedoch mit der sekundären Entstehung der Zickgraswiesen auf dem Schlickboden des abgelassenen Sees zusammen.

Verbreitung der Assoziation: Im Gebiete des Neusiedler Sees weitaus spärlicher als das *Crypsidetum aculeatae*; die einzelnen Vorkommen vergleiche man in der zusammenfassenden Übersicht auf S. 90.

Schrifttum: Soó 1939 a, 1940 a, Wdbg. 1943, 1947, Soó 1947 a, 1947 b, Slavnić 1948.

Crypsidetum schoenoidis (Soó 1933 d) Ţopa 1939 a.

Syn.: *Puccinellietum limosae*, Syn. (bzw. Ass.) v. *Heleochloa* Soó 1933 d; *Crypsidetum aculeatae*, CS. *Heleochloa schoenoides* Soó 1933 d; *Crypsis aculeata*-Ass., *Heleochloa*-Bestände Soó 1940 a; *Heleochloa alopecuroides*-Ass., *Heleochloa schoenoides*-Soc. Ubrizsy; *Heleochloa schoenoides*-*Spergularia salina*-Ass. Slavnić 1948.

Charakterarten.

Ass.-Ch.: *Heleochloa schoenoides* (L.) Host,
Spergularia salina J. et C. Presl.

Assoziationsbeschreibung.

Slavnić unterscheidet eine Subass. von *Spergularia marginata* mit *Salicornia europaea* und *Spergularia marginata* als Differentialarten sowie eine typische Subassoziation mit Arten des *Bidention*-Verbandes. Dazu dürfte wohl auch die *Heleochloa schoenoides*-CS. Soó 1947 b zählen. Die meeresnahen Aufnahmen Ţopas weisen einen maritimen Einschlag in der Artenliste auf (*Aeluropus litoralis*, *Obione pedunculata*, *Frankenia hirsuta* ssp. *hispida*, *Frankenia pulverulenta*) und sind außerdem durch einen höheren Chlorgehalt des Bodens von den kontinentalen Aufnahmen unterschieden.

Die Gesellschaft tritt auf offenem und wenig versalztem, periodisch überschwemmtem Boden auf. Die Vegetationshöhe beträgt 3—8 *cm*, der Vegetationsschluß ist bedeutend (60—95 v. H).

In unserem Gebiete tritt *Heleochloa schoenoides* nicht mehr gesellschaftsbildend auf, sondern nur mehr als Begleiter in anderen Assoziationen. Sie scheint bei einer Vorliebe für einen gewissen schwachen Salzgehalt vor allem gestörte, gepflügte oder durch Viehtritt geschädigte Salzstellen zu bevorzugen. (Ähnliche Standorte schildert Krist 1940 aus der Süd-Slowakei.) Hin und wieder wächst die Pflanze zusammen mit *Crypsis aculeata* und auch *Heleochloa alopecuroides*. Diese letztere Pflanze ist allerdings überhaupt nicht mehr als Salzpflanze anzusprechen.

Auch die Artenliste der *Heleochloa alopecuroides*-CS. im *Crypsidetum aculeatae* bei Soó 1947 b (S. 16, hier auch Synonyme und Schrifttum) läßt einen allgemeinen Ruderalcharakter erkennen. Interessant sind Reinbestände von *Heleochloa alopecuroides* auf dem Boden ausgetrockneter Lachen in der Hortobágy, die nur von wenigen Sumpfpflanzen begleitet werden. (F. *Heleochloetum purum* Soó 1947 b in der gleichen *Heleochloa alopecuroides*-CS.)

Schrifttum: Soó 1933 d, Ţopa 1939 a, Slavnić 1939, Krist 1940, Soó 1940 a, Wdbg. 1943, Ubrizsy 1946, Soó 1947 b, Slavnić 1948.

Chenopodium * *Degenianum*-*Atriplex hastata*-Ass.
Slavnić 1948.

Ass.-Ch.: *Chenopodium crassifolium* Hornem. var. *Degenianum*
Atriplex hastata L. var. *salina* (Wallr.) Gren. et Godr.

Bisher nur von Slavnić aus der Woivodina — dem süd-slawischen Anteil an der ungarischen Tiefebene — beschriebene Gesellschaft.

Schrifttum: Slavnić 1939, 1948.

Verbreitung der Gesellschaften des *Cyperio-Spergularion* im Gebiete:

	1	2	3	4	5
Lacke südlich Oberer Schrändl	+	.	+	.	.
Oberer Schrändl	.	+	+	+	+
Szerdahelyer Lacke (Bojko)	+	.	.	.	.
Westufer Baderlacke	.	.	+	.	.
Lacke nordöstlich Illmitz	.	.	.	+	.
Haidlacke	.	.	.	+	.
Oberer Stinker	.	.	.	+	.
Kirchsee	.	.	.	+	.
Fuchslochlacke	.	.	.	+	.
Kuhbrunnlacke	.	.	.	+	.
Östliche Wörthenlacke	.	.	.	+	.
Westliche Wörthenlacke	.	.	.	+	.
Ostufer der östlichen Wörthenlacke	.	.	.	+	.
Lacke „219"	.	.	.	+	.
Lacke zwischen Halbjochlacke und Fuchslochlacke	.	.	.	+	.
Lacke westlich Kirchsee	.	.	.	+	.
Podersdorfer Zicklacke	.	.	.	+	.
Lacke „3"	.	.	.	+	.
Lacke „6"	.	.	.	+	.
Weg nördlich Viehhüter	.	.	.	+	.
Obere Halbjochlacke	.	.	.	+	+
Lange Lacke	.	.	.	+	+
St. Andräer Zicksee	.	.	.	.	+
Illmitzer Zicksee	.	.	.	.	+
Nordufer Albersee	.	.	.	.	+
Illmitzer Zicksee	.	.	.	.	+
Unterer Stinker	.	.	.	.	+
Stundlacke	.	.	.	.	+

1 = *Crypsis-Chenopodium glaucum*-Bestände mit *Suaeda maritima* (*Suaedetum maritimae*, Subass. v. *Chenopodium glaucum*; Aufn. 10—12 der Tab. 1).
2 = *Crypsis-Chenopodium glaucum*-Bestände mit *Agrostis alba* (Aufn. 7—9).
3 = *Crypsis-Chenopodium glaucum*-Bestände, Typus (Aufn. Nr. 1—6).
4 = *Crypsidetum aculeatae.*
5 = *Cyperetum pannonici.*

Klasse: *PHRAGMITETEA* Br.-Bl. et Tx. 1943.
PHRAGMITETALIA Koch 1926.

Phragmition Koch 1926.

Scirpetum maritimi
(Christiansen 1934) Tx. 1937

(Bolboschoenetum maritimi)
Brackröhricht Tx. 1937.

Einschließlich: *Scirpeto-Phragmitetum* auct. Hung. p. p.; *Bolboschoenus maritimus-Puccinellia limosa-*Ass. Magyar 1928 p. p.; *Schoenoplectetum Tabernaemontani* Bojko 1932; *Scirpus maritimus-Chara crinita* f. *longispina-*Ass. Ţopa 1939 a; *Bolboschoenus maritimus-*Ass. Soó 1940 a; *Schoenoplectetum Tabernaemontani* Soó (1927) 1947 a.

Charakterarten.
(8 Aufnahmen, Tabelle 3.)

Ass.-Ch.:   G   *Bolboschoenus maritimus* (L.) Palla .... V+—5
           G   *Schoenoplectus Tabernaemontani* (Gmel.) Palla .... IV[1]—5

Verb.- u. Ordn. Ch.: G *Phragmites communis* Trin. .... III⁴
Begl.:   H *Agrostis alba* L. .... V³
                      G *Scorzonera parviflora* Jacq. .... III+—¹
                      — *Drepanocladus aduncus* (Hedw.) Moenkem. var.
                      Kneiffii (Schpr.) Warnst. .... II⁵

Gliederung.

Die beiden Assoziationscharakterarten, *Bolboschoenus maritimus* und *Schoenoplectus Tabernaemontani*, neigen häufig, ebenso wie die Verbandscharakterart *Phragmites communis*, zur Faziesbildung. Ja man trifft im Gelände sogar in der Regel fazielle Ausbildungen der Gesellschaft, die dann meist gürtelartig um eine Lache gelagert sind, und viel seltener ein annähernd gleichstarkes, gemeinsames Auftreten der genannten Arten. In meiner Tabelle ist die Fazies von *Bolboschoenus* ausgeprägt in den Aufnahmen 1—4, die Fazies von *Schoenoplectus Tabernaemontani* in den Aufnahmen 5—6 und die Fazies von *Phragmites communis* in den Aufnahmen 7—8.

Ein eigentliches *Scirpeto-Phragmitetum* ist an den Salzlachen des Neusiedler Sees nirgends festzustellen. Dort, wo Röhrichte von *Phragmites* oder *Schoenoplectus Tabernaemontani* größere Flächen bedecken, fehlen alle Arten des *Scirpeto-Phragmitetum*. Erst bei herabgesetztem Salzgehalt des Gewässers finden sich die Elemente dieser Gesellschaft, wie in den wesentlich ausgesüßteren Gewässern des Wasen im Südosten des Sees. Auch aus Ungarn werden von Soó artenreiche Bestände beschrieben. Es ist nicht uninteressant, bereits in Kerners Schilderungen der ungarischen Rohrsümpfe einen Hinweis auf die innere Zusammengehörigkeit der *Schoenoplectus lacustris*- und der *Phragmites*-Bestände zu finden, die bis in die jüngste Zeit noch als verschiedene „Assoziationen" angesprochen wurden. Kerner erwähnt im Anschluß an die Beschreibung der Schilfformation die Binsenformation (mit *Schoenoplectus lacustris*), „die aber in betreff ihrer untergeordneten Flora mit der Formation des Schilfrohres fast vollständig übereinstimmt und daher nicht besonders geschildert zu werden verdient". Mit diesen Worten hat Kerner bereits das *Scirpeto-Phragmitetum* Walo Kochs 1926 vorweggenommen.

Das „*Schoenoplectetum Tabernaemontani*" Bojkos (1932) enthält ganz wunderliche Begleitarten, wie *Caltha palustris*, ein *Eriophorum*, *Pedicularis palustris*, *Menyanthes trifoliata*, *Euphorbia palustris*, *Schoenus nigricans* und *Pinguicula vulgaris*! Über den soziologischen Wert einer derartigen Beschreibung ist nichts hinzuzufügen.

Die „*Cladium Mariscus*-Bestände" Wenzls (1934) gehören nicht hieher, sondern sind Faziesbildungen des *Scirpeto-Phragmitetum* in ausgesüßten Lachen, vie an der Römischen Quelle und westlich vom Viehhüter nördlich Podersdorf, in Sumpfwiesen westlich von Gols (Ginzberger) und auf der „Pfarrerwiese" östlich von Illmitz. Auch die Wasserstoffzahl dieser Bestände liegt nach den Werten Wenzls zwischen 7,4 und 7,6, also im nicht ausgesprochen alkalischen Bereich.

Aus dem Gebiete der ungarischen Tiefebene werden von Slavnić (und teilweise auch Soó) vier Subassoziationen beschrieben, deren Gleichsetzung wohl erst nach eingehenden Untersuchungen auch der schwächer versalzten Lachen im Gebiete möglich sein wird. Es sind dies:

a) Subass. v. *Aster * pannonicus* Slavnić 1948 mit *Juncus Gerardi* und *Scorzonera parviflora* als weiteren Differentialarten. — Sukzessionsstadium auf Solontschakboden, das unserem „Verlandungsstadium" entsprechen dürfte.

b) Subass. v. *Rorippa Kerneri* und *Beckmannia erucaeformis* Slavnić 1948. — Sukzessionsstadium auf Solonetzboden.

c) Subass. v. *Butomus umbellatus* und *Alisma Plantago-aquatica* Slavnić 1948. — An seichteren Stellen und nur sehr schwach halophil.

d) Subass. v. *Phragmites communis* und *Typha latifolia* Slavnić 1948.

Syn.: *Typhetum angustifolii* Soó 1933; *Phragmitetum*, CS. *Typha angustifolia* Soó 1933, Ujvárosi 1937; *Bolboschoenetum maritimi*, CS. *Bolboschoenus-Heleocharis palustris* Soó (1938 pro ass.) 1947 b. An tieferen Stellen und ebenfalls nur sehr schwach halophil.

Bezüglich der Frage nach dem Verband ist es offensichtlich, daß das *Scirpetum maritimi* zum *Phragmition* gehört.

Bei den ungarischen Autoren hat die Verbandszugehörigkeit im Laufe der Jahre mehrfach gewechselt: in früheren Arbeiten wurde die Gesellschaft zum *Magnocaricion* gestellt (Soó 1930 a, 1933 d, Ujvárosi 1937), später zum *Puccinellion distantis* (Soó 1939) und schließlich zum *Phragmition* (Soó 1940 a). In neuerer Zeit hat Soó mit dem *Bolboschoenion* (Soó 1944) einen eigenen Verband geschaffen, der neben *Bolboschoenus maritimus* und *Schoenoplectus Tabernaemontani* als Charakterarten auch durch eine Anzahl von halophilen Differentialarten vom *Phragmition* unterschieden wird.

Die typische Ausbildung der Gesellschaft, wie sie die Aufnahmen der Tabelle wiedergeben, zeigt noch einen gewissen Reichtum unter den Begleitarten, die Gesamtartenzahl liegt zwischen 6 und 9. Neben diesem Gesellschaftstypus, dessen Begleitarten bereits auf die Folgegesellschaften hinweisen, ist an den Ufern der Salzlachen häufig ein artenarmes Pionierstadium gegen das offene Wasser zu anzutreffen. Dieses wird vor allem dort auftreten, wo *Bolboschoenus* allein das Ufer einer Lache säumt, die typische Entwicklung aber dann, wenn sich ein Gürtel von *Bolboschoenus* einem vorgelagerten Schilfröhricht nach dem Landinneren zu anschließt. Auffallend ist jedoch, daß innerhalb jeder einzelnen der drei Fazies ein derartiges Stadium zu unterscheiden ist.

Dem Pionierstadium fehlen die Begleitarten des Gesellschaftstypus:

*Agrostis alba, Scorzonera parviflora, Cirsium brachycephalum, Heleocharis palustris, Juncus Gerardi, Aster * pannonicus, Beckmannia erucaeformis, Triglochin maritimum.*

Die entstehende Artenarmut wird nur ganz schwach wettgemacht durch einzelne Arten der gegen die Lache zu anschließenden submersen Gesellschaften, wie *Potamogeton pectinatus, Chara* sp., oder *Cladophora*-Watten, auch *Utricularia vulgaris.* Auch in den ökologischen Werten ist der Assoziationstypus (a) vom Pionierstadium (b) deutlich unterschieden:

		a	b
Vegetationsschluß	%	90—100	40—80
Vegetationshöhe	cm	90—100	40—80
Wasserhöhe	cm	3—6	10

Diese Werte beziehen sich auf *Bolboschoenus*-Bestände. Ein Beispiel von der Einsetzlacke bei Illmitz zeigt beide Ausbildungen innerhalb der *Phragmites*-Fazies:

		a	b
Aufnahmefläche	m²	16	25
Deckung	v. H.	100	80
Höhe stehendes Wasser	cm	12	20
Vegetationshöhe	cm	1,5—1,8	1,8
Bolboschoenus maritimus		+.2	+.2
Schoenoplectus Tabernaemontani		2.2	+.2
Scorzonera parviflora		+	
Agrostis alba		4.5	
Drepanocladus aduncus var. *Kneiffii*		5.5	
Phragmites communis		4.5	5.5
Utricularia vulgaris		1.2	5.4
Chara sp.			+
Cladophora-Watten			3

a = Älteres Sukzessionsstadium am Lachenrand: Assoziationstypus. Die größere Deckung von *Schoenoplectus Tabernaemontani* und das Zurücktreten von *Phragmites* gegenüber dem Pionierstadium deutet eine Sukzession von *Schoenoplectus Tabernaemontani* gegen das Schilfröhricht zu an.

b = Artenarmes Pionierstadium gegen das offene Wasser zu. Bei abnehmender Deckung nimmt die Wassertiefe zu, *Utricularia vulgaris* überwiegt.

Topas Ass. von *Scirpus maritimus* und *Chara crinita* f. *longispina* (1939 a) stellt dieses Pionierstadium dar. Dagegen entspricht die Aufnahme 4 seines *Agrostideto-Beckmannietum* einem stark verlandeten *Scirpetum maritimi*, vermutlich in der Richtung zum *Agrostideto-Beckmannietum*, und läßt sich auch zwanglos in meine Tabelle einfügen (Aufn. 1).

Eine ganz ähnliche Erscheinung beschreibt Iversen (1936) von den dänischen Halligen. Die „Limnischen Rohrsümpfe" Iversens entsprechen dem Pionierstadium dieser Assoziation, seine „Telmatischen Rohrsümpfe" der typischen Assoziation. Iversen beschreibt die limnischen Rohrsümpfe als Gesellschaften hoher Telmatophyten mit einer Limnophyten-Synusie. Es sind amphibische Gesellschaften, deren Unterschicht dem Wasserleben angepaßt ist, die obere Schicht dagegen dem Luftleben. Die telmatischen Rohrsümpfe sind Gesellschaften hoher Telmatophyten und Amphiphyten ohne Limnophyten-Synusie, dafür mit einer hygro-mesomorphen Krautschicht.

Die limnische Synusie setzt sich bei Iversen etwa aus folgenden Arten zusammen:

Chara sp. div., *Potamogeton filiformis, Echinodorus ranunculoides, Litorella uniflora, Equisetum limosum, Scirpus maritimus.*

Die hygro-mesomorphe Krautschicht der telmatischen Rohrsümpfe besteht aus:

Typhoides arundinacea, Agrostis alba, Caltha palustris, Carex distans, Carex gracilis, Heleocharis palustris, Juncus lamprocarpus, Lysimachia vulgaris u. a.

Es sind also im wesentlichen ganz die gleichen Verhältnisse, wie sie obenstehend von den Salzlachen des Neusiedler Sees beschrieben wurden.

Es ergibt sich demnach folgende Gliederung dieser Gesellschaft:

Fazies von *Bolboschoenus maritimus* Wdbg. 1943

Fazies von *Schoenoplectus Tabernaemontani* Wdbg. 1943

Syn.: *Schoenoplectetum Tabernaemontani* Soó 1927, non Bojko!; *Phragmitetum*, CS. *Schoenoplectus Tabernaemontani* Soó 1933; *Bolboschoenetum maritimi*, CS. *Schoenoplectus Tabernaemontani* Soó 1947 b.

Fazies von *Phragmites communis* Wdbg. 1943

Syn.: *Phragmitetum* auct. p. p.; *Bolboschoenetum maritimi*, CS. *Phragmites communis* Soó 1947 b.

Innerhalb jeder dieser drei Fazies sind zwei Stadien zu unterscheiden:

1. Verlandungsstadium.

Syn.: Telmatische Rohrsümpfe Iversen 1936; *Bolboschoenetum maritimi heleocharidosum* Soó 1939; *Bolboschoenetum maritimi*, CS. *Bolboschoenus-Heleocharis palustris* Soó (1938 pro ass.) 1947 b.

Diff.: *Agrostis alba, Scorzonera parviflora, Cirsium brachycephalum, Heleocharis palustris, Juncus Gerardi, Aster Tripolium* ssp. *pannonicus, Beckmannia erucaeformis, Triglochin maritimum.*

2. Pionierstadium.

Syn.: Limnische Rohrsümpfe Iversen; *Scirpus maritimus-Chara crinita*-Ass. Țopa 1939.

Diff.: *Potamogeton pectinatus, Chara* sp., *Cladophora*-Watten, *Utricularia vulgaris.*

Assoziationsbeschreibung.

Das *Scirpetum maritimi* ist eine Gesellschaft des stärker oder schwächer salzhaltigen Wassers. Es ist eine halische oder brackige Assoziation, während das *Scirpeto-Phragmitetum* als Verlandungsgesellschaft nichtsalziger Gewässer auftritt. Sie findet sich im Wellenraum der meisten Salzlachen und ist dauernd, in der Regel auch während des Hochsommers, überflutet. Der Boden ist Sand, häufig aber auch ein toniger Lachenzick. Die Röhrichte von *Phragmites* und *Schoenoplectus Tabernaemontani* stocken in tiefgründigem, schlammigem Boden. Der Schluß der Vegetation ist sehr dicht, 100 v. H., die Vegetationshöhe ist dagegen recht unterschiedlich. Reine *Bolboschoenus maritimus*-Bestände sind nicht höher als 60—90 *cm*, *Schoenoplectus Tabernaemontani*-Bestände 1·10—1·20 *m*, Schilfröhricht bis 1·80 *m* und darüber.

Zusammen mit diesem physiognomisch recht auffälligen Höhenunterschied der einzelnen Bestände, die sich gegen das Landinnere häufig noch in einen *Magnocaricion*-Gürtel von etwa 60 bis 70 *cm* Höhe fortsetzen, ist es die verschiedene Farbtönung, welche die Gürtel oder Bestände sehr augenfällig voneinander abhebt: so mögen an einen *Bolboschoenus maritimus*-Gürtel von gelbgrüner Farbe *Schoenoplectus*-Herden angrenzen, deren tiefes Dunkelgrün lebhaft von dem hellen Graugrün des reinen Schilfröhrichts absticht.

Die Anordnung der häufig einartigen Fazies in Gürtel oder Flecken läßt sich in ihren Ursachen nicht immer erkennen. Oft begünstigt der Zufall eine Pflanze, die an einer Stelle als erste Fuß gefaßt hat und dann diesen Platz behauptet.

Eine bestimmte Reihenfolge zeigen die folgenden Aufnahmen, die an einer nahezu verlandeten Lache mit geringem Salzgehalt zwischen Apetlon und Pamhagen gemacht wurden: an die Bestände des Schilfrohres (a) in der Mitte der Lache schließen *Schoenoplectus Tabernaemontani*-Herden (b). Dann folgt *Bolboschoenus maritimus* (c) und bereits gegen den Rand der Lache *Carex* sp. mit Wiesenelementen und ohne die Arten des Röhrichts (d). Wassertiefe, Vegetationshöhe und Artzusammensetzung verändern sich innerhalb der einzelnen Bestände konstant und stehen in fester Beziehung zueinander.

	a	b	c	d
Aufnahmefläche m^2	16	16	16	16
Deckung v. H.	100	100	100	100
Höhe des stehenden Wassers cm	7—10	10	5—6	4—5
Vegetationshöhe cm	170	120	85	65
Bolboschoenus maritimus		2.2	5.4	
Schoenoplectus Tabernaemontani		4.4	1.2	
Phragmites communis	5.4			
Carex sp.	3.3	2.2	2.4	5.5
Carex muricata	1.2		+.2	+.2
Agrostis alba	3.5	3.4	2.4	3.5
Juncus Gerardi	+.2		+.2	+.2
Typhoides arundinacea	+.2			
Calystegia sepium	1.1			
Alisma sp.	+			
Scorzonera parviflora		+	+	+
Cirsium palustre		+	+.2	+
Heleocharis palustris			+.3	
Triglochin maritimum				+
Trifolium repens				+
Taraxacum officinale				+
Ranunculus repens				+
Carex cf. *distans*				+
Drepanocladus aduncus var. *Kneiffii*	—	—	—	—

Viel häufiger aber und charakteristisch für die Salzlachen sind Bestände oder Gürtel von *Bolboschoenus maritimus*. Diese Gürtel erreichen in stillen Buchten eine Breite bis zu 20 *m*, wie an der Langen Lacke östlich Apetlon.

Sonderbare Verhältnisse fand ich in einer Bucht der Haidlacke. Ein Schilfbestand im Inneren einer engeren Bucht ist gegen die offene Lache zu von *Bolboschoenus maritimus* abgeschlossen, das sich

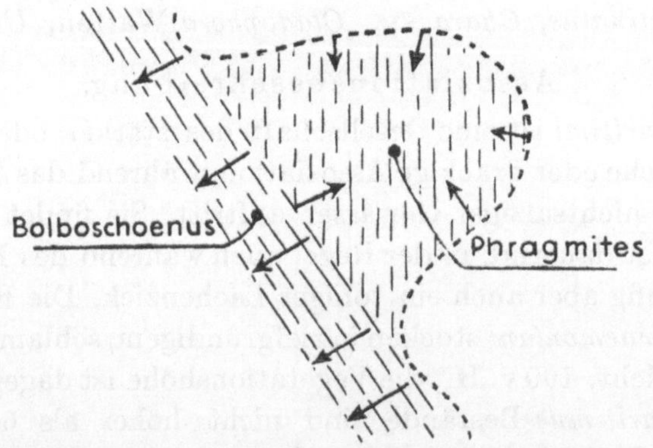

Abb. 9. Verlandung einer Bucht der Haidelacke. Die Pfeile zeigen die Verlandungsrichtungen.

auch als Ufergürtel an der Haidlacke selbst fortsetzt. Diese Bucht wird nun nicht nur von den Rändern der Bucht her verlandet, sondern auch von der ursprünglich offen gewesenen Lachenseite her und ist bereits so weit vorgeschritten, daß das abschließende *Bolboschoenetum* schon das neue Ufer der Lache andeutet. Die Abb. 9 veranschaulicht die Verhältnisse, wobei die Pfeile die Verlandungsrichtungen anzeigen.

Im *Scirpetum maritimi* werden deutlich Sinkstoffe abgelagert. Manche Horste von *Bolboschoenus maritimus* stehen auf überhöhten Schlickkegeln und nicht selten gehen von den Knollen an den Enden der Ausläufer (Bulben, *Bolboschoenus*!) regelrechte kleine Stelzwurzeln ab. Größere Bedeutung für die Sukzession dürfte aber diese Ablagerung von Sinkstoffen — mit Ausnahme der *Phragmites-* und *Schoenoplectus*-Bestände — im eigentlichen *Scirpetum maritimi* nicht haben. Schwankungen in der Höhe des Wasserstandes verändern und verschieben die Gürtelung viel rascher und nachhaltiger und machen jede Sukzessionsleistung hinfällig. So beobachtete ich am Unteren Stinker Bulben von *Bolboschoenus maritimus* in der höher gelegenen *Puccinellia-Aster*-Ass. als Reste eines früheren Wasserstandes.

Gegen die *Puccinellia-Aster*-Ass. grenzt das *Scirpetum maritimi* meist recht scharf ab, ebenso gegen Bestände von *Phragmites.* Dagegen verzahnt sich das *Scirpetum maritimi* mit dem *Crypsidetum aculeatae* durch einzelne, beiderseits vorstoßende Pflanzen unter allerdings wesentlich verminderter Vitalität.

Auffallend ist die Menge der Früchte von *Bolboschoenus maritimus*, die an manchen Stellen in ungeheuren Massen im Spülsaum der Lachen zusammengetragen werden. Am Illmitzer Zicksee beobachtete ich einmal derartige Früchte in einer Höhe von 2·5 *cm* in der Spülzone aufgeschüttet!

Das stellenweise ganz gemeine Moos *Drepanocladus aduncus* var. *Kneiffii* fehlt den reinen *Bolboschoenus maritimus*-Beständen und läßt eine ausgesprochene Bindung an *Phragmites* erkennen. Daneben tritt es aber auch in höherer Deckung im *Juncetum Gerardi* auf. Manchmal bedeckt eine dichte Decke von *Drepanocladus* das darunterliegende zähe Geflecht von Schilfwurzeln. Die keimenden Sprossen des Schilfrohres durchbrechen den dichten Filz aus Wurzelschicht und Moosschicht mit einer scharfen, stacheligen Spitze, die durch die eng aneinandergepreßten obersten Blätter gebildet wird.

Verbreitung der Assoziation im Gebiete des Neusiedler Sees.

Das eigentliche *Scirpetum maritimi* ist an nahezu allen Lachen des Seewinkels entwickelt, weniger die *Schoenoplectus Tabernaemontani-* und die *Phragmites*-Fazies. Riesige Rohrwälder säumen das Nordufer des St. Andräer Zicksees in einer Höhe von 3 *m*. Weite, kilometerbreite Röhrichte ziehen sich aber am Ufer des Neusiedler Sees hin, der nur an einer einzigen Stelle, bei Podersdorf, schilffrei bleibt. Überall sonst ist der Zugang zur offenen Wasserfläche nur durch ausgeschlagene Gassen durch das Röhricht, die „Schluichten", möglich.

Anschließend eine Übersicht über die Verteilung der einzelnen Fazies an verschiedenen Lachen des Seewinkels.

	B	S	P
Oberer Stinker	+		
Lacke nordöstlich Illmitz	+		
Darscho	+		
Lange Lacke	+		
Szerdahelyer Lacke	+		
Kuhbrunnlacke	+ °		
Weingartenlacke	+		
Große Lau-Lacke	+		
Südliche Einsetzlacke	+	+	
Kleine, runde Lacke	+		+
Fuchslochlacke	+	+	+
Seebecken bei Weiden		+	
Andräer Zicksee		+	+
Stundlacke			+
Einsetzlacke	+	+	+
Haidlacke	+	+	+
Sumpf zwischen Apetlon und Pamhagen ...	+	+	+
Xixsee	+	+	+

B = *Bolboschoenus maritimus*-Fz.
S = *Schoenoplectus Tabernaemontani*-Fz.
P = *Phragmites communis*-Fz.

Schrifttum: Rapaics 1927, Soó 1927 a, 1928 a, Magyar 1928, Soó 1930 a, Bojko 1932, Soó 1933 d, Wenzl 1934, Felszeghy 1936, Soó 1936 a, Höfler 1937, Shostenko 1937, Tüxen 1937, Ujvárosi 1937, Christiansen 1938, Soó 1939, Ţopa 1939 a, Moesz 1940, Soó 1940 a, Wdbg. 1943, Soó 1945, 1947 a, 1947 b, Wdbg. 1947, Slavnić 1948, Soó 1949.

Klasse: *PUCCINELLIO-SALICORNIETEA* Ţopa 1939 a.

Syn.: *Salicornietea* Br.-Bl. et Tx. 1943.

Ţopa vereinigte (1939 a) als erster sämtliche europäisch-zentralasiatischen Salzpflanzengesellschaften in der einen umfassenden Klasse der *Puccinellio-Salicornietea.* In dieser Klasse sind nunmehr die drei bisherigen großen Ordnungen der Salzgesellschaften enthalten: die mediterranen *Salicornietalia,* die *Juncetalia* und die asiatische Ordnung der *Halostachyetalia.*

SALICORNIETALIA Br.-Bl. (1931 n. n.) 1933.

Die Verbände dieser Ordnung lassen sich zweckmäßig zusammenfassen in zwei Verbandsgruppen: die *Salicornion*-Verbandsgruppe und die *Puccinellion*-Verbandsgruppe. Die erstere umfaßt die Verbände des *Thero-Salicornion,* des *Salicornion fruticosae* und des *Staticion galloprovincialis* (einschließlich des *Staticion dalmaticum*) und ist ausgezeichnet durch sukkulente *Chenopodiaceen* bzw. *Limonium*-Arten und das Fehlen von Horstgräsern, wie sie die *Puccinellion*-Verbandsgruppe charakterisieren.

Salicornion-Verbandsgruppe Wendelberger 1943.

Thero-Salicornion Br.-Bl. (1931) 1933.

Syn.: *Thero-Suaedion* Br.-Bl. 1931 n. n., *Salicornion herbaceae* Soó 1930 a, Formation der Salzmelden Kerner 1863, Salzwüstengesellschaften Soó 1940 a, „Alkaliwüsten" Máthé 1939.

Verb.-Ch.: T *Salicornia europaea* L.,
 T *Suaeda maritima* (L.) Dum.,
 T *Suaeda pannonica* Beck,
 T *Bassia hirsuta* (L.) Asch.

Braun-Blanquet schuf 1931 bzw. 1933 den Verbandsnamen des *Thero-Salicornion* für eine Reihe einjähriger Assoziationen neben den beiden mehrjährigen Verbänden des *Salicornion fruticosae* und des *Staticion galloprovincialis.* In seiner geographischen Verbreitung erstreckt sich das *Thero-Salicornion* von den Küsten des Mittelmeeres als ein dort ausgesprochen maritimer Verband längs der Küsten des Atlantiks bis an die Ostsee und erreicht im Osten längs der Küste des östlichen Mittelmeeres das Schwarze Meer. Das *Thero-Salicornion* bestimmt zu einem entscheidenden Teil das Bild der Meeresküste, erreicht hier sein Optimum und ist wohl als ein wesentlich maritimer Verband anzusprechen. Doch besteht kein hinreichender Grund, die kontinentalen Assoziationen mit *Salicornia* und *Suaeda* zu einem anderen Verband zu stellen, wie es die ungarischen Autoren tun.

Schrifttum: Soó 1930 a, Braun-Blanquet 1931, 1933, Soó 1933 d, Máthé 1933, Soó 1936 a, Ujvárosi 1937, Ţopa 1939 a, Máthé 1939, Soó 1939 a, 1940 a, Wdbg. 1943, Soó 1945, 1947 a, 1947 b, Wdbg. 1947, Slavnić 1948, Soó 1949.

Hauptassoziation: *Salicornietum europaeae* Wendelberger 1943.

Charakterarten: T *Salicornia europaea* L.,
 T *Suaeda maritima* (L.) Dum.

Die Hauptassoziation des *Salicornietum europaeae* im Sinne von Knapp (1942) umfaßt sämtliche europäische Gesellschaften mit *Salicornia europaea* und *Suaeda maritima.* Beide Arten sind als absolute Charakterarten dieser Hauptassoziation anzusehen. Sie haben eine weltweite Verbreitung, als einzigem Erdteil fehlt Australien *Salicornia europaea.* Entsprechend dieser kosmopolitischen Verbreitung der Arten wurden verschiedene Gesellschaften mit *Salicornia europaea* beschrieben, die im folgenden für das europäische Gebiet zusammengefaßt werden. Teilweise lassen sich diese einzelnen Gebietsassoziationen nicht mehr durch regionale oder lokale Charakterarten differenzieren, begreiflich bei der Artenarmut dieser Gesellschaften. Dennoch berechtigt die große ökologische Verschiedenheit der einzelnen Standorte die Aufspaltung in einzelne, vikariierende Gebietsassoziationen und macht das Vorhandensein von geographischen Rassen der beiden Charakterarten wahrscheinlich.

Es können die folgenden Gebietsassoziationen in Europa unterschieden werden:

1. Die *Suaeda maritima-Kochia hirsuta*-Ass. der Mittelmeerküste.
2. Das *Salicornietum europaeae atlanticum* der europäischen Atlantikküste.
   Die *Salicornia europaea*-Assoziationen des europäischen Binnenlandes:
3. Das *Salicornietum europaeae germanicum*.
4. Das *Salicornietum europaeae hungaricum*.
5. Das *Suaedetum maritimae hungaricum*.
6. Das *Suaedetum pannonicae*.
7. Das *Salsoletum sodae*.

Schrifttum (zur Hauptassoziation): Wdbg. 1943, Slavnić 1939, 1947.

1. *Suaeda maritima-Kochia hirsuta*-Ass. Br.-Bl. (1928) 1933.

Dornmeldengesellschaft.

Charakterarten.

Ass.-Ch.: *Kochia hirsuta* (L.) Nolte .... IV^{+-4}
          Salicornia europaea L. ssp. *Emerici* (Duv.-Jouve) ..... IV^{+-4}
          Cressa cretica L. .... I^{+}
Verb.-Ch.: *Suaeda maritima* (L.) Dum. .... V^{3}
          Salicornia europaea L. ssp. *patula* (Duv.-Jouve) V
          Atriplex hastata L. var. *triangulare* (Willd.) Moq. III
          Salsola soda L. .... II^{1}.

Assoziationsbeschreibung.

Im Mittelmeergebiet dürfte mit dieser Assoziation innerhalb der gesamten Hauptassoziation eine höchste Entwicklung mit mehreren Assoziations- und Verbandscharakterarten erreicht worden sein. Sie ist dort eine ausgesprochene Küstenassoziation, die in schlammigen, kochsalzreichen Niederungen auftritt, die reich an organischem Detritus sind, und liegt dort gürtelartig um die Ufer der Etangs gelagert. Nach dem Überwiegen einzelner Arten kann man eine Fazies von *Kochia hirsuta*, eine Fazies von *Suaeda maritima* und eine Fazies von *Salicornia europaea* unterscheiden. Die Assoiation ist von der französischen Mittelmeerküste (Provence und Languedoc) bekannt sowie aus Spanien, Italien und Illyrien. Sie zieht sich längs der Küste des Mittelmeeres bis an das Schwarze Meer und wurde dort in einer verarmten Ausbildung von Ţopa (1939 a) beschrieben.

Seine Assoziation unterscheidet sich von der mediterranen Gesellschaft durch das Fehlen von *Obione portulacoides* und *Cressa cretica* sowie der sonst dort häufigen Arten *Atriplex hastata* und *Salsola soda* in diesen Assoziationen. Auch Ţopa erwähnt litorale Faziesbildungen von *Bassia hirsuta*, von *Suaeda maritima* (in Ţopas Aufnahme 3 auf S. 53 andeutungsweise), von *Salicornia europaea* und von *Aeluropus litoralis*.

An den deutschen Meeresküsten ist die Assoziation sehr selten. An der schleswig-holsteinschen Ostseeküste wurde sie von Christiansen (1938) beobachtet und an der Küste der Insel Fehmarn von Libbert (1940 a), in beiden Fällen an ähnlichen Standorten wie in ihrer Heimat im Mittelmeergebiet, nämlich auf verwesten Tangmassen und zerriebenem

Seegrasdetritus, sowie auf Fehmarn in lagunenartigen Tümpeln über große Flächen in schönster Ausbildung mit faziellem Auftreten von *Salicornia, Suaeda* und *Kochia hirsuta.*

Schrifttum: Braun-Blanquet 1928, 1931, 1933, Christiansen 1938, Topa 1939 a, Libbert 1940 b, Wdbg. 1943.

2. *Salicornietum europaeae atlanticum* Christiansen 1934.
Quellerwiesen Christiansen 1934.

Syn.: *Spartina stricta-Salicornia europaea*-Ass. Br.-Bl. 1933 prov., *Salicornieto-Spartinetum* Br.-Bl. et De Leeuw 1936, *Salicornietum herbaceae* Tüxen 1937.

Gesellschaft der Watten an der atlantischen Küste auf täglich von der Flut überschwemmtem Vorgelände, vor allem auf Schlick, seltener auf sandigem Boden. Im Boden häufig ein stinkender, tintenschwarzer Schwefeleisen-Horizont wie in den Assoziationen des Mittelmeers (Braun-Blanquet).

Längs der atlantischen Küste bis nach Marokko. An der Ostsee nur in Spuren und ostwärts bis Stolpmünde. An der deutschen Nordseeküste über weite Flächen hin einartig, südlich davon durch das Auftreten verschiedener *Spartina*-Arten etwas artenreicher: von der holländischen Küste an südwärts mit *Spartina stricta*, an den englischen Küsten mit den beiden Adventivarten *Sp. alternifolia* und *Sp. Townsendi* (das *Salicornieto-Spartinetum* Br.-Bl. et De Leeuws; vgl. auch Libbert 1940 b). Das artenarme atlantische *Salicornietum*, das sich im wesentlichen nur aus *Salicornia europaea* zusammensetzt, stellt unzweifelhaft eine Verarmung des artenreichen *Kochieto-Suaedetum* des Mittelmeeres dar, für das Braun-Blanquet drei Assoziationscharakterarten, vier Verbandscharakterarten und eine Ordnungscharakterart angibt.

In späteren Degradationsstadien der Gesellschaft tritt *Suaeda maritima* zusammen mit *Salicornia europaea* var. *procumbens* (Sm.) Mert. et Koch und anderen Formen auf (Christiansen), während in der Optimalphase *Salicornia europaea* in der var. *stricta* (Willd.) G. F. W. Mey wächst.

Für die Landgewinnung im Wattenmeer ist *Salicornia* von der größten Bedeutung. Auf den weiten Quellerwiesen lagern sich zwischen den verästelten Pflanzen, die ähnlich einer Reuse als Schlickfang wirken, die Sinkstoffe des Flutwassers ab und bewirken eine allmähliche Erhöhung des Wattenbodens (vgl. Wohlenberg 1933, 1938). Im Binnenlande kommt der *Salicornia* kaum irgendeine bodenbindende oder -erhöhende Bedeutung zu.

Schrifttum: Braun-Blanquet 1933, Wohlenberg 1933, Wi. Christiansen 1934, Braun-Blanquet et De Leeuw 1936, Vlieger 1937, Tüxen 1937, Wohlenberg 1938, Libbert 1940 b, Wdbg. 1943.

Die *Salicornia europaea* — Assoziationen des europäischen Binnenlandes.

Wer einmal über das Watt gewandert ist, etwa an der deutschen Nordseeküste, weiß von dem tiefen Erlebnis, das jeden Biologen vor der unübersehbaren Weite der dortigen Quellerfluren befällt. Kilometerweite Flächen sind von einer einzigen Art bedeckt und legen Zeugnis ab von der unvorstellbaren vitalen Kraft einer Pflanze und des Meeres. Hatte doch Wohlenberg für die Optimalphase des *Salicornietum* eine Produktion von 1,250.000 Samen auf einem einzigen Quadratmeter errechnet, die einer Zahl von 12,5 Milliarden auf einem Hektar gleichkommt!

Nirgends im Binnenlande sind ähnliche unbegrenzte Bestände einer einzigen Pflanze entwickelt und wo *Salicornia* selbst an salzigen Stellen des Binnenlandes auftritt, bildet sie nur schwache, räumlich begrenzte Herden. Der Gedanke ist naheliegend, die Meeresküste als die Heimat der Pflanze — wie auch der Gesellschaft — anzusehen und von hier aus Ausstrahlungen ins Innere Europas anzunehmen, vielleicht als Reste einer ehemaligen Meerstrandvegetation im heutigen Binnenlande. Demgegenüber vermutet jedoch König (1939) in Zusammenhang mit der Polyploidie der Wattenform von *Salicornia* und der Form des salzigen Flugsandes eine Eroberung der Küste durch die Pflanze vom Binnenlande her.

Obwohl die kontinentalen Assoziationen von *Salicornia europaea* von jener der atlantischen Küste floristisch kaum verschieden sind, geht es nicht an, beide Gesellschaften zu vereinen. Die ökologischen Verschiedenheiten beider Standorte sind zu groß und allein das Ausbleiben der täglichen Überflutung am Meerstrand bedeutet für die Pflanzen der Salzstellen im Binnenlande eine ganz grundlegende Verschiedenheit der Lebensbedingungen, die wenig mehr gemein hat mit den Verhältnissen des Meerstrandes. Es wäre durchaus denkbar, daß auf den so verschiedenen Standorten verschiedene Formen oder Varietäten nachzuweisen wären, wie es König für die *Salicornien* der Küste nach ihrer Chromosomenzahl bereits zeigen konnte. (Die *Salicornien* der Flugsandplaten und des Watts weisen eine Chromosomenzahl von $2\,n = 36$ auf, die Formen des Binnenlandes und der ihnen gleichenden Vorländer an der Küste aber nur die einfache Zahl von $2\,n = 18$.)

Von den binnendeutschen Salzstellen beschreibt Altehage ein *Salicornietum europaeae, das ich*

3. *Salicornietum europaeae germanicum* Altehage 1939

nennen möchte und das häufig mit *Suaeda maritima* vergesellschaftet ist. Es scheint nicht angängig, aus den gegebenen Aufnahmen aus Mitteldeutschland eine eigene Assoziation mit *Suaeda maritima* herauszuschälen. Der schwarze Schwefeleisenhorizont unter der Oberfläche wurde, ähnlich wie an der Küste, auch bei Artern beobachtet (Altehage).

4. *Salicornietum europaeae hungaricum* Soó 1927.

Charakterarten.

(5 Aufnahmen.)

Ass.-Ch.:   T *Salicornia europaea* L. . . . V
Ordn.-Ch.: H↓ *Puccinellia sp.* . . . . V²
            H↓ *Plantago maritima* L. . . . II²

Gliederung und Assoziationsbeschreibung.

Die Abgliederung eines eigenen *Salicornietum europaeae pannonicum* beruht auf dem nahezu völlig getrennten Vorkommen von *Suaeda maritima* und *Salicornia* im Untersuchungsgebiet. Nur selten treten beide Pflanzen gemeinsam auf (westlich von Illmitz, nördlich Podersdorf und bei Gols), sonst aber ist die Trennung an allen anderen Stellen derart scharf und durch ökologische Faktoren bedingt, daß es zumindest für das Gebiet des Neusiedler Sees unmöglich erscheint, die Bestände beider Arten zu einer Assoziation zu vereinen. Bei Altehage scheint die Trennung an einer Stelle an der Numburg bei Kelbra angedeutet zu sein, wo *Suaeda maritima* auf einer früher wahrscheinlich gepflügten Fläche mit *Spergularia salina*, aber ohne jede *Salicornia*, auftritt. Der Standort ist jedoch dort kaum ein ursprünglicher. Sonst tritt *Suaeda maritima* in Mitteldeutschland und auch in den Assoziationen des Meerstrandes gerne faziesbildend auf, nie aber in völliger Trennung von *Salicornia*, wie am Neusiedler See und auch im übrigen pannonischen Raum: bei Klausenburg (Soó 1927) sowie in der Hortobágy (Soó 1933 d), wo *Salicornia* überhaupt fehlt!

Topa beschreibt vom rumänischen Binnenlande Verarmungen seines litoralen *Suaedeto-Kochietum hirsutae* zu *Suaeda maritima-Salicornia*-Beständen oder einzelnen Herden dieser Arten. Wieweit diese Bestände im Inneren des Landes tatsächlich von der litoralen Assoziation abzuleiten sind oder ob sie den ungarischen Gesellschaften gleichzusetzen sind, muß heute noch offen bleiben.

In den östlichen Halbwüsten tritt *Salicornia europaea* in nahezu reinen Beständen auf, denen nur in geringem Maße Begleiter beigemischt sind: *Petrosimonia crassifolia* Bge., *Suaeda maritima* Dum., *Obione pedunculata* Moq., *Limonium bellidifolium* (Gou.) Dum. (Keller 1928).

Als ausgesprochene Kochsalzpflanze kommt *Salicornia europaea* wohl noch auf den mitteldeutschen Kochsalzstellen gemeinsam mit *Suaeda maritima* vor, vermag aber der *Suaeda maritima* auf die extremen Sodaböden des ungarischen Tieflandes nicht mehr zu folgen. *Salicornia* meidet — zum Unterschied zu *Suaeda maritima* — starken Sodagehalt des Bodens (vgl. S. 101), fehlt auch an den Rändern der Sodalachen — wo *Suaeda maritima* oft Massenvegetation bildet — und steht überhaupt in keiner ersichtlichen Beziehung zu den Sodalachen, meidet diese geradezu, an deren gürtelartiger Umrandung sie keinen Anteil hat.

Dagegen scheint die Pflanze geradezu gebunden an den Bereich von *Puccinellia*-Arten (deshalb auch die *Suaeda maritima*-Soziation des *Puccinellietum limosae* bei ungarischen Autoren), ähnlich vielleicht dem *Puccinellietum maritimae* der deutschen Nordseeküste in seiner Subass. von *Salicornia europaea* oder der mitteldeutschen *Puccinellia distans-Obione pedunculata*-Ass. in der analogen Subass. von *Salicornia europaea* (Altehage). Dennoch geht es nicht an, das *Puccinellietum* des Neusiedler Sees derart weit zu fassen, wo doch *Puccinellia* dank seiner weiten ökologischen Amplitude in den allermeisten Salzgesellschaften zu finden ist: es handelt sich um ein *Salicornietum*, in dem jedoch *Puccinellia* als abbauender Faktor, als Pionier des *Puccinellietum*, auftritt. Hiefür einige Beispiele:

Auf der Joiser Heide tritt *Salicornia* im *Puccinellietum* in Kümmerformen von 3 bis 4 *cm* Größe auf, während es an freien Stellen 8 *cm* und mehr erreicht (25. Juni 1939). — Am Rande einer Rinne südwestlich des Oberen Schrändl bei Illmitz ist durch einen breiten, ausgefahrenen Pußtenweg die ursprüngliche Vegetation weitestgehend zerstört. Die Mitte des befahrenen Weges bleibt vegetationslos, auf den nicht mehr befahrenen Teilen des Weges siedelt sich *Salicornia* an und am Rande drängt bereits *Puccinellia* wieder nach. Etwas davon entfernt wächst *Salicornia* nur mehr vereinzelt in vollständig wieder verwachsenem *Puccinellietum*, in der die alten Wegspuren noch deutlich erkennbar sind.

Schließlich zeigen die beiden dicht nebeneinander liegenden Aufnahmen 3 und 4 aus dem Vorgelände des Sees den Abbau in der höher gelegenen Aufnahme 4 durch *Puccinellia, Plantago maritima, Spergularia marginata* unter gleichzeitiger Zunahme der Deckung von 20 v. H. auf 50 v. H.

An den kochsalzhältigen (!) Salzseen Südrußlands werden die Samen von *Salicornia* an den Ufersaum gespült, keimen dort und schließlich umfassen die gereiften *Salicornia*-Pflanzen in einem Gürtel den Salzsee. Im Gebiet des Neusiedler Sees besteht dagegen überhaupt keine Beziehung zu der sonst so ausgeprägten Zonation um die sodareichen Lachen. Dafür ist hier das Vorkommen der Bestände in der Nähe von Wegen oder menschlichen Siedlungen auffallend. Wege begünstigen das Auftreten von *Salicornia* durch Zerstörung der ursprünglichen Vegetation und die Schaffung neuer, nackter Bodenstellen, an denen sich die Pflanze ähnlich wie an der Nordsee ausbreitet. Das Befahrenwerden verträgt *Salicornia* durchaus und bei der großen Zahl von Individuen wird die Vernichtung einzelner Stücke durch Wagen und Pferde wieder weitaus wettgemacht durch die Verbesserung des Standortes, die in der Zerstörung der ursprünglichen Vegetation für die Pflanze liegt. Diese starke Vorliebe für menschlich begünstigte Standorte läßt erkennen, wie sehr die Pflanze trotz ihrer großen Lebenskraft in dem ihr feindlichen Sodagebiet zu kämpfen hat. Trotz häufigen Auftretens und stellenweise massenhafter Verbreitung ist sie ein Fremdling im Vegetationscharakter der Sodaböden des Neusiedler Sees und wohl auch des gesamtpannonischen Raumes.

Zur Ökologie der *Salicornia europaea.*

Genügender Wassergehalt des Bodens ist notwendigste Voraussetzung für *Salicornia*, die unter dieser Voraussetzung namentlich im Kochsalzgebiet extremste Standorte zu besiedeln vermag. Ähnlich wie sie an der Meeresküste die weiten Flächen des Watt besiedelt, ist sie auch am Solgraben bei Artern Pionier gegen die salzreichsten, vegetationslosen Stellen und Keller berichtet aus der Halbwüste, daß *Salicornia* am Salzsee auf den extremsten Standorten an den Ufern der einmündenden Salzbäche wächst, wenn es eben nur hinreichend feucht ist. Einen extremen Standort eines *Salicornietum* schildert Paulsen (1911, bei Braun-Blanquet 1928) vom Ufer des Salzsees Jugur Kul bei Chiwa in Transkaspien mit folgenden

Werten: NaCl-79·9 v. H., MgSO₄-21·5 v. H., Na₂SO₄-1·6 v. H. — *Salicornia europaea* ist ein „hygrophiler Halophyt" und im Binnenlande eine Pflanze des Solontschakbodens.

Am Neusiedler See untersuchte Repp zwei Standorte, an denen bei gleichem Gesamtsalzgehalt ein bedeutendes Absinken des Sodagehaltes bei großer Bodenfeuchtigkeit für den Standort C (*Salicornietum*) gegenüber dem Standort A (*Camphorosma annua*) zu beobachten ist. (Der NaCl-Gehalt wurde leider nicht bestimmt.)

	Gesamtsalz-gehalt	Soda-gehalt	Feuchtigkeit
Standort A (*Camphorosma*)	0·9	0·85	8 v. H.
Standort C (*Salicornia*)	0·98	0·28	23 v. H.

Salzausbühungen entwickeln sich meist nur in geringem Ausmaße. Die pH-Werte liegen zwischen 7·7 und 9·5. Der Boden ist weniger extrem als an den Standorten von *Camphorosma annua* und *Suaeda maritima*, obwohl Saugkräfte von 59 Atm. erreicht werden (Repp). In Süd-Rußland maß Keller Drucke bis zu 79 Atm. und darüber, die auf starke Speicherung von Salzen in den Geweben zurückzuführen sind (namentlich NaCl und Na₂SO₄). Salzreicher Boden bewirkt ferner stärkere Verzweigung der Pflanze und eine Vergrößerung der assimilierenden Oberfläche (Keller).

Frühjahrsüberschwemmungen scheinen für die Keimung von Bedeutung zu sein. In dichten Herden und Flecken sprießen die Keimlinge im Frühjahr aus der Erde. Im Laufe des Spätfrühlings und namentlich während des Sommers gehen zahlreiche dieser Keimlinge wieder zugrunde und nur die kräftigsten Individuen bleiben bestehen und kommen im Herbst zur Blüte. Dort, wo die Samen in einem Viehtapfen oder in kleinen Mulden zusammengeschwemmt wurden, ersticken die heranwachsenden jungen Pflanzen geradezu.

Schon die jungen Pflanzen verfärben sich mit Erreichung einer bestimmten Salzkonzentration bald mit rötlicher Farbe, die im Laufe des Wachstums zu einem tiefen Weinrot wird. Dauernd grün bleiben nur Pflanzen, welche in kleinen Vertiefungen länger überschwemmt geblieben sind, oder aber solche, die an aufgeworfenen Stellen zu üppiger Entwicklung gelangten.

Solche Exemplare an offenem und besonders an aufgeworfenem, also mechanisch gelockertem Boden erreichen ganz beträchtliche Größen, ähnlich wie auch andere Salzpflanzen an derartigen Stellen. Schon in der Entwicklungsperiode ergibt sich ein beträchtlicher Unterschied: so maßen am 25. Juni 1939 Rasen von *Salicornia* auf der Joiser Heide 3—4 *cm*, während an benachbarten, umgebrochenen Stellen die Pflanzen bis zu 15 *cm* hoch wurden.

Das Minimiareal der Assoziation liegt bei etwa 1 *m²*. Topa (1939 a) gibt ein Minimiareal von 10 *m²* an, doch sind seine Aufnahmen weitaus artenreicher. Die Wurzeltiefe von *Salicornia* liegt bei 7 *cm* (Repp).

Verbreitung der Assoziation: In Ungarn fehlt die Gesellschaft auf weite Strecken (fehlt bei Rapaics 1927 a und 1927 b aus dem Donau-Theiß-Gebiet), namentlich aber im Solonetzgebiete (bei Soó 1933 d in der Hortobágy, bei Klika 1937 in der Süd-Slowakei — hier fehlt auch *Suaeda maritima* —, bei Ujvárosi 1937). Dagegen wurde die Assoziation aus der Wojwodina beschrieben (Slavnić 1947) sowie aus Siebenbürgen (Soó 1927, Borza 1931, Soó 1947 a) und mehrfach aus Rumänien (Topa 1939 a). Die Verbreitung der Gesellschaft in Ungarn deckt sich grundsätzlich mit dem Auftreten der Charakterarten.

Vorkommen im Gebiete des Neusiedler Sees: Joiser Heide, Gols, im Vorgelände des Sees vor dem Naturdamm südlich von Weiden bis etwa auf die Höhe von Illmitz, mehrfach; nördlich von Podersdorf. Mehrfach um Illmitz (am Zicksee, bei den Strohschobern im Westen des Ortes, am Kirchsee, am Südausgang von Illmitz, mehrfach südlich und westlich des Oberen Schrändl). Westlich von Apetlon in der Richtung zum Sandeck an einigen Stellen, an einer Lache südlich Apetlon.

Fehlt dagegen völlig östlich von Apetlon im Extremgebiet des Seewinkels.

Schrifttum: Fietz 1923, Keller 1923, 1925 a, 1926, Soó 1927, Keller 1928, 1930, Borza 1931, Bojko 1932, Wenzl 1934, Topa 1939 a, Altehage 1939, Soó 1940 a, Wdbg. 1943, Soó 1945, 1947 a, 1947 b, Wdbg. 1947, Slavnić 1948, Soó 1949.

5. *Suaedetum maritimae hungaricum* Soó 1927.

Syn.:   *Puccinellietum limosae, Suaeda maritima* (bzw. *pannonica)-Spergularia marginata*-Soz. Soó 1933 d.

Charakterarten.

(7 Aufnahmen.)

Ass.-Ch.:   T   *Suaeda maritima* (L.) Dum. V
Ordn.-Ch.: H ↓ *Puccinellia salinaria* (Simk.) Holmbg. ... V³.

Assoziationsbeschreibung.

Eine   nitrophile   Subass.   von *Chenopodium glaucum* wurde auf S. 88 beschrieben.

Über die Abgrenzung und die Stellung als eigene Assoziation vergleiche man das bei der Besprechung des *Salicornietum* Gesagte. Darüber hinaus wächst *Suaeda maritima* an extremen Sodastellen und an Lachenrändern in Reinbeständen, so daß man gar nicht von einer Subassoziation des *Puccinellietum* sprechen könnte. Wo das *Suaedetum maritimae* sonst im *Puccinellia*-Bereich liegt, baut *Puccinellia* die Gesellschaft — ähnlich wie beim *Salicornietum* — ab. Im allgemeinen liegt *Suaeda maritima* etwas oberhalb des *Salicornietum*, ganz entsprechend den Verhältnissen in Mitteldeutschland und an der Küste.

An den kontinentalen Salzstellen ist *Suaeda maritima*, gleich wie *Salicornia*, eine ausgesprochene Solontschakpflanze und bevorzugt feinsandigen Boden, ist allerdings unempfindlich gegen Na_2CO_3. Sie findet sich auf offenem, extremem Boden und besiedelt dort zwei an sich ganz verschiedene Standorte: die feuchten Lachenränder der Sodatümpel und den extremen Sodaboden als letzter Pionier gegen die gänzlich vegetationslosen Stellen, bis in den weißen Sodaschnee hinein, von dem sich im Herbst die leuchtenden, satt weinroten Büsche der *Suaeda* weithin abheben und ein wunderbar farbig kontrastierendes Bild geben, das dieser Vegetation einen völlig fremden Charakter gibt. (Taf. I, Figur A.) Beiden Standorten gemeinsam ist der nackte, vegetationslose Boden und die Konkurrenzlosigkeit gegenüber anderen Pflanzen sowie die für die Keimlinge von *Suaeda* erforderliche Überschwemmung im Frühjahr (Taf. I, Fig. B) und eine gewisse Wasserführung des sandigen Bodens auch auf den später im Laufe des Sommers extreme Verhältnisse erreichenden Standorten. Welche Bedeutung die Konkurrenzlosigkeit des Standortes für die Pflanze hat, zeigt das riesenhafte Wuchern auf Brachen oder aufgeworfenen Ackerfurchen. So erreichten ausgebreitete Stöcke von *Suaeda* auf einer Brache am Podersdorfer Zicksee einen Durchmesser von 60 *cm*.

Der Gesamtsalzgehalt, der Sodagehalt und die Wasserstoffzahl des Bodens erreichen höhere Werte als an den Standorten von *Lepidium cartilagineum* und dürften etwa gleich sein den Werten des *Camphorosmetum*. Der sandige Boden des *Suaedetum* ist jedoch physikalisch immer noch ungleich günstiger als der gebundene, hochdisperse Solonetz des *Camphorosmetum*, wie denn überhaupt Pflanzen auf Sand einen höheren Salzgehalt zu ertragen vermögen als auf tonigem Boden. Das pH liegt etwa zwischen 8·8 und 10·0, auf Sodaflecken von 8·7 bis 11·0. Für den Gesamtsalzgehalt gibt Höfler einen Wert von 2·20 v. H. und für den Sodagehalt von 1·267 v. H. an. Die pH-Werte von einer Mulde oberhalb der Einsetzlacke bei Illmitz vom 17. April 1939 zeigen das Gefälle in den einzelnen Gürteln vom nackten, vegetationslosen Boden an.

	Nackter Boden	*Suaeda*-Gürtel	*Lepidium cartilagineum*-Gürtel
0—0·5 *cm* obere, nach einem Regen zähschlitzige Schicht	9·7	8·0	7·5
2—5 *cm* unterer, trockener und bröckeliger Boden ..	8·7	8·3	8·5

An Lachenrändern bildet *Suaeda* einen vorgelagerten Gürtel. Vielfach liegt noch ein Streifen von *Crypsis aculeata* zwischen dem *Suaedetum* und der freien Wasserfläche. Mit *Bolboschoenus maritimus* wächst *Suaeda maritima* im allgemeinen nicht gemeinsam am Strande der Sodalachen, wohl eine Folge des Chemismus der Lachen.

Am Südufer des Illmitzer Kirchsees wächst *Suaeda maritima* im Assoziationskomplex mit *Puccinellia salinaria* in ganz kleinen Mulden auf dem sandigen Boden nahe dem Lachenrand. Dazwischen stehen die Horste der nachdrängenden *Puccinellia salinaria*, wie es auch die folgende Tabelle erkennen läßt:

	1	2	3	4
Suaeda maritima	2.2	1.1		
Puccinellia salinaria	3.3	4.3	3.3	3.3
*Aster * pannonicus*				4.4
Plantago maritima				1.2
Agrostis alba				+
Phragmites communis °				+ °
Taraxacum bessarabicum				+

1 = *Suaedetum maritimae* in Komplex mit *Puccinellietum*.
2 = Vorstoßende *Puccinellia*-Fazies des *Puccinellietum*.
3 = *Puccinellia salinaria*-Fazies des *Puccinellietum*.
4 = *Puccinellia salinaria-Aster * pannonicus*-Ass.

Eine Bedeutung für die Sukzession hat *Suaeda maritima* kaum. Immerhin ist bemerkenswert, daß die riesenhaften *Suaeda*-Stöcke an der Oberen Halbjochlache — mit einem Durchmesser bis zu einem Meter und einer Höhe von 35 *cm* — kleine und flache, aber ganz deutliche Sandhügelchen von etwa 2 *cm* Höhe zu bilden vermögen.

Ein schönes Beispiel einer Sukzession zeigt die folgende Aufnahme von einer alten, verwachsenen Senke südöstlich des Albersees.

Suaeda maritima 2.2
↓*Puccinellia salinaria* .... 3—4.3
↓*Lepidium cartilagineum* 1.3
↓*Spergularia marginata* 1.3

Die Aufnahme stammt aus der Mitte der Senke. Die Reste der ehemaligen *Suaeda maritima*-Ass sind völlig von den Elementen des *Puccinellietum* überwuchert.

Die Samenstreuung ist äußerst gering. Vielfach keimen die Samen noch an der Mutterpflanze, die im Zuge der Überschwemmung im Frühjahr in den Boden eingeschwemmt und von einer Sand- und Zickschichte überdeckt wurde. Oft zeichnen die Keimlinge die Umrisse der im Sand verborgenen Mutterpflanze nach. Entfernt man die dünne Sandschicht, so treten die vorjährigen Reste der Mutterpflanze zutage, an der die Keimlinge nicht mehr haften, sondern bereits mit eigenen Wurzeln am Boden verankert sind. Bei Wohlenberg (1938) ist auf S. 64 ein schönes Bild, das ähnliche Verhältnisse von *Salicornia* im Watt der Nordsee wiedergibt. Auch hier wurden die Zweige der Mutterpflanze verschlickt; die an der Pflanze verbliebenen und im Frühjahr auskeimenden Samen geben die Lage der vorjährigen Zweige wieder.

Ausgestreute Samen sind häufig in kleinen Vertiefungen zusammengeschwemmt, so daß die Keimlinge im Frühjahr in verschiedenen Gruppen zusammenwachsen, in kleinen Flecken, hufeisenförmig in den Vertiefungen der vorjährigen Pferdetritte, reihenweise in den Trockenrissen (Taf. II, Fig. A), in Wagenrillen auf weiten und sonst vegetationslosen Sandflächen. Diese Vertiefungen begünstigen auch die Keimung der Samen, die meist noch unter Wasser vor sich geht. Dabei wird der vorhandene Sauerstoffmangel wahrscheinlich durch intramolekulare Atmung ausgeglichen.

Ungeheuer groß ist die Auslese unter den aufsprießenden Keimlingen. In einem Zählquadrat von der Größe eines Viertel-Quadratmeters zählte ich von den acht vorjährigen Mutterpflanzen dieser Fläche:

    am 14. April .... etwa 1060 Keimlinge
    am 18. Mai .... „ 570 Keimlinge
    am 10. Juni .... „ 228 Keimlinge (davon manche sehr kümmerlich und
                                            sicher im Eingehen)
    Herbst des Vorjahres ....8 samentragende Pflanzen.

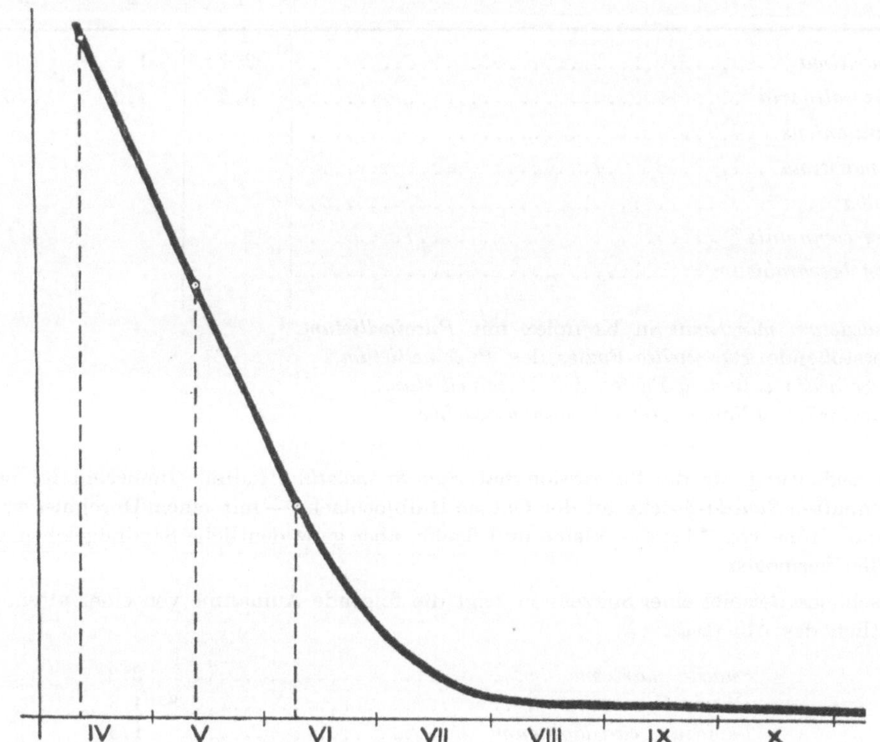

Abb. 10. Abnahme der Individuenzahl von *Suaeda maritima* in den Monaten April bis Oktober.

Das entspricht einem ganz gleichmäßigen und ununterbrochenen Verlust von 15 Keimpflanzen täglich in der Zeit von Mitte April bis Mitte Juni. Auffallend ist diese Ausmerzung noch vor der sommerlichen Hitzeperiode — vermutlich zusammenhängend mit dem allmählichen Ansteigen der Temperatur und Trockenheit.

Die acht Mutterpflanzen des Vorjahres haben demnach rund das 130fache an Samen und jungen Keimlingen hervorgebracht, als dann tatsächlich Pflanzen zur vollen Entwicklung kamen.

Mit diesem gewaltigen Auslesevorgang von den günstigen Anfangsbedingungen des nassen Bodens im Frühjahr bis zu den extremsten Verhältnissen auf dem herbstlichen, mit Sodaschnee bedeckten Boden mag es zusammenhängen, daß *Suaeda* stets in lockerem Schluß auftritt, weil nur ganz wenige Samen das Frühjahr und den Sommer überdauern. Noch anschaulicher ist das Beispiel bei Braun-Blanquet (1928, S. 8) von einem Meterquadrat in den Lagunen Süd-Frankreichs mit 2000 jungen Keimlingen von *Suaeda maritima* anfangs Mai. Bis zum Spätherbst waren sechs bis acht fruchttragende Pflanzen geblieben.

Verbreitung der Assoziation: Im Gebiete des Neusiedler Sees auffallenderweise fast nur im weiteren Raum von Illmitz! Fehlt dem Solonetzgebiet östlich von Apetlon.

In der weiteren Umgebung von Illmitz an zahlreichen Stellen: am Oberen Stinker, mehrfach am Unteren Stinker, im Vorgelände des Sees bei den beiden Wäldchen, an der Oberen Halbjochlacke, an der

Fuchslochlacke; an und um den Illmitzer Zicksee an verschiedenen Stellen; am westlichen Ortsausgange von Illmitz; am Kirchsee, an der Langen Lacke bei Illmitz, am Albersee; am Feldsee, südlich des Oberen Schrändl. Ferner nördlich von Podersdorf und bei Gols.

In Ungarn wenig verbreitet (Hortobágy) und dann wieder in Rumänien.

Schrifttum: Soó 1927, Bojko 1932, Soó 1933 a, Wenzl 1934, Soó 1936 a, Höfler 1937, Ţopa 1939 a, Altehage 1939, Soó 1940 a, Wdbg. 1943, 1947, Soó 1947 b, Slavnić 1948.

6. *Suaedetum pannonicae*
(Soó 1933 pro soz.) Wendelberger 1943.

Syn.: *Puccinellietum limosae, Suaeda maritima* (bzw. *pannonica)-Spergularia marginata*-Soz. Soó 1933 d. *Suaedetum maritimae hungaricum*, CS. *Suaedetum pannonicae* (Wdbg. 1943) Soó 1947 b.

Charakterarten.
(4 Aufnahmen.)

Ass.-Ch: T   *Suaeda pannonica* Beck.. V
Ordn.-Ch.:   H ↓ *Puccinellia salinaria* (Simk.) Holmbg. .... V³
Und andere abbauende Elemente.

Assoziationsbeschreibung.

Hinsichtlich der Beziehung dieser Gesellschaft zum *Puccinellion* gilt das gleiche wie für *Suaeda maritima* und *Salicornia europaea* (vgl. S. 100): *Puccinellia* tritt als abbauender Faktor in die Gesellschaft ein. Die nachstehende Tabelle gibt einige Aufnahmen vom Neusiedler See wieder:

		1	2	3	4
T	*Suaeda pannonica*	2.2	2.4	3.3	4.4
T	*Salicornia europaea*	1.1	+		
H	*Puccinellia salinaria*	1.2	3.3	3.3	1.2
H	*Plantago maritima*	2.2	+		2.2
H	*Aster * pannonicus*		+.2	1.2	
H	*Spergularia marginata*		+	1.1	
G	*Phragmites communis*	+	1.1		+

Aufn. Nr. 1:   Vorgelände des Sees südlich Podersdorf, 17. September 1939.
Aufn. Nr. 2:   Lacke südlich des Oberen Schrändl, 15. September 1939. — 10 *m²*, 60 v. H.
Aufn. Nr. 3:   Am Illmitzer Zicksee, ausgedehnte Fläche und auf größere Strecken homogen. — 10 *m²*, 65 v. H.
Aufn. Nr. 4:   Vorgelände des Sees südlich von Podersdorf, 17. September 1939. — ¼ *m²*, 70 v. H.

Suaeda pannonica besiedelt auf sandigem Boden kleinere oder größere Flecken, seltener ausgedehnte Flächen. Nie steht das Auftreten der Assoziation aber in einer Beziehung zur Gürtelungsfolge an den Lachenrändern; sie tritt jedoch stets im Bereiche von *Puccinellia* auf.

Eine Beobachtung vom Illmitzer Zicksee spricht noch zusätzlich dagegen, die Assoziation mit dem *Puccinellietum* zu vereinen: dort ist ein offener, wenig verwachsener Bestand von *Suaeda pannonica* rings umgeben von *Puccinellia*, ohne daß jedoch eine gegenseitige Durchdringung stattfände. Der geschlossene *Puccinellia*-Rasen tritt mit einer ausgeprägten Grenze zurück gegenüber der offenen Fläche mit *Suaeda pannonica*, die nur mehr von einzelnen wenigen und kümmerlichen *Puccinellia*-Horsten bestanden wird. Es handelt sich um einen Standort mit ganz neuen ökologischen Bedingungen, an dem das vereinzelte Eindringen der standortfremden *Puccinellia* durch den räumlichen Kontakt bedingt ist.

Ebenso wie *Suaeda maritima* wächst auch *Suaeda pannonica* an etwas höheren Stellen als *Salicornia*. Am Illmitzer Zicksee wachsen beide Arten von *Suaeda*, nämlich *Suaeda maritima* und *Suaeda pannonica*, dicht aneinander, aber durch eine scharfe Grenze getrennt und ohne sich gegenseitig zu durchdringen. Dort, wo Exemplare der beiden Arten aneinander wachsen, sind keine Übergangsformen systematischer Art festzustellen, was für die Selbständigkeit von *Suaeda pannonica* als Art spricht.

Die Vegetationshöhe ist gering, etwa 5 *cm*, die Deckung erreicht 60 bis 70 v. H.

Die Verbreitung der Assoziation deckt sich mit der Verbreitung der Charakterart. *Suaeda pannonica* ist eine endemische Art des pannonischen Florenbezirkes und die

Assoziation auf diesen Raum beschränkt, so daß man von einer pannonisch-endemischen Assoziation sprechen kann.

Im Gebiet sind die mehrfachen Standorte um Illmitz bemerkenswert: am Ausgange des Ortes beim Bürgermeister; am Illmitzer Zicksee; am Kirchsee; mehrfach am Feldsee und Oberen Schrändl sowie südlich und südwestlich davon. Ferner östlich der Apetlon-Pußta, im Vorgelände des Sees südlich Podersdorf, nördlich von Podersdorf und auf der Joiser Heide.

Schrifttum: Soó 1933 d, Tatár 1938/39, Soó 1940 a, Wdbg. 1943, Soó 1947 b.

Salsoletum sodae
Slavnić 1939.

Syn.: *Suaedetum maritimae hungaricum,* CS. *Salsola soda* Soó 1947 b, *Crypsis aculeata-Salsola soda*-Ass. auct. Hung.

Ass.-Ch.: T *Salsola soda* L.

Diese Gesellschaft wurde von Slavnić als charakteristische Assoziation des südöstlichen Europa beschrieben und dürfte auch aus dem pannonischen Raume nachzuweisen sein (vgl. die Synonyme!).

Schrifttum: Slavnić 1939, Soó 1947 b, Slavnić 1948.

Puccinellio-Verbandsgruppe Wendelberger 1943.

Syn.: *Puccinellietalia* Soó 1940 a.

Diese Verbandsgruppe ist ausgezeichnet durch Horstgräser und das Fehlen, bzw. Zurücktreten der Sukkulenten und umfaßt die vikariierenden Verbände des *Puccinellion maritimae, Puccinellion salinariae* und *Puccinellion limosae.*

Schrifttum: Soó 1940 a, Wdbg. 1943, Soó 1945, 1947 a, 1947 b.

Puccinellion salinariae Wendelberger 1943.

Syn.: *Puccinellion distantis* Soó 1933 d p. p.

Verb.-Ch:- H *Puccinellia salinaria* (Simk.) Holmbg.

H *Lepidium cartilagineum* (J. May.) Thell.

H *Aster Tripolium* L. ssp. *pannonicus* (Jacq.) Soó (lok.).

H *Plantago maritima* L. var. (lok.).

Das *Puccinellion salinariae* ist mit seinen Assoziationen ungemein bezeichnend für die Umrandungen der Salzlachen und gibt den Salzsteppen des Neusiedler Sees namentlich im Frühjahr das Gepräge, während zahlreiche andere Gesellschaften im Herbst ihre höchste Entfaltung finden. Die wichtigste Charakterart des Verbandes, *Puccinellia salinaria,* das Zickgras, bestimmt das Bild der „Zickgraswiesen" an den Sodalachen.

Das *Puccinellion salinariae* ist als ein östlich-kontinentaler Verband anzusprechen, dessen weitere Verbreitung vom Areal der Leitart, *Puccinellia salinaria,* abhängig ist. Es dürfte sich jedoch nicht um einen endemischen Verband des Neusiedler Seegebietes handeln, da *Puccinellia salinaria* auch im östlichen Mitteleuropa wieder auftritt. In der vorliegenden Arbeit umfaßt *Puccinellia salinaria* (im Anschluß an Holmberg 1920 und Jansen, briefl.) auch die *Puccinellia peisonis* des Neusiedler Sees. Demgegenüber betont allerdings Soó (1947 a und b) die Selbständigkeit dieser Form; er betrachtet sie als eigene Unterart von *Puccinellia distans* und als nicht identisch mit *Puccinellia salinaria.*

Er unterscheidet drei Unterarten von *Puccinellia distans,* nämlich ssp. *transsilvanica* (Schur), Soó (= *Puccinellia salinaria* Holmbg.), ssp. *peisonis* (Beck) Soó und ssp. *limosa* (Schur) Jáv.

Demzufolge vereinigt Soó auch die beiden Verbände des *Puccinellion salinariae* und *limosae* zu dem einen Verband des *Puccinellion distantis.* Eine endgültige Klärung der systematischen Stellung dieses Formenkreises wird sich demnach auch in der Fassung und Bewertung der entsprechenden Gesellschaften auswirken. Vorbehaltlich einer eingehenderen systematischen Untersuchung wurde eine einstweilige Zusammenfassung bei Wendelberger 1950 a gegeben.

Nach den Beschreibungen der ungarischen Soziologen bildet *Puccinellia limosa* im zentralungarischen Tieflande ähnliche Gesellschaftseinheiten mit den gleichen Arten wie *Puccinellia salinaria* am Neusiedler See. Nachstehend soll versucht werden, eine Analogisierung der einander entsprechenden Einheiten zu geben, wobei auch auf die umfassendere Tabelle auf S. 82/83 verwiesen sei.

Puccinellia salinaria-Aster *pannonicus*-Ass.	*Puccinellia salinaria-* *Lepidium cartilagineum*-Ass.	*Puccinellietum limosae*
Subass. *normalis*	Subass. *normalis*	Subass. *normalis*
Faz. v. *Puccinellia salinaria*	Faz. v. *Puccinellia salinaria*	Faz. v. *Puccinellia limosa*
Faz. v. *Puccinellia* und *Aster*		Faz. v. *Puccinellia* und *Aster*
Typus	Typus	Typus
Faz. v. *Plantago maritima*	Subass. v. *Plantago maritima*	Faz. v. *Plantago maritima*
	Subass. v. *Arachnospermum canum*	Subass. v. *Lepidium cartilagineum*, Faz. v. *Scorzonera cana*
	Subass. *normalis*, Faz. v. *Lepidium cartilagineum*	Subass. v. *Lepidium cartilagineum*, Faz. v. *Lepidium cartilagineum*
Subass. v. *Juncus Gerardi*		Subass. v. *Juncus Gerardi* mit Faz. v. *Agrostis alba*

Die entsprechende Gesellschaft in Mitteldeutschland ist die *Puccinellia distans-Obione pedunculata*-Ass. Altehage (1939) und an der Nord- und Ostseeküste das *Puccinellietum maritimae* (nicht aber die halbruderale *Atropis distans-Spergularia salina*-Ass.). Beide Gesellschaften werden an höheren Stellen durch *Plantago maritima* abgebaut, ganz analog den Verhältnissen in den entsprechenden Gesellschaften des pannonischen Raumes.

Im Gebiete des Neusiedler Sees sind *Puccinellia salinaria* und *Puccinellia limosa* in ihren Standortsansprüchen streng verschieden: *Puccinellia salinaria* besiedelt als ausgesprochene Solontschakpflanze die Ufer der Sodalachen, während *Puccinellia limosa* auf Solonetzboden gesellschaftsbildend auftritt. Man kann geradezu vom *Puccinellion salinariae* als einem „Solontschakverband" und vom *Puccinellion limosae* als einem „Solonetzverband" sprechen.

Puccinellia salinaria ist eine gute Charakterart dieses Verbandes, wenngleich die Pflanze auch in zahlreichen anderen Gesellschaften als Begleiter vorkommt. Nirgends aber erreicht *Puccinellia salinaria* ein derartiges und ausgesprochenes Optimum ihrer Entwicklung wie in den Gesellschaften dieses Verbandes. Die Berücksichtigung der Vitalität der Pflanze ist hier von wichtigster Bedeutung.

Schrifttum: Wdbg. 1943, Soó 1945, 1947 a, 1947 b, Slavnić 1948.

Puccinellia salinaria-Aster *pannonicus*-Ass.
(Soó 1940a) Wendelberger 1943.

Syn.: *Puccinellia peisonis*-Ass. Soó (1940 a n. n., p. p.) 1947 b, Subass. *normalis* Soó 1947 b.

Einschließlich: *Plantaginetum maritimae* Bojko 1932, Wenzl 1934 a; *Plantago maritima*-Bestände Polgar 1937.

Charakterarten.
(47 Aufnahmen, Tabelle 4.)

Ass.-Ch.: H *Aster Tripolium* L. ssp. *pannonicus* (Jacq.) Soó .... V$^{2-5}$

H *Plantago maritima* L. var. .... V$^{2-3}$

Differential-Arten der Subass. von *Juncus Gerardi* (13 Aufn.):

H *Agrostis alba* L. coll. .... II[1]
G *Juncus Gerardi* Lois. .... II[1]
H *Carex distans* L. .... I[+]
H *Taraxacum bessarabicum* (Hornem.) H.-M. .... I[+]
Verb.-Ch.: H *Puccinellia salinaria* (Simk.) Holmbg. .... V[2—4]
H *)*Lepidium cartilagineum* (J. May.) Thell. .... I[+]
Begl.:   *Nostoc commune* Vauch. .... I[2]

     *) Übergreifende Charakterart.

    *Aster * pannonicus* und *Plantago maritima* sind ausgesprochen lokale Charakterarten, die außerhalb des Untersuchungsgebietes in andere Gesellschaften eintreten, sofern nicht etwa bei *Plantago maritima* verschiedene Varietäten oder Rassen vorliegen, ähnlich wie *Aster Tripolium* in der ssp. *pannonicus* auf Osteuropa beschränkt ist und im Westen fehlt.

Gliederung.

    Im Gesellschaftstypus sind die beiden Charakterarten, *Aster * pannonicus* und *Plantago maritima*, sowie die Verbandscharakterart *Puccinellia salinaria* annähernd gleich stark vertreten. Gegen die Sodalache zu, an tieferen, feuchteren Stellen, erscheint häufig faziesbildend *Puccinellia salinaria* mit *Aster * pannonicus* unter Zurücktreten von *Plantago maritima* (Aufn. 6—20), während an den tiefsten Stellen reine Herden von *Puccinellia salinaria* die Wasserfläche der Sodalachen unmittelbar umsäumen (Aufn. 1—5). Eine schöne Faziesbildung von *Plantago maritima* findet sich vereinzelt an höheren, steinig-schotterigen Stellen am Uferrand der Lachen.

    Dort, wo die Assoziation typisch ausgebildet ist (Aufn. 21—47), scheinen zwei Subassoziationen angedeutet zu sein. Der einen (Aufn. 21—34) fehlen eigene Differentialarten. Mehrfach ist *Nostoc commune* in den Aufnahmen dieser Gruppe zu beobachten. Die andere Subassoziation (Aufn. 35—47) ist durch Arten ausgezeichnet, die auf einen geringeren Sodagehalt des Bodens hinweisen, wie *Agrostis alba*, *Juncus Gerardi*, *Carex distans*, *Taraxacum bessarabicum*. In den Aufnahmen 18—20 scheint eine analoge Gruppe in der *Puccinellia-Aster*-Fazies angedeutet.

    Es ergibt sich demnach in der Gliederung der Assoziation folgendes Bild:

Puccinellia salinaria-Aster * pannonicus-Ass.
    Fazies von *Puccinellia salinaria* (Aufn. 1—5);
    Fazies von *Puccinellia salinaria und Aster * pannonicus* (Aufn. 6—20);
    Fazies von *Plantago maritima* (Aufn. 38, 44—46);
Syn.: *Puccinellietum peisonis* Soó 1940, 1947b, CS. *Plantago maritima* Soó 1947b.
Subass. (?) von *Nostoc commune.*
Subass. (?) von *Juncus Gerardi* (35—47).
Syn.: *Puccinellietum peisonis* Soó (1940) 1947b, Fazies von *Juncus Gerardi* Soó 1947b.

    Zu den Aufnahmen, die durch fazielles Auftreten von *Plantago maritima* ausgezeichnet sind, dürfte auch der „*Plantago maritima*-Bestand" Polgars (1937) zu stellen sein, nicht aber das *Plantaginetum maritimae* Bojkos (1932) und das *Plantaginetum maritimae* Wenzls (1934a). Die Gesellschaft Bojkos ist sehr weit gefaßt, wie die meisten seiner Gesellschaftseinheiten, dürfte aber im wesentlichen meiner *Puccinellia-Aster*-Ass. entsprechen. Bojko führt für seine Gesellschaft zahlreiche Arten an, die anderen Gesellschaften eigen sind (im folgenden durch einen Stern gekennzeichnet):

Plantago maritima	*Lotus * tenuifolius *)*
Aster Tripolium	*Taraxacum bessarabicum *)*
Spergularia marginata	*Bolboschoenus maritimus *) (!)*
*Juncus Gerardi *)*	*Samolus Valerandi *) (!)*
*Triglochin maritimum *)*	*Artemisia maritima *) (!!)*
*Scorzonera parviflora *)*	

Auch das *Plantaginetum maritimae* Wenzls auf schwach halischem Boden ist eine Mischung der vorliegenden *Plantago maritima*-Fazies mit dem *Caricetum distantis*. Seine Charakterarten sind:

Plantago maritima	*Carex distans*
Tetragonolobus siliquosus	*Taraxacum bessarabicum*

Wenn auch *Plantago maritima* in den Aufnahmen meines *Caricetum distantis* ziemlich stark vertreten ist, so handelt es sich bei Wenzls *Plantaginetum maritimae* doch um eine Mischung aus zwei Gesellschaften, die durch die enge Drängung beider Uferstreifen bedingt ist. Die *Triglochin maritimum*-Variante des *Plantaginetum maritimae* (Wenzl 1934 a) gehört nicht hieher, sondern zum *Juncetum Gerardi*!

*Aster * pannonicus* ist am Neusiedler See auf diese Gesellschaft beschränkt und hier eine gute Charakterart. Im ungarischen Tieflande tritt *Aster* unter analogen Verhältnissen in das *Puccinellietum limosae* ein und verhält sich dort ähnlich wie in der *Puccinellia-Aster*-Ass. des Neusiedler Sees. Aus Rumänien nennt Ţopa *Aster * pannonicus* als Charakterart seiner *Triglochin maritimum-Aster * pannonicus*-Ass. (synonym dem *Triglochinetum maritimae-Asteretum Tripolii* Soó 1927). Diese Gesellschaft tritt im Gebiete des Neusiedler Sees in dieser Zusammensetzung nicht auf. (Vgl. S. 136.)

Assoziationsbeschreibung.

Die *Puccinellia salinaria-Aster * pannonicus*-Ass. ist die bezeichnendste Gesellschaft im Überschwemmungsraum der Sodalachen im Solontschakgebiete. Nach langanhaltender Überschwemmung des Standortes im Frühjahr ist der Boden selbst im Hochsommer meist noch feucht. Daher fehlen im allgemeinen auch Salzausblühungen des Bodens. Die Wasserstoffzahl liegt zwischen pH 8,2—9,9.

Als schmale Gürtel oder weite Wiesen umgürtet die Gesellschaft die Sodalachen und beherrscht vollends im Herbst das Landschaftsbild, wenn nach dem Abblühen und Fruchten der Rispen des Zickgrases (*Puccinellia salinaria*) das tiefe Blaulila der Blüten von *Aster * pannonicus* die weiten Wiesen belebt. Die Salzflur erreicht gerade zu dieser Jahreszeit eine ungeahnte Farbenpracht in dem lila Schleier der Salzaster über der Landschaft, während aus dem Grün in seinen verschiedensten Abstufungen das tiefe Rot der Chenopodiazeen auf dem leuchtenden Salzschnee prangt, eine Farbenpracht, die man von diesen Gesellschaften nie vermuten würde, die den größten Teil des Jahres in fahlen Farben daliegen. Und gerade diese herbstliche Entfaltung der Vegetation in Farben und Blütezeit bringt so recht den fremden Charakter dieser Vegetation zur Geltung. Eine Wiese unserer heimatlichen Landschaft, ein Teich, ein Sumpfröhricht oder ein Wald, alle entfalten ihre Blüten zur Zeit des Höhepunktes der jahreszeitlichen Entwicklung. Bei diesen Formationen stimmt — worauf namentlich Scharfetter hingewiesen hat — die Rhythmik der Vegetation mit der des Klimas überein; die Salzfluren weisen dagegen mit ihrer abweichenden Vegetationsrhythmik auf eine fremde Klimafolge und bestärken damit den fremden, östlichen Charakter der Gesellschaften wie der einzelnen Arten. Im Frühjahr aber ragen die dürren Stengel der *Aster* gespenstisch über das frische Grün der jungen *Puccinellia*-Wiese.

Die Gesellschaft besitzt eine große ökologische Variationsbreite: sie reicht von den *Puccinellia*-Wiesen auf nassem, tiefgründigem Zick, die oft auch im Sommer noch unter Wasser stehen, bis zu den Uferstreifen der *Plantago maritima*-Fazies auf trockenem und schotterigem Boden. Mit zunehmender Entfernung vom Wasser lösen sich die einzelnen Fazies in ganz bestimmter Reihenfolge ab:

Die Deckung erreicht im Typus und in der *Puccinellia-Aster*-Fazies die größten Werte und sinkt nach den Randgebieten ab, sowohl in der wassernahen *Puccinellia*-Fazies, die sich am offenen Wasser auflöst, wie in noch stärkerem Maße in der *Plantago maritima*-Fazies auf schotterigem Boden; das Vordringen des Trockenrasens kann die Pflanzendecke wieder zu einem größeren Schluß bringen.

Auf feuchtem bis nassem, oft auch bis in den Hochsommer überschwemmtem, tiefem Zick am Ufer der Lachen breiten sich weite Zickgraswiesen aus: die *Puccinellia*-Fazies. Hier entwickeln sich große Horste von *Puccinellia salinaria*, deren Rispen bis 70 *cm* hoch werden. Dieser Horstwuchs ist bezeichnend für die Fazies, denn in den anderen Ausbildungen zeigt die Pflanze ausgesprochenen Rasenwuchs von meist geringer Höhe. Solche Wiesen werden gemäht und geben ein beliebtes Pferdefutter. Auch in der Mitte abgelassener Lachen entwickeln sich ausgedehnte Wiesen, so am Feldsee, am Illmitzer und Podersdorfer Zicksee.

Vom Rande der Zickgraswiesen aus stoßen einzelne Horste gegen das offene Wasser zu vor, die zum Teil auf richtigen Stelzen stehen, wie am Oberen Stinker, und ganz das Bild einer Bültenlandschaft mit *Carex elata* im kleineren geben: am Feldsee, an der Lache gegenüber der Mosadolacke, am Illmitzer Zicksee, an der Lache nordwestlich der Einsetzlacke. Die Horste stehen oft noch in voller Blüte, wenn der geschlossene Rasen schon verblüht hat.

Wo eine derartige *Puccinellia*-Fazies als Abschluß gegen das offene Wasser zu ausgebildet ist, fehlt in der Regel ein *Scirpetum maritimi*.

Die Fazies bedeckt normal 100 v. H., kann aber auf 60—50 v. H. und weniger herabgehen. Die Vegetation ist von Viehtrieb wenig gestört und etwa 50—70 *cm* hoch. Der Boden ist meist ein tiefgründiger Lachenzick.

Die größten Flächen nimmt wohl innerhalb dieser Gesellschaft die *Puccinellia salinaria-Aster* pannonicus*-Fazies ein. Sie beherrscht weite Flächen am Rande der Lachen mit bereits geringerer Feuchtigkeit als die *Puccinellia*-Fazies, da *Aster* pannonicus* allzu nassen Boden meidet. Es sei in diesem Zusammenhang darauf hingewiesen, daß nach den Untersuchungen von Montfort und Brandrup die Keimlinge von *Aster Tripolium* ihr Wachstumsoptimum bei einem auffallend niederen Salzgehalt finden. Es mag in dieser Erscheinung mit begründet sein, daß *Aster* allzu extremen Boden meidet und an eine gewisse Bodenfeuchtigkeit gebunden ist.

Der Wuchs ist in dieser Fazies meist niedrig (30—60 *cm*), eine ausgesprochene Horstbildung fehlt. Die Vegetation ist auf weite Flächen homogen, der Vegetationsschluß im allgemeinen groß, 60—95 v. H. Der Boden ist etwas sandig.

An die *Puccinellia-Aster*-Fazies schließt der Typus der Assoziation an, meist gürtelartig von verschiedener Breite (1—5 *m*), seltener ausgedehnte Fluren, wie am Oberen Schrändl, am Nordwestufer des Illmitzer Kirchsees oder südwestlich des Oberen Schrändl. Die Vegetationshöhe beträgt 10—30 *cm*, der Vegetationsschluß 100—85 v. H. Der Boden ist erdig-sandig.

Im obersten Überschwemmungsraum der Lachen, der im Frühjahr kaum mehr überflutet wird, entwickelt sich die Fazies von *Plantago maritima* als ein meist recht schmaler Gürtel auf sandigem bis ausgesprochen schotterigem Boden. An sehr steinigen Stellen bildet *Plantago maritima* zuletzt Einzelbestände: „an kiesigen Stellen ganz rein und sehr offen" (Polgar 1937).

Diese Fazies stellt die trockenste Ausbildung der Gesellschaft dar und ist das letzte Glied im *Puccinellia*-Bereich. Sie wird im Frühjahr nicht mehr überflutet, bestenfalls noch bespült. Der Boden ist, seiner Randnatur entsprechend, meist stärker geneigt als bei den übrigen Fazies der Gesellschaft. Die Vegetationshöhe ist mit 10—20 *cm* recht gering. Nach oben zu schließt das *Caricetum distantis* an, dessen Elemente häufig zusammen mit abbauenden Trockenrasenarten in die Fazies eindringen. Ökologisch steht die Fazies überhaupt dem *Caricetum distantis* bereits näher als der *Puccinellia-Aster*-Ass. in ihrer typischen Ausbildung.

Auf tiefgründigem und feuchterem Boden kann die Fazies jedoch weite Flächen mit dichtem Schluß — bis 100 v. H. — bedecken, während die Deckung der Randstreifen bis auf

30 v. H. sinkt. Höhere Deckungswerte dieser Randstreifen werden mitunter durch das Eindringen von Steppenelementen bewirkt (Aufn. 43, 46, 47). Bei einem Steigen der Gesamtartenzahl in den einzelnen Aufnahmen treten bereits verschiedene Moose auf. Eine Aufnahme vom Westufer des Feldsees soll die bereits weit vorgeschrittene Sukzession zum Trockenrasen zeigen:

22. Juni 1939, 6 m^2, 50 v. H.

Plantago maritima	2.3
Puccinellia salinaria	+
Agrostis alba	1.1
Juncus Gerardi	1.2
Taraxacum bessarabicum	+
Festuca pseudovina	3.2
Achillea sp.	1.1
Hieracium pilosella	+.2
Potentilla arenaria	+
Ononis spinosa	+
Medicago lupulina	+
Lotus corniculatus	+
Trifolium campestre	+°
Plantago lanceolata	+
Centaurea jacea	+
Arachnospermum canum	+

Einen Übergang von der tieferen *Plantago maritima*-Fazies (a) zum höher gelegenen *Caricetum distantis* (b) zeigen die beiden folgenden Aufnahmen vom Oberen Schrändl:

	a	b
	60	80%
Puccinellia salinaria	1.2	+
*Aster * pannonicus*	1.1	
Plantago maritima	3.3	(1.2)
Carex distans		4.4
Taraxacum bessarabicum	2.2	2.2
Juncus Gerardi	1.2	1.2
Agrostis alba	+.2	

Verbreitung der Assoziation: Die Assoziation ist in der geschilderten Zusammensetzung bisher nur vom Neusiedler See bekanntgeworden, wo sie an den Rändern der Sodalachen sehr häufig und verbreitet ist. Auch in Süd-Mähren ist sie noch angedeutet (Fietz ff. 1923).

In der Wojwodina dürfte in der *Puccinellia salinaria-Carex secalina*-Ass. Slavnić' die korrespondierende Gesellschaft zu erblicken sein, während auf den weiten Solonetzflächen des zentralungarischen Tieflandes das *Puccinellietum limosae* dominiert.

Schrifttum: Fietz ff. 1923, Rapaics 1927c, Soó 1927a, Bojko 1932, Soó 1933d, Wenzl 1934a, Klika 1937, Polgar 1937, Soó 1940a, Wdbg. 1943, Soó 1945, 1947a, 1947b, Wdbg. 1947.

Puccinellia salinaria-Carex secalina-Ass. Slavnić 1948.

Ass.-Ch.:   *Carex secalina* Wahlbg.
             Puccinellia salinaria (Simk.) Holmbg. (lok.)

In der Wojwodina ist der Verband des *Puccinellion salinariae* schwach entwickelt und nur durch diese eine Assoziation vertreten. Die Artenliste läßt vermuten, daß es sich um die räumlich entsprechende Gesellschaft der *Puccinellia-Aster*-Ass. handelt. Damit scheint auch der Standort auf schwach salzigem, sandigem Boden übereinzustimmen, der im Frühjahr ebenfalls überschwemmt wird.

Slavnić unterscheidet zwei fazielle Ausbildungen, u. zw. eine Fazies von *Aster * pannonicus* und eine Fazies von *Agrostis alba*.

Schrifttum: Slavnić 1939, 1948.

Puccinellia salinaria-Lepidium cartilagineum-Ass.
(auct. div.) Wendelberger 1943.

Syn.: *Lepidium cartilagineum*-Ass. Rapaics 1927 b, *Atropis-Lepidium crassifolium*-Gesellschaft Bojko 1932, *Atropis Peisonis-Lepidium crassifolium*-Gesellschaft Höfler 1937, *Puccinellia Peisonis*-Ass. Soó (1940 a p. p.) 1947 b, Subass. *lepidietosum* Soó 1947 b.
Einschließlich: *Atropetum Peisonis* Höfler 1937, *Lepidietum crassifolii* Bojko 1932, *Lepidietum crassifolii* Ţopa 1939 a, *Puccinellia limosa-Scorzonera cana*-Soz. Moesz 1940.

Charakterarten.
(34 Aufnahmen, Tabelle 5.)

Ass.-Ch.:	H *Lepidium cartilagineum* (J. May.) Thell. ssp. *crassifolium* (W. K.) Thell. var. *typicum* Thell. ..	V^{2-3}
Diff.:	H *Plantago maritima* L.	3^2
(je 3 Aufnahmen)	H *Arachnospermum canum* (C. A. Mey.) Dom.....	3^1
	H *Aster Tripolium* L. ssp. *pannonicus* (Jacq.) Soó ..	I^1
	(zugleich übergreif. Verb.-Ch.!)	
Verb.-Ch.:	H *Puccinellia salinaria* (Simk.) Holmbg.	V^3

Gliederung.

Puccinellia salinaria-Lepidium cartilagineum-Ass.
     Subass. *normalis* (Aufn. 1—28) mit
         Fazies von *Puccinellia salinaria* (25—28).
         Assoziationstypus (10—24).
         Fazies von *Lepidium cartilagineum* (1—9).
     Subass. v. *Arachnospermum canum* (Soó 1947 b pro fac.) Wdbg. 1943 (29—30).
     Subass. v. *Plantago maritima* (Soó 1947 b pro fac.) Wdbg. 1943 (32—34).
     Subass. v. *Nostoc commune* Wdbg. 1950 prov.

Puccinellia salinaria tritt im Bereich der Assoziation an tieferen, feuchten bis nassen Standorten am Ufer der Sodalachen faziesbildend auf. Im Bereich der *Puccinellia-Aster*-Ass. findet sich an ähnlichen Standorten eine analoge *Puccinellia salinaria*-Fazies jener Assoziation.

An höheren, salzreichen Stellen entwickelt sich unter Zurücktreten von *Puccinellia salinaria* eine *Lepidium cartilagineum*-Fazies, analog dem *Lepidietum crassifolii* Ţopas (1939 a).

In ihrer typischen Ausbildung bedeckt die Gesellschaft oft weite Wiesen (Podersdorfer Zicklacke, Mosadolacke), ein Beweis dafür, daß es sich um den Typus der Gesellschaft handelt und nicht um eine Mischung aus einem etwaigen *Puccinellietum* und einem *Lepidietum*. In einem Gebiet wie am Neusiedler See, wo namentlich an den Lachenrändern infolge der mit geringsten Höhenunterschieden verbundenen Änderung der Standortsfaktoren eine Pflanzengesellschaft in mehrere Gürtel (Zonen, Fazies) auseinandergezerrt wird, muß die normale Ausbildung dieser Gesellschaft auf ebenem und möglichst wenig verändertem Gelände gesucht werden. So bedeckt auch hier die typische Ausbildung der Assoziation weite Flächen, während die einzelnen Fazies und Subassoziationen meist nur gürtelartig auftreten. *Lepidium cartilagineum* selbst erreicht die beste Entwicklung der Einzelpflanzen im Gesellschaftstypus und nicht dort, wo es faziell auftritt.

Aus diesen Gründen glaube ich, von einer *Puccinellia salinaria-Lepidium cartilagineum*-Ass. sprechen zu können, wie es bereits Höfler (1937, S. 319) tut, und nicht von Mischbeständen aus zwei Assoziationen.

Die analoge Gesellschaft des ungarischen Tieflandes und des Ostens ist das *Puccinellietum limosae* in seiner Subass. von *Lepidium cartilagineum* und mit ähnlichen Faziesbildungen.

Die „Fazies von *Cerastium subtetrandrum*", die Höfler vom Neusiedler See beschreibt, ist ein interessantes Folgestadium der Gesellschaft auf Sandhügeln des Unteren Stinker und der Einsetzlacke mit stark entwickelter Moosschicht und verschiedenen abbauenden Trockenrasenelementen (S. 120/121).

Assoziationsbeschreibung.

Ähnlich wie die *Puccinellia salinaria-Aster* pannonicus*-Ass. ist auch diese Gesellschaft ausgeprägt und bezeichnend für die Umrandungen der Sodalachen im sandigen Solontschakgebiet. Gegenüber der *Puccinellia-Aster*-Ass. unterscheidet sich die Gesellschaft durch höhere Salzansprüche, namentlich in ihrer *Lepidium*-Fazies. Sie liegt wohl auch etwas höher als jene, und es scheint, als ob sich die beiden Arten, *Aster* pannonicus* und *Lepidium cartilagineum*, gegenseitig ausschließen würden.

Der Typus der Assoziation bildet — wenngleich von geringerer Erstreckung als die weiten *Aster*-Wiesen — in Terminal- und Optimalentwicklung dennoch schöne Wiesen von größerer Ausdehnung und dichtem Vegetationsschluß: Zickgraswiesen. An weniger günstigen Standorten kann die Deckung bis auf 50 v. H. heruntergehen, während die ökologisch weitaus extremere *Lepidium*-Fazies in der Regel nur 20—40 v. H. des Bodens bedeckt. Der Boden ist meist sandig und manchmal ganz schwach geneigt. Der Gesamtsalzgehalt bewegt sich zwischen 0·2—0·4 v. H., der pH-Wert zwischen 8·0—9·9. Innerhalb der einzelnen Fazies läßt sich ein gleichsinnig gerichtetes Gefälle der Werte verfolgen, wie es das Beispiel von der Mosadolacke zeigt (vom 9. Mai 1939):

<pre>
                                                                      pH:
Lepidium-Fazies, sandig-kleinschotteriger Boden, 0—2 cm .... 11·2
Assoziationstypus, 1—3 cm ....   8·8
Puccinellia-Wiese, nasser, schmieriger Zick, 2—3 cm ....   8·4
</pre>

Der Typus geht unmerklich über in die *Puccinellia*-Fazies: *Lepidium cartilagineum* wird mit zunehmender Feuchtigkeit immer spärlicher, die *Puccinellia*-Horste dagegen werden üppig und hochwüchsig. Hier, auf dem dauernd feuchten und nassen Boden, finden die *Puccinellia*-Individuen das Optimum ihrer Entwicklung. Infolge der Ablagerung der Sinkstoffe des Wassers ist der Boden nicht mehr sandig, sondern schlickig und fein-dispers. Gegen das offene Wasser zu löst sich der geschlossene Rasen der Wiese in einzelstehende Horste auf, die pionierartig in die freie Wasserfläche vorstoßen. (Am Unteren Stinker, an der Mosadolacke östlich Apetlon.) Von der im allgemeinen hochwüchsigen Entwicklung der *Puccinellia*-Fazies unterscheidet sich ein Vorkommen in der Mulde südlich des Illmitzer Feldsees, wo sich eine niederwüchsige und dichtrasige, durchaus nicht üppige und hochhorstige *Puccinellia*-Fazies mosaikartig an den tieferen und feuchteren Stellen zwischen das *Juncetum Gerardi* einschiebt.

Die *Lepidium cartilagineum*-Fazies ist seltener unmittelbar an Lachenrändern ausgebildet — hier entwickelt sich meist der Typus der Gesellschaft neben der *Puccinellia*-Fazies. Die *Lepidium*-Fazies findet ihre beste Ausbildung an extremen Sodaflecken oder in flachen Pfannen höherer Stellen und bietet an solchen Stellen im kleinen durchaus das Bild der weiten östlichen *Lepidium*-Ebenen Rumäniens und Süd-Rußlands.

Solche Pfannen finden sich in schöner Ausbildung an den Ufern der östlichen Wörthenlacke. Wie derartige Pfannen entstehen, konnte ich in der Hortobágy beobachten. Die höhergelegenen Ränder („Bänkchen") einer Lacke wurden bei Wind dauernd vom Wasser unterspült, wodurch ein senkrechter Abbruch geschaffen wurde. Derart nagte das Wasser immer weitere Teile des höhergelegenen Ufers an, bei Hochwasser auch entferntere, sonst trocken liegende Abschnitte und schafft so diese bezeichnend eingebuchteten Pfannen, wie sie im Seewinkel gerade an der Wörthenlacke in schöner Ausbildung zu beobachten sind. Für die Richtigkeit dieser Beobachtung spricht auch, daß an der Wörthenlacke sämtliche Pfannen gegen die Lache zu geöffnet sind (vgl. die Skizze S. 118). Teilweise sind — nach Beobachtungen in der Hortobágy — Pfannen und Terrassen auch längs alter Wasserläufe festzustellen, die an den Rändern Abbruchkanten und pfannenartige Aushöhlungen geschaffen haben.

In der Hortobágy bröckeln von diesen Abbruchkanten dauernd Erdschollen ab und fallen ins Wasser. Die ursprüngliche Vegetation dieser Schollen erhält sich noch eine Zeitlang — so weit die Erdscholle noch weit genug aus dem Wasser ragt —, wird aber von *Bolboschoenus maritimus* verdrängt; auf den etwas älteren Schollen siedelt sich *Agrostis alba* und *Beckmannia erucaeformis* an. Es wiederholt sich hier im kleinen die Gürtelungsfolge der Lachenränder.

Die von der *Lepidium*-Fazies bedeckten Flächen tragen, ihrem extremen Charakter entsprechend, sehr häufig schöne Salzausblühungen. Es ist auffällig, daß auf solchem von Salzausblühungen bedeckten Boden Trockenrisse fehlen. Die Blätter von *Lepidium cartilagineum* sind an Pflanzen, die im Gesellschaftstypus wachsen, hellgrün und werden an Pflanzen extremer Standorte, in der *Lepidium*-Fazies, blaugrün und geben dadurch der ganzen Fazies einen blaugrünen Schimmer. Repp hat auf diese Erscheinung bereits in ihrer Arbeit (1939) hingewiesen.

Da die Fazies höher liegt als der Typus, ist es völlig irreführend, wenn Bojko (1931) die Höhenstufe von *Lepidium cartilagineum* an die untere Grenze der Stufe von *Puccinellia* legt, zusammen mit *Triglochin maritimum* und *Scorzonera parviflora*, und unterhalb von *Aster * pannonicus*!

Der Boden ist im allgemeinen sandiger als beim Gesellschaftstypus oder gar bei der *Puccinellia*-Fazies. Seine chemischen Werte sind, der Solontschaknatur gemäß, unmittelbar an der Oberfläche am höchsten. Dadurch unterscheidet sich dieser Standort wesentlich von dem des *Camphorosmetum* ebenso wie durch eine physikalisch ungleich günstigere Struktur, wenn auch häufig ähnlich hohe Werte auftreten. Aber auch die hohen Extremwerte von *Suaeda maritima* werden kaum erreicht, was bereits aus der Gürtelungsfolge ersichtlich ist. Im einzelnen wurden folgende Werte gefunden: pH = 8·6—9·9 (—10·2), Gesamtsalz = 1·2—1·7 v. H., Sodagehalt 0·2—0·3.

Der Boden ist nur kurze Zeit im Frühjahr durchfeuchtet, selten überflutet, entbehrt aber infolge seiner sandigen Struktur selbst während des heißesten Sommers nie ganz einer vom aufsteigenden Grundwasser gespeisten Feuchtigkeit. Der Vegetationsschluß ist gering, etwa 20—40 v. H.

In guter, rasenartiger Ausbildung der Gesellschaft in der Mulde südlich des Feldsees ist die Subass. von *Arachnospermum canum* schön zu beobachten. Die Subassoziation liegt im oberen Bereich des Gesellschaftstypus, jedoch noch unterhalb der *Plantago maritima*-Subassoziation. Sie ist angedeutet auch am Südufer des Feldsees, am Südufer der Langen Lacke bei Apetlon, in einer Mulde westlich des Xix-Sees.

Als ein schmaler Streifen auf schotterigem Boden tritt an Lachenrändern die *Plantago maritima*-Subass. auf, meist dort, wo oberhalb der nach der Mitte der Lachenmulde zusammengeschwemmten Schlamm- und Zicklagen der nackte Schotter des Untergrundes zutage tritt. Hier dringen bereits Elemente der höherliegenden Steppe als erste Pioniere der Folgeassoziation ein, während *Puccinellia salinaria* und *Lepidium cartilagineum* merklich zurücktreten.

Verschiedene Ausprägungen und Gürtelungsverhältnisse innerhalb der
Puccinellia salinaria-Lepidium cartilagineum-Ass.

1. Südufer des Feldsees bei Illmitz.
2. Mulde südlich des Feldsees.
3. Albersee.
4. Sodamulde ober der Einsetzlacke.
5. Pfannen an der Wörthenlacke.
6. Unterer Stinker.
7. *Lepidium*-Hügel vom Unteren Stinker.

1. Südufer des Feldsees.

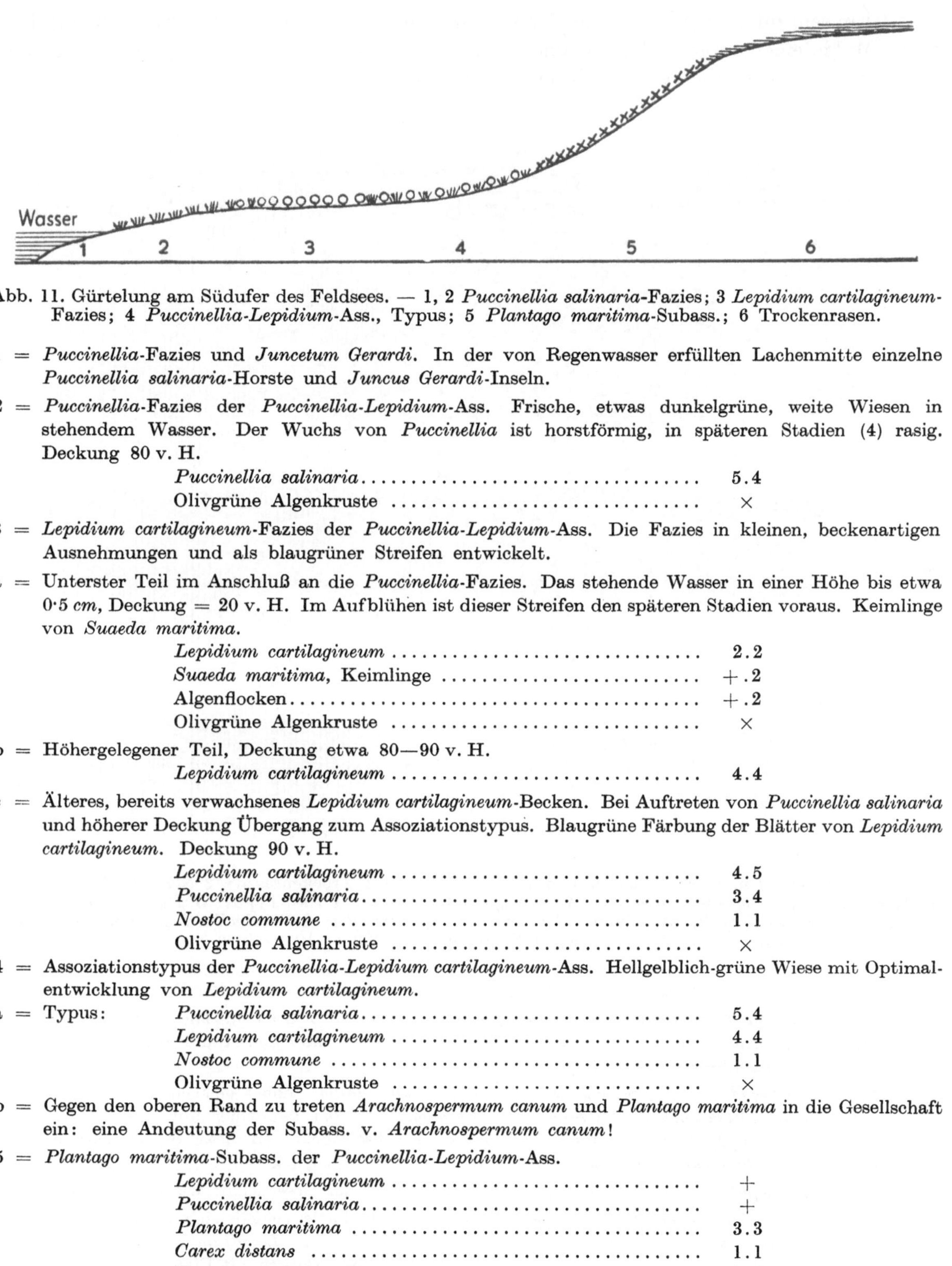

Abb. 11. Gürtelung am Südufer des Feldsees. — 1, 2 *Puccinellia salinaria*-Fazies; 3 *Lepidium cartilagineum*-Fazies; 4 *Puccinellia-Lepidium*-Ass., Typus; 5 *Plantago maritima*-Subass.; 6 Trockenrasen.

1 = *Puccinellia*-Fazies und *Juncetum Gerardi*. In der von Regenwasser erfüllten Lachenmitte einzelne *Puccinellia salinaria*-Horste und *Juncus Gerardi*-Inseln.

2 = *Puccinellia*-Fazies der *Puccinellia-Lepidium*-Ass. Frische, etwas dunkelgrüne, weite Wiesen in stehendem Wasser. Der Wuchs von *Puccinellia* ist horstförmig, in späteren Stadien (4) rasig. Deckung 80 v. H.

        Puccinellia salinaria 5.4
        Olivgrüne Algenkruste .... ×

3 = *Lepidium cartilagineum*-Fazies der *Puccinellia-Lepidium*-Ass. Die Fazies in kleinen, beckenartigen Ausnehmungen und als blaugrüner Streifen entwickelt.

a = Unterster Teil im Anschluß an die *Puccinellia*-Fazies. Das stehende Wasser in einer Höhe bis etwa 0·5 *cm*, Deckung = 20 v. H. Im Aufblühen ist dieser Streifen den späteren Stadien voraus. Keimlinge von *Suaeda maritima*.

        Lepidium cartilagineum 2.2
        Suaeda maritima, Keimlinge .... +.2
        Algenflocken.. +.2
        Olivgrüne Algenkruste .... ×

b = Höhergelegener Teil, Deckung etwa 80—90 v. H.
        Lepidium cartilagineum 4.4

c = Älteres, bereits verwachsenes *Lepidium cartilagineum*-Becken. Bei Auftreten von *Puccinellia salinaria* und höherer Deckung Übergang zum Assoziationstypus. Blaugrüne Färbung der Blätter von *Lepidium cartilagineum*. Deckung 90 v. H.

        Lepidium cartilagineum 4.5
        Puccinellia salinaria................................. 3.4
        Nostoc commune 1.1
        Olivgrüne Algenkruste .... ×

4 = Assoziationstypus der *Puccinellia-Lepidium cartilagineum*-Ass. Hellgelblich-grüne Wiese mit Optimalentwicklung von *Lepidium cartilagineum*.

a = Typus: *Puccinellia salinaria*................................. 5.4
        Lepidium cartilagineum 4.4
        Nostoc commune 1.1
        Olivgrüne Algenkruste .... ×

b = Gegen den oberen Rand zu treten *Arachnospermum canum* und *Plantago maritima* in die Gesellschaft ein: eine Andeutung der Subass. v. *Arachnospermum canum*!

5 = *Plantago maritima*-Subass. der *Puccinellia-Lepidium*-Ass.

        Lepidium cartilagineum .... +
        Puccinellia salinaria................................. +
        Plantago maritima 3.3
        Carex distans 1.1
        Taraxacum bessarabicum .... (+)
        Juncus Gerardi 1.1
        Festuca pseudovina .... +.2
        Cynodon dactylon .... +
        Lotus corniculatus .... (+)
        Olivgrüne Algenkruste .... ×

2. Mulde südlich des Feldsees.

Ein sehr interessantes Beispiel der Verlandungsmöglichkeit in der Salzserie bietet diese flache Mulde einer ausgetrockneten und völlig verwachsenen, ehemaligen Lache oder eines Grabens, möglicherweise bedingt durch die Entwässerung des Feldsees.

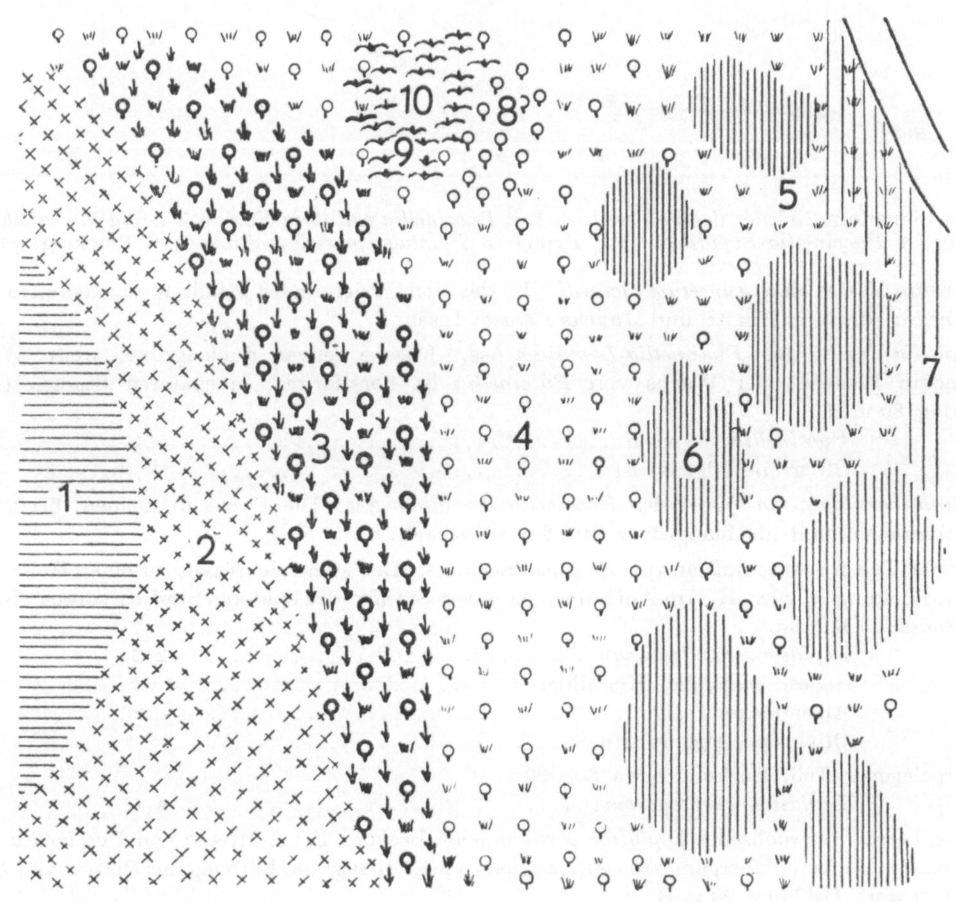

Abb. 12. Gürtelung in einer Senke südlich des Feldsees. — 1 Trockenrasen; 2 *Staticeto-Artemisietum*; 3 *Puccinellia-Lepidium*-Ass., Subass. v. *Arachnospermum canum*; 4 Ass.-Typus; 5 *Puccinellia salinaria*-Fazies; 6 *Juncetum Gerardi*, Ass.-Typus; 7 Fazies von *Agrostis alba*; 8 *Puccinellia-Lepidium*-Ass., Fazies von *Lepidium cartilagineum*; 9 *Suaedetum maritimae*; 10 nackter Sodafleck.

1 = Trockenrasen: hochgelegene, flache Kuppe mit vielen bunten, leuchtenden Blumen.

2 = *Staticeto-Artemisietum*, Subass. v. *Festuca pseudovina*: auf einer Bodenauflage über den folgenden Ausbildungsformen. *Artemisia maritima* ist ausgesprochen auf den Rand gegen die folgende *Arachnospermum*-Subass. beschränkt.

3 = *Puccinellia-Lepidium*-Ass., Subass. v. *Arachnospermum canum*: höher gelegen als der Typus der Assoziation. Altstadium der Gesellschaft! *Plantago màritima* fehlt hier auf dem tiefgründigen Boden, auf dem die Gesellschaft mit kurzrasigem Wuchse stockt. In dieser Subassoziation bleibt *Lepidium cartilagineum* gegenüber dem Typus in der Blüte zurück.

4 = *Puccinellia-Lepidium*-Ass., Typus: optimale Entwicklung der Gesellschaft wie der Einzelpflanzen.

5 = *Puccinellia-Lepidium*-Ass., *Puccinellia salinaria*-Fazies: die Fazies schiebt sich mosaikartig zwischen die *Juncus Gerardi*-Bestände im feuchteren Teil der Senke ein; *Lepidium cartilagineum* geht in vereinzelten Stöcken bis ins stehende Wasser (24. Juni 1939). Bereits mit Elementen des *Juncetum Gerardi* gemischt: *Scorzonera parviflora, Taraxacum palustre.*

6 = *Juncetum Gerardi*, Assoziationstypus: an den tieferen und feuchteren Stellen der Mulde mit 3—8 *cm* tief stehendem Wasser (24. Juni 1939); Flecken von 1 bis 12 und mehr Quadratmetern. Einzelne Flecken von *Juncus Gerardi* sind voll aufgeblüht, an den tieferen Stellen steht die Pflanze erst in Knospen oder ist bloß schwach aufgeblüht.

7 = *Juncetum Gerardi, Agrostis alba*-Fazies: an den tiefsten Stellen und an der Wasserrinne in der Mitte der Mulde.

10 = Nackter Sodaflecken im Bereich der *Puccinellia-Lepidium*-Ass. Gürtelungsfolge um den Sodafleck herum:

Nackter Boden mit Sodaausblühungen (10)

|

Suaeda maritima (9)

|

Lepidium cartilagineum (8)

|

Puccinellia salinaria und *Lepidium cartilagineum* (4)

3. Mitte einer kleinen, verwachsenen Lache südöstlich des Albersees.

Auch dieses Beispiel gibt das Bild einer Verlandung in der Salzserie, ähnlich wie das vorhergehende Beispiel von der Mulde südlich des Feldsees.

	1	2	3
Deckung: ....v. H.	90	100	85
Suaeda maritima	*2.3*		
Puccinellia salinaria	*3.3*	*4.4*	3.3
Lepidium cartilagineum	*1.3*	+	+
Spergularia marginata	*1.3*	1	1
*Aster * pannonicus*		*4.4*	2.3
Plantago maritima		1.2	3.3

1 a = *Puccinellia-Lepidium cartilagineum*-Ass., Typus, mit dem Rest des *Suaedetum maritimae* der Muldenmitte gemischt und ineinandergestaucht.
1 b = Randzone mit *Spergularia marginata*.
2 = *Puccinellia-Aster * pannonicus*-Ass., Typus, etwa 5 m breiter Gürtel.
3 = *Puccinellia-Aster * pannonicus*-Ass., Subass. v. *Plantago maritima* am Rande der Senke.

4. Sodamulde nordwestlich der Einsetzlacke.

	1	2	3	4	5
Breite des Gürtels .... m		2	1	2—3	2
Aufnahmefläche...................... m²		4	2	4	4
Deckung .... v. H.	0	10	60	80	90
Suaeda maritima		*1.2*			
Lepidium cartilagineum		1.1	*4.4*	*4.4*	2.2
Puccinellia salinaria			+	2.2	5.4
*Aster * pannonicus*					1.1

1 = Vegetationsloser Sodafleck, rein weiß, von Soda bedeckt.
2 = Gürtel von *Suaeda maritima*: *Suaeda maritima* erträgt die höchsten Sodawerte; noch vereinzelte *Lepidium*-Stämmchen.
3 = Gürtel von *Lepidium cartilagineum*: Salzausblühungen noch auf kleinen Bodenerhebungen und an den Stämmchen von *Lepidium cartilagineum*.
4 = *Puccinellia-Lepidium cartilagineum*-Ass., Assoziationstypus.
5 = *Puccinellia-Aster * pannonicus*-Ass., unter auffallend starker Beteiligung von *Lepidium cartilagineum*. Salzausblühungen fehlen, die Feuchtigkeit des Bodens ist bereits erheblicher.

Es handelt sich hier um eine flache Mulde von der Art der Pfannen an der Wörthenlacke unter deutlicher Absetzung gegenüber dem umgebenden Trockenrasen. Salzausblühungen bedecken in der Mitte der Mulde geschlossen den Boden, nehmen gegen den Rand zu ab und fehlen im *Puccinellia-Aster*-Gürtel vollständig. Mit abnehmender Salzkruste nehmen dagegen die Trockenrisse im Boden zu! Die Deckung ist auf extremem Boden gering und steigt mit besseren Lebensbedingungen (von 10 v. H. auf 90 v. H.!).

Beachtenswert ist die Ausbildung einer Algenkruste in allen Stadien.

In derselben Mulde liegt unweit der Aufnahmefläche eine Stelle mit einer linsenartigen, vegetationslosen Aufwölbung des Bodens mit starken Salzausblühungen, die lebhaft an die „Solontschakgeschwulst" Țopas in Nordrumänien erinnert (Țopa 1939 a, Fig. 1). Sie ist rings umgeben von vorstoßenden *Suaeda maritima*-Pionieren. *Lepidium cartilagineum* folgt erst in weiterem Abstande.

5. Pfannen der östlichen Wörthenlacke.

Diese Pfannen sind — zusammenhängend mit ihrer Entstehung — sämtlich gegen die Lache zu offen. Die Größe schwankt zwischen etwa 30 und 100 m^2, der Abbruch von den Trockenrasen beträgt etwa 20 *cm*. Anschließend an die Abbruchkante ist auf dem höheren Gelände ein *Camphorosmetum annuae* angedeutet, dahinter entwickelt sich ein schöner Rasen von *Festuca pseudovina*, der mit geringer Erhöhung des Bodens in einen ausgesprochenen Trockenrasen übergeht.

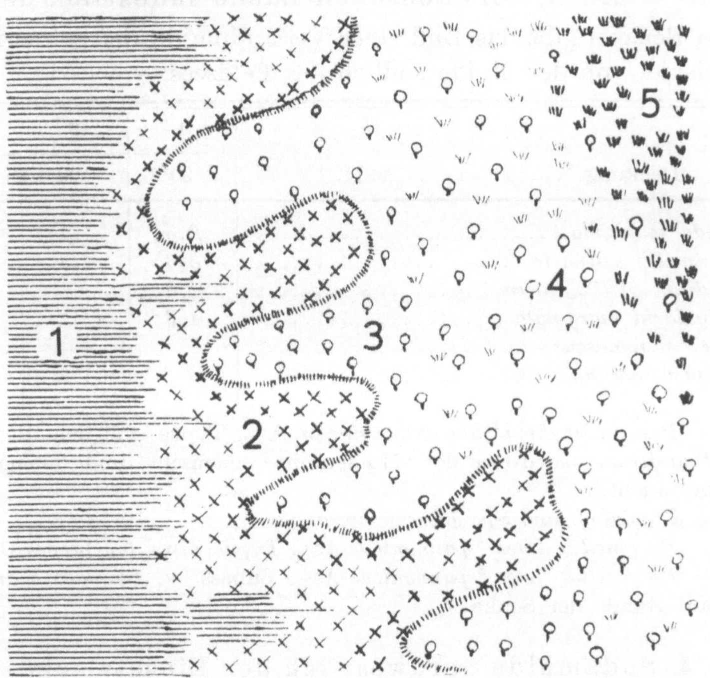

Abb. 13. Pfannen an der Wörthenlacke. — 1 Trockenrasen; 2 *Staticeto-Artemisietum*; 3 *Lepidium cartilagineum*-Fazies der *Puccinellia-Lepidium*-Ass.; 4 Ass.-Typus; 5 *Puccinellia salinaria*-Fazies.

Das Innere der Pfannen ist ausschließlich von *Lepidium cartilagineum* besiedelt (Aufn. 1—3). Auf kleinen Erhöhungen des Bodens dringt von der offenen Seite der Buchten her *Puccinellia salinaria* ein (Aufn. 4). Dann folgt gegen die Lache zu ein abschließender Streifen aus *Puccinellia salinaria* mit *Lepidium cartilagineum* (Assoziationstypus, Aufn. 5—7). Auch in den bereits stärker verwachsenen Pfannen deutet das verminderte Auftreten von *Puccinellia salinaria* im Inneren der Buchten die Besiedlungsrichtung an.

	1	2	3	4	5	6	7
Deckung: .... v. H.	20	30	30	80	85	50	60
Lepidium cartilagineum	2.1	2.2	3.2	3.2	3.2	2.1	2.1
Puccinellia salinaria			+	3.2	4.2	3.2	3.2
Nostoc commune...............				+.2		r	+.2
Plantago maritima.............			r				
Camphorosma annua				r			

Die *Lepidium cartilagineum*-Fazies wird von einer zusammenhängenden Salzkruste bedeckt ($^9/_{10}$—$^{10}/_{10}$), während der Assoziationstypus nur von einem Schimmer überzogen ist, dagegen stärkere Trockenrisse aufweist. Die Deckung ist in den Pfannen gering (25 v. H.) und erreicht beim Typus 60—80 v. H. *Nostoc* fehlt in der extremen *Lepidium cartilagineum*-Fazies.

6. Sandflächen des Unteren Stinker.

Am flachen West- und Südufer des Unteren Stinker bedecken Sandaufwehungen weite Flächen, die von der *Puccinellia-Lepidium*-Ass. eingenommen werden, während das Ostufer des Stinkers von Röhricht bestanden ist. Extremer Boden ist überhaupt vegetationslos und nur an den Rillen der Wagenspuren, die die Sandebene durchziehen, siedeln sich reihenweise Keimlinge von *Lepidium cartilagineum*, *Puccinellia salinaria* und *Suaeda maritima* (auch *Nostoc*!) an, von denen viele wieder zugrunde gehen, manche aber kräftige Horste und Stöcke bilden.

Gegen das Wasser zu wird der *Puccinellia*-Rasen geschlossener und hochwüchsig, bis er sich mit zunehmender Wassertiefe in einzelne Horste auflöst. In trockeneren Jahren sind diesen Wiesen noch weitere Streifen von *Suaeda maritima* vorgelagert.

Bei Hochwasser und auch im stehenden Wasser lagern sich in den Horsten der *Puccinellia*-Wiesen Sinkstoffe ab, die in der Mitte der Lachenmulde dem Sand als eine mehr oder weniger starke Schicht aufgelagert sind. Die *Puccinellia*-Horste nahe dem freien Wasser stehen oft auf Stelzen und dann lagern sich zwischen den Stengeln eines solchen Horstes die Sinkstoffe in vermehrtem Maße ab, vielleicht auch anwehender Sand.

Die folgende Skizze veranschaulicht die Verhältnisse am Nordwestufer des Unteren Stinkers.

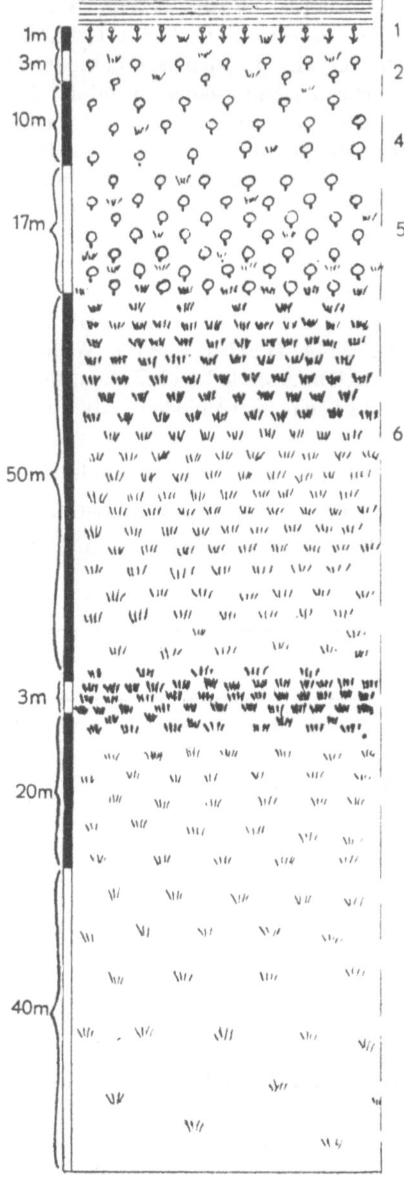

Abb. 14. Gürtelung am Unteren Stinker-See. — Von oben nach unten: Trockenrasen; 1 Streifen von *Plantago maritima* (1 *m*); 2, 5 *Puccinellia-Lepidium*-Ass., Typus (17 *m*); 4 *Lepidium cartilagineum*-Fazies (10 *m*); 6 *Puccinellia salinaria*-Fazies.

1 = *Puccinellia-Lepidium*-Ass., *Plantago maritima*-Subass., als ein schmaler Streifen von etwa 1 *m* Breite, die Subassoziation fragmentarisch entwickelt.

2 = Assoziationstypus bei Vorwiegen von *Lepidium cartilagineum*, Boden stärker geneigt, schotterig.

3 = Assoziationstypus, Boden sandig.

4 = *Lepidium cartilagineum*-Fazies, in dichtem Wuchs.

5 = Im oberen Teil Assoziationstypus mit Optimalentwicklung von *Lepidium cartilagineum* (noch in Blüte). Nach unten zu Übergang in die *Puccinellia*-Fazies und zuletzt Horstbildung.

6 = *Puccinellia salinaria*-Fazies, vom vorhergehenden Gürtel durch eine ziemlich scharfe Grenze geschieden (Folge eines verschiedenen Wasserstandes?). Der anfänglich dichte und geschlossene Wuchs wird locker und löst sich schließlich an der freien Wasserfläche in einzelne Horste auf.

Deckung: .... v. H.	1	2	3	4	5	5 a	6 b	6 c—d
		15	40	80	95		60	25
Plantago maritima	2.2							
Lepidium cartilagineum	+	2.2	3.3	5.5	3.3	1.1		
Puccinellia salinaria	+.2	+.2	1.2	1.2	5.5	5.5	*4.4*	*3.2*
Centaurea jacea	+							
Achillea sp.	+							

7. *Lepidium*-Hügel vom Unteren Stinker
(Taf. II, Fig. B, und Taf. III, Fig. A).

Eine Erscheinung ganz eigener Art sind die *Lepidium*-Hügel, wie sie in schöner Entwicklung am Unteren Stinker zu beobachten sind und die sicher identisch sind mit den „*Cerastium*-Hügeln", die Höfler von der Einsetzlacke beschrieben hat.

In diesem Falle kann man eine ausgesprochene Sukzession verfolgen. Auf vegetationslosem Boden — vielleicht unterstützt durch die besseren Lebensbedingungen einer Wagenrille — stößt ein *Lepidium*-Stock vor und behauptet sich. Andere wieder gehen zugrunde und hinterlassen nur Reste von Wurzelköpfen. Solch ein Stock ist häufig durch kreisrunden, horstartigen Wuchs ausgezeichnet (Taf. III, Fig. B) und speichert zwischen den Basen der Stengel und grundständigen Blätter anwehenden Sand, vielleicht auch absinkende Bodenteile während eines Hochwassers, und vergrößert so langsam seinen Standort. Mit zunehmender Erhöhung vom Boden entfernt sich der Hügel immer mehr von den extremen Anfangsbedingungen und bietet schließlich auch *Puccinellia*-Pflanzen Wachstumsmöglichkeiten. Dann wird das *Lepidium* an die Seite des Hügels abgedrängt, während sich *Puccinellia* am Scheitel breitmacht. Während nun *Puccinellia* die sandspeichernde Funktion am Gipfel übernimmt, stößt *Lepidium* durch Massen von Keimlingen rings um den Hügel auf dem ebenen und extremen Boden vor und vergrößert den Hügel nach der Breite. Nicht selten verschmelzen einzelne, einander näherstehende Hügel miteinander.

Mit zunehmender Erhöhung durch immer wieder anwehenden Sand entfernt sich der Scheitel dieser Horste von den anfänglichen Extrembedingungen der unteren sodareichen Bodenschicht und „ragt also sozusagen aus der Sodazone hervor" (Höfler 1937; vgl. die schöne Skizze bei Höfler, S. 331). Während sich die Arten der *Puccinellia-Lepidium*-Ass. schließlich mehr auf die seitlichen Abfälle beschränken, finden sich auf der Höhe des Hügelchens verschiedene salzempfindlichere Arten ein, verschiedene abbauende Elemente des Trockenrasens und eine stärker entwickelte Moosschicht.

So entsteht ein Folgestadium der *Puccinellia-Lepidium*-Ass. in ihrer Entwicklung vom nackten Boden über die *Lepidium*-Fazies und den Typus gegen den Trockenrasen, das Höfler als „*Cerastium subtetrandrum*-Fazies des *Atropetum Peisonis*" beschrieben hat und das die folgenden Aufnahmen veranschaulichen sollen.

	1	2	3	4	5
Puccinellia salinaria	5.5	1—2	1	1—2	2—3
Lepidium cartilagineum	2.2	2	2		
Cerastium subtetrandrum	1.2	1	2	2	×
Plantago maritima			+	+	1
*Aster * pannonicus*			+		
Arachnospermum canum			+		
Artemisia maritima				+	
Anthemis sp.				+	
Bromus mollis				+	
Bryum pendulum			×	×	
Barbula vinealis			×	×	

Die Aufnahme 1 wurde am Unteren Stinker gemacht, die übrigen sind der Arbeit Höflers (1937) entnommen und stammen von der Einsetzlacke bei Illmitz.

Im Bereiche der *Puccinellia-Aster*-Ass. finden sich übrigens ganz analoge „*Cerastium subtetrandrum*-Bestände" vom Seebecken nördlich Podersdorf bei Wenzl (1934 a) beschrieben:

Puccinellia salinaria	2	1
*Aster * pannonicus*	2	1
Plantago maritima	2	3
Cerastium subtetrandrum	4	4
Tetragonolobus siliquosus	+	1
*Lotus * tenuifolius*	+	+
Odontites rubra	+	
Phragmites communis	2	1

In Mitteldeutschland sind Horste von *Puccinellia distans* die „ruhenden, aus der Ebene hervorragenden Inseln, die zu einer allmählichen Bodenerhebung beitragen" (Altehage 1939, S. 163).

So entsteht jedenfalls eine Hügellandschaft gerade auf den beschriebenen ebenen Sandflächen des Unteren Stinkers von ganz eigenem, östlich-asiatischem Gepräge, das eine Ähnlichkeit in den *Halocnemum strobilaceum*-Polstern rumänisch-russisch-asiatischer Salzsteppen findet. Dort bedecken „Beete" oder Polster von *Halocnemum strobilaceum* von etwa 5 bis 10 *cm* Höhe weite Flächen der asiatischen Steppe.

Eine weitere, höchst auffällige Parallelerscheinung zu diesen *Lepidium cartilagineum*-Hügeln findet man im *Arthrocnemetum glauci* Süd-Frankreichs.

Diese Gesellschaft besiedelt an den Ufern der Etangs extremste Böden und wird von Braun-Blanquet mit den folgenden Worten treffend beschrieben (Br.-Bl. 1933, S. 21): „Association terrestre la plus halophile du Midi de la France, qui s'avance le plus vers des surfaces absolument stériles, où la concentration en sel du sol exclut toute vie végétale". Der osmotische Druck erreicht bei *Arthrocnemum glaucum* im Sommer über 80 Atm.!

Arthrocnemum glaucum bildet aber auch innerhalb des *Salicornietum fruticosae* eine Fazies von *Arthrocnemum glaucum* — weite Strecken oft reiner *Arthrocnemum*-Herden, die gegen vegetationslose Flächen pionierartig vorstoßen. Die Ähnlichkeit mit den Herden der *Lepidium cartilagineum*-Fazies des Neusiedler Sees ist unverkennbar! Anschließend folgt dann das *Salicornietum fruticosae typicum*, während sich erst an höheren Stellen die übrigen Charakterarten der eigentlichen *Arthrocnemum glaucum*-Ass. einstellen, u. zw. auffallenderweise vielfach auf ähnlichen Sandhügeln (den „tourandons") wie die von *Lepidium cartilagineum* gebauten am Neusiedler See.

Die „*Arthrocnemum*-Fazies" ist eine Pionierform ohne begleitende Arten, während sich auf den Hügeln und allgemein auf erhöhtem Boden die typische Assoziation entwickelt, die zum Unterschied zu den nackten *Arthrocnemum*-Herden zahlreiche Charakterarten aufweist.

So findet das südfranzösische *Arthrocnemetum* ein völliges ökologisches Ebenbild in den *Lepidium*-Hügeln des Neusiedler Sees.

Vorkommen im Gebiet:

Assoziationstypus:
> Unterer Stinker
> Oberer Stinker (bereits selten!)
> Sodamulde ober Einsetzlacke
> Südufer Feldsee
> Mulde südlich Feldsee
> Podersdorfer Zicklacke
> Östliche Wörthenlacke
> Obere Halbjochlacke
> Mosadolacke

Puccinellia-Fazies:
> Mosadolacke
> Unterer Stinker
> Podersdorfer Zicklacke

Lepidium cartilagineum-Fazies:
> Östliche Wörthenlacke
> Sodamulde ober Einsetzlacke
> Lange Lacke
> Südufer Feldsee
> Mulde südlich Feldsee
> Mosadolacke

Subass. von *Plantago maritima*:
   Unterer Stinker

Subass. von *Arachnospermum canum*:
   Bloß in der verwachsenen Mulde südlich des Feldsees. Angedeutet am Südufer des Feldsees, am Südufer der Langen Lacke bei Apetlon und in einer Mulde westlich des Xixsees.

Verbreitung der Assoziation: Die Verbreitung der Assoziation hängt eng zusammen mit der Verbreitung der beiden Charakterarten *Lepidium cartilagineum* und *Puccinellia salinaria*. Sie ist anscheinend spezifisch für das Gebiet des Neusiedler Sees; in der Süd-
Slowakei und in der Hortobágy fehlt die Assoziation als eine Gesellschaft des Solontschakbodens. Eine analoge Gesellschaft mit *Puccinellia limosa* wurde aus dem Donau-Theiß-
Gebiet und der Wojwodina beschrieben (Rapaics 1927 a, Slavnić 1947).

Schrifttum: Rapaics 1927 a, 1927 b, 1927 c, Bojko 1932, Wenzl 1934 a, Höfler 1937, Țopa
1939 a, Moesz 1940, Soó 1940 a, Wdbg. 1943, Soó 1945, 1947 a, 1947 b, Wdbg. 1947.

Puccinellion limosae (Klika 1937) Wendelberger 1943.

Syn.: *Puccinellion distantis* Soó 1933 d p. p.

Charakterarten.

Verb.-Ch.: H *Puccinellia limosa* (Schur) Holmbg.
            T *Cerastium anomalum* W. K.
            T *Plantago tenuiflora* W. K.
            T *Pholiurus pannonicus* (Host) Trin.
            T *Camphorosma annua* Pall.
            T *Matricaria Chamomilla* L. ssp. *Bayeri* (Kan.) Hay.
            T *Hordeum Hystrix* Roth
            T *Ranunculus lateriflorus* DC.
            H *Spergularia marginata* (DC.) Kittel ? (lok.)
            T *Spergularia salina* J. et C. Presl ? (lok.)
            T *Bassia* (*Echinopsilon*) *sedoides* (Pall.) Asch. (ap. Soó)

Gliederung.

Puccinellion limosae (Klika 1937) Wendelberger 1943.
   1. *Puccinellietum limosae* auct. Hung.
   2. *Pholiurus pannonicus-Plantago tenuiflora*-Ass. (Soó 1933 d) Wendelberger 1943.
   3. *Hordeetum Hystricis* (Felszeghy 1936) Wendelberger 1943.
   4. *Camphorosmetum annuae* (Rapaics 1916) Țopa 1939.

Dieser Verband wurde in der vorliegenden Fassung bereits von Klika (1937) erkannt, der als
erster das *Camphorosmetum* zum *Puccinellion* stellte, doch decken sich die von ihm angeführten Charakterarten nicht völlig mit den meinigen.

Innerhalb des *Puccinellion limosae* sind die ersten drei Assoziationen eng miteinander
verwandt: die *Pholiurus-Plantago tenuiflora*-Ass. wird von Klika (1937) als ein Frühlings-
aspekt, von Soó (1933 d) als Subassoziation des *Puccinellietum limosae* aufgefaßt (vgl.
S. 126), während das *Hordeetum Hystricis* ein Degradationsstadium des *Puccinellietum* darstellt.

Das *Camphorosmetum* ist wieder selbständiger und von den genannten Gesellschaften
stärker verschieden, gehört aber ohne weiteres zum Verbande des *Puccinellion
limosae*.

Das *Puccinellion limosae* stellt einen östlich-kontinentalen Verband dar, der am Neusiedler See seine Westgrenze findet, ebenso wie die Assoziationen des Verbandes und die

Charakterarten, die den See nach Westen im wesentlichen nicht überschreiten. Am Neusiedler See selbst sind die Assoziationen auf das Extremgebiet beschränkt.

Neben den angeführten Verbandscharakterarten ist *Lepidium ruderale* bemerkenswert. Möglicherweise hat diese Pflanze, die nach Hegi „gerne auf ammoniak- oder salzhältigen Stellen" wächst, auf Salzboden ihren natürlichen Standort und griff von hier aus auf die Ruderalstellen der menschlichen Siedlungen über. Auffallend ist in diesem Zusammenhange, daß die Art nach Hegi im norddeutschen Flachland ursprünglich nur in der Nähe der See häufig ist, sich jedoch durch den Verkehr mehr und mehr im Binnenlande ausbreitet. Die var. *salina*, die im Herbar des Wiener Naturhistorischen Museums unter dem von Thellung revidierten Material liegt, ist ein hochwüchsiges Exemplar von den Salzstellen bei Virakna (Salzburg) in Siebenbürgen, das den Neusiedler Pflanzen habituell völlig unähnlich ist.

Das *Puccinellion limosae* ist der Verband der Pflanzengesellschaften des Solonetzbodens, die nahe oder unmittelbar auf dem Akkumulationshorizont wurzeln und dementsprechend ungünstigsten Bodenbedingungen unterworfen sind. Zum Verbande gehören Gesellschaften, deren Standorte zu den extremsten von allen Pflanzengesellschaften des ungarischen Tieflandes zu rechnen sind. Ein hoher Salz- und Sodareichtum, das Auftreten einer Anreicherungsschicht im Boden sowie eine hohe Dispersität des tonigen Solonetzbodens bezeichnen hinreichend die abnormen Standortsbedingungen. Die Neigung des Bodens ist gering und meist gar nicht ausgeprägt, Salzausblühungen fehlen in der Regel. Ebenfalls fehlt, der Bodenart entsprechend, jeder Zusammenhang mit der Gürtelung der Lacken. Die angeführten Eigenschaften sind als ökologische Verbandsmerkmale anzusehen.

Schrifttum: Soó 1930 a, Soó 1933 d, Máthé 1933, Soó 1936 a, Klika 1937, Ujvárosi 1937, Igmándy 1938/39, Soó 1939, Máthé 1939, Soó 1940 a, Wdbg. 1943, Soó 1945, 1947 a, 1947 b, Slavnić 1948.

Puccinellietum limosae
auct. Hung.

Syn.: *Bolboschoenus-Puccinellia limosa*-Ass. Magyar 1928 p. p., *Puccinellietum limosae hungaricum* (Rapaics 1927) Soó 1930 a, *Aster * pannonicus-Plantago maritima*-Ass. Slavnić 1948.

Charakterarten und Gliederung.

Die Frage der Charakterarten dieser Assoziation ist noch weitgehend ungeklärt. Soó vereinigt (1947 b) die Assoziationscharakterarten mit den Verbandscharakterarten, ohne dabei gesellschaftseigene Charakterarten des *Puccinellietum limosae* abgrenzen zu können. Slavnić dagegen nennt *Aster * pannonicus* und *Plantago maritima* als Charakterarten seiner Gesellschaft, die dem *Puccinellietum limosae* der ungarischen Autoren gleichzusetzen sein dürfte — eine bemerkenswerte Annäherung an die Verhältnisse bei der analogen *Puccinellia salinaria-Aster * pannonicus*-Ass. vom Neusiedler See.

In der Tat ist die Übereinstimmung des *Puccinellietum limosae* mit den beiden Gesellschaften des *Puccinellion salinariae*-Verbandes auf Solontschak äußerst groß und kehrt in der Gürtelungsfolge wie in Gliederung und Faziesbildung wieder. Es trifft dies auf alle beschriebenen Gebiete des pannonischen Raumes zu (Klika, Soó, Slavnić) und darüber hinaus auch auf die Verhältnisse an den rumänischen Salzstellen, die Ţopa geschildert hat.

Eine Gliederung dieser Gesellschaft, die sich im wesentlichen an Soó 1947 b und Slavnić 1948 hält, gibt das folgende Bild.

Subass. *normalis* Soó 1947 b.

Syn.: *Astereto-Plantaginetum maritimae*, Subass. *typicum* Slavnić 1948.

Diese Subassoziation ist durch das Fehlen eigener Differentialarten gekennzeichnet und zeigt mannigfaltige Faziesbildungen. Es können unterschieden werden:

Fazies von *Puccinellia limosa* Moesz 1940.

Syn.: *Puccinellietum limosae* Magyar 1928, Faz. *Puccinellietum limosae (purum)* Moesz 1940, *Puccinellia limosa*-Herden Wdbg. 1943, *Puccinellia limosa*-Fazies Slavnić 1948.

Auf sehr feuchten und salzreichen Stellen und die einzige Ausbildung der Assoziation, welche den Neusiedler See erreicht und weiter unterhalb gesondert behandelt werden soll (S. 125).

Fazies von *Puccinellia limosa* und *Aster * pannonicus* Soó 1933 d.

Syn.:   Faz. von *Aster * pannonicus* Soó 1933 d, *Aster * pannonicus-Puccinellia limosa-*Ass. Rapaics 1927.
Hieher: *Puccinellietum limosae* apud Klika 1937, Aufn. 4—9.

Die genannte Assoziation bei Rapaics umfaßt teilweise sehr heterogene Begleitarten.

Assoziationstypus mit *Puccinellia limosa, Aster * pannonicus* und *Plantago maritima* in ausgeglichenen Mengenverhältnissen.

Hieher: *Puccinellietum limosae* apud Klika 1937, Aufn. 2, 3, 6.

Fazies von *Plantago maritima* (Rapaics 1927 p. max. p. sec. Soó) Wdbg. 1950.

Syn.:   CS. *Plantago maritima* Soó 1933 d, *Astereto-Plantaginetum maritimae,* Faz. v. *Plantago maritima* Slavnić 1948.
Hieher: *Puccinellietum limosae* apud Klika, Aufn. 1, 5, 10.

An trockeneren und wahrscheinlich höher gelegenen Stellen als die vorhergehenden Faziesbildungen.

Fazies von *Artemisia maritima* Klika 1937.

Fazies von *Carex stenophylla* (Rapaics 1927) Soó 1947 b.

Syn.: *Carex stenophylla-*Ass. Rapaics 1927 p. p.

Fazies von *Camphorosma annua* (Moesz 1940) Soó 1947 b.

Fazies von *Crypsis aculeata* (Moesz 1940) Soó 1947 b.

Fazies von *Kochia prostrata* (Rapaics 1927) Soó 1947 b.

CS. v. *Atriplex litoralis* Soó 1933 d.

Syn.:   *Atriplex litoralis-*Ass. Rapaics 1927 p. max. p. (sec. Soó).

Subass. von *Lepidium cartilagineum* Soó 1940 a.

Syn.:   *Lepidietum cartilaginei* Rapaics 1927, *Puccinellia limosa-Lepidium cartilagineum-*Ass. Ţopa 1939 a (sec. Soó), *Astereto-Plantaginetum maritimae,* Subass. und Fazies von *Lepidium cartilagineum* Slavnić 1948.
Diff.:   *Lepidium cartilagineum.*
         Camphorosma annua (apud Slavnić).

Auf trockenem und stark versalztem Boden des ungarischen Tieflandes (Zwischenstromland und Wojwodina).

Fazies von *Lepidium cartilagineum* Slavnić 1948.

Syn.:   *Lepidietum crassifolii* Ţopa 1939 a.

Diese Fazies wird von Slavnić 1948 erwähnt und dürfte übereinstimmen mit dem *Lepidietum crassifolii* Ţopas 1939 a, das in seinem Gebiete kilometerweite Flächen bedeckt. Ein Lichtbild, das sich im Herbar des Naturhistorischen Museums in Wien befindet, zeigt aus Rußland eine weite, von blühendem *Lepidium cartilagineum* (in der var. *pumilum*) bedeckte Ebene. Möglicherweise handelt es sich dort um eine typische Entwicklung und tatsächlich um eine eigene Assoziation, während im ungarischen Raume *Lepidium cartilagineum* in das *Puccinellietum limosae* und an der Grenze seines Verbreitungsgebietes am Neusiedler See in die *Puccinellia salinaria-*Bestände eintritt. Für diese Annahme würde auch die Erscheinung der *Lepidium-*Pfannen an der Wörthenlacke sprechen, die im kleinen vollkommen das Bild der rumänischen und russischen Vorkommen zeigen und denen *Puccinellia* nahezu völlig fehlt.

Wenn nun Ţopa sein *Lepidietum crassifolii* aus Rumänien zur Ordnung der *Halostachyetalia* stellt, so geschieht dies wohl mehr auf Grund des östlichen Charakters dieser Gesellschaft, als es sich durch Charakterarten vertreten ließe.

Fazies von *Scorzonera cana* (Moesz 1940) Soó 1947 b.

Eine überraschende Analogie mit der Subass. von *Arachnospermum canum* der *Puccinellia salinaria-Lepidium cartilagineum-*Ass.!

Subass. von *Juncus Gerardi* (Slavnić 1939) Wdbg. 1950.

Syn.: *Astereto-Plantaginetum maritimae*, Subass. von *Juncus Gerardi* Slavnić 1948.

Differentialarten dieser von Slavnić beschriebenen Subassoziation sind *Juncus Gerardi* und *Agrostis alba*. Jedenfalls an feuchten bis nassen Stellen.

Fazies von *Agrostis alba* Slavnić 1948.

Auf zeitweise überschwemmtem Boden.

Subass. (bzw. Ass.) v. *Puccinellia limosa* und *Chenopodium chenopodioides* Soó 1938 e (1947 b nom. nov.).

Syn.: *Chenopodio-Puccinellietum, Puccinellietum distantis* Soó 1938 e, *Chenopodio-Puccinellietum* Soó 1947 a.

Von Soó aus dem Nyirség beschrieben. Ob diese Gesellschaft tatsächlich hieher gestellt werden soll, ist aus der Artenliste nicht ersichtlich und dürfte noch ungewiß sein.

Fazies von *Aster * pannonicus* Soó 1938 e.

Assoziationsbeschreibung.

Am Neusiedler See ist diese Gesellschaft nur in der artenarmen *Puccinellia limosa*-Fazies ausgebildet. In den weiten Ebenen südlich von Apetlon — auch anderwärts, aber dort vor allem — sind große Flächen von den niederwüchsigen, durch Beweidung zerstampften, gelblichen Rasen der *Puccinellia limosa* bedeckt, die im Frühjahr wohl feucht und bisweilen überschwemmt sind, aber im Laufe des Sommers austrocknen und erhärten (Szikfok). An Stellen, die vom Vieh wenig betreten werden, erreicht der Schluß der Vegetation 100 v. H. und *Puccinellia limosa* als alleinige Art Werte von 5·5. Die Grenze zwischen dem *Staticeto-Artemisietum* und dem kurzrasigen *Puccinellietum* ist ausgeprägt und scharf und durch den Boden bedingt. Aus der Ferne mag das „*Puccinellietum*" wie ein gemähtes Stück des *Staticeto-Artemisietum* aussehen, das allerdings auch durch den Unterschied in der Farbe verschieden ist.

Der Salzgehalt des Bodens ist beträchtlich. Für das ungarische *Puccinellietum limosae* gibt Treitz (1927) überhaupt den höchsten Salzgehalt aller beschriebenen Pflanzengesellschaften an. Die pH-Werte sind bei Ujvárosi im Jahresdurchschnitt höher als die des *Camphorosmetum*, während des Sommers sind jedoch die des *Camphorometum* extremer. Aber auch die pH-Zahl bei Klika ist höher als beim *Camphorosmetum* und erreicht die Höhe der Werte nackten Sodabodens (pH = 11!). Nach Soó (1933 d) sind für die Gesellschaft in der Hortobágy folgende Werte bezeichnend: Gesamtsalzgehalt 0·2—1·7 v. H., Sodagehalt 0·1—0·7 v. H., pH 9·5 bis über 10·0.

Magyar (1928) schildert ein ähnliches *Puccinellietum limosae* von weiten Ausmaßen über „Hunderte von Hektaren", deren Boden nur zu 20—25 v. H. mit Pflanzen bedeckt ist. Auch eine Erwähnung bei Moesz (1940) ist bemerkenswert, der von einem „*Puccinellia limosa*-Bestand von oft großer Erstreckung" spricht. Es handelt sich in allen diesen Fällen augenscheinlich um die *Puccinellia limosa*-Fazies, die jedenfalls dem *Puccinellietum limosae* zuzurechnen ist und keine Verarmung einer der anderen Assoziationen des gleichen Verbandes darstellt, auch nicht des *Camphorosmetum*, von dem es ökologisch erheblich unterschieden ist.

Im Donau-Theiß-Gebiet soll das *Puccinellietum limosae* nach Rapaics (1927 c) auf sandigem Boden wachsen. Die entsprechende Gesellschaft in der Wojwodina wird von Slavnić (1947) für überschwemmte NaCl-Böden und als für diese sehr bezeichnend erwähnt. Bei Topa wird die Assoziation neben dem *Camphorosmetum* nicht unterschieden.

Schrifttum: Rapaics 1927 c, Magyar 1928, Soó 1930 a, 1933 d, Máthé 1933, Felszeghy 1936, Soó 1936 a, Klika 1937, Ujvárosi 1937, Soó 1938 e, Igmándy 1938/39, Máthé 1939, Topa 1939 a, Krist 1940, Soó 1940 a, Moesz 1940, Wdbg. 1943, Soó 1945, Ubrizsy 1946, Soó 1947 a, 1947 b, Slavnić 1948.

Pholiurus pannonicus-Plantago tenuiflora-Ass.
(Soó 1933 d) Wendelberger 1943.

Syn.: *Puccinellietum limosae*, Subass. v. *Plantago tenuiflora* Soó 1933 d, *Puccinellietum limosae*, Frühjahrsaspekt mit *Plantago tenuiflora* Klika 1937.

Einschließlich:

a) *Puccinellietum limosae*, Subass. von *Pholiurus pannonicus* (Rapaics 1927) Soó 1947 b.

Syn.: *Pholiurus pannonicus*-Ass. Rapaics 1927.

b) *Puccinellietum limosae*, Subass. (bzw. CS.) von *Plantago tenuiflora* Soó 1933 d.

Syn.: *Puccinellietum limosae*, Frühjahrsaspekt mit *Plantago tenuiflora* Klika 1937 (Aufn. 11).
Diff.: *Plantago tenuiflora.*
Trifolium ornithopodioides.

Charakterarten.
(11 Aufnahmen, Tabelle 6.)

Ass.-Ch.:	T	*Pholiurus pannonicus* (Host) Trin.	V^{2-4}
	T	*Plantago tenuiflora* W. K.	V^1
	T	*Polygonum aviculare* L. (var. ?)	III^+
		Bei Soó (1933 d) auch:	
	T	*Ranunculus lateriflorus* DC.	
	T	*Myosurus minimus* L.	
Verb.-Ch.:	H	*Puccinellia limosa* (Schur) Holmbg.	V^{2-3}
	T	*Matricaria Chamomilla* L. ssp. *Bayeri* (Kan.) Hay.	I^+
	T	*Cerastium anomalum* W. K.	I^+

Gliederung.

Nach den Angaben der ungarischen Autoren (besonders Soó) und Slavnić' lassen sich drei Subassoziationen unterscheiden, die aber am Neusiedler See ebensowenig wie die beiden oben genannten Subass. (nämlich von *Pholiurus pannonicus* und von *Plantago tenuiflora*) nachzuweisen waren.

Subass. von *Ranunculus lateriflorus* und *Myosurus minimus* (Soó 1933 d) Slavnić 1948.

Syn.: *Puccinellietum limosae*, Subass. von *Plantago tenuiflora*, Faz. *Ranunculus lateriflorus-Myosurus minimus* Soó 1933 d.

Subass. von *Polygonum aviculare* (Soó 1933 d) Wendelberger 1950.

Syn.: *Polygonum aviculare*-Ass. Rapaics 1927 p. max. p., non al. (sec. Soó 1947 b), *Puccinellietum limosae*, Subass. (bez. CS.) von *Polygonum aviculare* Soó 1933 d, *Pholiurus-Plantago tenuiflora*-Ass., Subass. von *Matricaria * Bayeri* Slavnić 1948.
Diff.: *Polygonum aviculare.*
Matricaria Chamomilla ssp. *Bayeri.*

Subass. von *Camphorosma annua* Slavnić 1948.

Die Assoziation ist als Gesellschaftseinheit schon früh erkannt worden und verschiedentlich als Untereinheit des *Puccinellietum limosae* beschrieben worden. Nach den Verhältnissen am Neusiedler See, von denen ich in dieser Arbeit ausging, muß ich jedoch die Gesellschaft als eigene Assoziation ansehen.

In meiner Tabelle unterscheiden sich die ersten 5 Aufnahmen von den übrigen durch eine geringere Artenzahl (4 Arten gegenüber 7—8 in den folgenden Aufnahmen), verursacht durch das Fehlen verschiedener Begleitarten, die die Aufnahmen 6—11 auszeichnen. Diese letzteren kann man vielleicht in einer „Subass.

von *Nostoc commune*" zusammenfassen, die jedenfalls als die typische Ausbildung der Assoziation gegenüber den verarmten Aufnahmen 1—5 anzusprechen wäre.

Von den beiden Charakterarten ist *Pholiurus pannonicus* wesentlich feuchtigkeitsliebender und überschwemmungsbedürftiger als *Plantago tenuiflora* und besitzt unzweifelhaft eine höhere Gesellschaftstreue als *Plantago tenuiflora*, welche über das Areal von *Puccinellia limosa* und *Pholiurus pannonicus* wie auch über das von *Camphorosma* nach Westen hinausgeht und dann in andere Gesellschaften einzutreten scheint (Baumgarten a. d. March). *Plantago tenuiflora* bevorzugt in der gleichen Gesellschaft stets die etwas erhöhten Stellen, die nicht mehr direkt überflutet, sondern nur mehr umspült werden. Wahrscheinlich liegt darin auch die Ursache des Übergreifens von *Plantago tenuiflora* über das Areal dieser Gesellschaft. *Polygonum aviculare* ist eine recht gute Zeigerart dieser Gesellschaft, die hier vielleicht in einer eigenen Varietät auftritt.

Assoziationsbeschreibung.

Die Assoziation tritt im Gebiete des Neusiedler Sees meist ökologisch eng begrenzt in Rinnen und Abzugsgräben (den „Szikfok-Kehlen" Magyars) der *Artemisia maritima*-Steppe sowie in Mulden und Pfützen des *Puccinellia limosa*-Rasens auf, „an den Wasserläufen des Szikfok", wie es Soó aus der Hortobágy beschreibt (dort auch in kleinen Vertiefungen an Fußpfaden). Der Boden ist ein hochdisperser Ton (Solonetz) wie bei allen Gesellschaften des *Puccinellion limosae*-Verbandes, unterscheidet sich jedoch etwa gegenüber dem *Camphorosmetum* dahingehend entscheidend, daß er zur Vegetationszeit der Assoziation im Frühjahr überschwemmt ist, länger andauernd durchfeuchtet ist und erst im Laufe des Sommers austrocknet und dann oft steinhart wird.

Die Vertiefung von nur wenigen Zentimetern gegenüber dem höher gelegenen *Staticeto-Artemisietum* wirkt sich entscheidend aus in einem wesentlich höheren pH-Gehalt und einem — namentlich während des Frühjahrs — höheren Wassergehalt (vgl. S. 156). Beide Gesellschaften charakterisieren zwei verschiedene Horizonte des gleichen Solonetzbodens: die *Pholiurus-Plantago*-Ass. wächst unmittelbar oder nur wenige Zentimeter oberhalb des salzreichen Akkumulationshorizontes, wogegen *Artemisia maritima* durch eine salzarme, sandig-humose Erdauflage vom Akkumulationshorizont entfernt ist und wesentlich gemäßigtere Bodenverhältnisse aufweist.

Entsprechend den allgemeinen Eigenschaften des Solonetzbodens fehlen Salzausblühungen, dagegen durchziehen öfter Trockenrisse den Boden. Die Neigung ist, soweit überhaupt eine solche vorhanden, ganz gering, die Vegetationshöhe etwa 30 *cm*. Das Minimiareal liegt bei 1—4 *m²*. Der Vegetationsschluß beträgt normal bei guter Ausbildung der Gesellschaft 100 v. H., ist jedoch meist durch Viehtritt arg zerstört und liegt dann zwischen 100 und 50 v. H., kann bis auf 15 v. H. herabsinken, so daß die Assoziation nur mehr in Fragmenten angedeutet ist.

Die Größe der Assoziationsfläche schwankt. Meist sind es schmale Rinnen, die in einer Breite von 50 *cm* oder mehr und einer Tiefe von 5 bis 20 *cm* inmitten der Steppe von *Artemisia maritima* gelegen sind. An einer einzigen Stelle am Neusiedler See, an der Straße östlich von Apetlon auf der Höhe der Langen Lacke, breitet sich die Assoziation flächenhaft aus, als eine Wiese von etwa 250 *m²* Größe. Auch das Vorkommen von *Pholiurus* an der Schwarzen Lacke bei Tadten erstreckt sich über größere Flächen. Sonst aber ist die Gesellschaft im Seewinkel durchwegs auf schmale Rinnen und kleine Pfannen beschränkt, was darauf hindeuten mag, daß sich die Assoziation hier an der Grenze ihres Verbreitungsgebietes befindet, wo sie die ihr entsprechenden extremen Standortsbedingungen nur mehr an diesen Stellen findet.

Ein allgemeines Schema des Lageverhältnisses zu den anderen Assoziationen sei nachstehend wiedergegeben (von einer Gürtelung kann man bei den Gesellschaften des Solonetzbodens nicht sprechen, wie denn auch die vorliegende Assoziation in keinerlei Beziehung zur Gürtelung der Sodalachen steht).

Staticeto-Artemisietum monogynae
auf der Höhe der „Bänkchen".

|

Camphorosmetum annuae
in kleinen „Blindzick"-Pfannen oder
an den Lehnen der Bänkchen.

|

Pholiurus pannonicus-Plantago tenuiflora-Ass.
im tiefer gelegenen, während des Frühjahrs durch-
feuchteten Szikfok.

|

Juncetum Gerardi
an den tiefsten Stellen mit dauernd stehendem
Wasser (Lápos).

Eine Skizze aus der Hortobágy mag das Schema veranschaulichen:

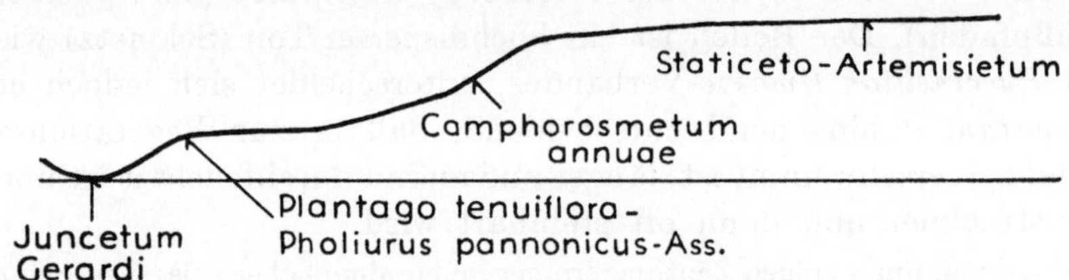

Abb. 15. Gürtelung an einer Senke in der Hortobágy.

Zum *Camphorosmetum* besteht eine enge räumliche und soziologische Beziehung. Die folgenden beiden Aufnahmen aus der Hortobágy zeigen ein *Camphorosmetum* (Aufn. 1) vom etwas erhöhten Rande der flachen Pfannen mit vereinzelten Elementen der *Pholiurus-Plantago tenuiflora*-Ass., die dann selbst in der Aufnahme 2 vom tiefer gelegenen Zentrum der Mulde aufscheint.

	1	2
Puccinellia limosa	3.2	2.2
Camphorosma annua	1.3	
Pholiurus pannonicus	.2	3.3
Plantago tenuiflora	+	1.1
Matricaria Chamomilla ssp. *Bayeri*	r	r
Nostoc commune	1.2	
Algenkruste	2—3	2

Darüber hinaus tritt *Plantago tenuiflora* — vereinzelt auch *Pholiurus* — in das *Camphorosmetum* direkt ein und ist hier wesentlich Differentialart der Subassoziation von *Matricaria * Bayeri*.

Verbreitung der Assoziation: Am Neusiedler See erreicht die Assoziation die Westgrenze ihrer Verbreitung und ist hier geographisch (und auch ökologisch) eng begrenzt. Sie ist die wenigstverbreitete Gesellschaft der Salzböden des Seegebietes. Die Ursache hiefür liegt einerseits in der erreichten Verbreitungsgrenze der beiden namengebenden Charakterarten, anderseits aber in dem ökologisch schmalen Standort der beiden Arten, der nur an wenigen Stellen ausgebildet ist.

Das Zentrum der Gesellschaft liegt mit mehreren Fundstellen im Extremgebiet um die Lange Lacke östlich von Apetlon und überschreitet dieses Gebiet eigentlich nur unwesentlich. Assoziationsfragmente reichen einerseits westlich bis Illmitz, anderseits nach Osten zu bis St. Andrä und Tadten. Die nachfolgende Übersicht gibt die Verbreitung der beiden Charakterarten und damit auch der Assoziation im Gebiete des Seewinkels wieder.

	a	b	c
Podersdorf: Viehhüter gegen Weiden			×
Illmitz: Kleine Lacke am Ziehbrunnen nordöstlich des Ortes		×	
Feldsee, unweit des Brunnens		×	
Lange Lacke bei Apetlon: Nordufer	×		
Nordöstlich der Krainerlacke	×	×	
Zwischen Langer Lacke und Straße Apetlon — Wallern, westlich von der Lacke gegenüber Mosadolacke bis zum Straßenknick an mehreren Stellen	×	×	×
*Südlich der Straße unweit Kote 120		×	
Westlich der Götschenlacke	×		
*Zwischen Silberlacke und Szerdahelyer Lacke		×	
Zwischen Langer Lacke und östlicher Wörthenlacke	×	×	
St. Andrä: *An der Lacke nordwestlich des Ortes, unweit Eisenbahndamm		×	×
Ebenda, an der Straße nach Frauenkirchen		×	
Lacke nordöstlich des Ortes		×	
Schwarze Lacke bei Tadten: Hutweide gegen Socs-to	×		
Nord-, Süd-, Südsüdwest-Ufer	×		

a = *Pholiurus pannonicus*
b = *Plantago tenuiflora*
c = *Myosurus minimus*
* = im *Camphorosmetum*, Subass. von *Matricaria * Bayeri*

An den Salzstellen der Süd-Slowakei scheint die Gesellschaft allgemein verbreitet zu sein, ebenso gut entwickelt in der Hortobágy und auch in der Wojwodina, während sie Ţopa aus Rumänien nicht erwähnt.

Das Auftreten der Assoziation dürfte zusammenfallen mit der Verbreitung der beiden Charakterarten, *Pholiurus pannonicus* und *Plantago tenuiflora,* und dem Vorhandensein solonetzartiger Böden.

Es ist interessant und bezeichnend für den fremden Charakter dieser Gesellschaft, wie wenig das Vorkommen der beiden Charakterarten und namentlich das von *Pholiurus pannonicus* am Neusiedler See bekannt ist. Wohl erstmalig wurde *Pholiurus* am Neusiedler See von A. Heimerl 1886 in der Umgebung der Schafsto-Lacken nordwestlich von Tadten gesammelt (erwähnt bei Kornhuber 1886). Seitdem schien Fundort und Pflanze wieder in Vergessenheit geraten zu sein, bis Julius Baumgartner im Jahre 1927 die Pflanze am Nordostufer der Langen Lacke wieder sammelte und in der Herbaretikette bereits auf die Vergesellschaftung mit *Plantago tenuiflora* hinweist. Das reichliche Vorkommen an der „Schwarzen Lacke" bei Tadten konnte 1949 bestätigt werden.

Schrifttum: Kornhuber 1886, Soó 1933 d, Máthé 1933, Klika 1937, Soó 1940 a, Wdbg. 1943, 1947, Soó 1947 b, Slavnić 1948.

Hordeetum Hystricis
(Felszeghy 1936 n. n.) Wendelberger 1943.

Syn.: *Festucetum pseudovinae,* Fazies von *Hordeum Hystrix* Soó 1933 d.

Charakterarten.
(5 Aufnahmen, Tabelle 7.)

Ass.-Ch.:   T   *Hordeum Hystrix* Roth .... V⁵
Verb.-Ch.:   H   *Puccinellia limosa* (Schur) Holmbg. .... V³
Mit verschiedenen Begleitern (vgl. die Tabelle).

Gliederung.

(Aus Soó 1947 b, gilt nur für das Alföld!)

Fazies von *Festuca pseudovina* Soó.
Fazies von *Puccinellia limosa* Soó.
Fazies von *Eragrostis pilosa* (Moesz 1940) Soó 1947 b.
Fazies von *Polygonum aviculare* Ubrizsy.
Fazies von *Lepidium ruderale* Ubrizsy.
Subass. (bzw. CS.) von *Echinopsilon (Bassia) sedoides* Soó 1947 b.
Syn.: *Echinopsiletum* vel. *Bassietum* Ubrizsy, *Festuca pseudovina-Bassia sedoides*-Soz. Moesz 1940.
Fazies von *Hordeum Hystrix* Soó 1947 b.

(= *Echinopsileto-Hordeetum* Ubrizsy: ein Übergang zum *Hordeetum Hystricis* auf Blindzickstellen des Alföld und das an diesen Stellen fehlende *Camphorosmetum* vertretend: Soó 1947 b.)

Assoziationsbeschreibung.

Die Assoziation stellt ein nitrophiles Degradationsstadium des *Puccinellietum limosae* dar und tritt im allgemeinen an stärker beweideten Stellen auf, vor allem aber in der Nähe der Stallungen und Ziehbrunnen der ungarischen Pußta, wo das Vieh regelmäßig zusammengetrieben wird und sich schier unabsehbare Herden von Pferden und Rindern zur Tränke sammeln. Dort wird der Boden reichlich und regelmäßig gedüngt und zusammengetreten und mit der Zerstörung der ursprünglichen Vegetation die Voraussetzung für das Aufkommen dieser Assoziation gegeben.

Der Boden ist ein feintoniger Solonetzboden, der im Sommer steinhart wird und in der Sonne ausdörrt. Salzausblühungen fehlen, der ebene oder nur schwach geneigte Boden ist durch häufigen Viehtritt zerstampft, der Vegetationsschluß zerrissen und von 100 v. H. bis auf 70 v. H. vermindert.

Die Stellung der Assoziation im Bereiche von *Puccinellia limosa* veranschaulicht die nachstehend wiedergegebene Skizze aus dem Gebiete südlich von Apetlon:

Festuca pseudovina-Centaurea pannonica-Ass.
|
Staticeto-Artemisietum monogynae am Rande der Fläche
|
Puccinellietum limosae mit *Salicornia* an nackten Stellen
|
Hordeetum Hystricis
|
Puccinellietum limosae mit *Suaeda maritima*-Pfannen
|
Lache, nasser Graben

Am Neusiedler See bedeckt die Assoziation ähnlich wie in der ungarischen Pußta weite Flächen in einer Ausdehnung von etwa 1500 m^2 im Süden von Apetlon. Nirgends sonst am Neusiedler See empfindet man die weite Pußtenlandschaft des ungarischen Tieflandes sosehr und so tief wie in diesem Raume südlich von Apetlon. Die weite Ebene verschwimmt im Sonnenglast des Sommertages und gerade hier taucht um einen Meierhof eine Herde ungarischer Steppenrinder auf mit ihren charakteristischen, weit ausladenden Hörnern. Man träumt nach dem Horizont und sucht, in der Erinnerung an das Erlebnis in der Hortobágy, nach der Luftspiegelung der ungarischen Pußta, der „südlichen Fee", die Dörfer und Baumgruppen über den Horizont zaubert, hier einen Kirchturm und dort einen fahrenden Eisenbahnzug in die Bläue des Äthers verlegt, die „südliche Fee", die schon Kerners dichterische Phantasie zu schöpferischer Gestaltung angeregt hatte. Keine Stelle am Neusiedler See vermöchte sosehr zum Träumen und Versinken in eine fremde Landschaft verleiten wie diese unbekannten und unbegangenen Flächen südlich von Apetlon.

Verbreitung der Assoziation. Die Assoziation scheint auf das ungarische Tiefland beschränkt zu sein: sicher bekannt ist sie aus der Hortobágy, wo sie weite Flächen bedeckt, und aus der Süd-Slowakei; auch aus dem Donau-Theiß-Gebiet, sicherlich aber auch noch an manchen anderen Stellen. Am Neusiedler See findet die Assoziation ihre Westgrenze und ist hier auf den Ebenen südlich und östlich der Apetloner Pußta in großen Flächen entwickelt und wie die beiden anderen Assoziationen des Verbandes auf das Extremgebiet beschränkt. Ein weiteres Vorkommen von etwa 300 *m²* Größe liegt bei Illmitz, gegen den Kirchsee zu (F. Ehrendorfer 1950), ein kleines Assoziationsfragment am Westufer des Darscho.

Die Assoziation ist vom Neusiedler See wenig bekannt, ebenso wie *Hordeum Hystrix* selbst, das erstmalig im Jahre 1922 von K. Ronniger südlich von Apetlon gefunden wurde und wenige Jahre später am Darscho von J. Baumgartner (1927).

Schrifttum: Neumayer 1930, Soó 1933 d, Felszeghy 1936, Moesz 1940, Wdbg. 1943, Ubrizsy 1946, Wdbg. 1947, Soó 1947 a, 1947 b, Slavnić 1948.

C a m p h o r o s m e t u m   a n n u a e
(Rapaics 1916) Ţopa 1939 a.

Alkaliwüsten (Máthé 1939) Wendelberger 1943.

Charakterarten.

(25 Aufnahmen, Tabelle 8.)

Ass.-Ch.:	T	*Camphorosma annua* Pall.	V^{2-5}
	T	*Matricaria Chamomilla* L. ssp. *Bayeri* (Kan.) Hay.	V^{3-5}
Verb.-Ch.:	H	*Puccinellia limosa* (Schur) Holmbg.	V^{3-5}
	T	*Plantago tenuiflora* W. K.	5^{+}
	T	*Pholiurus pannonicus* (Host) Trin.	2^{1}
	T	*Cerastium anomalum* W. K.	2^{+}

Differentialarten der Subass. von
*Matricaria * Bayeri* (10 Aufn.):

T	*Matricaria * Bayeri* (Kan.) Hay. (Ass.-Ch.)	10^{1-4}
T	*Plantago tenuiflora* W. K. (Verb.-Ch.)	7^{+-4}
T	*Pholiurus pannonicus* (Host) Trin. (Verb.-Ch.)	2^{1}
T	*Cerastium anomalum* W. K. (Verb.-Ch.)	2^{+}

Unter Absinken von *Camphorosma annua.*

Differentialarten der Var. von
Lepidium ruderale (3 Aufn.):

T	*Lepidium ruderale* L.	3^{+-4}
T	*Bupleurum tenuissimum* L.	3^{+-1}
H	*Plantago lanceolata* L.	3^{+}
H	*Plantago major* L.	2^{+}

Ohne *Camphorosma annua.*

Differentialarten der Var. von
Sedum boloniense (2 Aufn.):

Ch	*Sedum boloniense* Lois.	2^{1}

Sowie verschiedene Moose.

Differentialarten der Subass. von
Limonium Gmelini (6 Aufn.):

H	*Limonium Gmelini* (Willd.) O. Kuntze	4^{1-2}
Ch	*Artemisia maritima* L.	3^{1-2}

Differentialarten der Subass. von
Plantago maritima (3 Aufn.):

H	*Aster Tripolium* L. ssp. *pannonicus* (Jacq.) Soó	3^{+-2}
H	*Plantago maritima* L.	2^{+}

Differentialarten der Subass. von
Lepidium cartilagineum (4 Aufn.):

H	*Lepidium cartilagineum* (J. May.) Thell.	4^{1}

Differentialarten der Subass. von
Suaeda maritima (2 Aufn.):

   T *Suaeda maritima* (L.) D u m. .... 2^{+--3}

   T *Salicornia europaea* L. .... 2^{+--1}

  Die Bezeichnung „Alkaliwüsten" wurde von M á t h é (1939) für das *Salicornion* geprägt und ist wohl besser eingeschränkt auf das *Camphorosmetum* zu verwenden. Man kann die *Salicornia*-Herden im Watt der Nordseeküste nicht gut zu den „Alkaliwüsten" stellen!

  Als Charakterarten der Assoziation führt bereits W e n z l (1934) an: *Camphorosma annua, Matricaria Chamomilla* ssp. *Bayeri* und *Plantago tenuiflora*. Ähnlich U j v á r o s i (1937), doch hat Ţ o p a (1939 a) als erster vollständige Tabellen gegeben.

  B o j k o spricht von einem Eintreten von *Camphorosma*, ebenso wie von *Matricaria Chamomilla* und *Plantago tenuiflora*, in die *Atropis-Lepidium crassifolium*-Ass., was doch wohl eine etwas zu großzügige Fassung dieser Assoziation darstellt.

  K l i k a (1937, mdl.) glaubt, der Gesellschaft den Charakter einer Assoziation nicht zuerkennen zu können, da *Camphorosma annua* häufig in Reinbeständen auftritt, und spricht nur von einem „Stadium von *Camphorosma*" (vgl. S. 73/74).

  Die Gesellschaft wurde von K l i k a erstmalig, zusammen mit dem *Puccinellietum limosae*, zum Verbande des *Puccinellion limosae* gestellt (K l i k a 1937).

  Ţ o p a dagegen reiht das *Camphorosmetum* in das *Puccinellio-Staticion* ein, was die beiden als Verbandscharakterarten angesprochenen Arten *Iris halophila* und *Scorzonera austriaca* var. *mucronata* kaum rechtfertigen dürften. Dagegen führt Ţ o p a bemerkenswerterweise als Assoziationscharakterart neben *Camphorosma annua* auch *Puccinellia limosa* an und nähert sich damit meinen Vorstellungen, wenn ich auch glaube, *Puccinellia limosa* als Charakterart des Verbandes herausschälen zu müssen.

Gliederung.

S u b a s s. v. *M a t r i c a r i a * * B a y e r i* W d b g. 1943 (Aufn. 1—10).

S y n.: *Camphorosmetum*, Subass. *normale* S o ó 1947 b.

   F a z i e s v o n *C a m p h o r o s m a* S l a v n i ć 1947.

   F a z i e s v o n *P u c c i n e l l i a* S l a v n i ć 1947.

   F a z i e s v o n *P o l y g o n u m a v i c u l a r e* (R a p a i c s 1927) S o ó.

   F a z i e s v o n *C y n o d o n d a c t y l o n* S o ó 1947 b.

S y n.: *Puccinellietum distantis, Cynodon*-CS. S o ó 1938 e.

   V a r. v o n *L e p i d i u m r u d e r a l e* W d b g. 1950 (Aufn. 1—3).

   V a r. *n o r m a l i s* W d b g. 1950 (Aufn. 4—8).

   V a r. v o n *S e d u m b o l o n i e n s e* W d b g. 1943 (S o ó 1947 b pro fac.; Aufn. 9—10).

S u b a s s. v. *L i m o n i u m G m e l i n i* W d b g. (1943 pro var.) 1950. (S o ó 1947 b pro fac.;
  Aufn. 11—16).

E i n s c h l i e ß l i c h: Fazies von *Limonium Gmelini* S o ó 1947 b, Fazies von *Artemisia monogyna* (R a p a i c s
  1927) S o ó 1947 b.

S u b a s s. v. *P l a n t a g o m a r i t i m a* (R a p a i c s 1927 b) W d b g. 1950 (S l a v n i ć pro fac.;
  Aufn. 17—19).

S y n.: *Camphorosmetum*, Var. v. *Nostoc commune* W d b g. 1943 p. p.

S u b a s s. v. *L e p i d i u m c a r t i l a g i n e u m* (R a p a i c s 1927) S o ó 1947 b (Aufn. 20—23).

S y n.: *Camphorosma annua-Lepidium cartilagineum-Puccinellia limosa*-Ass. R a p a i c s 1927, *Camphoros-*
  metum, Var. v. *Nostoc commune* W d b g. 1943 p. p.

   F a z i e s v o n *L e p i d i u m c a r t i l a g i n e u m* S l a v n i ć 1948;

   F a z i e s v o n *P u c c i n e l l i a* S l a v n i ć 1948.

S u b a s s. v. *S u a e d a m a r i t i m a* W d b g. (1943 pro var.) 1950 (S o ó 1947 b pro fac.;
  Aufn. 24 und 25).

  Die S u b a s s. von *M a t r i c a r i a * * B a y e r i* stellt die typische Ausbildung der Gesellschaft dar, welcher auch die *Camphorosma*-Bestände aus der Süd-Slowakei nach den Beschreibungen von K r i s t (1940) anzuschließen sind.

Von den Differentialarten dieser Subassoziation weisen *Plantago tenuiflora* und vereinzelt auch *Pholiurus pannonicus* auf die enge Verwandtschaft mit jener Assoziation hin, ohne dabei aber die klaren ökologischen und floristischen Grenzen zwischen beiden Gesellschaften zu verwischen.

Die Variante von *Sedum boloniense* ist ein höher gelegenes und weniger versalztes Stadium, das zum Trockenrasen führt und durch das Fehlen der Arten des Szikfok — besonders von *Plantago tenuiflora* — ausgezeichnet ist.

Die artenreichere Variante von *Lepidium ruderale* ist eine nitrophile Ausbildung der Gesellschaft auf stark gedüngten Stellen, die im Gebiete des Neusiedler Sees an der Lacke nördlich St. Andrä und an der Großen Lau-Lacke bei Andau beobachtet wurde. Der reichlichen Überdüngung dieser Stellen ist wahrscheinlich auch das Fehlen von *Camphorosma* zuzuschreiben. Auf Blindzickstellen solcher Orte sind dann *Matricaria* Bayeri und *Lepidium ruderale* letzte pflanzliche Pioniere bei bereits herabgesetzter Vitalität.

In der Randzone kleiner Mulden findet *Plantago tenuiflora* seine beste Entwicklung (Aufn. 3), während dem vegetationslosen Zentrum dieser Pfützen *Pholiurus pannonicus* fehlt, vermutlich ebenfalls eine Folge der starken Beweidung oder aber infolge unzureichender Überschwemmung im Frühjahr.

Die übrigen Subassoziationen sind durch das Auftreten von Arten des Solontschakbodens gekennzeichnet. Bemerkenswert ist besonders die Subass. v. *Suaeda maritima* aus Rumänien durch das Eintreten ausgesprochener Solontschakpflanzen, nämlich von *Suaeda maritima* und *Salicornia europaea* in eine so charakteristische Solonetzassoziation, wie es das *Camphorosmetum* darstellt.

Das *Camphorosmetum* ist vielleicht die kennzeichnendste Gesellschaft des Solonetzbodens und gedeiht unter den extremsten Standortsbedingungen der Alkalistellen überhaupt. Der Sodagehalt ist ebenso wie der Gesamtsalzgehalt und der pH-Wert nächst den nackten, vegetationslosen Sodaflecken der höchste aller Standorte von Salzpflanzengesellschaften, außerdem ist der Boden infolge seiner außerordentlichen hohen Dispersität ein für Pflanzenwuchs denkbar ungünstiger. Soó gibt aus der Hortobágy folgende Werte: pH 8·6—10·0, Gesamtsalzgehalt 0·4—1·5 v. H., Soda 0·06—0·6 v. H. An Saugkräften wurden von Repp (1939) Werte bis zu 83 Atm. gemessen.

Dieser Extremstandort der Gesellschaft auf stärkst versalzten Böden bei ungünstigster Bodenstruktur erklärt sich daraus, daß das *Camphorosmetum* nur knapp oberhalb oder nahezu unmittelbar auf dem Akkumulationshorizont des Solonetzbodens wächst. Die *Pholiurus-Plantago tenuiflora*-Ass., die ähnliche Standorte besiedelt, ist immerhin während ihrer Vegetationszeit im Frühjahr längere Zeit hindurch überschwemmt und feuchtigkeitsgesättigt, während das *Camphorosmetum* in der Regel nicht überschwemmt wird. Dagegen trocknet hier der Boden bald aus und wird in der Gluthitze des Hochsommers steinhart, zu einer Zeit also, in der sich gerade erst die heurigen Pflanzen von *Camphorosma* entwickeln.

Wie nahe die Pflanze an dem Akkumulationshorizont liegt, den sie unbedingt durchwurzeln muß, möge ein Profil von der Langen Lacke bei Apetlon von Anfang Mai 1939 zeigen:

	pH	H_2O
0—1 *cm* schwarze Schicht, ziemlich trocken	7·8	5·3 v. H.
1—5 *cm* gelblichgrau, ziemlich kompakt	9·0	10·1 v. H.
5 *cm* dunkle, schwarze Erde, zerfällt beim Reiben .	9·1	7·4 v. H.

Der Boden ist trocken und hart, der schlechteste Alkaliboden IV. Klasse in den Bodentypen Soós. Manchmal bilden sich schwache Trockenrisse, Salzausblühungen fehlen in der Regel. In den Viehtapfen sammeln sich organische Reste, Bruchstücke von toter

Camphorosma, verrotteter Viehdung u. dgl. Die toten, vorjährigen *Camphorosma*-Reste bilden im folgenden Jahr eine dünne, aber deutlich erkennbare Auflage, so daß man beim *Camphorosmetum* als einziger dieser Salzpflanzengesellschaften von einer A_o-Schicht sprechen kann, die von einem geringen Einfluß gerade auf die oberste Schicht sein mag.

Die Stellen, an denen *Camphorosma annua* wächst, sind auch morphologisch gut kenntlich. Die Pflanze findet sich an den Lehnen der Bänkchen des *Staticeto-Artemisietum*, häufig in flachen, linsenartigen Pfannen auf den ausgedehnten Weiden von *Puccinellia limosa* oder in Hutweiden, auf denen an tieferen Stellen der Zickboden zutage tritt, den „Blindzickstellen" der ungarischen Autoren. Diese Stellen werden von den ringsum wachsenden Pflanzen peinlichst gemieden. Auf dem heißen, harten Ton bleiben selbst die *Camphorosma*-Pflanzen häufig klein und kümmerlich und kämpfen einen vergeblichen Kampf gegen Hitze, Trockenheit und Versalzung. An weniger extremen Stellen tritt *Puccinellia* begleitend auf, die bei etwas gemilderten Verhältnissen sichtlich besser gedeiht und unter Umständen die ganze Blindzicklinse zu einem geschlossenem *Puccinellia*-Rasen zu verwachsen vermag, der aber durch seine stete Beimengung von *Camphorosma* immer noch auf seine Herkunft deutet und mit einer fahlen blaugrünen Farbe von der umgebenden frischgrünen Hutweide weithin absticht.

Im Bereich von *Puccinellia limosa* bedeckt *Camphorosma* oft weithin große Flächen, findet sich aber auch an Wegen und Wegrändern auf entsprechendem Boden. Mit der Gürtelung um die Lacken steht die Gesellschaft entsprechend ihren Bodenansprüchen in keiner Beziehung, sie fehlt auch meist in der Nähe der Sodalachen.

Der Vegetationsschluß ist im Frühjahr gering (etwa 20 v. H.) und steigt bis zur vollen Entwicklung der Assoziation im Herbst auf 95—100 v. H. bei guter Ausbildung. (Auch Ţopa: 60—100 v. H., Klika: 60—80 v. H.) Die Vegetationshöhe beträgt etwa 10 *cm*, das Minimiareal liegt bei 1 *m²* oder darunter.

Verbreitung der Assoziation: Die flächenmäßig größte Ausbreitung und ihre beste Entwicklung findet die Assoziation am Neusiedler See im Raume östlich von Apetlon. Hier, im Gebiete um die Lange Lacke, liegen auch die schönsten und ausgeprägtesten Ausbildungen der Gesellschaft. Von diesem Zentrum aus strahlt sie bei gleichzeitiger Verarmung nach Osten gegen St. Andrä und Wallern zu aus sowie nach Norden gegen Illmitz und bis Podersdorf, wo *Camphorosma* selbst ihren nordwestlichsten Fundort hat (auf einer Viehweide nördlich Podersdorf). Dort ist auch die Assoziation nur mehr fragmentarisch entwickelt.

Charakteristisch kontinentale Assoziation im ungarischen Tiefland, ferner in Rumänien und wohl auch in Süd-Rußland, wo man das Ausbreitungszentrum der Assoziation zu suchen hat. Am Neusiedler See findet die Assoziation ihren westlichsten, vorgeschobensten Standpunkt. Sie fehlt in Siebenbürgen.

Schrifttum: Rapaics 1916, 1927 a, 1927 c, Magyar 1928, Soó 1930 a, Máthé 1933, Wenzl 1934, Soó 1933 d, Felszeghy 1936, Soó 1936 a, Höfler 1937, Klika 1937, Ujvárosi 1937, Igmándy 1938/39, Máthé 1939, Soó 1939 a, Ţopa 1939 a, Moesz 1940, Krist 1940, Soó 1940 a, Wdbg. 1943, Soó 1945, 1947 a, 1947 b, Wdbg. 1947, Slavnić 1948.

JUNCETALIA MARITIMI Br.-Bl. 1931.

Ordn.-Ch.: *Juncus Gerardi* Lois.
   Triglochin maritimum L.
   Lotus corniculatus L. ssp. *tenuifolius* (L.) Hartm.
   Agrostis alba L. coll.
   Samolus Valerandi L.
   Carex distans L.
   Sowie die übergreifenden Verbandscharakterarten.

Im mittel- und osteuropäischen Raume gehören der Ordnung der Juncetalia vier Verbände an: das *Juncion maritimi* Br.-Bl. 1931; ferner das *Armerion maritimae* Br.-Bl. et de Leeuw 1936, das *Juncion Gerardi* Wendelberger 1943 und das *Beckmannion erucaeformis* Soó 1933 d. Die drei letzteren Verbände sind untereinander näher verwandt und wahrscheinlich in einer Verbandsgruppe zusammenzufassen.

Juncion maritimi Br.-Bl. 1931.
Juncetum maritimi balatonicum Soó (1930) 1940a.

Ass.-Ch. (nach Soó 1947 b): Ch *Juncus maritimus* Lam. .... V⁴

G *Schoenoplectus americanus* (Pers.) Volk. .... I¹

Eine tertiäre Reliktgesellschaft des Plattensees, die von ungarischen Botanikern auch am Neusiedler See nahe der Landesgrenze festgestellt wurde. Interessant ist das gemeinsame Auftreten mit dem ebenfalls seltenen *Schoenoplectus americanus* in der gleichen Gesellschaft.

Schrifttum: Jávorka 1923, Soó 1930, 1940 a, Wdbg. 1943, Soó 1945, 1947 b.

Juncion Gerardi Wendelberger 1943.
Charakterarten.

Verb.-Ch.:   *Scorzonera parviflora* Jacq.
Taraxacum bessarabicum (Hornem.) H.-M.
Trifolium fragiferum L. (lok. ?)
Melilotus dentatus (W. K.) Pers. (lok. ?)

Der Verband des *Juncion Gerardi* umfaßt vier Assoziationen aus Mittel- und Osteuropa (vgl. S. 83) und ist dem atlantischen *Armerion maritimae* nahe verwandt. Trotz zahlreicher gemeinsamer Arten gewährleistet doch eine hinreichende Anzahl von eigenen Charakterarten eine Trennung des atlantischen *Armerion* und des kontinentalen *Juncion Gerardi*.

Schrifttum: Wdbg. 1943, Soó 1945, 1947 a, 1947 b, Slavnić 1948, Soó 1949.

Juncus Gerardi-Scorzonera parviflora-Ass.
(Wenzl 1934a) Wendelberger 1943.
(Juncetum Gerardi pannonicum.)

Syn.: *Juncetum Gerardi* Wenzl 1934 a.

Einschließlich: *Eleocharis palustris*-Ass. Bojko 1932, Wenzl 1934 a, *Heleocharidetum palustris* der ung. Autoren, *Heleocharis palustris*-Konsoz. od. Subass. des *Agrostidetum albae* Soó 1933 d.

Charakterarten.
(14 Aufnahmen, Tabelle 9.)

Ass.-Ch.:   G *Juncus Gerardi* Lois. .... V⁴

G *Scorzonera parviflora* Jacq. .... IV¹

H *Triglochin maritimum* L. .... V¹⁻²

G *Heleocharis palustris* (L.) Roem. et Schult. .... IV²⁻⁵

Verb.-Ch.:   H *Trifolium fragiferum* L. .... IV⁺⁻¹

Ordn.-Ch.:   H *Agrostis alba* L.. V²⁻³

H *Lotus corniculatus* L. ssp. *tenuifolius* (L.) Hartm. .... II⁺⁻¹

Begl.:   — *Drepanocladus aduncus* var. *Kneiffii* (Schpr.) Warnstf. ...... V⁴

G *Phragmites communis* Trin. .... IV⁺

G *Orchis palustris* Jacq. .... IV⁺⁻¹

H *Potentilla Anserina* L. .... IV⁺

H *Ranunculus repens* L. .... III¹⁻²

H *Taraxacum palustre* (Lyons) Lam. et DC. .... III¹

G *Juncus articulatus* L. .... III⁺⁻¹

Differentialarten gegenüber dem
  Caricetum distantis:

    H *Ranunculus repens* L.
    G *Orchis palustris* Jacq.
    — *Drepanocladus aduncus* var. *Kneiffii* (Schpr.) Warnstf.
    G *Phragmites communis* Trin.
    G *Schoenoplectus Tabernaemontani* (Gmel.) Palla
    G *Bolboschoenus maritimus* (L.) Palla.

Von den Assoziationscharakterarten sind *Juncus Gerardi* und *Scorzonera parviflora* gute Charakterarten, während *Triglochin maritimum* und *Heleocharis palustris* von weitaus schwächerem Zeigerwert und vielleicht nur als gesellschaftshold anzusprechen sind.

Gliederung.

Juncus Gerardi-Scorzonera parviflora-Ass. mit:

Fazies von *Heleocharis palustris* Wdbg. 1943 (Aufn. 8 und 9).

Fazies von *Agrostis alba* Wdbg. 1943 (Aufn. 10—14).

Fazies von *Lotus tenuifolius* und *Trifolium fragiferum* Slavnić 1948.

Im Assoziationstypus ist *Juncus Gerardi* mit hohen Deckungswerten vertreten (D = 4—5), so daß man fast von einer *Juncus Gerardi*-Fazies sprechen könnte.

Die Fazies von *Agrostis alba* unterscheidet sich vom Assoziationstypus neben dem Überwiegen von *Agrostis* selbst durch das Fehlen einiger Arten, wie *Ranunculus repens*, *Juncus articulatus*, *Orchis palustris*, verschiedene *Carices*, *Drepanocladus aduncus* var. *Kneiffii*. Die Assoziationscharakterarten *Juncus Gerardi*, *Triglochin maritimum* und *Heleocharis palustris* treten zugunsten von *Agrostis alba* stark zurück. Dagegen hat die Fazies dem Assoziationstypus einige Arten voraus: *Cirsium brachycephalum*, *Aster * pannonicus* und *Puccinellia salinaria*. Dennoch reichen diese Unterschiede nicht aus, um der Fazies den Charakter einer Subassoziation zusprechen zu können.

Die Fazies von *Lotus tenuifolius* und *Trifolium fragiferum* wurde als eine Weidefazies von Slavnić beschrieben.

Das *Juncetum Gerardi*, das Wenzl (1934 a) — allerdings ohne Charakterarten — beschreibt, dürfte dieser Assoziation entsprechen. Dagegen ist das *Eleocharidetum palustris* Bojkos (1932, auch Wenzl 1934 a) wohl kaum eine eigene Assoziation, sondern vielmehr eine fazielle Ausbildung von *Heleocharis palustris* innerhalb des *Juncetum Gerardi*. Ähnlich verhält es sich mit dem *Heleocharidetum palustris* der ungarischen Autoren, bzw. der *Heleocharis palustris*-Konsoz. oder Subass. des *Agrostidetum albae* (Soó 1933 d).

Die *Triglochin maritimum-Aster * pannonicus*-Ass. (Soó 1927) Ţopa 1939 a wird von Soó (1947 a und b) dem *Juncetum Gerardi* synonym gesetzt. Vielleicht handelt es sich doch um eine nahe verwandte, vikariierende Gebietsassoziation, die dem *Juncetum Gerardi* nicht völlig gleichzusetzen ist. Dafür spräche vor allem die starke Beteiligung von *Aster * pannonicus* im *Triglochineto-Asteretum*, während *Aster* im *Juncetum Gerardi* nahezu fehlt.

Eine vielleicht hiehergehörige Aufnahme von einer Rinne südwestlich des Oberen Schrändl am Neusiedler See weicht vom typischen *Juncetum Gerardi* stärker ab und ist möglicherweise dem *Triglochineto-Asteretum* anzuschließen.

100 v. H., 10 m^2		
	Triglochin maritimum	4.4
	*Aster * pannonicus*	4.4
	Juncus Gerardi	+
	Agrostis alba	+
	Cirsium brachycephalum	+
	Puccinellia salinaria	+

Die Tabelle des *Triglochineto-Asteretum* bei Ţopa 1939 a macht einen recht inhomogenen Eindruck und auch die Ausgliederung zweier Subassoziationen (von *Juncus Gerardi* und von *Scorzonera parviflora*) befriedigt nicht. Bei den beiden Aufnahmen 11 und 13 (Ţopa 1939 a, S. 41) dürfte es sich darüber hinaus um Mischbestände handeln: *Salicornia* in feuchten Salzwiesen bei hohen Deckungswerten von *Triglochin maritimum*, bzw. *Scorzonera parviflora*!

Aus Siebenbürgen wird von Soó eine Subass. (vel. CS.) *Plantaginetum Cornuti* Soó 1947 b dieser Gesellschaft von Sumpfwiesen dortiger Salzlachen beschrieben (Soó 1947 a und b).

Als eine vikariierende Assoziation an den binnendeutschen Salzstellen darf man aus diesem Verwandtschaftskreis die *Triglochin maritimum-Scorzonera parviflora-*Ass. ansprechen, die Altehage (1939) beschrieben hat. Im einzelnen ist es noch nicht möglich, die verschiedenen regionalen Assoziationen aus diesem Bereich aufeinander abzustimmen. Es zeigt sich jedoch, daß in allen diesen Assoziationen gewisse Arten eine stärkere ökologische und soziologische Affinität zueinander aufweisen und sich in bestimmten Artgruppen immer wieder vereinigen (vgl. auch Iversen 1936.) Es sind dies *Juncus Gerardi* und *Triglochin maritimum*, dazu *Scorzonera parviflora* in Osteuropa, *Glaux maritima* und *Plantago maritima* in Westeuropa, ferner aber *Lotus * tenuifolius* und *Agrostis alba*.

Altehage will durch die Einbeziehung von *Scorzonera parviflora* in den Assoziationsnamen den östlichen Charakter dieser Gesellschaft zum Ausdruck bringen, obwohl sie nur an einer einzigen Stelle in Mitteldeutschland gefunden wurde. Gegenüber den östlichen Gesellschaften fällt das bezeichnende und für diese Assoziation charakteristische Auftreten von *Glaux maritima* auf. Die Assoziation kann aber auch nicht mit dem *Armerietum maritimae* des Meerstrandes in nähere Übereinstimmung gebracht werden, obwohl es mit diesem noch am meisten verwandt erscheint. Die Schwierigkeit der soziologisch-systematischen Erfassung erhöht sich durch den hohen Grad der Faziesbildung in dieser Gesellschaft.

Assoziationsbeschreibung.

Das *Juncetum Gerardi* ist eine feuchtigkeits- bis nässeliebende Verlandungsgesellschaft schwach salziger Lachen und nasser, wenig versalzter Stellen in Niederungen. Der Boden ist einen großen Teil des Jahres, auch Sommers über, naß und oft auch von stehendem Wasser bedeckt. Durch Viehtritte wird die Gesellschaft wenig gestört, Salzausblühungen fehlen im allgemeinen. Der Boden ist durchgehend erdig-schlammig, verfilzt und bröckelig-humos, darunter oft sandig, aber nicht zickig. Die pH-Werte liegen zwischen 8·0—8·4 (nach Wenzl 8·2—9·3), der Gesamtsalzgehalt beträgt etwa 0·1—0·2 v. H. und der Sodagehalt 0·01—0·1 v. H. Die Deckung erreicht durchwegs 100 v. H., die Vegetationshöhe ist faziell verschieden: am höchsten in der *Agrostis*-Fazies (70—80 *cm*), während der Assoziationstypus im Durchschnitt nur 30—40 *cm* erreicht und die *Heleocharis palustris*-Fazies nur 25—30 *cm*. Durch die Leitart, *Juncus Gerardi*, gewinnt die Assoziation eine dunkelbraun-olivgrüne Färbung.

Gürtelungsverhältnisse und Sukzession.

Die Verlandungsfolge an wenig versalzten Lachen mag ein Beispiel von der Einsetzlacke bei Illmitz veranschaulichen:

Magnocaricion-Bestände

|

Carex muricata-Bestände

|

Juncetum Gerardi

|

Scirpetum maritimi (fragmentarisch)

|

Phragmites communis-Herden.

Im Verhältnis zum *Puccinellia*-Bereich liegt das *Juncetum Gerardi* in allen seinen faziellen Ausbildungen tiefer als dieser, wie es eine Skizze von einer Wiese südlich Apetlon, nahe der Apetlon-Pußta, darstellt (Abb. 16).

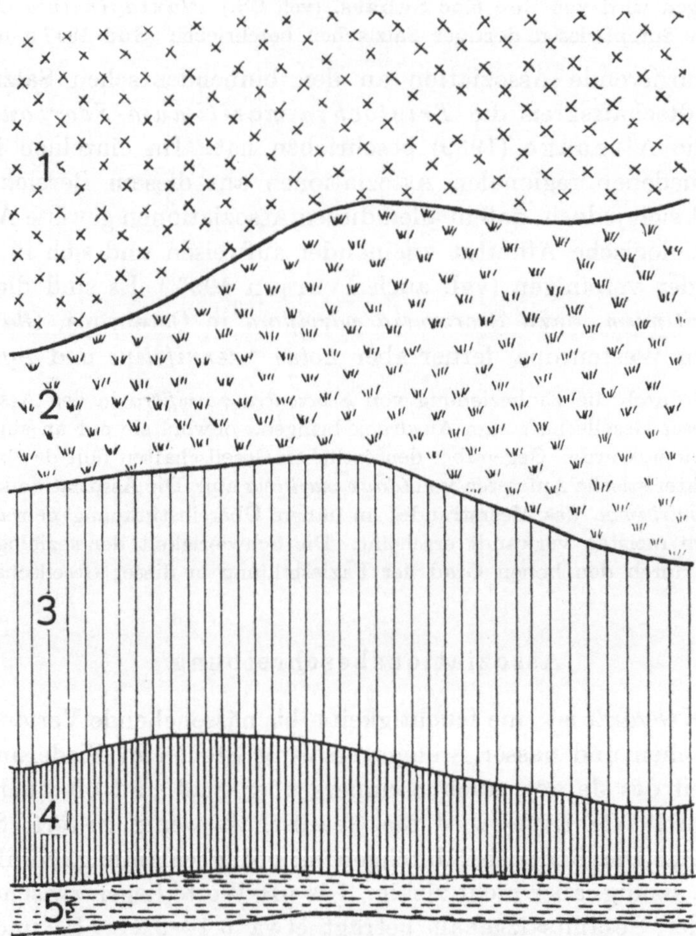

Abb. 16. Gürtelung auf einer Wiese südlich von Apetlon.

1 = *Staticeto-Artemisietum*, Subass. v. *Festuca pseudovina*
2 = *Puccinellietum*
3 = *Agrostis alba*-Fazies des *Juncetum Gerardi*
4 = *Juncetum Gerardi*, Assoziationstypus
5 = *Scirpetum maritimi* im Graben

Hievon ist das *Staticeto-Artemisietum* und das *Puccinellietum* bodenbedingt, die drei anderen Gesellschaften durch die Nässe des Grabens bewirkt.

In einer Mulde südlich des Feldsees bei Illmitz schiebt sich *Puccinellia salinaria* in mosaikartigen Beständen zwischen das *Juncetum Gerardi* ein. An diesen Stellen ist es auffallend, daß die Herden von *Juncus Gerardi* inmitten von *Puccinellia salinaria* voll aufgeblüht waren, während sie tiefer davon nur in Knospen oder erst schwach aufgeblüht anzutreffen waren.

Interessant ist das Auftreten eines kreisrunden *Juncus Gerardi*-Bestandes im Vorgelände des Sees etwa westlich von Illmitz inmitten eines geschlossenen *Puccinellia*-Rasens. Vermutlich sickert hier eine Süßwasserquelle zutage und verändert dadurch das Bild der Vegetation.

An nassen, tieferen Stellen breiten sich stellenweise Herden von *Triglochin maritimum* aus, während der Boden von einem dichten Filz aus Meteorpapier bedeckt ist. Dieses Bild, das sich in dieser Art etwa am Albersee bietet, entspricht völlig der Beobachtung Altehages über das Auftreten von *Triglochin maritimum* an mitteldeutschen Salzstellen: „in einzelnen Jahren bedeckt diese Pflanze ausnahmslos mehrere hundert Quadratmeter in den Niederungen, wobei nur das Schilfrohr eingestreut ist. Ein dichter Algenfilz überzieht den stark feuchten Boden.“

Was das Verhältnis der einzelnen Fazies zueinander hinsichtlich der Gürtelungsfolge betrifft, so dürfte im allgemeinen die *Agrostis*-Fazies an den höchsten Stellen auftreten. Der Assoziationstypus würde an tieferen Stellen folgen und noch tiefer die *Heleocharis palustris*-Fazies. Für diese Reihenfolge spricht auch die Gemeinsamkeit der Differentialarten des Assoziationstypus und der *Heleocharis palustris*-Fazies gegenüber der *Agrostis*-Fazies (vgl. S. 136), namentlich das Auftreten des nässeliebenden *Drepanocladus aduncus* var. *Kneiffii*. Nichtsdestoweniger ist dieses allgemeine Schema im Untersuchungsgebiet selbst noch in mannigfacher Weise abgeändert.

Vorkommen im Gebiet:

	a	b	c
Illmitzer Zicksee	×	.	.
Wiese südlich Apetlon	×	.	.
Südlich Einsetzlacke	×	.	.
Neusiedl, Bahnschleife	×	×	.
Einsetzlacke	.	×	.
Feldsee	.	×	.
Podersdorfer Zicklacke	.	×	.
Wiese zwischen Gols und Mönchhof	.	×	.
St. Andräer Zicksee	×	.	×
Südlich Feldsee	×	.	×
Lache nordöstlich Wallern	×	.	×
Lache östlich Unterer Stinker	.	.	×
Südlich Halbturn (Bojko)	.	.	×

a = *Agrostis alba*-Fazies
b = Assoziationstypus
c = *Heleocharis palustris*-Fazies

Juncetum articulatae Wdbg. 1950 prov.
(Tabelle 10.)

Ass.-Ch.: G *Juncus articulatus* L.
H *Samolus Valerandi* L.

In den Verwandtschaftsbereich des *Juncetum Gerardi* gehören schließlich noch einige Aufnahmen aus dem Gebiete des Neusiedler Sees, in denen die vermutlichen Assoziationscharakterarten begleitet werden von einer größeren Anzahl von Wiesenelementen und Stickstoffzeigern (Tab. 10). Der Anteil der *Juncetum Gerardi*-Arten ist aber noch hoch genug, um die Stellung der Gesellschaft in der Verwandtschaft dieser Assoziation zu rechtfertigen.

Auffallend ist eine gewisse Ähnlichkeit mit der *Trifolium fragiferum*-Variante der *Triglochin-Scorzonera parviflora*-Ass. Altehages aus Mitteldeutschland. Von den Differentialarten dieser Variante, bzw. der Subassoziation, treten auch hier auf:

Potentilla Anserina   *Daucus carota*
Plantago maior   *Leontodon* sp.
Odontites rubra   *Trifolium fragiferum*

Es handelt sich wohl in beiden Fällen um weitgehend salzfreie Verlandungsstadien, die an das *Scirpetum maritimi* anschließen und nach den Wiesen der *Molinietalia* führen, von denen bereits mehrere Arten in die Gesellschaft eintreten. Einzelne Arten deuten auf einen gewissen Nitratgehalt des Bodens hin, vielleicht in Beziehung zu den Spülzonen des Lachensaumes.

Für diese Verhältnisse bezeichnend erscheinen die Aufnahmen 4—7 meiner Tabelle, während die ersten drei Aufnahmen noch stärkeren Salzgehalt andeuten und weniger typisch sind. Meist ist diese Gesellschaft als ein schmaler Gürtel von 1 bis 2 *m* Breite ausgebildet, seltener flächenhaft, wie am Nordende der Haidlacke. Die schilfnahen Streifen dieses Gürtels zeigen einen allmählichen Abbau des *Scirpetum maritimi*, wie etwa die nachfolgende Aufnahme *a* von einer Lache nordöstlich von Illmitz zeigt, während die Aufnahme *b* ein gut entwickeltes *Juncetum articulatae* darstellt.

	a	b
Aufnahmefläche .... m²	4	2
Vegetationshöhe .... cm	50	40
Deckung .... v. H.	75	100
Bolboschoenus maritimus	+.2	
Schoenoplectus Tabernaemontani	1.2	
Phragmites communis	1.2	1.1°
Triglochin maritimum	2.2	1.2
Agrostis alba	+.2	3.3
Heleocharis palustris		1.2
Scorzonera parviflora		+.2
Drepanocladus aduncus var. Kneiffii		+.2
Carex distans		+.2
Aster * pannonicus		+
Juncus articulatus	4.4	5.5
Potentilla Anserina	1.2	1.2
Lotus * tenuifolius	+	+
Cirsium brachycephalum	+	+
Centaurea jacea		+
Inula britannica		+
Centaurium sp.		+
Carex Oederi s. lat.		+

In dieser Gesellschaft konnte einmal eine Art Grejpenbildung (vgl. S. 143) beobachtet werden, u. zw. an der Baderlacke, an deren Westufer der Boden mit diesen Beständen bedeckt, aber durch Viehtrieb vollständig zerstampft war, so daß der Boden bis 10 *cm* tief aufgewühlt war. Im allgemeinen ist der Vegetationsschluß vollständig, die Deckung beträgt 100 v. H.

Im Gebiete des Neusiedler Sees wurden Bestände eines derartigen „*Juncetum articulatae*" beobachtet an der Baderlacke, der Haidlacke, einer Lache nordöstlich Illmitz und einer Lache östlich von Illmitz.

Schrifttum: Zum *Juncetum Gerardi*: Soó 1928 a, 1930 a, Bojko 1932, Soó 1933 d, Wenzl 1934 a, Soó 1936 a, Höfler 1937, Ujvárosi 1937, Soó 1939 a, Altehage 1939, Moesz 1940, Wdbg. 1943, Soó 1945, 1947 a, 1947 b, Wdbg. 1947, Slavnić 1948.

Zum *Triglochineto-Asteretum pannonici*: Soó 1927, Topa 1939 a, Wdbg. 1943, Soó 1945, 1947 a, 1947 b, 1949.

Zur *Triglochin-Scorzonera parviflora*-Ass.: Altehage 1939, Wdbg. 1943.

Zum *Juncetum articulatae*: Altehage 1939.

Carex divisa-Ass. Slavnić 1948.

Ass.-Ch.: *Carex divisa* Huds.

Eine Gesellschaft, die von Slavnić aus der Wojwodina beschrieben wurde und noch wenig bekannt ist, zweifellos aber dem Verwandtschaftskreis des *Juncetum Gerardi* angehört.

Schrifttum: Slavnić 1939, 1948.

Puccinellietum limosae transsilvanicum Soó 1927.

Ass.-Ch.: *Puccinellia salinaria* (Simk.) Holmbg.

(= *Puccinellia distans* [L.] Parl. ssp. *transsilvanica* [Schur] Soó) und

Puccinellia limosa (Schur) Holmbg.

Peucedanum latifolium (MB) DC.

Carex secalina Wahlbg. (lok.)

Atriplex litoralis L. (lok.)

Diese Gesellschaft feuchter Wiesen an Salzlachen Siebenbürgens wurde von Soó zum *Juncion Gerardi* gestellt. Tatsächlich überzeugt das Überwiegen von Arten des *Juncetum Gerardi* von der nahen Verwandtschaft der Gesellschaft mit dem *Juncetum Gerardi* — ungeachtet der beiden namengebenden *Puccinellia*-Arten und trotz der beiden Arten *Puccinellia salinaria* und *Carex secalina*, welche in der gleichnamigen Assoziation aus der Wojwodina von Slavnić als Assoziations-Charakterarten angegegeben werden.

Mit verschiedenen Faziesbildungen und einer Subass. von *Peucedanum latifolium*, welche sämtliche bei Soó 1947 a beschrieben sind.

Schrifttum: Soó 1927, 1945, 1947 a, 1947 b, 1949.

Carex distans-Taraxacum bessarabicum-Ass.
(Soó 1930a) Wendelberger 1943.

Einschließlich: *Eleocharidetum pauciflorae* Bojko 1932.

Diese Assoziation dürfte — trotz der verschiedenen Verbandszugehörigkeit bei Soó — identisch sein mit dem:

Agrostideto-Caricetum distantis (Rapaics 1927) Soó 1930 a.

Syn.: *Carex distans*-Ass. Rapaics 1927, *Caricetum distantis* Soó 1930 a, *Agrostis alba*-Ass. Moesz 1940.

Charakterarten.
(24 Aufnahmen, Tabelle 11.)

Ass.-Ch.:	H	*Carex distans* L.	V^4
	H	*Taraxacum bessarabicum* (Hornem.) H-M.	V^2 [3]

Differentialarten der Subass. von

Heleocharis pauciflora (5 Aufn.):

	H	*Heleocharis pauciflora* (L.) Roem. et Schult.	5^5
	H	*Blysmus compressus* (L.) Panz. (?)	

Differentialarten der typischen Subass.:

	H	*Lotus corniculatus* L. ssp. *tenuifolius* (L.) Hartm. (Ordn.-Ch.)...	IV^{+-1}
	H	*Puccinellia salinaria* (Simk.) Holmbg.	IV^{+-2}
	H	*Aster * pannonicus* (Jacq.) Soó	III^+
	H	*Plantago maritima* L.	III^{+-4}
Verb.-Ch.:	H	*Trifolium fragiferum* L.	III^1
	G	*Juncus Gerardi* Lois.	III^{+-1}
	H	*Triglochin maritimum* L.	III^+
	G	*Scorzonera parviflora* Jacq.	II^+
Ordn.-Ch.:	H	*Agrostis alba* L.	IV^1
	H	*Lotus corniculatus* L. ssp. *tenuifolius* (L.) Hartm.	IV^{+-1}

Carex distans ist im Gebiete des Neusiedler Sees durchaus gesellschaftstreu und ein guter Zeiger der Assoziation. Es ist zur Charakterisierung der Gesellschaft gut geeignet, anders als am Meerstrand bei Montpellier in Süd-Frankreich, wo *Carex distans* in den Salzgesellschaften als ausgesprochen gesellschaftsvage Art auftritt.

Die Häufigkeit von *Puccinellia salinaria*, aber auch von *Aster * pannonicus* und *Plantago maritima*, beruht auf Kontakt oder stellenweiser mosaikartiger Durchdringung beider Assoziationen und berechtigt nicht zur Zusammenfassung oder Eingliederung in die *Puccinellia-Aster*-Ass., wie es etwa Bojko in seinem „*Plantaginetum maritimae*" versucht.

In der Subass. von *Heleocharis pauciflora* fehlen von den Begleitern der typischen Subassoziation:

Puccinellia salinaria

*Aster * pannonicus*

Plantago maritima

*Lotus * tenuifolius.*

Dagegen soll in dieser Subassoziation nach Bojko (1932) *Blysmus compressus* eine wichtige Rolle spielen und Wenzl (1934 a) betrachtet ihn mit *Bolboschoenus maritimus* var. *monostachys* geradezu als Charakterart des *Eleocharidetum pauciflorae*.

Charakteristisch für die Assoziation scheint auch eine olivgrüne Algenkruste zu sein, deren Zusammensetzung jedoch nicht untersucht wurde.

Gliederung.

Carex distans-Taraxacum bessarabicum-Ass. (Soó 1930 a) Wendelberger 1943.

Subass. v. *Heleocharis pauciflora* (Bojko 1932) Wendelberger 1943 (Aufn. 1—5).

Typische Subassoziation (Aufn. 6—24).

Fazies von *Taraxacum bessarabicum* (Aufn. 20—24).

Der Subassoziation von *Heleocharis pauciflora* entspricht das *Eleocharidetum pauciflorae* bei Bojko (1932); ein *Caricetum distantis* fehlt bei ihm und ist vermutlich in seinem „*Plantaginetum maritimae*" enthalten.

Hieher dürfte auch die *Taraxacum bessarabicum*-Fazies des *Festucetum pseudovinae* von Tardoskedd bei Klika 1937 (S. 414) gehören.

Eine Aufnahme vom Oberen Schrändl könnte eine Fazies von *Trifolium fragiferum* andeuten, die höher liegen würde als die typische Subass. selbst:

1 *m²*, 100 v. H.   *Carex distans* 1.2

    Taraxacum bessarabicum 2.2

    Trifolium fragiferum 4.4

    Agrostis alba 3.3

    Juncus Gerardi .... +.2

    Puccinellia salinaria 1.2

    Cynodon dactylon .... +

Slavnić erwähnt Faziesbildungen von *Carex distans*, *Heleocharis palustris* und *Juncus Gerardi*, die bei uns nicht beobachtet wurden.

Das *Agrostideto-Caricetum distantis* Soó — von ihm zum Verband des *Beckmannion* gestellt — dürfte unserer Gesellschaft entsprechen. Es umfaßt folgende Untereinheiten (nach Soó 1947 b):

Subass. *normalis* Soó

CS. *Agrostis alba* (Moesz 1940) Soó

    Fazies von *Aster pannonicus* Soó

    (= *Agrostis alba-Aster pannonicus*-Ass. Soó 1930 b).

CS. *Carex distans-Festuca arundinacea* (Rapaics 1927) Soó pro ass.

CS. *Carex distans-Molinia coerulea* (Rapaics 1927) Soó

    (= *Molinia coerulea*-Ass. Rapaics 1927 non al.).

Subass. *samicum*: nyirségense Soó 1947 b

    (= *Agrostis alba-Carex distans-Heleocharis palustris*-Ass. Soó 1938).

Assoziationsbeschreibung.

Die Gesellschaft besiedelt ausgesprochen salzarme Standorte am Lachensaum der Zicklachen, die nahe der Überflutungsgrenze liegen (oberer Uferbereich). Der Boden ist bei geringem Salzgehalt sandig und auch schotterig und ähnelt den benachbarten Standorten der *Plantago maritima*-Fazies in der *Puccinellia-Aster*-Ass. An manchen Stellen tritt der schotterige Untergrund zwischen dem Zick der Lachenmulde und der Sandauflage auf den Rücken zutage.

In den einzelnen Ausbildungen der Gesellschaft scheint der Boden wenig verschieden zu sein. Nachfolgend ein Profil von der Podersdorfer Zicklacke.

0—3 *cm* — brauner, humusreicher, stark verfilzter Wurzelhorizont, Sand; bei der *Heleocharis*-Subass. darüber dünne, bis 0·5 *cm* starke weißliche Schlickschicht mit Algenüberzug.

3—5 *cm* — Übergangsschicht mit wenig Wurzeln, noch recht gut durchlüftet.

5 *cm* — reiner, hellgrauer Sand mit ganz wenig Wurzeln.

Der Boden ist feucht, aber nicht schmierig, und fühlt sich trocken an (Sand!). Bei der *Taraxacum*-Fazies ist der Boden ein heller, steriler Sand, der oberflächlich selten etwas humifiziert ist.

Salzausblühungen und Trockenrisse fehlen. Von Viehtritten ist die Gesellschaft wenig gestört, daher auch meist ein dichter Schluß der Pflanzendecke. Deckung und Vegetationshöhen sind bei den einzelnen Ausbildungen der Assoziation deutlich verschieden:

	a	b	c
Deckung .... v. H.	100	80—100	(40—) 70—95
Vegetationshöhe .... *cm*	10—20	15—45	5—10

a = Subass. v. *Heleocharis pauciflora*
b = Typische Subassoziation
c = Typische Subass., Faz. v. *Taraxacum bessarabicum*

Stellenweise wird die Gesellschaft beweidet und gemäht.

Die Subass. von *Heleocharis pauciflora* (Aufn. 1—5) bildet kurzrasige, dunkelgrüne Flecken in einer Ausdehnung von wenigen Quadratmetern bis zu ausgedehnten Wiesen wie an der Podersdorfer Zicklacke. Das Bild dieser Subassoziation wird durch den niederen Wuchs von *Heleocharis pauciflora* bestimmt, dessen dunkelgrüne Farbe den Bestand schon von weitem erkennen läßt.

Die typische Subassoziation (Aufn. 6—24) ist selten in ausgedehnten Flecken ausgebildet, wie etwa am Oberen Schrändl und westlich davon, sondern meist gürtelartig am höheren Uferrand der Lachen und ist charakteristisch für die Terrassen im oberen Uferbereich. Dieser ist vom unteren Uferbereich (dem *Puccinellia*-Bereich im Gebiete der jahreszeitlichen Überflutung) deutlich abgegrenzt und weist wesentlich verschiedene ökologische Werte auf.

Die Fazies von *Taraxacum bessarabicum* (Aufn. 20—24) liegt ebenfalls am höheren Uferrand innerhalb des oberen Uferbereichs, manchmal aber auch in kleinen Dellen, in denen nach dem Regen das Wasser stehen bleibt. Am Ostufer der östlichen Wörthenlacke bedeckt die Fazies weite Wiesen mit hellgrüner Farbe.

Eine besondere Vegetationsform dieser Gesellschaft bilden die sogenannten „Grejpen", wie die Bevölkerung die vom Viehtritt tief zerstampften Flächen nennt, an denen sich eine ganz eigenartige Weidehöckerlandschaft entwickelt. Ein Beispiel von der „Grejpenlacke" zwischen den beiden Wörthenlacken möge die Verhältnisse veranschaulichen. Auf den Höckern oder Bülten stockt ein 20—50 *cm* hohes *Caricetum distantis* (a), während in den dazwischenliegenden Senken ein *Juncetum Gerardi* angedeutet ist, das aber noch stark mit Elementen des *Caricetum distantis* (in der *Heleocharis pauciflora*-Subass.) gemengt ist (b).

23. Juni 1939 Deckung .... v. H.	a 100	b 75
Carex distans	*4—5.5*	+.2
Taraxacum bessarabicum	*2.2*	1.1
Heleocharis pauciflora		+.2
Blysmus compressus		+
Juncus Gerardi		+
Scorzonera parviflora	+	+
Triglochin maritimum		+
Agrostis alba	+	*2.2*
*Lotus * tenuifolius*	1.1	1.1
Trifolium fragiferum	+.2	+
Potentilla Anserina..................	1.1	1.1
Plantago maritima	+.2	+
Phragmites communis................	r	r

Eine derartige Grejpenbildung konnte ich nur bei *Carex distans* beobachten, in einer Andeutung noch mit *Juncus articulatus* in einer durch Viehtritt stark zerwühlten Bucht der Baderlacke (S. 140). Wird dagegen ein *Puccinellia*-Rasen vom Vieh zertreten und zerstampft, so geht im allgemeinen der ganze Bestand bis auf Fragmente ein, ohne eine derartige eigenartige Vegetationsform zu bilden.

Eine Aufnahme von einer feuchten Mulde bei Izsák im Donau-Theiß-Gebiet zeigt eine *Taraxacum bessarabicum*-Fazies von etwas abweichender Zusammensetzung, die aber nichtsdestoweniger unzweifelhaft zu dieser Assoziation gehört:

Schmierige, nasse Erde, 100 *m²*, 7 *cm* hoch, 95 v. H.:

Carex distans ....+.2		*Potentilla reptans* .... +
Taraxacum bessarabicum 4.5		*Prunella vulgaris* .... +
Heleocharis pauciflora 1.1		*Teucrium Scordium* .... +
*Lotus * tenuifolius* 1.2		*Plantago media* .... +
Agrostis alba 1.1		*Cirsium* sp. .... +
Potentilla Anserina 1.1		*Festuca* sp. .... +
Ranunculus repens .... +		*Musci* 2

Gürtelungsfolge.

Das Schema:

Subass. von *Heleocharis pauciflora*

Fazies von *Trifolium fragiferum*

Typische Subassoziation des
Caricetum distantis

Plantago maritima-Fazies der
*Puccinellia-Aster * pann.*-Ass.

Fazies von *Taraxacum bessarabicum*

Puccinellia-Bereich.

Anschließend die Gürtelungsverhältnisse am Südrande des Podersdorfer Zicksees:

Am Westufer schieben
sich auf geringsten
Erhebungen in
mosaikartiger
Durchsetzung Trocken-
rasenelemente ein:

Trockenrasen

Schotterstreifen

Subass. v. *Heleocharis pauciflora*

⟶ Typische Subassoziation des *Caricetum distantis*

Carex distans an höheren Stellen mosaikartig eindringend in die

*Puccinellia salinaria-Aster * pannonicus*-Ass.

Puccinellia-Fazies der Ass.

Die folgende Aufnahme vom Oberen Schrändl zeigt eine schöne Durchdringung des *Caricetum distantis* an höheren Stellen mit der *Plantago maritima*-Fazies der *Puccinellia-Aster*-Ass. in kleineren Dellen (Assoziationskomplex).

	a	b
Deckung .... v. H.	100	95
Carex distans	1.2	3.3
Taraxacum bessarabicum	2.2	3.3
Trifolium fragiferum	4.4	
Puccinellia salinaria	1.2	1.2
*Aster * pannonicus*		1.1
Plantago maritima		3.4
Juncus Gerardi	+.2	1.2
Agrostis alba	3.3	+.2
Schoenoplectus sp.		1.1
*Lotus * tenuifolius*		+
Cynodon dactylon	+	+.2

a = *Caricetum distantis*, an höheren Stellen, anscheinend
eine *Trifolium fragiferum*-Fazies. Die Elemente
der *Plantago maritima*-Fazies treten zurück.
b = *Plantago maritima*-Fazies der *Puccinellia-Aster*-Ass.

Eine klare Sukzession ist in den folgenden Fällen zu erkennen:

1. Von der Steppe zum *Caricetum distantis*: Auf ganz geringen Erhöhungen des *Caricetum distantis* siedeln sich Trockenrasenelemente, wie *Festuca pseudovina* und andere, in mosaikartiger Durchsetzung an. In einer Lache nordöstlich von Illmitz wächst *Cynodon dactylon* auf den Horsten von *Carex distans* und erstickt es;

2. Vom *Caricetum distantis* gegen die *Puccinellia-Aster*-Ass.: An erhöhten Stellen der *Puccinellia*-Wiese dringt *Carex distans* in den Bereich dieser Assoziation vor.

Verbreitung der Assoziation: Die Assoziation ist in allen ihren Ausbildungen — vor allem aber in der typischen Subassoziation — in der Nähe der Lachen des Seewinkels recht verbreitet, darüber hinaus aber auch im ganzen ungarischen Tieflande (Soó 1947 b, Slavnić 1948). Die nachstehende Tabelle soll im einzelnen eine Übersicht über das Auftreten der Gesellschaft im Gebiete des Seewinkels geben.

	a	b	c
Podersdorfer Zicklacke	×	.	.
Einsetzlacke bei Illmitz	×	.	.
Vorgelände des Sees südlich Podersdorf	×	.	.
Südlich Podersdorfer Zicklacke	×	×	.
Westufer Feldsee	×	×	.
Südrand Podersdorfer Zicklacke	×	×	.
Ostufer der westlichen Wörthenlacke	.	×	.
Verwachsene Senke südlich Albersee	.	×	.
Socs-tó	.	×	.
Südöstlich Einsetzlacke	.	×	.
Grejpenlacke	.	×	.
Mulde südlich Feldsee	.	×	.
Flache Mulde westlich Oberer Schrändl	.	×	.
Westausgang von Illmitz	.	×	.
Vorgelände beim nördlichen Wäldchen	.	×	.
Lache nordöstlich Illmitz	.	×	.
Südufer Feldsee, fragm.	.	×	.
St. Andräer Zicksee	.	×	.
Oberer Schrändl	.	×	×
Baderlacke	.	×	×
Lache südwestlich Oberer Schrändl	.	×	×
Izsák, Ungarn	.	.	×
Illmitzer Zicksee	.	.	×
Nordwestlich Kirchsee	.	.	×
Ostufer der östlichen Wörthenlacke	.	.	×
Gols	.	.	×

a = Subass. v. *Heleocharis pauciflora*.
b = Typische Subassoziation.
c = Typische Subass., Fazies von *Taraxacum bessarabicum*.

Grejpenbildungen an der „Grejpenlacke" zwischen den beiden Wörthenlacken und am Westufer der Andauer Lacke.

Schrifttum: Rapaics 1927, Soó 1930 a, Bojko 1932, Wenzl 1934 a, Soó 1938 e, Moesz 1940, Wdbg. 1943, Soó 1945, 1947 a, 1947 b, Wdbg. 1947, Slavnić 1948.

Beckmannion erucaeformis Soó 1933 d.

Dieser wichtige Verband schwach versalzter und im Frühjahr überschwemmter Wiesen wurde mit mehreren Gesellschaften aus dem ungarischen Tieflande beschrieben. Die zahlreichen, häufig wechselnden Namen dieser Gesellschaft und die Methodik der ungarischen Autoren, welche von jener der Braun-Blanquetschen Schule im engeren Sinne doch etwas abweicht, erschweren ungeheuer den Versuch einer Gleichsetzung.

Einen Überblick über die von den ungarischen Botanikern beschriebenen Gesellschaften dieses Verbandes gibt S o ó 1947 b mit einer noch von ihm selbst gebändigten Synonymie. Es sind dies die folgenden Gesellschaften, die noch in weitere Untereinheiten gegliedert werden:

Agrostideto-Alopecuretum pratensis S o ó.

Agrostideto-Glycerietum poiformis S o ó.

Agrostideto-Heleochareto-Alopecuretum geniculati (Magyar) S o ó 1938.

Agrostideto-Beckmannietum (Rapaics) S o ó.

Plantagineto-Agrostidetum albae S o ó et Csürös.

Im strengen Sinne Braun - Blanquetscher Methodik wurden von Țopa und Slavnić unterschieden:

A g r o s t i d e t o - B e c k m a n n i e t u m
(Rapaics) Țopa 1939a.

Salzwiesen.

Ass.-Ch.:   *Agrostis alba* L.

        Beckmannia erucaeformis Host.

Es ist eine charakteristische Gesellschaft der im Frühjahr ständig überfluteten und auch im Sommer noch feuchten „Lápos". Die Gesellschaft ist bei großer Feuchtigkeit durch einen geringen Salzgehalt des Bodens ausgezeichnet, der ungefähr den Werten des *Staticeto-Artemisietum*, Subass. v. *Festuca pseudovina*, entspricht. Ähnlich verhält es sich mit den pH-Werten.

Țopas Aufnahme 4 stellt ein stärker verlandetes *Scirpetum maritimi* mit Elementen des *Agrostideto-Beckmannietum* dar. Erstmalig wurde die Gesellschaft von Rapaics unter diesem Namen erwähnt (1916).

Als eine ausgesprochene Assoziation des pannonischen Raumes, die auch nach Rumänien ausstrahlt, scheint das *Agrostideto-Beckmannietum* am Neusiedler See zu fehlen, wie auch *Beckmannia* selbst das Gebiet des Neusiedler Sees nicht mehr erreicht. *Heleocharis palustris* tritt hier faziesbildend in das *Juncetum Gerardi* ein.

Schrifttum: Zum *Beckmannion erucaeformis:* S o ó 1933 d, Máthé 1933, Ujvárosi 1937, S o ó 1938 e, 1939, 1940 a. Wdbg. 1943, S o ó 1945, 1947 a, 1947 b, Slavnić 1948.

Zum *Agrostideto-Beckmannietum*: Rapaics 1916, 1927 a, 1927 b, Magyar 1928, S o ó 1930 a, 1933 d, Máthé 1933, Ujvárosi 1937, Klika 1937, Igmándy 1938/39, Máthé 1939, Țopa 1939 a, S o ó 1940 a, Wdbg. 1943, Balázs 1943, S o ó 1945, 1947 a, 1947 b, Slavnić 1948.

O e n a n t h e   s i l a i f o l i a - B e c k m a n n i a   e r u c a e f o r m i s-Ass.
(Țopa 1939 a) Slavnić 1948.

Ass.-Ch.:   *Oenanthe silaifolia* M. B.

        Beckmannia erucaeformis Host.

Diese Assoziation wurde von Slavnić beschrieben und dürfte wohl dem *Agrostideto-Beckmannietum* Țopas entsprechen. Sie findet sich in wenig überschwemmten, auch im Sommer noch feuchten Niederungen. Mit zwei Subassoziationen und starker Faziesbildung: Subass. v. *Glyceria fluitans* Slavnić 1939 und Subass. v. *Rorippa Kerneri* Slavnić 1939.

Schrifttum: Slavnić 1939, 1948.

A l o p e c u r e t o - R o r i p e t u m   K e r n e r i Slavnić 1948.

Ass.-Ch.:   *Rorippa Kerneri* Menyharth

        Alopecurus geniculatus L.

Gürtelförmig um die vorhergehende Assoziation gelagert und auf bereits weniger überschwemmtem Boden von höherem Salzgehalt.

Mit drei Subassoziationen, die der Ausdruck abnehmender Feuchtigkeit mit der steigenden Erhebung des Bodens sind: Subass. v. *Beckmannia erucaeformis*, Subass. *typica* und Subass. v. *Statice Gmelini*, sämtliche Slavnić 1948.

Schrifttum: Slavnić 1939, 1948.

V e r b a n d: ?

L e u z e a   s a l i n a - O e n a n t h e   s i l a i f o l i a-Ass.
(Borza 1931) Țopa 1939 a.

Syn.:   *Leuzea salina*-Wiesen Borza 1931.

Ass.-Ch.:   *Leuzea salina* Spreng.

        Oenanthe silaifolia M. B.

Im nördlichen Rumänien über größere Flächen verbreitet und als Mähwiese genutzt; die Vegetationshöhe liegt bei einem Meter, die Deckung beträgt 100 v. H.

Schrifttum: Borza 1931, Țopa 1939 a, Wdbg. 1943.

HALOSTACHYETALIA (Großheim 1929) Ţopa 1939 a.

Charakterarten:

Ordn.-Ch. (soweit in europäischen Assoziationen aufscheinend):

Ch *Artemisia maritima* L.

H *Limonium Gmelini* (Willd.) O. Kuntze

Ch *Obione verrucifera* (M. B.) Moq.

Ch *Camphorosma monspeliaca* L. var. *pilosa* Litw.

Ch *Halocnemum strobilaceum* M. B.

T *Agropyron prostratum* (L. fil.) P. B.

Ch *Frankenia hirsuta* L. var. *hispida* (DC.) Boiss.

H *Limonium bellidifolium* (Gou.) Dum.

T *Petrosimonia crassifolia* (Pall.) Bge.

Die Ordnung der *Halostachyetalia* umfaßt die Assoziationen des südrussisch-asiatischen Salzpflanzenzentrums und ist durch eine Fülle irano-turanischer Pflanzen ausgezeichnet, von denen nur wenige auf europäisches Gebiet übergreifen. Ţopa spricht die *Halostachyetalia* als eine vikariierende Ordnung zu den mediterranen *Salicornietalia* an. In den Lebensformen ist das Überwiegen von Chamäphyten bemerkenswert.

Verband: ?

Syn.: *Puccinellio-Staticion* Ţopa 1939 a.

Festucion pseudovinae auct. Hung. p. p.

Dieser vorläufig noch unbenannte Verband, für den der Name *Puccinellio-Staticion* Ţopas nicht anzuwenden ist (vgl. S. 151), umfaßt die im folgenden beschriebenen Assoziationen des *Staticeto-Artemisietum monogynae* mit dem *Artemisieto-Petrosimonietum triandrae* und vielleicht auch dem *Peucedaneto-Asteretum punctati* sowie drei Assoziationen, die von Ţopa aus dem östlichen Rumänien beschrieben wurden und dem ungarischen Tieflande fehlen: das *Obionetum verruciferae* (Keller 1923) Ţopa 1939 a, das *Camphorosmetum pilosae* (Keller 1923) Ţopa 1939 a und das *Halocnemetum strobilacei* (Keller 1923) Ţopa 1939 a.

Statice Gmelini-Artemisia monogyna-Ass.

Vor der Besprechung des eigentlichen *Staticeto-Artemisietum monogynae* gebe ich eine Übersicht jener Gesellschaften, in denen *Artemisia maritima* oder eine vikariierende Art als Charakterart auftritt. *Artemisia maritima* ist eine russisch-asiatische Steppenpflanze mit mäßigen Salzansprüchen, die von ihrem geschlossenem Verbreitungsgebiet im Osten über das ungarische Tiefland und die mitteldeutschen Salzstellen bis an die Ost- und Nordseeküste vordringt. Im Süden vertreten an der Mittelmeerküste *Artemisia gallica* und *A. coerulescens* unsere Art.

Gemeinsam mit den verschiedenen Arten von *Artemisia* treten Arten aus der Gattung *Limonium* an gleichen Standorten und gesellschaftsbildend in den gleichen Assoziationen auf. Es bestehen bei beiden Pflanzen aus den so verschiedenen Familien ganz verwandte Standortsansprüche, ähnlich wie beim Gattungspaar *Drosera* und *Pinguicula* auf Hochmooren. Diese paarweise Bindung gilt nicht nur für *Artemisia maritima* (in der var. *erecta* und var. *salina*) und *Limonium Gmelini* im osteuropäischen Raum und für *Artemisia maritima* in der var. *maritima* und *Limonium vulgare* an der Ost- und Nordseeküste, sondern auch für *Artemisia gallica* und *Limonium virgatum* mit vielen anderen Arten dieser Gattung in Süd-Frankreich sowie für *Artemisia coerulescens* und *Limonium angustifolium* an der norddalmatinischen Küste.

Im folgenden gebe ich eine Zusammenstellung der aus Europa bisher bekannten Gesellschaften mit *Artemisia maritima* oder deren Vikaristen:

Dalmatien:
    Artemisia coerulescens-Statice angustifolia-Ass. Horvatić 1934.
Süd-Frankreich:
    Artemisia gallica-Statice virgata-Ass. Br.-Bl. (1930) 1933.
Nordseeküste:
    Puccinellietum maritimae (Rankin 1911) Christiansen 1927.
        Subass. von *Statice Limonium* Tx. n. p.
    Artemisietum maritimae (Br.-Bl. et de Leeuw 1936 p. p.) Tx. n. p.
    Juncetum Gerardi Tx. n. p.
        Subass. von *Statice Limonium* Tx. n. p.
Binnendeutschland:
    Puccinellia distans-Obione pedunculata-Ass. Altehage 1939.
        Subass. (?) von *Artemisia maritima* prov.
    Triglochin maritimum-Scorzonera parviflora-Ass. Altehage 1939.
        Subass. (?) von *Artemisia maritima* prov.
Neusiedler See, Ungarn:
    Staticeto-Artemisietum monogynae (Soó 1927) Ţopa 1939 a.
        Subass. von *Festuca pseudovina* (Soó 1933 d) Wendelberger 1943.
            Var. von *Camphorosma annua* Wendelberger 1943.
            Var. von *Aster * pannonicus* Wendelberger 1943.
Auch Rumänien:
        Subass. von *Puccinellia limosa* (Ţopa 1939 a) Wendelberger 1943.
Rumänien:
        Subass. von *Peucedanum latifolium* (Ţopa 1939 a) Wendelberger 1943.
Rußland:
    Bestände von *Statice Meyeri* Boiss. und *Artemisia maritima* L. *salina* Keller bei Shostenko 1937.
    Ass. v. *Festuca sulcata* Hack. var. *valesiaca* Koch — *Pyrethrum achilleifolium* M. B.
    — *Artemisia maritima* Bess. var. *incana* B. Keller bei Keller 1927.

Dalmatien.

Artemisia coerulescens — Statice angustifolia-Ass. Horvatić 1934.

Syn.: Salztriftenformation des Meerstrandes bei Morton 1915 p. p.

Verband: *Staticion dalmaticum* Horvatić 1934. (Kann vereinigt werden mit dem *Staticion galloprovincialis* Br.-Bl.)

    Ass.-Ch.: *Limonium angustifolium* (Tausch) .... V^{2-3}
           Puccinellia festucaeformis (Host) Parl. .... V^{2-3}
           Artemisia coerulescens L. .... V^{2}
           Triglochin bulbosus L. .... I^{1}

    Schrifttum: Horvatić 1934.

Süd-Frankreich.

Statice virgata-Artemisia gallica-Ass. Br.-Bl. (1930 n. n.) 1933.

Syn.: *Artemisietum gallicae* Kühnh. 1923 p. p.

Verband: *Staticion galloprovincialis* Br.-Bl. (1930 n. n.) 1933.

    Ass.-Ch.: *Artemisia gallica* Willd................. V^{2}
           Limonium virgatum (Willd.) Fourr. .... V^{3}
           Limonium Girardianum (Guss.) Fourr. ... III^{1}
           Frankenia intermedia DC. .... II^{2}
           Orobanche cernua Loefling II
           Frankenia laevis L. I

Von der Mittelmeerküste zwischen der Camargue und le Roussillon. Braun-Blanquet beschreibt einige Fazies (1933):

Fazies von *Crithmum maritimum* und *Camphorosma monspeliaca,* Verarmung von der Felsküste bei Sète;

Fazies von *Obione protulacoides,* Endstadium auf feinkörnigerem Boden;

Fazies von *Artemisia gallica* und *Pholiurus incurvus,* ohne *Statice* und *Frankenia* und sehr verarmt an Salzstellen im Inneren des Landes.

Schrifttum: Br.-Bl. 1930, 1933.

Nordsee.

Puccinellietum maritimae (Rankin 1911) Christiansen 1927.

Subass. von *Limonium vulgare* Tx. n. p.

Verband: *Puccinellion maritimae* (Christiansen 1927 p. p.) Tx. 1937.

Artemisietum maritimae (Br.-Bl. et de Leeuw 1936 p. p.) Tx. n. p.

Verband: *Armerion maritimae* Br.-Bl. et de Leeuw 1936.

Juncetum Gerardi Tx. n. p.

Subass. von *Limonium vulgare* Tx. n. p.

Verband: *Armerion maritimae* Br.-Bl. et de Leeuw 1936.

Eine Neufassung des *Artemisietum maritimae* im bisherigen Sinne, das von Braun-Blanquet und de Leeuw auf Grund einer Exkursion auf Ameland 1936 aufgestellt worden war, wurde von Tüxen nach den Ergebnissen einer Exkursion auf Borkum 1939 durchgeführt und ist bisher noch nicht veröffentlicht worden.

Schrifttum: Wi. Christiansen 1927, Br.-Bl. et de Leeuw 1936, Vlieger 1937, Tüxen 1937, Tüxen-Aufnahmen von Borkum 1939 (n. p.), Raabe 1946 und verschiedene neuere Arbeiten der Holländer.

Binnendeutschland.

Von den mitteldeutschen Salzstellen liegen in der Arbeit von Altehage (1939) einige Aufnahmen von Artern vor, in denen *Artemisia maritima* in stärkerem Maße auftritt. Sie sind in Tabelle 12 wiedergegeben.

Davon läßt sich die erste Aufnahme ohne Schwierigkeit der *Puccinellia distans-Obione pedunculata*-Ass. Altehages zuordnen. Dieses Auftreten von *Artemisia maritima* im *Puccinellia*-Bereich ist eine ganz analoge Erscheinung zur *Puccinellia*-Subass. des *Staticeto-Artemisietum* am Neusiedler See. Sieht man von der verschiedenen Spezies von *Puccinellia* ab (*Puccinellia distans* in Mitteldeutschland und die verwandte *Puccinellia limosa* am Neusiedler See), so läßt sich diese Aufnahme sogar zwanglos in die Tabelle der Neusiedler Aufnahmen einfügen (Nr. 4 der Tab. 13).

In der zweiten Aufnahme, der Nr. 98 bei Altehage, tritt *Artemisia maritima* faziesbildend in die *Triglochin maritimum-Scorzonera parviflora*-Ass. ein. Auch die beiden letzten Aufnahmen lassen sich hier wohl anschließen, von denen selbst die Begleitarten eine gewisse Übereinstimmung aufweisen. Möglicherweise handelt es sich um eine eigene Subass. von *Artemisia maritima,* die auszuscheiden jedoch das vorhandene Material nicht ausreicht.

Dieses fazielle Auftreten von *Artemisia maritima* in der feuchten *Triglochin-Scorzonera parviflora*-Ass. findet kein Analogon am Neusiedler See. Es ist auch nicht gleichzusetzen dem *Artemisietum maritimae* der Nordseeküste, worauf schon Altehage hinweist, möglicherweise jedoch der Subass. von *Limonium vulgare* im *Juncetum Gerardi* (Tüxen n. p.), wie der Bestand grundsätzlich dem Bereich des *Armerion* entspricht.

Es ist zu beachten, daß die Standorte der *Artemisia maritima* in Mitteldeutschland Brücken darstellen, auf denen die Pflanze vom Osten an die Meeresküste eingewandert ist.

Interessant ist die Angabe Altehages, daß die Stellen mit dominierender *Artemisia maritima* gegenüber den vorgelagerten Gesellschaften bis zu 30 *cm* erhöht sind, eine ähnliche Erscheinung wie die Erhebung der „Bänkchen" des ungarischen Tieflandes über die tiefer liegenden Stellen des Szikfok. Auch die Randnatur von *Artemisia maritima* — das Bevorzugen von Abbruchkanten oder abgesetzten Bodenwellen — ist hier deutlich ausgeprägt (vgl. S. 156).

Schrifttum: Altehage 1939.

Osteuropa.

Statice Gmelini-Artemisia monogyna-Ass.
(Soó 1927) Ţopa 1939 a.
(*Staticeto-Artemisietum monogynae*)

Wermutsteppe.

Subass. von *Peucedanum latifolium* (Ţopa 1939 a) Wendelberger 1943 (Aufn. 1—3).

Subass. von *Puccinellia limosa* (Ţopa 1939 a) Wendelberger 1943 (Aufn. 4—9).

Subass. von *Festuca pseudovina* (Soó 1933 d) Wendelberger 1943 (Aufn. Nr. 10—19).

> Var. von *Aster * pannonicus* Wendelberger 1943 (Aufn. 10—15).
> Var. von *Camphorosma annua* Wendelberger 1943 (Aufn. 16—19).

Charakterarten.
(21 Aufn., Tab. 13.)

Ass.-Ch.: Ch *Artemisia maritima* L. .... V^2

        H *Limonium Gmelini* (Willd.) O. Kuntze .... III^2

        H *Arachnospermum canum* (C. A. May.) Dom. .... IV^+ [1]

        H *Plantago Schwarzenbergiana* Schur (sec. Soó 1947 b)

Differentialarten der Subass. von
Peucedanum latifolium (3 Aufn.):

        H *Peucedanum latifolium* (M. B.) DC. .... 3^2 [5]

        H *Aster punctatus* W. K. .... 2^2 [3]

        H *Oenanthe silaifolia* M. B. .... 2^2

        T *Myosurus minimus* L. .... 2^+

        G *Iris halophila* Pall. .... 1^+

Differentialarten der Subass. von
Puccinellia limosa (6 Aufn.):

        H *Puccinellia limosa* (Schur) Holmbg. .... 5^2 [3]

        H *Aster Tripolium* L. ssp. *pannonicus* (Jacq.) Soó .... 6^+ [3]

        T *Bupleurum tenuissimum* L. .... 4^+ [1]

        T *Odontites rubra* Gilib. ssp. *serotina* (Hoffm.) Voll-
mann .... 3^+

Differentialarten der Subass. von
Festuca pseudovina (12 Aufn.):

        H *Festuca pseudovina* Hack. .... V^5

        Musci div. .... V^2 [3]

Differentialarten der Variante von
*Aster * pannonicus* (6 Aufn.):

        H *Aster Tripolium* L. ssp. *pannonicus* (Jacq.) Soó .... 5^+

        H *Lepidium cartilagineum* (J. May.) Thell. .... 4^+ [1]

Differentialarten der Variante von
Camphorosma annua (4 Aufn.):

        T *Camphorosma annua* Pall. .... 4^+

        T *Matricaria Chamomilla* L. ssp. *Bayeri* (Kan.) Hay. . 4^+

        T *Plantago tenuiflora* W. K. .... 1^+

Die Subassoziation von *Peucedanum latifolium.*

Ţopa beschrieb die Assoziation als *Staticeto-Artemisietum monogynae* erstmalig aus Rumänien. Die Subass. von *Peucedanum latifolium* und die Subass. von *Puccinellia limosa* wurden von ihm als Fazies angesprochen.

Die Subass. von *Peucedanum latifolium* (Aufn. 1—3 bei Ţopa 1939 a, S. 36) bevorzugt anscheinend feuchteren Boden; der Wassergehalt beträgt 16 v. H. gegenüber 12—4 v. H. bei der *Puccinellia limosa*-Subass.

Ţopa scheint diese Subass. von *Peucedanum latifolium* als die typische anzusehen, da er die Gesellschaft zusammen mit der feuchten *Leuzea salina-Oenanthe silaifolia*-Ass. in einen Verband stellt.

Im Hinblick auf die chemischen Werte und ein bedeutenderes Auftreten von *Artemisia maritima* im *Obionetum verruciferae* und im *Camphorosmetum pilosae* erscheint mir jedoch die Subass. von *Puccinellia limosa* (Aufn. 4—8 bei Ţopa) als bezeichnender für die Assoziation und diese selbst — ebenso wie das *Camphorosmetum annuae* — einem anderen Verbande angehörig zu sein.

Die nachstehend wiedergegebenen ökologischen Werte einiger Gesellschaften Ţopas zeigen einen großen Sprung zwischen Nr. 7 und 8, also innerhalb des *Staticeto-Artemisietum* selbst und bestätigen damit auch ökologisch die starke Unterschiedlichkeit der beiden Subassoziationen wie auch die ökologische Verwandtschaft der Subass. von *Puccinellia limosa* mit dem *Obionetum verruciferae* und dem *Camphorosmetum pilosae*.

	1	2	3	4	5	6	7
Cl .....%	0·05—0·06	0·072	0·06	0·06	0·07	0·09	0·10
H_2O ...%	13—18,4	14·1	16·00	16·23	16·28	12·20	11·00

	8	9	10	11	12	13	14
Cl .....%	0·16	0·29	0·13—0·69	0·2	0·23	0·34	1·36
H_2O ...%	6·00	4·00	19·6—5·63	7·7	6·13	3·6	0·97

    1 = *Agrostideto-Beckmannietum.*
    2 = *Leuzeeto-Oenanthetum silaifoliae.*
  3—9 = *Staticeto-Artemisietum monogynae.*
  10 = *Obionetum verruciferae.*
11—14 = *Camphorosmetum pilosae.*

Zusammenfassend kann gesagt werden, daß die Subass. von *Puccinellia* bezeichnender für die Assoziation erscheint als die Subass. von *Peucedanum latifolium*, welche eine feuchtere Ausbildung oder überhaupt eine eigene Gesellschaft darstellt. Dementsprechend ist die ganze Assoziation aus dem Verband des *Puccinellio-Staticion Gmelini* Ţopas herauszunehmen — womit dieser Verband hinfällig erscheint — und in die Nähe des *Obionetum verruciferae* und *Camphorosmetum pilosae* zur Ordnung der *Halostachyetalia* zu stellen, wofür die Artenzusammensetzung, die ökologischen Werte und nicht zuletzt der östlich-asiatische Charakter der einzelnen Arten wie der ganzen Ordnung spricht.

Es sei in diesem Zusammenhange auf das *Puccinellietum limosae transsilvanicum* Soós hingewiesen (S. 140), in welcher Gesellschaft *Peucedanum latifolium* als Ordnungscharakterart und Differentialart einer Subassoziation auftritt.

Die Subassoziation von *Puccinellia limosa.*

Die Subass. von *Puccinellia limosa* ist bei Ţopa selbst nur durch *Puccinellia limosa* als einzige Differentialart gekennzeichnet. Sie läßt sich auch am Neusiedler See nachweisen und ist hier bereits besser ausgeprägt. Hier gesellen sich zu *Puccinellia limosa* noch andere Salzarten, vornehmlich *Aster * pannonicus*, *Plantago maritima* und *Bupleurum tenuissimum* (Aufn. 5, 8 und 9).

Mit dieser artenreicheren Ausbildung am Neusiedler See stimmt die *Artemisia*-Fazies des *Puccinellietum limosae* bei Klika (1937) vollkommen überein und die Aufnahmen 7 und 8 des *Puccinellietum limosae* bei Klika (S. 413) lassen sich zwanglos in die Tabelle einfügen (Aufnahmen 6 und 7. — Es ist bezeichnend, daß Klika zu den Assoziationscharakterarten des *Puccinellietum limosae* auch *Artemisia maritima* und

Limonium Gmelini zählt!) Ebenso läßt sich die *Artemisia maritima*-reiche Aufnahme der *Puccinellia distans-Obione pedunculata*-Ass. Altehages von binnendeutschen Salzstellen einbauen, wenn man von der verschiedenen *Puccinellia*-Spezies absieht. Es handelt sich hiebei um eine geographische Parallelerscheinung. Aus dem zentralungarischen Tieflande fehlen bisher ähnliche Aufnahmen.

Die Subassoziation besiedelt den jährlich überschwemmten Boden des Szikfok und ist ökologisch von den höherliegenden Gesellschaften, namentlich der Subass. von *Festuca pseudovina* auf der sandig-erdigen Auflage des Steppenbodens, deutlich unterschieden. Auf dem an sich schon stärker versalzten Boden blüht an nackten Stellen Soda aus, was bei der Subass. von *Festuca pseudovina* nie der Fall ist. Der Vegetationsschluß ist mit 80—95 v. H. geringer als bei der stärker verwachsenen *Festuca pseudovina*-Subass., in der eine Deckung von 95—100 v. H. die Regel ist.

Nahezu stets aber stoßen Horste von *Festuca pseudovina* als Pioniere in die *Puccinellia limosa*-Subass. vor und leiten die Sukzession zur nächsthöheren Stufe ein (vgl. die Tabelle). Zwischen den beiden Subassoziationen sind unbedingt Annäherungen, wenn nicht Übergänge vorhanden, die durch das Vordringen von *Festuca pseudovina* und das Hinaufgreifen von Elementen des *Puccinellietum limosae* in die andere Gesellschaft bedingt sind.

Limonium Gmelini ist eine gute Differentialart, die in den Aufnahmen Klikas aus der Süd-Slowakei noch aufscheint, aber den Neusiedler See nicht mehr erreicht. So ist das geographisch bedingte Fehlen von *Limonium Gmelini* kein Maßstab für die Güte der Art als Charakterart dieser Gesellschaft. Von den drei Charakterarten dringt *Artemisia maritima* am weitesten nach Westen vor. *Arachnospermum canum* überschreitet den Assoziationsbereich gegen Westen auf Wiesen, Rasen, Bahndämmen und wüsten Plätzen, bleibt aber weit hinter *Artemisia maritima* zurück, während *Limonium Gmelini* noch nicht das Areal der Gesellschaft ausfüllt. *Artemisia maritima* hat eine größere, *Limonium Gmelini* eine kleinere Spannweite als die Assoziation, *Arachnospermum canum* greift über den Assoziationsbereich an anderen Standorten und in anderen Gesellschaften hinaus.

Die Subassoziation wurde am Neusiedler See nur im weiten Pußtenraum südlich von Apetlon beobachtet, angedeutet am Westausgang von Illmitz; bei Gols.

Allgemeine Verbreitung: Rumänien, in der Süd-Slowakei und am Neusiedler See. Sicher auch im zentralungarischen Tiefland. Parallelgesellschaft an den Salzstellen in Mittel-Deutschland.

Die Subassoziation von *Festuca pseudovina.*

a) Zur systematischen Stellung der Subass. von *Festuca pseudovina.*

Aus dem zentralungarischen Tieflande beschreiben die ungarischen Soziologen schon seit langem eine Assoziation, die sandige Alkaliböden mit schwachem Salzgehalt oft auf weite Strecken bedeckt: das *Festucetum pseudovinae*, die Alkalisteppe. Entsprechend dem Grade der Bodenversalzung kommen zwei Ausbildungen der Assoziation in Betracht (nach Soó 1933 d):

1. Auf trockenem Boden II. Klasse das *Festucetum pseudovinae* in der Subass. von *Achillea*.
2. Auf trockenem Boden III. Klasse das *Festucetum pseudovinae* in der Subass. von *Artemisia maritima*.

In neuerer Zeit werden diese beiden Subassoziationen von Soó (seit 1945) als getrennte Assoziationen betrachtet. Sie lauten dann in entsprechender Reihenfolge:

Achilleeto-Festucetum pseudovinae Soó,
Artemisieto-Festucetum pseudovinae Soó.

Klika hat aus der Süd-Slowakei eine *Festuca pseudovina-Centaurea pannonica*-Ass. beschrieben (1937), die er als eine verarmte Ausbildung des zentralungarischen *Festucetum pseudovinae* der ungarischen Autoren und mit diesem synonym ansieht. Charakterarten dieser Assoziation sind:

Festuca pseudovina
Centaurea pannonica
Carex stenophylla
Gypsophila stepposa.

Klika hat seine Assoziation dem *Festucion valesiacae*-Verbande eingeordnet und vergleichbare Tabellen von dieser Gesellschaft gegeben (Klika 1937, S. 414). Eine Analyse seiner Aufnahmen ergibt folgendes Bild:

Von einer Subass. von *Artemisia maritima*, ähnlich wie bei den ungarischen Autoren, kann überhaupt nur bei den Aufnahmen 3—5 seiner Tabelle die Rede sein, allenfalls noch bei Aufnahme 2. Die übrigen Aufnahmen (Nr. 1, 6, 7, 9 und 10) stellen die eigentliche *Festuca-Centaurea pannonica*-Ass. dar, die durch gute Verbands- und Ordnungscharakterarten ausgezeichnet ist. Diese Assoziation entspricht dem *Achilleeto-Festucetum pseudovinae* der ungarischen Autoren (vgl. Tab. 14).

Die „Subass. von *Artemisia maritima*" weist dagegen derart wenige Charakterarten des *Festucion*-Verbandes und der Ordnung auf, daß es nicht angängig erscheint, diese Aufnahme in der gleichen Tabelle zu belassen und sie allein auf Grund eines mengenmäßigen Überwiegens von *Festuca pseudovina* in die gleiche Assoziation einzureihen. Diese Aufnahmen lassen sich viel leichter und zwangloser zusammen mit meinen Aufnahmen vom Neusiedler See in der Tabelle des *Staticeto-Artemisietum maritimae* zusammenfassen und bilden hier eine Subass. von *Festuca pseudovina* (Nr. 13 und 14 meiner Tabelle).

Auffallend ist auch der Unterschied in der Gesamtartenzahl: die „Subass. von *Artemisia*" zählt 8—14 Arten in den einzelnen Aufnahmen, die Aufnahmen der eigentlichen *Festuca pseudovina-Centaurea pannonica*-Ass. dagegen 13—22 Arten.

Es ergibt sich demnach zusammenfassend, daß die *Festuca pseudovina-Centaurea pannonica*-Ass. Klikas eine gute Assoziation des *Festucion valesiacae*-Verbandes darstellt, während die Subass. von *Artemisia maritima* aus dieser Gesellschaft herauszunehmen ist und dem *Staticeto-Artemisietum* in der Subass. von *Festuca pseudovina* entspricht.

Ebensowenig lassen es meine eigenen Aufnahmen vom Neusiedler See zu, eine Subass. von *Artemisia maritima* der *Festuca-Centaurea pannonica*-Ass. aufrechtzuerhalten.

Es fehlen überwiegend die Trockenrasenarten des *Festucion valesiacae* und der *Brometalia*. Bloß in der Aufnahme 15 vom Feldsee sind Verbands- und Ordnungscharakterarten etwas stärker vertreten, wenn auch nicht in überzeugender Anzahl, sowie in den Aufnahmen 20 und 21 aus der Hortobágy. Gerade in den beiden letzten Aufnahmen aber ist namentlich *Artemisia maritima* recht spärlich vertreten und es ist nicht unwahrscheinlich, daß es sich hiebei um eine fragmentarische *Festuca pseudovina-Centaurea pannonica*-Ass. handelt. Und wiederum aus der Hortobágy stammt die Aufnahme 16 ohne alle *Festucion*-Arten (mit Ausnahme von *Festuca pseudovina* selbst). Es soll also dahingestellt bleiben, wohin das stärker versalzte *Artemisieto-Festucetum pseudovinae* der ungarischen Autoren gehört: ob es sich tatsächlich um eine Subass. von *Artemisia maritima* eines *Festucetum pseudovinae* handelt oder aber ob nicht viel wahrscheinlicher das *Staticeto-Artemisietum monogynae* Ţopas in einem erweiterten Sinne auch die Bestände der ungarischen Tiefebene aufnehmen kann, wie sich auch meine eigenen Aufnahmen vom Neusiedler See leicht in einer Subass. von *Festuca pseudovina* gemeinsam mit den Aufnahmen Klikas einbauen lassen. Mit dieser Assoziation hätte die eigentliche *Festuca pseudovina-Centaurea pannonica*-Ass., das schwächer versalzte *Achilleeto-Festucetum pseudovinae* der Ungarn, kaum mehr als *Festuca pseudovina* gemein und wäre auch einem gänzlich anderen Verbande angehörig.

Diese grundsätzliche Trennung ist übrigens von Klika selbst bereits vorausgenommen worden. Klika hat die „Subass. von *Artemisia maritima*" in seiner Arbeit 1939 als einen „Mosaikkomplex der behandelten Assoziation und der Assoziationen der *Puccinellio-Salicornietalia*-Ordnung" angesehen (S. 149).

Hinsichtlich des *Festucetum pseudovinae* der ungarischen Autoren ergibt nun ein Vergleich der Artenliste des *Achilleeto-Festucetum pseudovinae* mit dem *Artemisieto-Festucetum pseudovinae* (besonders Soó 1933 d) eine überwiegende Verteilung der Salzarten auf die letztgenannte Gesellschaft, während erstere durch zahlreiche Trockenrasenelemente ausgezeichnet ist, was eine Gleichsetzung mit der *Festuca pseudovina-Centaurea pannonica*-Ass. Klikas berechtigen würde. Es soll aber durchaus anerkannt werden, daß über diese schwierige Frage der soziologischen Bewertung des „*Festucetum pseudovinae*" der ungarischen Autoren noch nicht das letzte Wort gesprochen wurde.

Reiht man aber — und sei es auch nur provisorisch — das *Artemisieto-Festucetum* in das *Staticeto-Artemisietum* ein, so deckt es sich mit dessen Subass. von *Festuca pseudovina*.

Das *Artemisietum salinae* Soó 1927 (*Artemisio-Festucetum pseudovinae transsilvanicum* ibidem) von gleichen Standorten aus Siebenbürgen dürfte wohl zusammen mit dem *Artemisieto-Festucetum* im *Staticeto-Artemisietum* Ţopas vereinigt werden können. Äußerst auffallend ist die geringe Zahl von Trockenrasenarten in dieser Gesellschaft, geringer noch als selbst im salzreicheren *Artemisieto-Festucetum pseudovinae.*

Eine Gleichsetzung der verschiedenen Untereinheiten, die Soó 1947 b für das *Artemisieto-Festucetum* und für das *Artemisietum salinae* angibt, wurde nicht versucht.

Für das *Festucetum pseudovinae* in seinen beiden Ausbildungen hat Soó einen eigenen Verband geschaffen, das *Festucion pseudovinae,* den Verband der Szikespußta oder der Alkalisteppe.

Die *Festuca pseudovina-Centaurea pannonica*-Ass. Klikas ist als Trockenrasengesellschaft jedenfalls eine Assoziation des *Festucion valesiacae*-Verbandes. Dieses *Festucion valesiacae* ist aber mit dem *Festucion pseudovinae* der ungarischen Autoren nicht identisch, sondern eher mit dem *Festucion sulcatae* Soós (1929).

Die Verbandscharakterarten des *Festucion pseudovinae* sind keine Arten des *Festucion valesiacae,* keine Trockenrasenarten, sondern wesentlich Salzarten, die sich überwiegend auf die Subass. von *Artemisia maritima* verteilen. Von diesen Arten sind in meinen Aufnahmen wie in denen Klikas die wenigsten enthalten. Von den gemeinsamen Charakterarten des *Festucion pseudovinae* mit dem *Puccinellion limosae* sind manche nur infolge komplexartiger Durchdringung zweier Gesellschaften gemeinsam, wie *Pholiurus pannonicus, Myosurus minimus, Plantago tenuiflora,* vielleicht auch *Plantago Schwarzenbergiana.* Es sind dies die Arten der oft schmalen und ganz flachen Szikfok-Rinnen in der *Artemisia*-Steppe (vgl. S. 156).

Richtig ist der Gedanke der Trennung des *Festucion pseudovinae* als eines eigenen Verbandes vom *Festucion valesiacae* (= *Festucion sulcatae* bei Soó), wenn man die beiden Subassoziationen von *Achillea* und von *Artemisia maritima* trennt und dann zu folgender Anschauung gelangt:

Das *Achilleeto-Festucetum pseudovinae* der ungarischen Autoren ist identisch mit der *Festuca pseudovina-Centaurea pannonica*-Ass. Klikas und gehört dem *Festucion valesiacae*-Verbande an.

Das *Artemisieto-Festucetum pseudovinae* ist aus der Gesellschaft des *Festucetum pseudovinae* herauszulösen und geht im *Staticeto-Artemisietum* Ţopas auf, u. zw. in dessen Subass. von *Festuca pseudovina.* Der noch unbenannte Verband des *Staticeto-Artemisietum* entspricht dem *Festucion pseudovinae* Soós, aber nicht dem *Festucion valesiacae.*

Es ergibt sich demnach folgende Gliederung dieses Gesellschaftskreises:

BROMETALIA (Koch 1926) Br.-Bl. 1936.

Festucion valesiacae Klika (1931) 1939.

Hieher: *Festucion sulcatae* Soó 1929, *Festucion pseudovinae* Soó 1933 d p. p.

Festuca pseudovina-Centaurea pannonica-Ass. Klika 1937.

Syn.: *Festucetum pseudovinae* (Rapaics 1927) Soó 1933 d, Subass. v. *Achillea* Soó 1933 d, *Inula britannica*-Ass. Rapaics 1927, *Achillea-Inula britannica*-Ass. Magyar 1928, *Festucetum pseudovinae pannonicum* Knapp 1942, *Achilleeto-Festucetum pseudovinae* Soó 1947 a.

HALOSTACHYETALIA (Großheim 1929) Ţopa 1939 a.

Verb.:   ?

Syn.: *Puccinellio-Staticion* Ţopa 1939 a, *Festucion pseudovinae* Soó 1933 d p. p.

Statice Gmelini-Artemisia monogyna-Ass. (Soó 1927) Ţopa 1939 a.
(*Staticeto-Artemisietum monogynae.*)

Syn.: *Artemisietum salinae* Soó 1927 (Borza 1931), *Artemisietum monogynae* Bojko ap. Wenzl 1934 z. T., Formation der Seestrandnelke (*Limonium Gmelini*) Kerner 1863.

Subass. von *Peucedanum latifolium* (Ţopa 1939 a pro fac.) Wendelberger 1943.

Subass. von *Puccinellia limosa* (Ţopa 1939 a) Wendelberger 1943.

Syn.: Fazies von *Puccinellia limosa* Ţopa 1939 a, *Puccinellietum limosae,* Fazies von *Artemisia maritima* Klika 1937.

Subass. von *Festuca pseudovina* (Soó 1933 d) Wendelberger 1943.

Syn.: *Festucetum pseudovinae* (Rapaics 1927) Soó 1933 d, Subass. von *Artemisia maritima* Soó 1933 d, *Festuca pseudovina-Centaurea pannonica*-Ass. Klika 1937, Subass. von *Artemisia maritima* (Soó 1933 d).

Einschließlich: *Artemisietum salinae* Soó 1927, *Festucetum pseudovinae* Soó, Subass. *halophila* Slavnić 1948 ?

Var. von *Aster * pannonicus* Wendelberger 1943.

Var. von *Camphorosma annua* Wendelberger 1943.

Die Stellung des *Festucion valesiacae* innerhalb des soziologischen Systems ist gemäß Knapp 1942 die folgende:

Klasse: *Festucetea ovinae* Knapp 1942.

Ordnung: *Brometalia* (Koch 1926) Br.-Bl. 1936.

Verbandsgruppe: Kontinentale Verbandsgruppe (= *Festucion valesiacae* Klika [1931] 1939).

Verband: *Astragalo-Stipion* Knapp 1942.

Hauptassoziation: *Festucetum pseudovinae* Knapp 1942.

Gebietsassoziation: *Festuca pseudovina-Centaurea pannonica*-Ass. Klika 1937 (= *Festucetum pseudovinae pannonicum* Knapp 1942).

Ass.-Ch.: *Centaurea pannonica*
Carex stenophylla
Festuca pseudovina
Salvia austriaca
Taraxacum serotinum

Von der *Festuca pseudovina-Centaurea pannonica*-Ass. wurden noch einige Faziesbildungen beschrieben:

Fazies von *Aster linosyris* Klika 1937.

Fazies von *Taraxacum bessarabicum* Klika 1937 (= *Taraxacum bessarabicum*-Fazies des *Caricetum distantis*).

Fazies von *Hieracium pilosella* Soó 1933 d.

Fazies von *Hordeum Hystrix* Soó 1933 d.

Fazies (bzw. CS.) von *Carex stenophylla* (Rapaics 1927 pro ass.) Soó 1933 d.

Klika erwähnt das Auftreten von *Carex stenophylla* in der Gesellschaft aus der Süd-Slowakei. Anscheinend handelt es sich hier um die gleichen „Frühlingsephemeren", die Boris Keller aus dem südrussischen Halbwüstengebiet beschreibt und von denen er unter anderem *Poa bulbosa vivipara* und *Carex stenophylla* erwähnt. Die *Festuca-Centaurea pannonica*-Ass. dürfte in typischer Entwicklung einen eigenen Frühjahrsaspekt ausbilden.

b) Beschreibung der Subass. von *Festuca pseudovina*.

Die Subassoziation besiedelt den trockenen Boden III. Klasse mit Solonetzprofil (Soó 1933 d), der bereits stärker versalzt ist als der Boden der eigentlichen *Festuca pseudovina-Centaurea pannonica*-Ass. (*Achilleeto-Festucetum pseudovinae* der Ungarn). Es sind die „Bänkchen", die als sandig-erdige Auflage auf der Höhe der Trockenrasen dem Zickboden überlagert sind und über den Bereich des *Caricetum distantis*, den *Puccinellia*-Bereich (Szikfok) und den *Juncetum Gerardi*-Bereich (Lápos) hinausgehen. Die Grenze ist meist als deutliche Abbruchkante ausgebildet, die von etwa 5 bis zu 30 und 40 *cm*, am Neusiedler See bis zu 20 *cm* über dem *Puccinellia*-Bereich liegt und nur selten verflacht. Auch an den mitteldeutschen Salzstellen liegt die *Artemisia maritima*-Fazies nach Altehage bis zu 30 *cm* oberhalb der vorgelagerten Gesellschaften.

Diesen Verhältnissen entspricht das Profil eines *Artemisia maritima*-Bestandes vom Neusiedler See:

0—2 *cm*: dunkle, bräunliche Hauptwurzelschicht, die unteren Schichten heller — Steppenboden (A — vgl. S. 23).

2—4 *cm*: humose Schwarzerde — Steppenboden (A).

4—10 *cm*: speckig-zickiger Boden von vieleckiger Struktur — entspricht dem Boden des Szikfok (B).

Über 10 *cm*: heller, grauer Sand — entspricht dem Boden der Lápos ? (C).

Wie sehr sich mit der veränderten Bodenstruktur auch die chemischen Werte des Bodens verändern, möge die Analyse eines Profils zeigen (*Artemisia maritima*-Steppe an der Langen Lacke östlich Apetlon):

	pH	Soda	H_2O
0—2 *cm* — trockener, dunkler, etwas humoser Feinsand ...	∼7·0	0·15 v. H.	4·9 v. H.
2—6 *cm* — heller, schwach gelblichgrauer Feinsand	∼7·3	0·15 v. H.	5·9 v. H.
über 6 *cm* — harter, kompakter, schwarzer Boden	*11·2*	*0·4* v. H.	3·8 v. H.

Stellenweise tritt der schwarze, kompakte und salzreiche Untergrund zutage, dort, wo der Szikfok in kleinen Rinnen oder Wasseradern, in kleinen Linsen in die *Artemisia maritima*-Steppe eingreift und ein kleines Entwässerungssystem bildet, das auch von einer gewissen Bedeutung für die Entwässerung und Trockenhaltung der *Artemisia*-Steppe sein mag. Schön sind diese Rinnen in der *Artemisia*-Steppe an der Langen Lacke zu beobachten, nahe der Straße, die von Apetlon nach Wallern führt.

Beide Standorte sind bei geringsten Höhenunterschieden von nur wenigen Zentimetern in ökologischer Hinsicht ganz entscheidend voneinander verschieden. Entsprechend den beiden gänzlich verschiedenen Standorten siedelt in den Rinnen auch eine grundsätzlich andere Pflanzengesellschaft, nämlich die *Pholiurus pannonicus-Plantago tenuiflora*-Ass., deren Elemente, namentlich *Plantago tenuiflora*, am Rande der Rinnen etwas in die *Artemisia*-Steppe vorzudringen vermögen. Diese Verzahnung der beiden Gesellschaften kann Assoziationskomplexe bilden: manchmal wächst selbst inmitten der Steppe *Plantago tenuiflora* und *Puccinellia limosa* und erst bei näherem Zusehen bemerkt man die kleine Vertiefung, die den Pflanzen Lebensmöglichkeit gibt. So erklärt sich auch das Aufscheinen von Arten der *Pholiurus pannonicus-Plantago tenuiflora*-Ass. in manchen Tabellen. (Auch die Aufnahme 25 meiner Tabelle! *Pholiurus pannonicus* und *Plantago tenuiflora* als gemeinsame Charakterarten des *Festucion pseudovinae* mit dem *Puccinellion limosae* bei S o ó 1940 a!)

Die Subassoziation ist seltener flächenhaft ausgebildet, wie am Neusiedler See in größeren Beständen südlich von Apetlon, dann aber auch südlich des Feldsees bei Illmitz oder an der Straße von Apetlon nach Wallern nahe der Langen Lacke, wo sich im Frühjahr hinter dem matten Silbrig-Grau der *Artemisia*-Stauden mit eingestreuten Flecken von grüner *Carex stenophylla* mit ihren goldgelben Köpfchen das tiefe Sattgrün des *Puccinellietum* auf dem Szikfok abhebt, das bereits einen ganz feinen gelblichen Stich trägt. Meist ist jedoch die Subass. bloß als ein Streifen von *Artemisia maritima* am Rande der *Festuca*-Steppe ausgeprägt, dessen Breite zwischen einer Andeutung der Gesellschaft durch *Artemisia maritima* bis zu größerer Ausdehnung schwankt. *Artemisia maritima* ist häufig auf die Abbruchkante beschränkt. Die Pflanze verhält sich derart nicht nur bei uns am Neusiedler See und im pannonischen Raum, sondern auch an binnendeutschen Salzstellen, wo sie, wie bei Artern, den Rand des Solgrabens säumt oder sonst kleine Bodenschwellen bevorzugt, oder an der Küste der Nordsee, wo sie mit Vorliebe die Ränder der Priele begleitet.

Die Ursache dieser Randnatur der Pflanze und der Gesellschaft ist nicht ganz offensichtlich. Für das *Artemisietum maritimae* der Nordseeküste vermutet T ü x e n die Ursache in der Anreicherung organischer Substanz an den Spülsäumen. Dies trifft für das Neusiedler See-Gebiet infolge des Fehlens so hochreichender Überschwemmungen nicht zu. Vielfach wird die der Subassoziation entsprechende Höhenlage nur ganz schmal oder überhaupt nicht ausgebildet sein, so daß die Gesellschaft gerade noch an der Kante die ihr entsprechenden Lebensbedingungen hinsichtlich Salzgehalt und Wassergehalt des Bodens findet. Auch die Sonnenstrahlung scheint eine Rolle zu spielen: in Kiesgruben bei Illmitz besiedelt *Artemisia maritima* ausschließlich die Süd- und Osthänge, und an der Langen Lacke wächst *Artemisia* ebenfalls an den Südböschungen auf kleinen, etwa 20 *cm* hohen Hügelchen (Aufn. 17).

Von einer ausgesprochenen G ü r t e l u n g wie an den Lachenrändern kann man schwer sprechen. Dennoch besteht eine feste Bindung in der Lage gegenüber den anderen Assoziationen: die Subassoziation von *Festuca pseudovina* liegt tiefer als die *Festuca pseudovina-Centaurea pannonica*-Ass. und oberhalb der Assoziationen der *Puccinellion*-Verbände. Diese Aufeinanderfolge wird immer eingehalten, auch dort, wo die einzelnen Gesellschaften nur angedeutet sind oder im Komplex miteinander wachsen. Auch ökologisch nimmt die Gesellschaft eine deutliche Zwischenstellung ein, namentlich bezüglich des Salzgehaltes.

Im Fortschreiten gegen die *Festuca-Centaurea pannonica*-Ass. wird der Wuchs in der Gesellschaft geschlossener und anscheinend stärker vermoost. Die rotbraune Farbe des Schwingels („Roter Schmöller", „Rote Hosen", ung. „véres nadrág") gibt der Gesellschaft einen schönen Farbton, der im Mai und Juni die Bestände in schönem Farbenkontrast zu den übrigen Gürteln schon von weitem erkennen läßt.

Auf Grund der bisherigen Beobachtungen ergibt sich nachstehende Gürtelungsfolge:

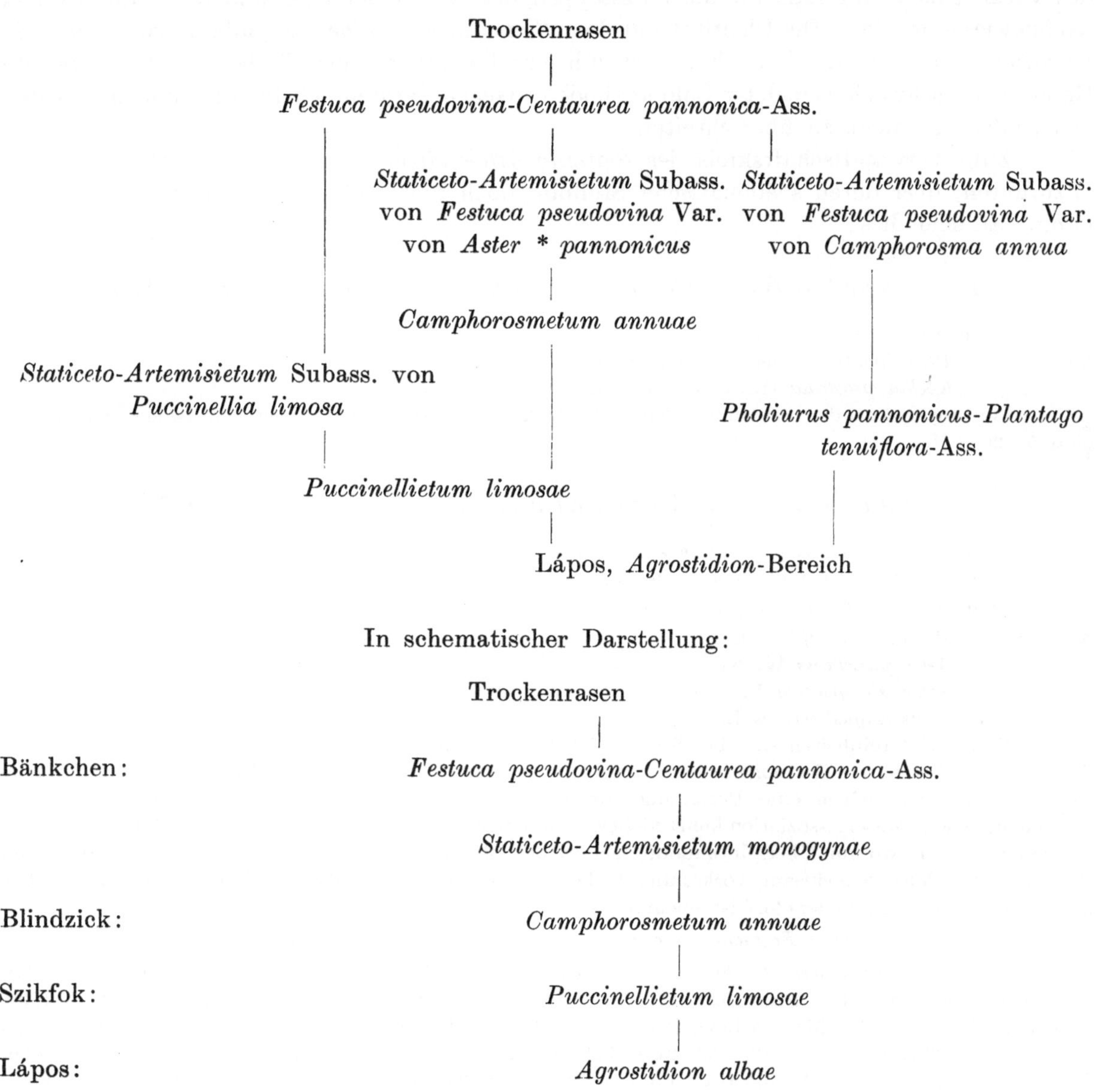

In schematischer Darstellung:

Trockenrasen

Bänkchen: *Festuca pseudovina-Centaurea pannonica*-Ass.

    Staticeto-Artemisietum monogynae

Blindzick: *Camphorosmetum annuae*

Szikfok: *Puccinellietum limosae*

Lápos: *Agrostidion albae*

Beschreibung der Varianten:

Die *Aster * pannonicus*-Variante wurde am Neusiedler See nur südlich des Feldsees im weiteren Bereich einer Wiese beobachtet; ein *Camphorosmetum* war nicht benachbart. Hieher gehören auch die Aufnahmen Klikas. Möglicherweise stellt die Variante eine tiefer gelegene Ausbildung der Subassoziation dar, während die *Camphorosma*-Variante höher liegt und als terminale Variante in die *Festuca-Centaurea pannonica*-Ass. überleitet. Wahrscheinlich jedoch handelt es sich um eine den Bodenverhältnissen entsprechend verschiedene Ausbildung der Subassoziation auf Solontschakboden (in der *Aster*-Variante), bzw. auf Solonetz (in der *Camphorosma*-Variante). Auch die Aufnahmen aus dem klassischen Solonetzgebiet der Hortobágy gehören zur Gänze der *Camphorosma*-Variante an.

Die *Camphorosma annua*-Variante ist am Neusiedler See häufig vertreten und auch in der Hortobágy die bezeichnende Variante (Soó, Ujvárosi, eigene Aufnahmen). Es ist die typische Variante der Subassoziation von *Festuca pseudovina*, auf die sich im wesentlichen das über die Subassoziation Gesagte bezieht.

Allgemeine Verbreitung: Die Subass. von *Festuca pseudovina* konnte an Hand des vorliegenden Materials für die Salzsteppen des Neusiedler Sees und der Süd-Slowakei nachgewiesen werden. Die Identität mit dem *Festucetum pseudovinae* (Subass. von *Artemisia maritima*) vorausgesetzt, handelt es sich um eine im ungarischen Tiefland weit verbreitete Gesellschaft schwach versalzter Solonetzböden. Gegen Westen scheint die Assoziation den Neusiedler See nicht zu überschreiten.

Zum Verwandtschaftskreis des *Staticeto-Artemisietum* sind noch zwei Gesellschaften anzuführen, über deren systematische Stellung noch nichts Endgültiges ausgesagt werden kann. Es sind dies:

A r t e m i s i e t o - P e t r o s i m o n i e t u m   t r i a n d r a e Soó 1947 a.

Syn.: *Petrosimonietum* Soó 1927.
Ass.-Ch.: *Petrosimonia triandra* (Pall.) Simk.
   Kochia prostrata (L.) Schrad. (lok.)
   Von austrocknenden Schlammböden Siebenbürgens bekannt. Die Vegetationsbedeckung beträgt bloß 5—20 v. H.

P e u c e d a n e t o - A s t e r e t u m   p u n c t a t i Soó 1947.

Syn.: (nach Soó): *Alopecurus pratensis-Agrostis alba*-Ass., *Aster punctatus-Artemisia pontica*-Faz. Máthé 1933, *Pseudovinetum, Aster punctatus-Peucedanum officinale*-Faz. Soó 1933 d, *Pseudovinetum* Máthé 1939 p. p., *Peucedanum officinale*-Soz. Moesz 1940.
Ass.-Ch.: *Peucedanum officinale* L.
   Aster punctatus W. K.
   Artemisia pontica L.
   Lotus angustissimus L.
   Einige Untereinheiten sind bei Soó 1947 b beschrieben.
   Diese Assoziation des ungarischen Zwischenstromlandes enthält neben Salzarten auch zahlreichere Trockenrasenarten, welche eine Beziehung zur *Festuca pseudovina-Centaurea pannonica*-Ass. möglich erscheinen lassen. Diese Assoziation kehrt vielleicht in den Wiesen bei Baumgarten an der March in Niederösterreich wieder, wo im Überschwemmungsgebiet der March *Peucedanum officinale, Aster canus* und *Artemisia maritima* gemeinsam vorkommen! Das Vorkommen von *Aster canus* am Neusiedler See zwischen Weiden und Podersdorf ist ebenfalls so gut wie salzfrei!
   Schrifttum: Zum *Festucion valesiacae*: Klika 1931, 1937, 1939, Knapp 1942.
   Zur *Festuca pseudovina-Centaurea pannonica*-Ass. (einschließlich des *Festucetum pseudovinae* s. lat. der ungarischen Autoren): Pax 1920 (S. 137), Soó 1927, Rapaics 1927 a, Magyar 1928, Soó 1930, Borza 1931, Soó 1933 d, Máthé 1933, Bojko 1934, Wenzl 1934 a, Magyar 1936, Soó 1936, Ujvárosi 1937, Klika 1937, Igmándy 1938/39, Soó 1939, Máthé 1939, Klika 1939, Moesz 1940, Soó 1940 a, Krist 1940, Knapp 1942, Wdbg. 1943, Knapp 1944, Soó 1945, 1947 a, 1947 b, Slavnić 1948, Soó 1949.
   Zum *Staticeto-Artemisietum maritimae:* Subass. von *Peucedanum latifolium*: Ţopa 1939 a, Wdbg. 1943, Soó 1947 b.
   Subass. von *Puccinellia limosa*: Klika 1937, Ţopa 1939 a, Altehage 1939, Wdbg. 1943, Slavnić 1948.
   Subass. von *Festuca pseudovina*: vgl. die *Festuca pseudovina-Centaurea pannonica*-Ass.! Ferner Borza 1931, Altehage 1939, Ţopa 1939 a, Slavnić 1948.
   Zum *Festucion pseudovinae*: Soó 1933 d, Máthé 1933, Soó 1936, Ujvárosi 1937, Máthé 1939, Soó 1939, Soó 1940 a, Wdbg. 1943, Soó 1945, 1947 a, 1947 b, Slavnić 1948, Soó 1949.
   Zum *Artemisieto-Petrosimonietum triandrae*: Soó 1927, Borza 1931, Soó 1947 a, 1947 b, 1949.
   Zum *Peucedaneto-Asteretum punctati*: Máthé 1933, Soó 1933 d, Máthé 1939, Moesz 1940, Soó 1947 a, 1947 b.

Klasse: *MOLINIO-ARRHENATHERETEA* Br.-Bl. et Tx. 1943.
ARRHENATHERETALIA Pawlowski 1926.

Trifolio-Ranunculion pedati Slavnić 1948.

Verb.-Ch.:   *Trifolium ornithopodioides* (L.) Sm.
              Trifolium striatum L.
              Trifolium parviflorum Ehrh.
              Trigonella procumbens (Bess.) Rchb.

Ein neuer Verband, der von Slavnić aufgestellt wurde und dem *Arrhenatherion* nahe verwandt erscheint, sich aber von diesem im Standort durch schwächeren Salzgehalt des Bodens unterscheidet sowie durch größere Feuchtigkeit im Frühjahr und gesteigerte Trockenheit im Sommer. Slavnić beschreibt zwei Gesellschaften, welche diesem Verbande angehören.

Schrifttum: Slavnić 1939, 1948.

Trifolietum subterranei Slavnić 1948.

Ass.-Ch.:   *Trifolium subterraneum* L.
              Trifolium angulatum W. K.
              Fragaria viridis Duch. (lok.)
              Melandryum viscosum (L.) Celak. (lok.)

Auf trockenem Boden stärkeren oder geringeren Salzgehaltes von Solonetz- oder Solodstruktur. Von Slavnić werden drei Subassoziationen mit mehreren Fazies unterschieden.

Schrifttum: Slavnić 1939, 1948.

Ranunculetum pedati Slavnić 1948.

Ass.-Ch.:   *Ranunculus pedatus* W. K.
              Trifolium laevigatum Desf.
              Ornithogalum Gussonei Ten.
              Poa bulbosa L. var. *vivipara* Koeler (lok.)
              Bromus mollis L. var. *nana* (Weig.) A.-G. (lok.)
              Muscari racemosum (L.) Mill. (lok.)

Vertritt die vorhergehende Assoziation auf trockeneren und stärker versalzten Stellen. An Untereinheiten werden zwei Subassoziationen und mehrere Fazies beschrieben.

Schrifttum: Slavnić 1939, 1948.

VII. Zusammenfassung.

I. Das Untersuchungsgebiet am Neusiedler See.

Das Klima am Neusiedler See ist ein kontinentales Klima mit hoher sommerlicher Trockenheit. Die jährliche Niederschlagsmenge beträgt etwa 550 *mm*, die Durchschnittstemperatur 9·5—10·0 °.

Der Neusiedler See selbst, 113 *m* über NN gelegen, ist kein Meeresrest, sondern eine sekundäre Wasseransammlung in einer früheren Stromschlinge der Donau. Auffallend ist seine geringe Tiefe, sein hoher Salzgehalt und Schwankungen in der Höhe des Seespiegels, die in Beziehung zu den Sonnenfleckenperioden gebracht werden können.

Seicht und salzreich sind auch die zahlreichen Lachen von verschiedenster Größe am Ostufer des Neusiedler Sees, die in kleinen Eindellungen und Mulden der Ebene eingesenkt sind und analoge Bildungen zum größeren Neusiedler See darstellen. In diesem Raume liegt das Arbeitsgebiet der vorliegenden Untersuchung, wesentlich im „Seewinkel" im Gebiete der Gemeinden Podersdorf, Illmitz und Apetlon.

II. Der Boden.

Das ungarische Tiefland und die ungarische Pußta sind ursprünglich nicht baumlos gewesen: die heutige Waldlosigkeit ist menschlich bedingt. Nach Rodung und Beweidung dehnten sich als Folge weitgehender Entwässerungen auch die ursprünglich begrenzten Alkaliflächen über weite Gebiete hin aus. Die Möglichkeiten der Fruchtbarmachung der heutigen Alkaliflächen sind beschränkt und wohl überhaupt nur für mäßig versalzte Böden durchführbar.

Das Auftreten von Salzböden ist vorzugsweise an das Vorhandensein tektonischer Bruchlinien gebunden, wie sie auch im Untergrunde des Neusiedler See-Gebietes festgestellt wurden. Durch Säuerlinge und Gasausströmungen gelangen Salze an die Oberfläche, wo sie sich an abflußlosen Stellen in nicht ausgesprochen humiden Gebieten ansammeln. Die pannonischen Salzstellen sind durch das Auftreten von Soda (Na_2CO_3) gekennzeichnet.

Bezeichnend für die Alkaliböden erscheint ein vielfacher Wechsel der Standortverhältnisse auf kleinstem Raume bei geringsten Höhendifferenzen, die jedoch Ausdruck einer tiefen inneren Verschiedenheit des Bodens sind. In der Vegetation wirken sich diese Verhältnisse, wie kaum auf einem anderen Boden, in mosaikartigem Durcheinanderwachsen der Gesellschaften und Assoziationskomplexen auf Solonetzboden aus (S. 77), bzw. in der gürtelartigen Zonierung der Gesellschaften um die Sodalachen der Solontschakgebiete (S. 73).

Bestimmend für die Natur der Alkaliböden ist:

1. die Anhäufung von Alkalisalzen und
2. die hohe Dispersität des Bodens.

In beiden Fällen ist das Na-Jon ursächlich beteiligt.

Diese beiden Faktoren haben eine Reihe weiterer Eigenschaften zur Folge: hohe pH-Werte, Erhöhung der Bodensaugkraft, die Bildung einer Anreicherungsschicht, schlechte Durchlüftung und hoher Wurzelwiderstand. Infolge der Verengung der Kapillaren und infolge eines dichten Oberflächenschlusses wird der Boden physiologisch trocken.

An Bodenarten werden unterschieden: Solontschak und Solonetz.

Solontschak ist ein grobdisperser, sandiger, kalkreicher Boden ohne Profil in Niederungen nahe dem Grundwasserspiegel und mit häufigen Salzausblühungen. Für das Solontschakgebiet bezeichnend sind die zahlreichen Sodalachen. Ausgesprochene Solontschakpflanzen sind *Lepidium cartilagineum, Puccinellia salinaria*, ferner *Salicornia europaea* und *Suaeda maritima* an kontinentalen Salzstellen, sowie die Arten der Ufervegetation der Lachen, vornehmlich *Crypsis aculeata, Cyperus pannonicus* und *Bolboschoenus maritimus*.

Der Solonetzboden ist ein gebundener, schwerer, hochdisperser, toniger und kalkarmer Alkaliboden mit dreischichtiger Struktur: Oberflächenschicht (A), Anreicherungshorizont (B) mit Säulenschicht und Akkumulationsschicht, und Mutterboden (C). Salzausblühungen fehlen, Trockenrisse im Boden sind häufig. Der Solonetzboden ist infolge seiner Struktur der ungünstigste Boden für jede Vegetation. *Camphorosma annua* ist die ausgeprägteste Solonetzpflanze, aber auch *Puccinellia limosa, Pholiurus pannonicus* u. a.

Als die ursächlichen Faktoren für die Verschiedenheit der Salzpflanzengesellschaften können gelten: die Bodenstruktur, die Wasserbilanz des Bodens und der Salzgehalt des Bodens. Aus der Wechselwirkung dieser drei Hauptfaktoren ergibt sich die Mannigfaltigkeit des Standortes.

In Anlehnung an Einteilungen von Treitz, Rapaics und Soó gliedere ich die Standorte in zwei Reihen:

1. Die Solonetzreihe mit: Rücken, Bänkchen, Blindzick, Szikfok und Niederungen;
2. die Solontschakreihe mit: Rücken, Bänkchen, Lachensaum, Überschwemmungsraum, Niederungen, Wellenraum, Strand und Sodalache.

Zur Charakterisierung eines Standortes sind Einzelwerte physikalischer oder chemischer Art wertlos. Diese Werte verschieben sich im Ablauf der einzelnen Jahre als ganzer Block und sind nur relativ verwertbar. Dagegen spiegelt die heutige Pflanzenverteilung einen jahrzehntelangen Standortsdurchschnitt wieder.

Als auslesende Faktoren erscheinen die in einer Vegetationsperiode erreichten ökologischen Maxima eines Standortes wesentlich.

Über die Methodik der Bodenuntersuchungen vgl. S. 33—34.

III. Die pflanzengeographische Gliederung der europäischen Salzflorengebiete.

Die Vegetation der Salzstellen Mittel- und Osteuropas kann in vier Gruppen zusammengefaßt werden, wobei die mediterrane Küstenflora unberücksichtigt bleibt:

1. das westdeutsche Küstengebiet;
2. die binnendeutschen Salzflorengebiete;
3. die Salzflorengebiete des pannonischen Raumes;
4. das rumänische Salzflorengebiet.

Hievon sind die binnendeutschen Salzflorengebiete auf Einstrahlungen von der Halophytenvegetation der Küste zurückzuführen, welche ihrerseits auf ein reicheres Ausstrahlungszentrum an den Küsten des Mittelmeeres hinweist. Beide sind durch das Auftreten von Kochsalz (NaCl) gekennzeichnet, das entweder im Meerwasser gelöst enthalten ist oder aber von unterirdischen Steinsalzlagern herrührt, während die Salzflorengebiete des pannonischen Raumes und Rumäniens vorwiegend durch das Vorhandensein von Soda (Na_2CO_3) ausgezeichnet sind. Auch hier ist ein Ausstrahlungszentrum außerhalb der besprochenen Gebiete, im aralo-kaspischen Raume, zu suchen, von dem aus die Arten während einer trockenwarmen, aquilonaren Periode nach dem Westen gewandert sind. Auch nach dem Artbestand lassen sich diese Zusammenhänge verfolgen. Neben einem Unterbau an vor allem kosmopolitischen und eurasiatischen Arten, die allen Gebieten ziemlich gemeinsam sind, werden die westlichen Küstengebiete durch zahlreiche Arten atlantischer Verbreitung gekennzeichnet, die nach dem Osten zusehends abnehmen. Umgekehrt sind die östlichen Gebiete Rumäniens und Ungarns durch eine Vielzahl irano-turanischer Arten ausgezeichnet, die ein starkes Gefälle in umgekehrter Richtung nach dem Westen aufweisen. So besteht vor allem zwischen den beiden westlichen und den beiden östlichen Gebieten ein starker Florenkontrast.

Die Halophytenvegetation des Neusiedler Sees ist trotz ihres Artenreichtums bereits den westlichen Ausläufern der zentralungarischen Salzgebiete zuzurechnen: in der Süd-Slowakei, die ein Bindeglied zwischen diesen beiden Gebieten darstellt, erreichen sieben Salzpflanzen ihre Westgrenze, am Neusiedler See selbst zwölf Arten und in Süd-Mähren zehn Arten, vornehmlich irano-turanischer Herkunft. Man kann geradezu von einer Bündelung der Arealgrenzen im Westen des pannonischen Raumes sprechen. In Süd-Mähren fehlen bereits 21 Arten des Neusiedler Sees!

Es läßt sich demnach ein kontinuierliches Abfallen im Artenbestand verfolgen, nämlich vom aralo-kaspischen Zentrum her über die rumänischen Salzstellen nach dem zentral-ungarischen Tieflande und von hier über die Süd-Slowakei, den Neusiedler See, vereinzelte Salzstellen im Wiener Becken und im Marchfeld nach den letzten Ausläufern des pannonischen Raumes im südlichen Mähren und im Pulkatale. Auf Seite 56—59 ist eine Übersicht der Salz-pflanzen des pannonischen Raumes gegeben.

Allgemein liegen die mitteleuropäischen Salzstellen — mit Ausnahme der Sieben-bürgens — unter 180 *m* Seehöhe und lassen in ihrem Auftreten eine deutliche Bindung an Flußläufe erkennen.

IV. Die Salzpflanzen.

Die Besiedelung der Salzstellen dürfte von salzfreiem Boden her erfolgt sein, wobei die Konkurrenz eine wesentliche Rolle gespielt haben mag. Neben der passiven Fähigkeit des Ertragens hoher Salzkonzentrationen weisen manche Halophyten ausgesprochen spezi-fische Anpassungen auf. An morphologischen Eigenschaften ist unter Salzpflanzen häufig Sukkulenz zu beobachten und unter Salzformen glykischer Arten vorwiegend dickblätterige Varietäten. Manche Halophyten sind durch Kleinblätterigkeit ausgezeichnet, einige wenige durch verschiedenartige Behaarung.

Freies Wasser bewirkt — auch unter den Halophyten — horstartigen Wuchs und ver-schiedene Überschwemmungserscheinungen, wobei auf vergrünende Blütenstände bei *Crypsis aculeata* hingewiesen sei.

Zu den Pflanzen des Nitratbodens bestehen Beziehungen: manche Arten sind von Nitratstellen auf Salzboden übergetreten, manche waren auf Salzboden ursprünglich. Auch die Gesellschaften des halischen Bodens zeigen mehrfach Beziehungen zu Nitratgesell-schaften.

Nach den Salzansprüchen wurden die Halophyten in salzbenötigende, salzliebende, salzertragende und zufällige Arten eingeteilt. Darüber hinaus wurden nach den Ansprüchen der Pflanzen hinsichtlich Feuchtigkeit und Salzgehalt des Bodens (im Anschluß an Iversen) Hygrobien- und Halobien-Typen unterschieden.

V. Zur Soziologie der Halophytenvegetation.

Drei Bereiche lassen sich in der Vegetation des Neusiedler Sees feststellen: der Bereich des Trockenrasens, der Bereich des Salzbodens mit den Salzlachen und der Bereich des Süß-wassers.

Gerade auf Salzboden ist die Vegetation ein feinster Zeiger der Standortverhältnisse und keine noch so eingehenden chemischen Untersuchungen vermögen zu ersetzen, was die Pflanzendecke auf den ersten Blick aussagt. Es sind aber nicht die einzelnen Pflanzen, deren Vorkommen durch Zufälle bedingt sein kann, sondern stets die Pflanzengesellschaft als ganze, die sich auf einen bestimmten Standort im Laufe von Jahrzehnten eingestellt hat.

Eine vertikale Schichtung ist bei den Salzpflanzengesellschaften, ihrem Pionier-charakter entsprechend, kaum ausgeprägt. Um so entwickelter ist dagegen die Schichtung im Wurzelbereich, wo neben Flachwurzlern ausgesprochene Tiefwurzler auftreten.

Der Vegetationsschluß ist auf diesen extremen Standorten mitunter recht offen. Daneben ist die Artenarmut der Gesellschaften bezeichnend, die manchmal überhaupt nur von einer einzigen Art gebildet werden.

Die Zusammensetzung der Pflanzengesellschaften nach den Lebensformen läßt vornehmlich Therophyten-Gesellschaften (meist Pionierassoziationen) und Hemikryptophyten-Gesellschaften (meist Folgegesellschaften) erkennen. Auch die innere Geschlossenheit der Assoziationsverbände erhöht sich durch eine weitgehende Übereinstimmung in den Lebensformenanteilen der jeweiligen Assoziationen. Die mitteleuropäischen Salzflorengebiete sind durch ein Überwiegen von Hemikryptophyten bestimmt, während gegen Osten Therophyten und auch Chamäphyten zunehmen.

Die für die Salzlachen im Solontschakgebiet bezeichnenden Gürtelungsverhältnisse sind in ihrer Ausbildung an den Salzlachen des Neusiedler Sees in zwei Tabellen wiedergegeben (S. 74—75).

Eine Sukzession ist nur in wenigen Fällen festzustellen. Vorwiegend handelt es sich bei den Assoziationen um Dauergesellschaften.

Die soziologische Fassung der Assoziationen erfolgte nach der Methodik von Braun-Blanquet und Tüxen; die Gesellschaften selbst wurden durch Charakterarten unterschieden.

Moose sind an den Salzlachen recht spärlich. Die Moosflora des Gebietes ist auf den Seiten 79—81 wiedergegeben.

VI. Die Assoziationen.

Eine Übersicht der Salzpflanzengesellschaften Mitteleuropas wird auf Seite 82 und 83 gegeben. Eine Tabelle gibt anschließend daran die Beziehungen dieser teilweise vikariierenden Gesellschaften zueinander wieder (S. 82—83).

Das *Parvipotameto-Zannichellietum* ist eine niederorganisierte, submerse Gesellschaft der Sodalachen des ungarischen Tieflandes und bildet in stark sodahältigen Lachen häufig die einzige Vegetation.

Am Ufer der Sodalachen ist das *Crypsidetum aculeatae* eine kennzeichnende Gesellschaft des flachen Strandes auf feuchtem, schlickig-tonigem oder sandigem Boden, der im Frühjahr längere Zeit überschwemmt bleibt. In stillen Buchten treten *Crypsis-Chenopodium glaucum*-Bestände auf nährstoffreichem, tiefgründigem Schlickboden auf.

Das *Cyperetum pannonicae* ist eine Strandgesellschaft ähnlich wie das *Crypsidetum aculeatae*, bevorzugt aber ausgesprochen reinen Sand. Dagegen tritt die Assoziation des *Crypsidetum schoenoidis* Ṭopas am Neusiedler See nicht auf.

Das *Scirpetum maritimi* am Ufer der Lachen neigt zu häufiger Faziesbildung, während ein ausgesprochenes *Scirpeto-Phragmitetum* an den Sodalachen nirgends festgestellt wurde. Der Standort ist dauernd überflutet, die Vegetation steht in dichtem Schluß. Neben einem Gesellschaftstypus mit Begleitarten, die die Folgegesellschaften anzeigen, entwickelt sich gegen das offene Wasser ein artenarmes Pionierstadium. (Gesellschaftstypus und Pionierstadium entsprechen den telmatischen und den limnischen Rohrsümpfen Iversens.)

Die Klasse der *Puccinellio-Salicornietea* umfaßt die Ordnungen der *Salicornietalia*, *Juncetalia maritimi* und *Halostachyetalia*. Innerhalb der *Salicornietalia* können zwei Verbandsgruppen unterschieden werden: die *Salicornion*-Verbandsgruppe und die *Puccinellion*-Verbandsgruppe.

Die Hauptassoziation des *Salicornietum europaeae* umfaßt sämtliche europäische Gesellschaften mit *Salicornia europaea*. Diese Hauptassoziation enthält mehrere Gebietsassoziationen:

1. Die *Suaeda maritima-Kochia hirsuta*-Ass. aus dem Mittelmeergebiet mit Ausstrahlungen nach dem Schwarzen Meere und an die Ostsee.

2. Das *Salicornietum europaeae atlanticum* im Wattenmeer der Atlantikküste auf Schlick, seltener auf sandigem Boden.

3. Das *Salicornietum europaeae germanicum* aus Mitteldeutschland.

4. Das *Salicornietum europaeae hungaricum* im pannonischen Raume.

Im Untersuchungsgebiet sind *Salicornia europaea* und *Sueda maritima* völlig getrennt, woraus sich die Berechtigung ergibt, zwei Gebietsassoziationen mit diesen Arten zu unterscheiden. *Salicornia europaea* macht als ausgesprochene Kochsalzpflanze im Sodagebiete des Neusiedler Sees den Eindruck eines Fremdlings, vermag jedenfalls durchaus nicht den Charakter dieser östlich-kontinentalen Salzfluren zu bestimmen. Damit geht einher eine Vorliebe der Pflanze für menschlich begünstigte Standorte.

5. Das *Suaedetum maritimae hungaricum* besiedelt im Solontschakgebiete die Ufer der Sodalachen und dann wieder die vegetationslosen Stellen bis in den weißglitzernden Sodaschnee hinein. An diesen Stellen werden Standortwerte erreicht, die zu den höchsten unter den pannonischen Salzböden zählen. Dennoch ist die Bodenstruktur immer noch günstiger als beim *Camphorosmetum annuae*. *Suaeda maritima* ist demnach gegen Soda weit unempfindlicher als *Salicornia europaea*.

Die Samenstreuung ist sehr gering, vielfach keimen die Samen noch an der Mutterpflanze. Die Auslese ist ungeheuer groß: von den 1060 Keimlingen einer Probefläche überdauerten nur acht Stück die vor- und hochsommerliche Auslese.

6. Das *Suaedetum pannonicae* auf sandigem Boden steht in keiner unmittelbaren Beziehung zu den Lachen. Es ist eine endemische Assoziation des pannonischen Florenbezirkes.

Das *Puccinellion salinariae* ist ein östlich-kontinentaler Verband auf Solontschakboden. Die bezeichnendste Assoziation an den Ufern der Sodalachen ist die *Puccinellia salinaria-Aster * pannonicus*-Ass., die in mehreren Fazies von der oberen Wasserfläche bis an den Uferrand reicht und ausgedehnte „Zickgraswiesen" bildet. Der Boden ist noch im Hochsommer naß und feucht, Salzausblühungen fehlen meist.

An ähnlichen Standorten tritt die *Puccinellia salinaria-Lepidium cartilagineum*-Ass. auf, die sich von der vorhergehenden Assoziation durch höhere Salzansprüche unterscheidet und etwas oberhalb jener Assoziation liegt. Von den einzelnen Fazies dieser Gesellschaft geht die *Lepidium cartilagineum*-Fazies bis auf extremsten Boden. Eine besondere Erscheinung sind die „*Lepidium*-Hügeln", die durch eine Sukzessionsleistung von *Lepidium cartilagineum* entstehen und sich über die untere Sodazone hinaus erheben.

Unterschiedlich vom Verband des *Puccinellion salinariae* auf Solontschakboden stellt das *Puccinellion limosae* einen ausgesprochenen Solonetzverband dar. Er umfaßt die untereinander enger verwandten Gesellschaften des *Puccinellietum limosae*, die *Pholiurus-Plantago tenuiflora*-Ass. und das *Hordeetum Hystricis*, sowie das etwas entfernter stehende *Camphorosmetum annuae*.

Südlich von Apetlon erstrecken sich weite, niederwüchsige und durch Beweidung und Viehtritt zerstampfte Herden von *Puccinellia limosa* auf feindispersem, im Frühjahr überschwemmtem Boden von beträchtlichem Salzgehalt.

An ähnlichen Standorten wächst auch die *Pholiurus pannonicus-Plantago tenuiflora*-Ass., vornehmlich in kleinen Rinnen und Abzugsgräben des *Puccinellia limosa*-Rasens oder der *Artemisia maritima*-Steppe. Diese Assoziation wächst unmittelbar auf dem Akkumulationshorizont des Solonetzbodens oder nur wenig darüber und weist demnach einen hohen Salzgehalt des Bodens auf. Im Frühjahr ist der Standort überschwemmt und im Laufe des Sommers trocknet dann der Boden zu einer steinharten Masse aus.

Das *Hordeetum Hystricis* ist ein nitrophiles Degradationsstadium des *Puccinellietum limosae* in der Nähe von Stallungen und Ziehbrunnen.

Die extremste Gesellschaft der pannonischen Alkaliböden ist jedoch das *Camphorosmetum annuae*, das ebenfalls unmittelbar auf dem Akkumulationshorizont des Solonetzbodens wächst, aber nicht mehr von den Überschwemmungen des Frühjahres erreicht wird. Es ist die kennzeichnendste Gesellschaft des Solonetzbodens. Der Standort dieser Gesellschaft erreicht bei ungünstiger Struktur des hochdispersen Bodens höchste Sodawerte.

Das *Juncion Gerardi* in der Ordnung der *Juncetalia maritimi* umfaßt vier Assoziationen aus Mittel- und Osteuropa und ist nahe verwandt mit dem atlantischen *Armerion maritimae.*

Die *Juncus Gerardi-Scorzonera parviflora*-Ass. mit mehreren Fazies ist eine feuchtigkeitsliebende Gesellschaft an oft nassen, wenig versalzten Stellen in Niederungen, die auch noch im Sommer feuchtigkeitsgetränkt bleiben. In diese Verwandtschaft gehört auch das *Agrostideto-Beckmannietum*, das am Neusiedler See selbst nicht beobachtet werden konnte.

Die *Carex distans-Taraxacum bessarabicum*-Ass. besiedelt ausgesprochen schwächer salzige Stellen am Saume der Zicklachen nahe der Überflutungsgrenze. Der Boden bleibt meist feucht.

In der Ordnung der *Halostachyetalia* sind die zahlreichen Assoziationen des süd-russisch-asiatischen Raumes zusammengefaßt, die vorwiegend durch Arten irano-turanischer Herkunft gebildet werden. In unserem Gebiete gehört zu dieser Ordnung nur die *Statice Gmelini-Artemisia monogyna*-Ass. Eine Übersicht der vikariierenden Assoziationen Europas mit *Artemisia maritima* und deren Vikaristen ist auf S. 148 gegeben.

Von den drei Subassoziationen dieser Gesellschaft ist die Subass. von *Peucedanum latifolium* auf feuchterem Boden nur aus Rumänien bekannt. Die Subass. von *Puccinellia limosa* bewächst den jährlich überschwemmten Szikfok im *Puccinellia limosa*-Bereich und ist ökologisch deutlich unterschieden von der Subass. von *Festuca pseudovina* erhöhter Stellen.

Diese Subass. von *Festuca pseudovina* entspricht dem *Festucetum pseudovinae*, Subass. von *Artemisia maritima*, der Ungarn, während die Subass. von *Achillea* als *Festuca pseud-ovina-Centaurea pannonica*-Ass. zu den *Brometalia* zu stellen ist. Diese Subassoziation wächst auf einer sandig-erdigen Steppenauflage oberhalb des Bereiches der vorhergehenden Gesellschaften und ist von diesen durch eine deutliche Abbruchkante geschieden. Der Boden ist trocken und schwächer versalzt. Seltener bedeckt die Subassoziation ausgedehntere Flächen, meist ist sie als ein schmaler Streifen von verschiedener Breite am Rande des Trockenrasens ausgebildet. —

Es verbleibt mir nunmehr nur noch die Aufgabe, meiner verehrten Lehrer zu gedenken, denen ich so viel verdanke. Angeregt wurde die vorliegende Arbeit von Herrn Univ.-Prof. Dr. Fritz Knoll, dem seinerzeitigen Direktor des Botanischen Institutes und Gartens der Universität Wien, welcher mir auch einen halbjährigen Studienaufenthalt bei Prof. Dr. Josias Braun-Blanquet an der Station Internationale Géobotanique Méditerrannéen et Alpine in Montpellier vermittelte. Jedem, der das Glück hatte, bei Prof. Braun-Blanquet arbeiten zu dürfen, werden diese Tage in dauernder Erinnerung bleiben. Ihm verdanke ich meine Einführung in die Pflanzensoziologie und seiner Anleitung die Vermittlung der metho-dischen Grundlagen, welche diese vorliegende Arbeit überhaupt erst ermöglichten. Aus kameradschaftlichem Gedankenaustausch mit Prof. Dr. E. Țopa, Czernowitz, und Viktor Westhoff, Utrecht, erstanden während unseres gemeinsamen Aufenthaltes in Montpellier manche Anregungen und neue Gedanken. Herrn Prof. Dr. R. Tüxen schulde ich Dank für die Vertiefung meiner soziologischen Kenntnisse an der Zentralstelle für Vegetationskar-tierung des Reiches, Hannover, und die Teilnahme an einer Exkursion auf die Nordseeinsel Borkum.

Neben Prof. Dr. Fr. Knoll stand mir als nimmermüder Helfer Univ.-Prof. Dr. Erwin Janchen, Wien, zur Seite, stets bereit zu selbstlosester Hilfe. Herr Univ.-Prof. Dr. Karl Höfler, Wien, verfolgte mit stetem Rat und wachem Interesse den Fortgang meiner Unter-suchungen.

Herr Rat Dr. Hans Neumayer †, Wien, unterstützte mich in mehreren Fragen systematischer und nomenklatorischer Art. Meinem Freunde Hans Metlesics verdanke ich mehrfache Anregungen. Prof. P. Jansen, Amsterdam, bestimmte mein gesamtes *Puccinellia*-Material. Dem Direktor des Institutes für Waldbau I in Hannoversch-Münden, Herrn Prof. F. H. Hartmann, schulde ich meinen Dank für Überlassung der Bilder, die der akademische Maler und Zeichner Voigt † des gleichen Institutes auf gemeinsamer Fahrt in glühender Sommerhitze anfertigte.

Um die endgültige Drucklegung bemühten sich erfolgreich mein Lehrer, Prof. Dr. Fr. Knoll, sowie mein Freund, Dr. Lothar Machura vom Niederösterreichischen Landesmuseum. Ihnen allen schulde ich aufrichtige Dankbarkeit.

Wie aber zu allem, das einmal werden soll, frühzeitig der Grundstein gelegt werden muß, so hätte auch ich diese Arbeit nie schaffen können ohne die frühzeitige Anleitung und die Förderung, die mir mein inzwischen verstorbener Lehrer am Realgymnasium in Wien III, Prof. Heinrich Swoboda, gegeben hat, der damit meine Interessen in eine Richtung lenkte, von der ich nie wieder loskam. Ich werde seiner stets in tiefster Dankbarkeit gedenken.

VIII. Schrifttum.

Das naturwissenschaftliche Schrifttum über das Gebiet des Neusiedler Sees wurde bei Wendelberger 1949 b zusammengefaßt, worauf hier verwiesen werden darf. Im nachstehenden wurden nur diejenigen Arbeiten aufgenommen, die zur vorliegenden Untersuchung in einem unmittelbaren Zusammenhang stehen.

Die Abkürzungen bedeuten:

BDBG. = Berichte der Deutschen Botanischen Gesellschaft.
MBL.   = Magyar Botanikai Lapok.
MBKI. = A Magy. Biol. Kutató Intézet Munkai.
ÖBZ.   = Österreichische Botanische Zeitschrift.
VZBG. = Verhandlungen der Zoologisch-Botanischen Gesellschaft in Wien.

Acta Geobotanica Hungarica, 1936 (I), 1937 (II), 1940 (III), 1941/42 (IV), 1942/43 (V), 1947 (VI). — Debrecen und Kolozsvár.
Adriani M. J., 1934. — Recherches sur la synécologie de quelques associationes halophiles méditerranćennes. — (Comm. Stat. Intern. de Géobot. Médit. et Alp., Nr. 52, Montpellier.)
— — 1938. — De halophiele landgemeenschappen. — (Natura, 37.)
— — 1945. — Sur la Phytosociologie, la Synécologie et le Bilan d'Eau de Halophytes de la Région néerlandaise méridionale, ainsi de la Méditerranée française. — (Comm. Stat. Int. Géobot. Montpellier, Nr. 88.)
Alechin W. W., 1932. — Die vegetationsanalytischen Methoden der Moskauer Steppenforscher. — (Handbuch der biol. Arbeitsmeth. Abt. XI, 6, 2, 335—373.)
Altehage C. und Rossmann B., 1939. — Vegetationskundliche Untersuchungen der Halophytenflora binnenländischer Salzstellen im Trockengebiet Mitteldeutschlands. — (Beih. z. Bot. Zentralblatt, Abt. B, LX, 1/2, 135—180.)
Arany S. 1926. — A hortobágyi ösi szíkes legelökän végzett talajfelvételek. — (Kísérl. Közl., 48—70.)
Ascherson Paul, 1859. — Die Salzstellen der Mark Brandenburg, in ihrer Flora nachgewiesen. — (Zeitschr. deutsch. geogr. Gesellsch., 11, 90—100.)
— — 1865. — Die Austrocknung des Neusiedler Sees. — (Zeitschr. f. Erdkunde, XIX, 278, Berlin.)
— — 1867. — Bemerkungen über einige Pflanzen des Kitaibelschen Herbars. — (VZBG., XVII, 565—590.)
— — 1911. — Verzeichnis der in ihrer Flora bekannten Salzstellen der Provinz Brandenburg. — (Jahrb. kgl. preuß. Geogr. Landesanstalt, 1, 494—496.)
Balázs F., 1943. — Nagymajtényi sík. — (Debreceni Szemle, 16—20.)
Ballenegger R., 1917. — Über die einstige Verbreitung der Wälder des Alföld. — (Erd. Lap., 319; ung.)
— — 1929. — Les méthodes de la cartographie des sols alcalins. — (Verh. Alkali-Subkomm. d. Intern. Bodenkundl. Ges., Budapest.)
Barb Alfons. — Der Neusiedler See — ein österreichisches Problem. — (Bergland, XV., 3.)
Bayer Johann, 1852. — Flora von Tscheitsch. — (VZBG., II., 20—24.)

Beck von Mannagetta Günther, 1890—1893. — Flora von Niederösterreich. — Wien.

Becker Adolf, 1942. — Die Neubesiedelung des Salzflecks von Hecklingen. — (Hercynia, 3, 6, 308—309.)

Benda J., 1929. — Die Urgeschichte des ungarischen Tieflandes. (Ung.)

Bericht der zum Studium der geologischen und landwirtschaftlichen Verhältnisse des Fertö-Sees entsendeten Kommission, 1903. — (Hg. v. kgl. ung. Ackerbauministerium, gez. v. T. v. Szontagh, H. Horusitzky, P. Marosy, B. v. Asboth, K. Emszt. Budapest. Nur ung.)

Bernátzky Jenö, 1904. — Über die Baumvegetation des ungarischen Tieflandes. — (Festschrift zur Feier des 70. Geburtstages P. Aschersons. Leipzig.)

— — 1905. — A magyar Alföld szíklakó növényzetéröl. — Über die Halophytenvegetation des ungarischen Tieflandes. — (Ann. Mus. Nat. Hung., III, 121—174, 174—214.)

— — 1913. — A szíkes talajok növényzete különös tekintettel a befásítás kérdésére. — Über die Vegetation der Szikböden. (Erd. Kis., XV, 3 und 4.)

— — 1911. — Über die Pußten- und Waldvegetation des ungarischen Tieflandes. — (Földr. Közl., ung.)

Bilyk G. J., 1937. — On the Vegetation of Saline and Alkalilands of the Middle Dniepr River Area. — Contr. to a Study of the Halophilic Veg. in the Ukr. SSR. — (Recueil Géobotanique, 85—130. Kiev.)

Binder Ernst Kurt, 1929. — Die oro-hydrographischen, klimatischen und Bodenverhältnisse der Holzgewächse Siebenbürgens. — (Unveröff. Diss. Phil. Fak. Univ. Wien.)

Bojko Hugo, 1931. — Ein Beitrag zur Ökologie von *Cynodon dactylon* Pers. und *Astragalus exscapus* L. — (Sitz. — Ber. d. Akad. d. Wiss., Wien, math.-natwiss. Kl., Abt. I, 140, 9 und 10, 675—692.)

— — 1932. — Über die Pflanzengesellschaften im burgenländischen Gebiete östlich vom Neusiedler See. — (Bgld. Heimatblätter, 1, 2, 43—54.)

— — 1934. — Die Vegetationsverhältnisse im Seewinkel II. — (Beih. Bot. Zentralbl., LI, Abt. II, 601—747.)

Bokor R., 1933. — Die Mikrobiologie der Szik- (Salz- oder Alkali-) Böden. — (Bei: Féher D., Untersuchungen über die Mikrobiologie des Waldbodens. Berlin.)

Borbás Vince von, 1904. — Magyarország növényföldrajza. — Pflanzengeographie Ungarns. — (Ung.; in György: Föld. es Népe, 5.)

Boros Ádám, 1922. — Adatok Békés- és Bihar- megyék síkjainak flórájához. — Beiträge zur Flora der Ebenen der Komitate Békés und Bihar. — (MBL., XXI, 32—33.)

— — 1927. — Beiträge zur Flora der Natronböden jenseits der Theiß. — (Bot. Közl., XXIV, 176—178 [44].)

— — 1929. — A Nyírség flórája és Növényföldrajza. — Die Flora und die pflanzengeographischen Verhältnisse des Nyírség. — (Math.-natwiss. Anz. d. ung. Akadem. d. Wiss., XLVI, 48—59.)

— — 1930/31. — A Nyírség flórája és növényföldrajza. — Die Flora und die pflanzengeographischen Verhältnisse des Nyírségs. — (Mitt. d. Komm. f. Heimatkde. d. wiss. Gr. Stef. Tisza-Ges. in Debrecen, VII.)

— — 1934. — Zur Verbreitung einiger seltener *Potamogeton*-Arten in Ungarn. — (Bot. Közl., XXXI, 156—158.)

— — 1936. — Die Eschenwälder und die Zsombékmoore des ungarischen Tieflandes zwischen der Donau und der Theiß. — (Bot. Közl., XXXII, 84—97.)

— — 1938. — Floristische Mitteilungen II. — (Bot. Közl., XXXV, 310—320.)

Borza Alexander, 1931. — Die Vegetation und Flora Rumäniens. — (Guide de la VI. I. P. E. Roumanie, I. partie. Cluj.)

Borzczow J., 1865. — Beiträge zur Pflanzengeographie der aralo-kaspischen Länder. — (Sap. Imp. Akad., 1, St. Petersburg. Russ.)

Braun-Blanquet Josias, 1928. — Pflanzensoziologie. Berlin.

— — 1931 a. — Aperçu des groupements végétaux du Bas-Languedoc. — (Comm. Stat. Intern. de Géobot. Médit et Alp., Nr. 9, 35—40. Montpellier.)

— — 1931 b. — Zur Frage der „physiologischen Trockenheit" der Salzböden. — (Ber. d. Schw. bot. Gesellsch., 40, 2.)

— — 1933. — *Ammophiletalia* et *Salicornietalia*. Prodromus der Pflanzengesellschaften, Fasc. 1, Montpellier.

— — und De Leeuw W. C., 1936. — Vegetationsskizze von Ameland. — (Comm. der Station Intern. Géobot. Médit. et Alpine, Nr. 50, 359—393. Montpellier.)

— — et Pavillard J., 1922. — Vocabulaire de Sociologie végétale. Montpellier.

— — und Tüxen Reinhold, 1943. — Übersicht der höheren Vegetationseinheiten Mitteleuropas. (Unter Ausschluß der Hochgebirge.) — (Stat. Intern. Géobot. Méditerr. et Alpine de Montpellier, Comm. Nr. 84.)

Braunert P., 1923. — Halophile Pflanzenbestände Deutschlands und ihre Veränderungen durch äußere Einflüsse. — (Maschingeschr. Exemplar i. d. Bücherei d. Bot. Mus. Berlin-Dahlem.)

Breitenbach P., 1909. — Eine neu entdeckte Salzflora. — (Mitt. thür. bot. Ver. 25, 31—35.)

Buja S., 1914. — Adatok Erdely halophyton fornaciojanak kialakulasahoz. — Kolozsvár.

Burduja C., 1939. — O nouă staţiune de *Lepidium crassifolium* in Moldova. — (Rev. Şt. „V. Adamachi", XXV/4, 197.)

Chetianu A., 1891. — Adatok a *Ruppia transsilvanica* ismeretéhez. — Kolozsvár.

Cholnoky Bélá, 1926. — Egy új meteorpapiros-tipusról. — Über einen neuen Typus der Meteorpapiere. (Bot. Közl., XXIII, 132—138, [21]—[22].)

Christiansen Willi, 1929—1930. — Arbeitsplan zur Untersuchung von Dauerquadraten (Sukzessionsforschung). — (Fedde, Repert., Beihefte LXI, 178—180.)

— — 1930. — Florenkontrast und Florengefälle in und um Schleswig-Holstein. — (BDBG., XLVIII, 7, 276—285.)

— — 1933. — Pflanzengesellschaften Schleswig-Holsteins. — (Kiel-Gaarden, als Manuskript vervielfältigt, Februar 1933.)

— — 1934. — Das pflanzengeographische und soziologische Verhalten der Salzpflanzen mit besonderer Berücksichtigung von Schleswig-Holstein. — (Beitr. f. Biol. d. Pflanzen, 22, Breslau.)

— — 1938. — Pflanzenkunde von Schleswig-Holstein. — (Schr. z. schlesw.-holsteinschen Landesforschg., I., Neumünster in Holstein.)

Cosmovici N. L., 1928. — Le pH de l'eau de la Mer Noir par comparaison ou pH du lac salé de Tékir-Ghiol. — (Ann. Sc. de l'Univ. Jassy.)

Csürös Stephan, 1947 a. — A Szamosvölgy növényszövetkezetei. — Die Pflanzengesellschaften des Szamostales. — (Unveröff. Doktordiss.)

— — 1947 b. — Contribuţiuni la cunoaşterea vegetaţiei sărăturilor din imprejurimile Clujului. — (Bul. Grăd. Prot. Cluj, 27, 80—85.)

Cuculescu Vasile, 1938. — Apa din Lacul Sărat de lângă Ismail. — L'analyse de l'eau du lac salé prés d'Ismail. — (Buletinul Facultăţii de Ştinţe din Cernăuţi, XI, 1937.)

Degen Árpád von, 1900—1914. — Gramina Hungarica. Opus cura regii hungarici instituti sementi examinandae budapestinensis conditum auctore Dr. Á. de Degen, II—VI juvantibus C. de Flatt et L. Thaisz, Budapestini.

— — 1914—1915. — *Cyperaceae, Juncaceae, Typhaceae* et *Sparganiaceae* Hungaricae exsiccatae. Opus cura ... auctore Dr. Á. de Degen. — Budapestini.

— — 1916. — A *Centaurium turcicum* (Velen.) *Ronn.* elöfordulása hazánkban. — Über das Vorkommen von *Centaurium turcicum* (Velen.) *Ronn.* in Ungarn. — (MBL., 6/12, 268—269.)

— — 1917 a. — Referat über Rapaics, Pflanzengeographie der Hortobágy. — (MBL., 16, 155—156.)

— — 1917 b. — Referat über Rapaics, Das pflanzengeographische Problem des ungarischen Tieflandes. — (MBL., 16, 157—158.)

Dimo N. A., 1925. — Soda in den Bodenarten Mittelasiens. — (Bull. de l'Inst. de Pédologie et de Géobotan. de l'Univ. de l'Asie Centrale, 1, Résumé.)

— — und Keller B. A., 1907. — Im Halbwüstengebiete. Boden- und pflanzengeographische Untersuchungen im Süden des zarizynischen Bezirkes des Gouvern. Ssaratow.

Dolliner Georg, 1842. — Enumeratio plantarum Phanerogamicarum in Austria inferiori crescentium. Vindobonae.

Domin Karel, 1933. — Poznámky o kvetene z okoli Parkané a Kovácova v nejjižnejšim Slovensku. — (Věda Přír., 14, 246—247.)

— — 1935. — Problém madarské puszty Alföldu. — (Věda Přír., 184.)

Emsst Koloman, 1904. — Mitteilungen aus dem chemischen Laboratorium der agrogeologischen Aufnahmeabteilung der kgl. ung. Geol. Anst. für 1902. — (Jahresber. d. kgl. ung. geol. Anst., 213—224, Budapest 1904.)

Exkursion der botanischen Sektion der ungarischen Naturwiss. Gesellschaft am 26. 5. 1927 auf die Natronböden von Ujszász. — (Bot. Közl., XXIV, 209, [51].)

Eyk M. van, 1939. — Analyse der Wirkung des NaCl auf die Entwicklung, Sukkulenz und Transpiration bei *Salicornia herbacea* sowie Untersuchungen über den Einfluß der Salzaufnahme auf die Wurzelatmung bei *Aster Tripolium*. — (Rec. Trav. Bot. Néerl., XXXVI, 559—657.)

Fáy Andor, 1936. — A magyar szíkesek növényzete. — Die ungarischen Salzpflanzen. — (Vizügyi Közlem.; Hydrologische Mitt., herausg. v. d. Wasserbausekt. d. kgl. ung. Ackerbauminist., XIII, 4, 437—466, Budapest.)

Fehér D. und Bokor R., 1930. — Untersuchungen über einige wichtige biologische Eigenschaften der solonetzartigen Alkaliböden der Hortobágyer Steppe mit Rücksicht auf ihre Fruchtbarmachung. — (Math. Természettud. Ert., 270—336, und Wissenschaftl. Arch. f. Pflanzenbau, 561—594.)

Felszeghy Elemér, 1936. — A szegedi Fehértó növényzéte. — Vegetation des Natronsees Fehértó bei Szeged. — (Debreceni Szemle, 129—133.)

Fietz Alois—Fischer—Hruby J.—Zimmermann, 1923. — Neue Halophytenstandorte Mährens. — (Verh. Natforsch. Ver. Brünn, 58.)

Flora U. R. S. S., 1934—1948. — Bd. I—XIII. Herausgegeben von Komarov.

Furlani Johannes, 1931. — Studien über die Elektrolytkonzentration in Böden, V. Salz-, Steppen-, Auenböden. — (ÖBZ., LXXX, 190—220.)

Gajewski Waclaw, 1937. — Les éléments de la flore de la Podolie polonaise. — (Soc. des Sc. et des Lett. de Varsovie, Vol. V, Warschau.)

Gams Helmut, 1926/27. — Remarques sur quelques Potamots du Groupe *Coleophylli* Koch. — (Arch. Bal. I, 29—32, Tihany.)

— — 1941. — Über neue Beiträge zur Vegetationssystematik unter besonderer Berücksichtigung des floristischen Systems von Braun-Blanquet. — (Bot. Arch., 42, 201—238.)

Gáyer Julius, 1929. — Die Pflanzenwelt der Nachbargebiete von Oststeiermark. — (Mitt. Nat.-wiss. Ver. Stmk., 64/65, 150—177.)

Gessner Fritz, 1930. — Ökologische Untersuchungen an Salzwiesen, I. Salz- und Wassergehalt des Bodens als Standortfaktoren. — (Mitt. d. natwiss. Ver. f. Neuvorpommern u. Rügen in Greifswald, 57. Jg.)

Gilli Alexander, 1928. — Die Pflanzenformationen des Steinitzer Waldes. — (Verh. Natforsch. Ver. Brünn, LXI, 23—31.)

Glinka K., 1914. — Die Typen der Bodenbildung. — Berlin.

Glück Hugo, 1919. — *Scirpus litoralis Schrad.* Ein für die ungarische Tiefebene neu entdecktes Tertiärrelikt. — (Mag. Bot. Lap., 18, 2—14.)

— — 1936. — *Pteridophyta* und *Phanerogamae.* — (In Pascher, Süßwasserflora Mitteleuropas, H. 15, Jena.)

Goll K., 1907. — Die Schwankungen des Neusiedler Sees. — (Jahresber. d. deutschen Realschule Triest.)

Gombocz Endre, 1903. — Flora des Komitates Sopron. — (Folia Savariensia.)

— — 1906. — Sopronvármegye növényföldrajza és flórája. — (M. T. Ak. Math. és Termész. Közl., XXVIII, 4.)

Goor A. C. J. van, 1921. — Die Zostera-Assoziation des holländischen Wattenmeeres. — (Rec. Trav. Bot. Néerl., XVIII, 103—123.)

Graf Hans, 1929. — Hydrographie und Klima des Burgenlandes. — (Bgld. Vierteljahrschr. f. Landeskde., Heimatsch. u. Denkmalpfl., 2., 3, Eisenstadt.)

Grossheim A. A., 1929. — A geo-botanic sketch of the Mugan steppe.

— — 1930. — Sketch of the vegetation of Transcaucasia. — Tiflis.

Guşuleac M., 1933. — Urme de vegetaţie halofilă in Bucovina. — Überreste einer Halophytenvegetation in der Bukowina. — (Bul. Fac. de Ştiinţe din Cernăuţi, Vol. VII, 329—340.)

Győrffy Stephan von, 1926. — Die Hydrographie der Stadt Karcag in geschichtlicher Zeit. — (In Treitz, Führer zur Inf.-Reise der III. Komm.)

Hackel Eduard, 1877. — Diagnoses Graminum novarum. — (ÖBZ., Bd. XXVII, 46—49.)

Halácsy Eugen von, 1896. — Flora von Niederösterreich. — Wien.

— — und Braun Heinrich, 1882. — Nachträge zur Flora von Niederösterreich. — (Wien, Vlg. Braumüller.)

Halbfass W., 1926. — Der Neusiedler See im Burgenland. — (Die Erde, III, 713—716.)

Hassinger Hugo, 1918. — Beiträge zur Physiographie des inneralpinen Wiener Beckens und seiner Umrandung. — (Bibl. geogr. Handbücher, N. F., Penck-Festband, 160—197, Stuttgart.)

— — und Bodo, 1941. — Burgenland (1921—1938). Ein deutsches Grenzland im Südosten. — Wien.

Hayek August von, 1906. — Über die Vegetationsverhältnisse der ungarischen Tiefebene. — (VZBG., LVI, 364—367.)

— — 1907. — Über die pflanzengeographische Gliederung Österreich-Ungarns. — (VZBG., LVII, [223] — [233].)

— — 1913 a. — Bemerkungen zur entwicklungsgeschichtlichen Pflanzengeographie Ungarns. — (ÖBZ., LXIII, 273—279.)

— — 1913 b. — Zur Entwicklungsgeschichte der ungarischen Flora. — (MBL., XII, 16—20.)

— — 1916. — Die Pflanzendecke Österreich-Ungarns, I. Bd. — Leipzig und Wien.

— — 1923. — „Pontische" oder „pannonische" Flora. — (ÖBZ., LXXII, R. Wettstein-Festnummer, 231—235.)

Hegi Gustav, 1906—1931. — Illustrierte Flora von Mitteleuropa. — München. (2. Aufl. ab 1936.)

Herke A., 1933. — A szíki mézpázsit (*Atropis limosa*) jelentösége a szódás talajok gyepesitésénel és az Atropis gyepek feljavitása. — Die Bedeutung der *Atropis limosa* bei Wiesen und Weiden an Sodaböden und ihre Verbesserung. — (Kisérletügyi Közlemények; Mitt. der Landwirtsch. Vers.-Station Ungarns, XXXVI, 23—44.)

Ijjász E., 1938/39. — Grundwasser und Baumvegetation unter besonderer Berücksichtigung der Verhältnisse in der ungarischen Tiefebene. — (Erd. Kis.)

Hansen A., 1901. — Die Vegetation der ostfriesischen Inseln. — (Darmstadt.)

Hillebrand Franz. — Handschriftliche Notizen aus der Gegend von Ödenburg und dem Neusiedler See.

Himmelbaur Wolfgang und Stumme Emil, 1923. — Die Vegetationsverhältnisse von Retz und Znaim. Mit Beiträgen von A. Stummer und A. Oborny. Vorarbeiten zu einer pflanzengeographischen Karte Österreichs, XII. — (Abh. d. Zool.-Bot. Ges. in Wien, XIV, 2, Wien.)

Hitschmann Hugo, 1858. — Eine Exkursion an den Neusiedler See. — (ÖBZ., VIII, 221—228.)

Höck F., 1901. — Die Verbreitung der Meerstrandspflanzen Norddeutschlands und ihre Zugehörigkeit zu verschiedenen Genossenschaften. — (BBC., X, 6, 367—389.)

Höfler Karl, 1937. — In: Franz H., Höfler K. und Scherf E. — Zur Biosoziologie des Salzlachengebietes am Ostufer des Neusiedler Sees. — (VZBG., LXXXVI/LXXXVII, 297—364.)

— — und Weixl-Hofmann Hertha, 1939. — Salzpermeabilität und Salzresistenz der Zellen von *Suaeda maritima*. — (Protoplasma, XXXII, 3, 416—423.)

Holmberg Otto R., 1920. — Einige *Puccinellia*-Arten und -Hybriden. — (Bot. Not., 103—111.)

Horusitzky H., 1929. — Die artesischen Brunnen der Distrikte von Kapuvár und Csorna im Komitat Sopron. — (Mag. kir. Földt. Int. gyakorlati füzetei. Ausg. d. kgl. ung. geol. Landesanst., 1—50.)

— — 1931. — Debattenbeitrag zu dem Vortrag von L. Varga: Die physikalisch-chemischen Verhältnisse des Fertő- (Neusiedler) Sees. — (Hidroloogiai Közlöny, XI, 41—42.)

— — 1936. — A Fertő-to földtani és vizrajzi viszonyai. — Die geologischen und hydrologischen Verhältnisse des Fertő-Sees. — (Földtani Ertesitő, I, 3, 76—87, ung.)

Horvatić Stjepan, 1934 a. — Flora i vegetacija otoka Paga. — (Prirodoslovna istraživanja, 19, 116—372, Zagreb.)

— — 1934 b. — Flora und Vegetation der nordadriatischen Insel Pag. — (Bull. Intern. Acad. Yougosl. des Sc. et des Beaux-Arts, Zagreb, XXVIII.)

Iljin M., 1937. — (Sov. Bot., 15, 5.)

Irlweck Oswald, (1930) 1929. — Das Problem des Neusiedler Sees. (Bl. f. Natkde. u. Natschutz, 17., 9—10, 129—139, 145—151.)

Iversen Johs., 1936. — Biologische Pflanzentypen als Hilfsmittel in der Vegetationsforschung. — Kopenhagen.

Janchen Erwin und Neumayer Hans, 1942. — Beiträge zur Benennung, Bewertung und Verbreitung der Farn- und Blütenpflanzen Deutschlands. — (ÖBZ., XCI, 4, 209—298.)

— — und Neumayer Hans, 1944. — Beiträge zur Benennung, Bewertung und Verbreitung der Farn- und Blütenpflanzen Deutschlands, II. — (ÖBZ., 93, 1/2, 73—106.)

Jávorka Sándor, 1923. — Két új adat hazánk flórájához. — Zwei neue Beiträge zur Flora von Ungarn. — (MBL., 1922, 21, 67—68.)

— — 1925. — A Magyar Flóra. — Flora Hungarica. — Budapest.

— — und Csapody Vera, 1926. — A magyar flóra kis határozója.

— — und Csapody Vera, 1934. — Magyar Flóra képekben. — Iconographia Florae Hungaricae.

Jentzsch A., 1911. — Geologisches über Salzpflanzen des norddeutschen Flachlandes. — (Jahrb. kgl. preuss. Landesanst., 1, 487—493.)

Jirásek Václav. — Příspěvek k poznání slaných stepí jihoslovanských. — Beitrag zum Erkennen der südslowakischen Salzsteppen. — (Věda přírodní; Naturwissensch., 18, 20—22.)

Joshi A. C., 1934. — A supplementary note on "a suggested explanation of the prevalance of vivipary on the sea-shore." — (Journ. of Ecol., XXII, 1.)

Kanitz August, 1862/63. — Reliquiae Kitaibelianae. — (VZBG., XII, 589—606, XIII, 57—118, 505—554.)

— — 1864. — Pauli Kitaibelii Additamenta ad Floram Hungaricam. — (Linnaea, XXXII, Halis-Saxonum.)

Károlyi A., 1933. — A fertő-to. — Der Neusiedler See. — (Vizügyi Közlem. — Hydrolog. Mitteilg., XV, 242—256, Budapest. Ung.)

Keissler Karl, 1920. — Die Pflanzenwelt. — (Burgenland-Festschrift, 37—42.)

— — 1924. — Die Pflanzenwelt des Burgenlandes. — (Veröff. d. Nathist. Museums, Heft 1, Wien.)

Keller Boris A., 1923. — Die Vegetation von Rußland in Bildern. Steppen, Halbwüsten und Wüsten. — Woronesch.

— — 1925. — Halophyten- und Xerophytenstudien. — (Journ. of Ecol., 13, 225.)

— — 1926. — Die Vegetation auf den Salzböden der russischen Halbwüsten und Wüsten. — Versuch einer ökologischen Präliminaranalyse. — (Zeitschr. f. Bot., XVIII, 113—137.)

— — 1927 a. — Die Halbwüste bei Krasnoarmeisk (Sarepta). — (Vegetationsbilder, 18. R., H. 4, Jena.)

— — 1927 b. — Distribution of vegetation on the plains of European Russia. — (Journ. of Ecol., 15.)

— — 1928. — Die Vegetation der Salzböden in der Großen Halbwüste des Bundes der SSR. — (Vegetationsbilder, 18. R., H. 8, Jena.)

— — 1930. — Die Methoden zur Erforschung der Ökologie der Steppen- und Wüstenpflanzen. — (Handb. d. biol. Arbeitsmeth., Abt. XI., T. 6, H. 1.)

— — 1940. — Die Vegetation der Salzböden der Sowjetunion. — (Veg. URSS., 2, 481—521. Russ.)

Kelley W. P. und Brown S. M., 1925. — Base exchange in relation to alkali soils. — (Soil Science.)

Kerner von Marilaun Anton, 1863. — Das Pflanzenleben der Donauländer. Innsbruck.

— — 1867—79. — Die Vegetationsverhältnisse des mittleren und östlichen Ungarns und angrenzenden Siebenbürgens. — (ÖBZ., XVII—XXIX.)

— — 1887. — Die Pflanzenwelt der österreichisch-ungarischen Monarchie. — (Die österreichisch-ungarische Monarchie in Wort und Bild, Übersichtsband, 1. Abt., Wien.)

— — 1929. — Das Pflanzenleben der Donauländer. 2. Auflage, herausgegeben von F. Vierhapper. Innsbruck.

Kleopow G. D., 1933. — Die Pflanzendecke des südlichen Teils des Donetzer Landrückens. — (Bull. du Jard. Bot. Kieff, XV.)

Klika Jaromir, 1932. — O slanomilné (halofytní) vegetaci u nás a v cizině. — Über die salzliebende (halophyte) Vegetation bei uns und im Ausland. — (Příroda. — Natur, XXV.)

— — Nová rez pro ČSR. - *Uromyces Limonii* (DC.) Lév. — Ein für die ČSR. neuer Brandpilz. *Uromyces Limonii* (DC.) Lév. — (Věda přírodní, 18, 22. — Naturwissenschaft, 18, 22.)

— — 1935. — Die Pflanzengesellschaften des entblößten Teichbodens in Mitteleuropa. — (BBC., 53/b, 286—310.)

— — 1939. — Die Gesellschaften des *Festucion vallesiacae*-Verbandes in Mitteleuropa. — (Studia Botanicy Čechica, Vol. II, Fasc. 3, 117—157.)

— — und Vlach V., 1937. — Pastriny a louky na szikách jižniko Slovenska. — Weiden und Wiesen auf den Szíkböden in der Südslowakei. — (Sborník Československé Akademie Zemědělské. XII, 3, 407—417. — Annalen der Tschechoslowakischen Akademie der Landwirtschaft, XII, 3, 407—417.)

Knapp Rüdiger, 1942. — Zur Systematik der Wälder, Zwergstrauchheiden und Trockenrasen des eurosibirischen Vegetationskreises. — (Arb. aus der Zentralstelle f. Vegetationskart. des Reiches, Hannover.)

— — 1944. — Über steppenartige Trockenrasen im Marchfeld und am Neusiedler See. — (Halle/S., als Mskr. vervielf.)

Kneucker Andreas, 1896—1911. — Bemerkungen zu den „Carices exsiccatae". — (Allg. Bot. Zeitschr. f. Syst., Floristik, Pflanzengeogr. usw., 1.—13. Lieferung, Karlsruhe.)

— — 1900—1911. — Bemerkungen zu den „Cyperaceae (excl. *Carices*) et *Juncaceae* exsiccatae". — (Ebenda, 1.—9. Lieferung, Karlsruhe.)

— — 1900—1914/15. — Bemerkungen zu den „Gramineae exsiccatae". — (Ebenda, 1.—28. Lieferung, Karlsruhe.)

Koch Walo, 1926. — Die Vegetationseinheiten der Linthebene unter besonderer Berücksichtigung der Verhältnisse in der Nordschweiz. — (Jahrb. St. Gallener Nat.-wiss. Ges., LXI, T. 2, 1925.)

König Dietrich, 1939. — Die Chromosomenverhältnisse der deutschen Salicornien. — (Planta, 29. Bd., 3, 361—375.)

Köver F. J., 1930. — Geographie des Hanság. — (Föld és Ember, X, 1—47 und 91—139. Ung.)

Kol E., 1931. — Gelbe Wasserblüte auf einem Natronteiche. — (MBKI., IV, 271—278, Tihany.)

— — und Györffy St., 1931. — Zur Hydrobiologie eines Natronsees bei Szeged in Ungarn. — (Verh. Int. Ver. f. Limnologie, 5.)

Kolkwitz Richard, 1917, 1919 a, 1919 b. — Über die Standorte der Salzpflanzen: I. — (BDBZ., 35, 518—526.) II. *Plantago maritima* (BDBZ., 36, 636—645.) III. *Triglochin maritimum* (BDBZ., 37, 343—347.) IV. *Erythraea linariifolia* (BDBZ., 37, 420—426.)

— — 1922. — Salzpflanzenstellen im Saale- und Elbegebiet. — (Verh. Bot. Ver. Prov. Brandenbg., 64, 185—186.)

Koppe Fritz, 1925. — Vegetationsverhältnisse und Flora der Oldesloer Salzstellen. — (Mitt. Geogr. Ges. u. Naturhist. Museum Lübeck, 2. R., H. 30.)

Kornaś J. und Medwecka-Kornaś A., 1949. — Les associations végétales sous-marines dans le golfe du Gdańsk (Baltique Polonaise). — (Bull. de l'Acad. Polon. des Sc. et des Lettres, Cl. Sc. Math. et Nat., Sér. B, 1, 71—88.)

Kornhuber A., 1854. — Umbelliferen des Vegetationsgebietes von Presburg. — (IV. Programm der Presburger Realschule, Presburg.)

— — 1855. — Übersicht der phanerogamen Flora in der Presburger Flora. — (Ebenda, V. Programm.)

— — (1885) 1886. — Botanische Ausflüge in die Sumpfniederung des „Wasen" (mag. Hanság). — (VZBG., XXXV, 619—656.)

Kotov M. J., 1927. — Botanical and geographic investigations of the steppes of the Black Sea regions. — (Biol. Abstracts, 3, 1—3, 525.)

Krajina Vladimír, 1938. — Halofyty na území býo. ČSR. — (Věda přír.)

Kreybig L. und Endrédy E., 1943. — Über die Abhängigkeit des Vorkommens von Alkaliboden im oberen Tiszagebiete Ungarns von der absoluten Höhenlage. — Budapest.

Krist Vlad., 1935. — Příspěvek k halofytní květeně jižního Slovenska. — Beitrag zur halophyten Pflanzenwelt der Süd-Slowakei. — (Věda přírodny, XVI. — Naturwissenschaft, XVI.)

— — 1936 a. — Chraňme ostrůvky slanobytné květeny na jižním Slovensku. — Schützen wir die Inseln der Salzpflanzenwelt in der Süd-Slowakei. — (Krása našeho domova, XXVIII. — Die Schönheit unserer Heimat, XXVIII.)

— — 1936 b, 1937 a. — Príspěvek k poznaní květeny československe I, II. — Ad floram čechoslovenicam additamentum I, II. — (Přírodovědeckou facultus Masarykovy University. — Publ. de la Fac. des Sciences de l'Univ. Masaryk, 222 und 238. Brünn.)

— — 1937 b. — Nová stanoviště halofytní květeny na jižním Slovensku. — Neue Standorte halophyter Vegetation in der Süd-Slowakei. — (Příroda, XXX. — Natur, XXX.)

— — 1937 c. — Halofytní vegetace a její rozšířem v Československu. — (Sb. IV sjezdu čes. geografu. Olmütz.)

— — 1937 d, 1939. — Floristické poznámky z jižního a jihozápadního Slovenska I—III. — Floristische Aufzeichnungen aus der südlichen und südwestlichen Slowakei I—III. — (Sborník klubu přírodovědeckého v Brně za rok 1936, XIX. — Sammelschrift des naturwissenschaftlichen Klubs in Brünn für das Jahr 1936, XIX, Brünn.)

— — 1938. — Zajímavý výskyt halofytní květeny na západním Slovensku. — (Věda přír., 19.)

— — 1940. — Halofytní vegetace jihozápadniho Slovenska a severni části Malé uherské nížiny. — Die Halophytenvegetation der südwestlichen Slowakei und des Nordteils der kleinen ungarischen Tiefebene. — (Acta soc. scient. naturalium Moravicae, Tom. XII., fasc. 10.)

Krzisch Jos. Fr., 1859. — Der Tscheitscher See in Mähren. — (ÖBZ., IX, 252—253.)

Kühn St., 1930. — Eine neue kolorimetrische Schnellmethode zur Bestimmung des pH von Böden. — (Zeitschr. f. Pflanzenernährung, Teil A, 18.)

— — und Scherf E., 1927. — Über zwei neue Indikatorengemische, den Komplexindikator für pH 7·0—12·0 und den Neokomplexindikator für pH 4·0—10·0 und über die Feldmethoden zur Bestimmung des pH von Böden. — (Proc. and Papers of the I. Intern. Congr. of Soil Sc., Washington, 2, 1—21.)

Kultiassoff M. W., 1925. — Materialien zur Erforschung der Verdunstung und des Wurzelsystems der Genossenschaft von Frühlingsephemeren. — (Bull. d. Mittelasiat. Univ.)

— — 1926. — Étude de la végétation du rayon de Tchar-Dara. — (Bull. de l'Inst. de Pédologie et de Géobot. de l'Univ. de l'Asie Centrale, 2.)

Kupffer K. R., 1925. — Grundzüge der Pflanzengeographie des ostbaltischen Gebietes. — Riga.

Kurelec V., 1932. — A Beckmannia-széna osszetétele és táplátó értéke. — (Mezögazdasági Közlöny.)

Kyntera V., 1937. — Sôlné pôdy, ich vlastnosti a zlepšovanie so zvlaštnym zretelóm na sôné pôdy na Slovensku. — Salzböden, ihre Eigenschaften und Verbesserungen unter besonderer Berücksichtigung der Salzböden in der Slowakei. — (Sbornik výzkumných ústavú zemědělských ČSR. — Recueil des travaux des Instituts des recherches agronomiques de la Rép. Tchéchoslovaque, Vol. 157, Prag.)

László G. von, 1906. — Über das Gebiet zwischen dem Parndorfer Plateau und dem Hanságmoore. Bericht über die agrogeologische Detailaufnahme im Jahre 1904. — (Jahresber. kgl. ung. Geol. Landesanst. für 1904, Budapest 1906, ung. 1905, 321—325.)

Laus Heinrich, 1907. — Die Halophytenvegetation des südlichen Mährens und ihre Beziehung zur Flora der Nachbargebiete. — (Mitt. d. Komm. z. natwiss. Durchforsch. Mährens, Bot. Abt., 3, 1—67. Brünn.)

— — 1939/40. — Einige botanische Naturdenkmale in Mähren. — (Natur und Heimat, N. F., 1, 20—24.)

Lauterbach L., 1920. — Die Salzflora von Nauheim und Wisselsheim. — (Natur und Volk, 50, 143—152.)

Lavrenko E. M., 1931. — General characteristics of the Ukrainian vegetation.

— — und Dessjatowa-Schostenko N., 1928. — Die Vegetation der versalzten Böden der Jagorlitzky-Halbinsel. — Kiew.

Legler Fritz, 1941. — Zur Ökologie der Diatomeen burgenländischer Natrontümpel. — (Sitz.-Ber. d. Akad. d. Wiss. in Wien, math.-natw. Klasse, Abt. I, 150. Bd., H. 1 und 2, Wien.)

Libbert Wilhelm, 1940 a. — Die Pflanzengesellschaften der Halbinsel Darß (Vorpommern). — (Fedde, Rep. sp. nov., Beih. 114.)

— — 1940 b. — Pflanzensoziologische Beobachtungen während einer Reise durch Schleswig-Holstein im Juli 1939. — (Fedde, Rep. sp. nov., Beih. 121, 92—130.)

Ludwig Wolfgang, 1950. — Der Queller *(Salicornia europaea)* in der Wetterau. — (Natur und Volk, 80, 5/6, 176—180.)

Lüdi Werner, 1932. — Die Methoden der Sukzessionsforschung in der Pflanzensoziologie. — (Handb. d. biol. Arb.-Meth., Abt. XI, Teil 5, H. 3.)

Lumnitzer Stephan, 1791. — Flora Posoniensis. — Lipsiae.

Lutze G., 1913. — Die Salzflorenstätten von Nordthüringen. — (Mitt. Thüring. Bot. Ver. N. S., XXX, 1—6.)

Mados L., 1942. — Szíkes talajaink és azok haszonsitása. — Unsere Alkaliböden und ihre Amelioration. — (Materialien des Ingenieurfortbildungskurses, gehalten a. d. Techn. Hochschule Budapest, XI.)

Magyar Pál, 1928. — Adatok a Hortobágy növény-szociológiai és geobotanikai viszonyaihoz. — Beiträge zu den pflanzensoziologischen und geobotanischen Verhältnissen der Hortobágy-Steppe. — (Erdészeti Kisérletek, XXX, 26—63, 210—215.)

— — 1929. — Versuche über Szíkaufforstung. — (Erd. Kisérl., XXXI, 24—62, 95—103.)

— — 1930. — Növényökologiai vizsgálatok szíkes talajon. — Pflanzenökologische Untersuchungen auf Szíkböden. — (Erd. Kis., XXXII, 75—118, 237—256.)

— — 1934. — Der Wasserhaushalt der Pflanzen auf Szíkböden. — (Erd. Lap., 32. Ung.)

— — 1936. — Die Aufforstung der Szíkböden in Ungarn. — (IX. Kongreß des internationalen Verbandes forstlicher Forschungsanstalten.)

Mansfeld R., 1938/40. — Zur Nomenklatur der Farn- und Blütenpflanzen Deutschlands. — (Fedde, Rep. Europ. et Mediterraneum, XLIV—XLIX, 9 Folgen.)

— — 1940. — Verzeichnis der Farn- und Blütenpflanzen des Deutschen Reiches. — (BDBG., 58 a.)

Massart J., 1916. — D'où vient la flore du littoral belge? — (Ann. de Géogr., Paris, XXV.)

Máthé Imre, 1932. — Beiträge zur Flora des Kom. Hajdu. — (Bot. Közl., XXIX, 87—88.)

— — 1933. — Die Vegetation des Ohat-Waldes. — (Bot. Közl., XXX, 163—184.)

— — 1936. — Növényszociológiai tanulmányok a körösvidéki liget- és szikeserdőkben. — Pflanzensoziologische Untersuchungen in den Wäldern des Körös-Gebietes. — (Tisia, Acta Geobot. Hung., I, 150—166.)

— — 1939. — Die Vegetation des Waldes „Cserje-erdö" Hencida (Kom. Bihar). — (Bot. Közl., XXXVI, 120—129.)

— — 1940 und 1941 a. — Florenelemente (Arealtypen) der Pflanzenwelt des historischen Ungarns I., II. — (Acta Geobot. Hung., III., 116—147 und IV/1, 85—108.)

— — 1941 b. — Magyarország flóra elemcsoportjainak életforma-összetétele. — Prozentuelle Verteilung der Lebensformen in den Gruppen der Florenelemente. — (Tisia, Arbeiten der III., math.-natw., Abt. der wissensch. S. Tisza-Gesellschaft in Debrecen, 39—43.)

Mazek-Fialla Karl, 1936 b. — Die tiergeographische Stellung und die Biotope der Steppen am Neusiedler See in Bezug auf pannonische, mediterrane und halophile Tierformen. — (Arch. f. Naturg., N. F., 5, 4, 449—482.)

— — 1941. — Großdeutschlands Seesteppe. — Wien und Leipzig.

Meusel Hermann, 1943. — Vergleichende Arealkunde. — Berlin.

Moesz Gusztáv v., 1940. — Die Pflanzendecke der Alkalisteppen der Kiskunság und der Jászág. — (Acta Geobot. Hung., III, 100—115.)

Moser Ignaz, 1866. — Der abgetrocknete Boden des Neusiedler Sees. — (Jahrb. k. k. geol. Reichsanst., XVI, 338—344, Wien.)

Moss G. E., 1911. — Some species of *Salicornia*. — (Journ. of Botany, 49, 177—185.)

— — 1912. — The Genus *Salicornia* in Danmark. — (Journ. of Botany, 50, 94—95.)

Müller O., 1909. — Über die Entstehung der Salzflora des Mansfelder Seegebietes. — (Allg. bot. Zeitschr., XV., 49—51.)

Nagy F., 1909. — A Fertő geografiája. — Die Geographie des Neusiedler Sees. — (Programm des Laehne-Gymnasiums, Sopron, 1—81.)

Neilreich August, 1853. — Das Marchfeld. Eine botanische Skizze. — (VZBG., III, 395—400.)

— — 1870. — Die Veränderungen der Wiener Flora während der letzten zwanzig Jahre. — (VZBG., XX, 603—620.)

Neumayer Hans, (1923) 1924. — Floristisches aus den Nordostalpen und deren Vorlanden I. — (VZBG., LXXIII, [211]—[222].)

— — 1930. — Floristisches aus Österreich einschließlich einiger angrenzender Gebiete I. (Der ganzen Folge VI. Bericht.) — (VZBG., LXXIX, 386—411, Wien.)

Niemann Gustav, 1938. — Die Halophytenvegetation des Magdeburger Florenbezirkes. — (Abh. u. Ber. Mus. Natkde. Magdeburg, 6, 351—367.)

Nienburg W., 1927. — Zur Ökologie der Flora des Wattenmeeres. — (Wiss. Meeresunters., Abt. Kiel, 20.)

Niessl Gustav von, 1856. — Ausflug in die Gegend des Neusiedler Sees. — (ÖBZ., VI, 377—379, 386—387, 393—394, 402—403.)

Nitzschke Hans, 1922. — Die Halophyten im Marschgebiet der Jade. — (Vegetationsbilder, 14. R., H. 4.)

Novák F. A., 1921. — Pamatna lokalita *Triglochin maritimum* v Čechach. — (Věda přír., 2.)

— — 1929. — Zajímavý výskyt halofytních rostlin na travertinech u Sivé Brady u Spiš. Podhradí na Slovensku. — (Věda přír., 10.)

Novopokrovsky I. V., 1929. — Beiträge zur Kenntnis der Vegetation der Manytschsteppe des Salschen Bezirkes. — Rostow.

— — 1931. — Beiträge zur Kenntnis der Vegetation des Niederungsgebietes von Dagutan.

— — , Turkeyicz S. und Marakujev N., 1927. — Die Vegetation des Stavropolschen Gebietes. — (Arb. d. nordkaukasischen Assoziation der wiss. Forsch.-Institute, Är. 22. Rostow.)

Nyárády E. J., 1928. — Über zwei neue und seltene Gräser Rumäniens. — (Verh. d. siebenbg. Ver. f. Natwiss. zu Hermannstadt, LXXVIII, 144—152.)

Palla Eduard, 1900. — Die Gattungen der mitteleuropäischen Scirpoideen. — (Allg. Bot. Zeitschr., VI, 251.)

Palmgren Alvar, 1925. — Ny fyndort för *Suaeda maritima* (L.) Dum. — *Lepidium latifolium* L. ny för Åland. — (Fennica, 50, 1923/24. Helsingfors 1925.)

Pantocsek József, 1912. — A fertö tó kovamoszat viránya. — Bacillariae lacus Peisonis. — Pozsony.

Papp C., 1939. — Quelques mots sur la flore halophyte de la Moldavie. — (Comptes rendus des Sciences de l'Inst. de Scienc. de Roumanie, III.)

Paulsen Ove, 1912. — Studies on the vegetation of the Transcaspian Lowlands. — The second Danish Pamir Expedition. — Kopenhagen.

Pax Ferdinand, 1918. — Pflanzengeographie von Polen (Kongreßpolen). — (Veröff. d. landkdl. Komm. beim kais. deutsch. Gen.-Gouv. Warschau, Reihe A, Bd. 1.)

— — 1919. — Pflanzengeographie von Rumänien. — (Nova Acta, CV, Nr. 2, Halle.)

Penz Robert, 1932. — Das „Problem des Neusiedler Sees" in seiner Bedeutung für Naturkunde und Naturschutz. — (Bl. f. Natkde. u. Natsch., 19., 9, 129—138.)

— — 1933 b. — Der Salzgehalt des Neusiedler Sees. — (Bl. f. Natkde. u. Natsch., 20., 6, 80—83.)

Pénzes A., 1929. — Über die mamillösen Zellen der Gattung *Crypsis*. — (Bot. Közl., XXVI, 73—80.)

— — 1933 a. — Beiträge zur Adventivflora von Budapest, mit besonderer Berücksichtigung auf die Rolle der Donau. — (MBL., XXXII, 84—90.)

— — 1933 b. — Pflanzenökologische und teratologische Beobachtungen von dem Donau-Inundationsgebiet. — (MBL., XXXII, 91—95.)

Piech K., 1934. — *Bupleurum tenuissimum*, nowa dla flory polskiej roślina baldaszkowa. — *Bupleurum tenuissimum* L., neu für die Flora von Polen. — (Jahresber. d. physiographischen Komm. d. Poln. Akademie d. Wiss., Bd. LXVIII, 1933, Krakau 1934.)

Pill Karl, 1916. — Die Flora des Leithagebirges und am Neusiedler See. — (2. Aufl., Graz.)

Podpěra Josef, 1923. — Geobotanical analysis of the plantareals in the steppes adjacent to the Ural mountains. — (Publ. Fac. Sc. Univ. Masaryk, 27.)

Pokorny A., 1860. — Beitrag zur Flora des ungarischen Tieflandes. — (VZBG., X, 283—290.)

Polgár Sándor, 1937. — Ein interessanter Fall der Besiedlung eines Neulandes. — (Bot. Közl., XXXIV, 24—26.)

Pozděna L., 1932. — Beiträge zur Kenntnis der Salzböden, erklärt an einigen Profilen aus der Umgebung des Neusiedler Sees. — (Chemie der Erde, 7, 441—472.)

Preuss H., 1910 a. — Solstellen des nordostdeutschen Flachlandes und ihre Bedeutung für die Entwicklungsgeschichte unserer Halophyten-Flora. — (Schr. d. Phys. Ökonom. Ges., LI, Königsberg.)

— — 1910 b. — Die Vegetationsverhältnisse der westpreußischen Ostseeinseln. — (Jahrb. westpreuß. bot.-zool. Ver., 33.)

— — 1912. — Die Vegetationsverhältnisse der deutschen Ostseeküste. — (Schr. nat.-forsch. Ges. Danzig, N. F., 13, 2.)

Prinz Gy., 1935. — The Hungarian Flora and its Soil. — (Földr. Közl., 205.)

Prodán Juliu, 1914. — Bács-Bodrog-vármegye szíki növényei. — Die Halophytenflora des Komitates Bács-Bodrog. — (MBL., XIII, 96—138.)

— — 1922. — Oecologia plantelor halofile din România, comparate cu sele din Ungaria şi şesul Tisei din regatul S. H. S. — Die Ökologie der Halophyten Rumäniens in Vergleich mit denjenigen Ungarns und der Theißebene des Königreichs S. H. S. — (Bul. Grăd. Bot. Cluj, II, 1—17, 37—52, 69—84, 101—114.)

— — 1923. — Flora pentru determinarea şi descrierea plantelor ce cresc in România. — Bd. I und II, Cluj.

— — 1923 b. — Ameliorarea locurilor alcaline. — Die Amelioration alkalischer Böden. — (Bul. Grăd. Bot. Cluj, III, 36—48.)

— — 1931. — Flora Câmpiei ardelene. — Flora der Siebenbürger Campia. — (Bul. Acad. de Agricult. Nr. 2, Cluj.)

— — 1933. — Conspectul sociologic şi sistematic al florei acvatice şi palustre din România. — (Bul. Acad. Agron. Cluj, IV, 199—205.)

— — 1934/35. — Die *Iris*-Arten Rumäniens. — (Bul. Grăd. Bot. Cluj, XIV—XV.)

Raabe E. W., 1946. — Über die Pflanzengesellschaften des Grünlandes in Schleswig Holstein. — (Dissertation Kiel.)

Ramann E., 1918. — Bodenbildung und Bodeneinteilung. — (System der Böden.) — Berlin.

Rapaics Raymund von, 1904. — Az *Aster Pannonicus*-ról. — (Növénytani Közlemények, III., 169—173.)

— — 1915. — Az Alföldi flóra növényföldrajzi problémaja. — Das pflanzengeographische Problem des ungarischen Tieflandes. — (Urania, XVI, Nr. 12, Budapest.)

Rapaics Raymund von, 1916. — Die Pflanzengeographie der Hortobágy. — A Hortobágy növényföldrajza. — (Gazdasági Lapok, 88—89, 102—103, 115—116, 124—126. Ung.)

— — 1918. — Az Alföld növényföldrajza jelleme. — Der geobotanische Charakter des Alföld. — (Erd.
Kis., 1—164. Ung.)

— — 1922. — Über Sukzessionen. — (Bot. Közl., XX, 1—18, [1]—[2].)

— — 1926. — Das englische Raygras auf den Szíkböden des ungarischen Tieflandes. — (MBL., 137.)

— — 1927 a. — Die Pflanzengesellschaften der Salz- und Szíkböden von Szeged und Csongrád. — (Bot.
Közl., XXIV, 12—29, [4]—[5].)

— — 1927 b. — Die Pflanzengesellschaften der Szíkböden der mittleren Theißgegend. — (Debreceni
Szemle, 194.)

— — 1927 c. — The indicating native vegetation of the "Szík"-Soils in Hungary. — (In: Peter Treitz,
Preliminary report on the Alkaliland Investigations in the Hungarian Great-Plain in the year 1926. —
Publ. of the Roy. Hung. Geol. Survey, 16—28, Budapest.)

— — 1927 d. — La carte biogéographique de la Hongrie Mutelée. — Biogeographische Karte Rumpf-
ungarns. — (Föld és Ember. Ung.)

— — 1927 e. — A szíki növényszövetkezetek tavaszi aspektuosa. — Frühlingsaspekte der Pflanzenasso-
ziationen unserer Szíkböden. — (Bot. Közl., XXIV, 151—152, [40].)

Ratzeburg, 1859. — Die Vegetation der Küste in ihren ursächlichen Momenten geprüft, mit der des
Binnenlandes verglichen. — (Verh. d. Bot. Ver. d. Prov. Brandenburg I., 53—67. Berlin.)

Raunkiaer C., 1934. — The Life Forms of Plants and statistical plant geography. — Oxford.

Rechinger Karl, (1913) 1914. — Standorte seltener Pflanzen aus Niederösterreich. — (Allg. Bot. Zeit.,
19, 113—115, 129—132, 150—153, 167—168.

— — 1925. — Floristische Beiträge. — (ÖBZ., LXXIV, 4—6, 131—139.)

Rechinger Karl Heinz fil., 1933. — Floristisches aus der Umgebung des Neusiedler Sees. — (Jahrb. d.
heil- u. natwiss. Ver. in Bratislava f. d. Jahr 1933.)

Reinhardt Ludwig J., 1939. — Geographische Voraussetzungen einer Ausgestaltung des Neusiedler
Sees. — (Mitt. d. geogr. Ges., Wien, 82, 324—343.)

Repp Gertrud, 1939. — Ökologische Untersuchungen im Halophytengebiet am Neusiedler See. — (Jahrb.
f. wiss. Bot., LXXXVIII, 4, 554—632.)

Repp-Nowosad Gertrud, 1942. — Der Reisbau in der ungarischen Alkalisteppe. — (Forschungsdienst,
Org. d. deutsch. Landwirtschaftswiss., 13, 6, 430—436.)

Reuß A., 1863. — Die Flora der Salzstellen insbesondere Böhmens. — (Lotos, 13, Prag.)

— — 1873. — Beiträge zur Flora von Nieder-Österreich. — (VZBG., 23, 41—48.)

Roll Hartwig, 1942. — Zonation und Sukzession. — (Biol. Gen., XVI, 1—3.)

Roth E. C. F., 1884. — Über die Pflanzen, welche den atlantischen Ozean auf der Westküste Europas
begleiten. — (Verh. bot. Ver. Brand., XXV, 132—181.)

Roth-Fuchs Gabriele, 1929. — Beiträge zum Problem „Der Neusiedler See". — (Mitt. d. geogr. Ges.
Wien, LXXII, 1—4, 47—65.)

— — 1933. — Beobachtungen über Wasserschwankungen am Neusiedler See. — (Mitt. d. geogr. Ges.
Wien, LXXVI, 195—205.)

Rübel Eduard, 1914. — Die Kalmückensteppe bei Sarepta. — (Englers Bot. Jahrb., Bd. 55, Supl.-Bd.:
Festschr. f. A. Engler, 238—248.)

Rungaldier R., 1928. — Die Pußta Hortobágy und die Frage der Pußtenbildung in Ungarn. — (Geogr.
Zeitschr.)

Russel E. John, 1936. — Boden und Pflanze. — (2. Aufl., Dresden und Leipzig.)

Safta J., 1943. — Cercetări geobotanice asupra pășunilor din Transsilvanica. — (Contr. Bot. din Cluj-
Timișoara, 13.)

Sagorski Ernst, 1907. — Über *Artemisia salina* Willd. erweitert. (Syn. *A. Seriphium* Wallr.) — (ÖBZ.,
LVII, 14—18.)

— — 1908. — Die Formen der *Artemisia salina* Willd. im Solgraben bei Artern nebst einigen ungarischen
Formen. — (Mitt. d. Thür. Bot. Ver., 23, 61—90.)

Samuelsson Gunnar, 1932. — Die Arten der Gattung *Alisma* L. — (Arkiv för Botanik, Bd. 24 A, Nr. 7.
Stockholm.)

Săvulescu Tr., 1927. — Die Vegetation von Bessarabien mit besonderer Berücksichtigung der Steppe. —
Bukarest.

— — 1937. — Ein halo-glykophytischer Komplex in Slănic (Moldau). — (Bull. de la Sect. Scient. acad.
Rom., Tom. XVIII, Nr. 10, Bukarest.)

Scharfetter Rudolf. — Die Pflanzenwelt der Umgebung von Bad Gleichenberg. — („Bad Gleichenberg",
Nr. 7.)

— — 1928. — Die kartographische Darstellung der Pflanzengesellschaften. — (Abderhalden, Handb. d.
biol. Arbeitsmeth., Abt. XI, T. 4.)

Schedae ad Floram exsiccatam Austro-Hungaricam, 1881—1913. — Herausgegeben vom Botanischen Institut der Univ. Wien, begründet von Anton Kerner, Wien.

Schedae ad Floram exsiccatam Reipublicae Bohemicae-Slovenicae, 1925—1928. — Herausgegeben vom Botanischen Institut der Univ. Brünn.

Schedae ad Floram Hungaricam exsiccatam, 1912—1927. — Herausgegeben von der Botanischen Abteilung des ungarischen Nationalmuseums. Budapest.

Schedae ad „Floram Romaniae exsiccatam", 1921—1936. — Herausgegeben vom Botanischen Institut der Univ. Klausenburg.

Scheffer József, 1926. — Floristische Daten. — (MBL., XXV, 277—282.)

Scherf Emil, 1929. — Diskussionsbeitrag in der Sitzung der Alkali-Subkommission am 2. Juli 1929 in Budapest. — (Verh. d. II. Komm. u. der Alkali-Subkomm. d. intern. bodenkdl. Ges., Vol. B, 60. Budapest.)

— — 1930. — Über die Rivalität der boden- und luftklimatischen Faktoren bei der Bodentypenbildung. — (Ann. Inst. Regii Hung. Geologici, XXIX, Budapest.)

— — 1935. — Geologische und morphologische Verhältnisse des Pleistozäns und Holozäns der großen ungarischen Tiefebene und ihre Beziehungen zur Bodenbildung, insbesondere der Alkalibodenentstehung. — (Jahres-Ber. kgl. ung. Geol. Landesanst. üb. d. Jahre 1925—1928, 274—301, Budapest.)

Schiner Rudolf, 1852. — Über das neu aufgefundene *Crypsis schoenoides* und andere Pflanzen des Marchfeldes. — (VZBG., I, 57—59.)

Schmid Th., 1927. — Die Zukunft des Neusiedler Sees — Trockenlegung oder Höherstauung ? — (Die Wasserwirtsch., 20, 16/17.)

— — 1932. — Der Neusiedler See im Altertum und Mittelalter und das Rätsel des Lacus Peiso. — (Bgld. Heimatbl., 1, 4, 85—91.)

Schulz A., 1901. — Die Verbreitung der halophilen Phanerogamen in Mitteleuropa nördlich der Alpen. — (Forsch. z. deutsch. Landes- und Volkskde., herausgegeben v. Kirchoff, XIII, 4, Stuttgart.)

— — 1902. — Die Verbreitung der halophilen Phanerogamen im Saalebezirk und ihre Bedeutung für die Beurteilung der Dauer des ununterbrochenen Bestehens der Mansfelder Seen. — (Zeitschr. f. Natwiss., LXXIV, 431.)

— — 1903. — Die halophilen Phanerogamen Mitteldeutschlands. — (Zeitschr. f. Natwiss., LXXV, 257.)

— — 1910. — Das Klima Deutschlands während der seit dem Beginn der Entwicklung der gegenwärtigen phanerogamen Flora und Pflanzendecke Deutschlands verflossenen Zeit. — (Zeitschr. d. deutsch. Geol. Ges., 62, Berlin.)

— — 1918. — Über das Vorkommen von Halophyten in Mitteldeutschland auf kochsalzfreiem Boden. — (BDBG., 36, 410.)

— — und Koener O., 1912. — Die halophilen Phanerogamen des Kreidebeckens von Münster. — (Vierzigjahresber. Westfäl. Prov. Ver. f. Wissensch. u. Kunst, 165—192.)

Schur F., 1866. — Enumeratio plantarum Transsilvaniae.

Schuster Franz Josef, 1943. — Das Regulierungsproblem des Neusiedlersees. — (Dissert. Fak. f. Bauwesen a. d. Techn. Hochsch. München.)

Shostenko-Dessjatowa N. et Schalyt M., 1937. — Les materiaux a l'étude de la végétation des provinces d'Odessa et de Dniépropetrowsk. — (Trav. de l'Inst. Bot., Vol. 2, 67—116, Charkow.)

'Sigmond A. v., 1909. — Methoden der Untersuchung sodahältiger (Szík-) Böden im Felde. — (Compt. Rend. de la I. Conf. Intern. Agrogeol. Budapest, 247—256.)

— — 1924. — A hazai szikesek és megjavítási módjaik. — Die Alkaliböden Ungarns. — (Természettud. Közlöny. Ung.)

— — 1927 a. — Contribution to the theory of the origin of alkali soils. — (Beih. z. Bot. Centralbl., 9, 345.)

— — 1927 b. — Hungarian Alkali Soils and Methods of their Reclamation. — (California.)

— — 1929. — A szíkképződés törvényeiröl a javítás szempontjából. — Über die Gesetze der Szíkbildung (Alkaliböden) in Hinsicht der Bodenamelioration. — (Mezögazdasági Kutatások. — Landwirtschftl. Forschgn., II, 6, 272—293.)

— — 1930. — Salzböden. — (Handbuch der Bodenkunde III, 314—340. — Hier auch noch weitere bodenkundliche Schrifttumsangaben!)

— — und Arany, 1929. — Verh. Alkalisubkommission der Intern. Bodenkdl. Gesellschaft.

Slavnić Živko, 1939. — Pregled najvažnijih flornih elementa zaslanjenih tla Jugoslavije. — Übersicht der wichtigsten Florenelemente salziger Böden Jugoslawiens. — (Archiv des Landwirtschaftsministeriums.)

— — 1948. — Slatinska vegetacija Vojvodine. — Études phytosociologiques et économiques de la végétation halophytique de la Voivodina.

— — O mogućnosti kulture izvesnih biljnih vrsta na saltinama. — Über die Möglichkeit der Kultur gewisser Pflanzenarten auf Salzböden. — (Archiv für landwirtsch. Wissenschaft und Technik.)

— — 1950. — Etudes écologiques et cenologiques de quelques endemes pannoniques. — (Archives des sciences biologiques, II, 2, 134—145.)

Soó von Bere, Rezső, 1926. — Die Entstehung der ungarischen Pußta. — (Ung. Jahrb., 258—276.)

— — 1927 a. — Geobotanische Monographie von Kolozsvár (Klausenburg) I. — (Mitt. d. Komm. f. Heimatkde. d. wiss. Graf Stephan Tisza-Ges. in Debrecen, Bd. IV.)

— — 1927 b. — Zur Nomenklatur und Methodologie der Pflanzensoziologie. — (Forschgsarb. d. Mitgl. d. ung. Inst. u. d. Colleg. Hung. in Berlin, Gragger-Gedenkbuch, 234—252, Berlin.)

— — 1928 a—1932 a. — Beiträge zur Kenntnis der Flora und der Vegetation des Balatongebietes. — Nr. I in MBKI., II, 1928 a, 132—136. Nr. II in MBKI., III, 1930 b, 169—185. Nr. III in MBKI., IV, 1931 b, 293—319. Nr. IV in MBKI., V, 1932 a, 112—121.

— — 1928 b—1938 a. — Zur Systematik und Soziologie der Phanerogamen-Vegetation der ungarischen Binnengewässer. — Nr. I in MBKI., II, 1928 b, 45—79. Nr. II in MBKI., VII, 1934, 135—153. Nr. III in MBKI., VIII, 1935/36, 223—240. Nr. IV in MBKI., X, 1938 a, 174—194.

— — 1929. — Die Vegetation und die Entstehung der ungarischen Pußta. — (Journ. of Ecol., XVII, 2, 329—350. Ungarisch in Földrajzi Közl., 1931, 1.)

— — 1930 a. — Über Probleme, Richtungen und Literatur der modernen Geobotanik. Die Pflanzensoziologie in Ungarn. — (MBKI., 1, 1—51.)

— — 1933 a. — Vergleichende pflanzensoziologische Betrachtungen. — (Bot. Közl., 58.)

— — 1933 b. — Analyse der Flora des historischen Ungarns. Elemente, Endemismen, Relikte. — (MBKI., VI, 173—194.)

— — 1933 c. — Floren- und Vegetationskarte des historischen Ungarns. — (Veröff. Tisza Ges., Debrecen.)

— — 1933 d. — A Hortobágy Növénytakarója. — (A szíkespuszta növényszövetkezeteinek ökologiai és szociologiai jellemzése.) — (Debreceni Szemle, 1933. Deutsch 1936 b.)

— — 1935 a. — Die Pflanzengesellschaften des historischen Ungarns I. — (Math. Természettud. Ert., LIII, 1—58.)

— — 1935 b. — Die Ergebnisse der modernen geobotanischen Forschung in Ungarn. — (VI. Intern. Bot. Congr. Proceedings, II, 89—91.)

— — 1936 a. — Geschichte und Hauptergebnisse der modernen geobotanischen Forschung in Ungarn 1925—1935. — (Ber. d. Schweiz. Bot. Ges., Festband Rübel, Bd. 46.)

— — 1936 b. — Die Vegetation der Alkalisteppe Hortobágy. Ökologie und Soziologie der Pflanzengesellschaften. — (Fedde, Rep. regn. veg., XXXIX, 352—364. Ungarisch 1933 d.)

— — 1938 b. — Übersicht der höheren Wasserpflanzen des Balatongebietes und der Uferflora des Balatonsees. — (MBKI., X, 195—204.)

— — 1938 c. — Bemerkungen und Ergänzungen zu Glück: *Pteridophyta* und *Phanerogamae* in Pascher, Süßwasserflora Mitteleuropas. — (Fedde, Rep. regn. veg., XLIV, 273—285.)

— — 1938 d. — Die Arten und Formen der Gattung *Potamogeton* in der Flora des historischen Ungarns I. u. II. — (Fedde, Rep. regn. veg. XLV, 65—78, 244—256.)

— — 1938 e. — Sand- und Wasserpflanzengesellschaften des Sandgebietes Nyírség. — (Bot. Közl., XXXV, 249—273.)

— — 1939. — Sand- und Alkalisteppen-Assoziationen des Nyírség. — (Bot. Közl., XXXVI, 90—108.)

— — 1940 a. — Vergangenheit und Gegenwart der pannonischen Flora und Vegetation. — (Nova Acta Leop., N. F., 9, 56.)

— — 1940 b und 1941 c. — Változások a magyar flóra edényes növényeinek nomenklaturájában. — Zur Nomenklatur der Gefäßpflanzen der ungarischen Flora. — (Acta Geobot. Hung., Tom. III, 43—65.) Debrecen, und Tom. IV/1, 183—195, Kolozsvár.)

— — 1941 a. — A magyar (pannoniai) flóratartomány növényszövetkezeteinek áttekintése. — Übersicht der pannonischen Vegetationstypen. — (MBKI., 13, 498—511.)

— — 1941 b. — Grundzüge zur Pflanzengeographie Ungarns. — (Földrajzi Közlemények, Intern. Ausg., 2, 51—80.)

— — 1942. — Az Erdély Medence endemikus és reliktum növény fajai. — Die Endemismen und Reliktarten des siebenbürgischen Beckens. — (Acta Geob. Hung., V, 1, 141—184.)

— — 1945. — A kárpátmedence növényszövetkezetei rendszerének áttekintése. — Conspectus associationum plantarum regionis florae carpato-pannonicae. — (Soó, Növényföldrajz-Geobotanica, 185—196, Budapest.)

— — 1947 a. — Revue systématique des associations végétales des environs de Kolozsvár. — Conspectus associationum plantarum regionis vicinae Kolozsvár. — (Acta Geobot. Hung., VI, 3—50, Debrecen.)

— — 1947 b. — Conspectus des groupements végétaux dans les Bassins Carpathiques. I. Les associations halophiles. — (Inst. Bot. de l'Univ. Debrecen.)

— — 1949. — Sur les associations végétales de la Moyenne-Transsylvanie. II. Les associations des marais, des prairies et des steppes. — (Acta Geobot. Hung., VI/I, 2, 3—107.)

Spiessen Fr. v., 1900. — Die Wisselsheimer Salzwiesen in der Wetterau. — (Allg. Bot. Zeitschr., VI, 142.)

178   *G. Wendelberger,*

Steiner Maximilian, 1935. — Die Pflanzengesellschaften der Salzmarschen in den nordöstlichen Vereinigten Staaten von Nordamerika. — (Fedde, Rep. Beih., 81, 108—128.)

Stepan E., 1920. — Der Neusiedler See. — (Bgld.-Festschr. d. Zeitschr. Deutsches Vaterland, Wien, 28—37.)

Stocker Otto, 1924. — Ökologisch-pflanzengeographische Untersuchungen an Heide-, Moor- und Salzpflanzen. — (Naturwiss., 12, 84.)

— — 1924 und 1925. — Beiträge zum Halophytenproblem. I. und II. — (Zeitschr. f. Bot., 16, 289—330, 1924, und 17, 1—24, 1925.)

— — 1928. — Das Halophytenproblem. — (Erg. d. Biol. III., 265—363.)

— — 1929. — Ungarische Steppenprobleme. — (Die Naturwiss., 189—196, 208—213.)

— — 1930. — Über die Messung von Bodensaugkräften und ihr Verhältnis zu den Wurzelsaugkräften. — (Zeitschr. f. Bot., 23. Bd., 27—56.)

— — 1933 a. — Transpiration und Wasserhaushalt in verschiedenen Klimazonen II. Untersuchungen in der ungarischen Alkalisteppe. — (Jahrb. f. wiss. Bot., 751—856.)

— — 1933 b. — Salzpflanzen. — (Handwörterb. d. Naturwiss., VIII, 699—712.)

Stockmayer S., 1921. — Über unsere Vorbereitungen zur Erforschung des Neusiedler Sees und seines Gebietes. — (VZBG., LXXI, [112]—[116].)

Stummer A. und Oborny A., 1923. — Vgl. unter Himmelbauer.

Stundl K., 1938. — Limnologische Untersuchungen von Salzgewässern und Ziehbrunnen im Burgenland. — (Arch. f. Hydrobiol., 34, 81—104.)

— — 1949. — Wasser und Plankton der Zicklacken im Seewinkel am Ostufer des Neusiedlersees. — (Burgenld. Heimatbl., 11, 1, 1—12.)

Stur Dionys, 1856. — Verzeichnis der auf meinen Reisen durch Österreich, Ungarn, Salzburg usw. gesammelten Pflanzen. — (Sitz.-Ber. math.-natw. Kl. d. k. Ak. d. Wissensch., Wien, XX, 113—149.)

Swarowsky Anton, 1866. — Die Schwankungen des Neusiedler Sees. — (Ber. XII. Vereinsj. Ver. Geogr. Wien, Teil B, 15—17.)

— — 1920. — Die hydrographischen Verhältnisse des Burgenlandes. — (Bgld.-Festschr. d. Zeitschr. Deutsches Vaterland, Wien, 49—61.)

Szabó J. v., 1866. — Untersuchungen am Neusiedler See. — (Jahrb. k. k. geol. Reichsanst., XVI, 115, Wien.)

Szabó Zoltán, 1930. — Die chemischen Verhältnisse des Balatonwassers. — (MBKI., III, II. Abt., 488—500.)

Szádeszky-Kardoss E. v., 1938. — Geologie der rumpfungarländischen Kleinen Tiefebene mit Berücksichtigung der Donaugoldfrage. — (Mitt. d. berg- und hüttenmännischen Abt. an der kgl. ung. Palatin-Josef-Univ. f. techn. u. Wirtschaftswissensch., Sopron.)

Szatala Oe., 1925. — Eine neue Flechte der Natronböden des ungarischen Tieflandes. — (MBL., XXIV, 108.)

Szontagh Nicolaus de, 1864. — Enumeratio plantarum phanerogamicarum sponte crescentium copiosiusque cultarum territorii Soproniensis. — (VZBG., XIV, 463—502.)

Szontagh T. v., 1904. — Geologisches Studium des Fertö-Sees. — (Jahresber. kgl. ung. Geol. Landesanst. f. 1902, Budapest 1904, 206—211.)

Tarnavschi Jon T., 1930/31. — Contribuţiuni la cunoaşterea algelor din Bucovina, I. und II.

— — 1938. — Karyologische Untersuchungen an Halophyten aus Rumänien im Lichte zyto-ökologischer Forschung. — (Bul. Fac. Şt. Cernăuţi, XII, 68—106.)

Tatár Miklós, 1938/39. — Endemische Arten der pannonischen Florenprovinz. — (Acta Geobot. Hung. II, 1—66.)

Theisz L., 1893. — A magyar talaj gyepesitése. — (Köztelek.)

Thellung Albert, 1906. — Die Gattung *Lepidium* (L.) R. Br. — Eine monographische Studie. — (Mitt. aus dem bot. Mus. d. Univ. Zürich, XXVIII.)

Thienemann August, 1926. — Das Salzwasser von Oldesloe. — Lübeck.

Thirring Gustav, 1886. — A Fertö és vidéke. — (Földrajzi Közlem., XIV, 469—508. Ref.: Le lac Fertö et ses environs. Abrégé du Bull. de la Soc. Hongr. Geogr., XIV, 135—140.)

Tikos B., 1929. — Die Aufforstung der Szíkpußten der Hortobágy. — (Debreceni Szemle, 153—162.)

Tischler Georg, 1938. — Die Halligenflora der Nordsee im Lichte der zytologischen Forschung.

Tomaschek O., 1933., — Die Verbreitung der Salzpflanzen im Bezirke Znaim. — (Natur und Heimat, 4, 1.)

Ţopa Emilian, 1939 a. — Vegetaţia halofitelor din Nordul României. — (Bul. Fac. Şt. Cernăuţi, XIII, 1—80.)

— — 1939 b. — La végétation des halophytes du Nord de la Roumanie en connexion avec celle du reste du pays. — (Commun. SIGMA Nr. 70; Extr. de la Bul. Fac. Ştinţe din Cernăuţi, Bd. XIII, 58—80.)

— — 1939 c. — Flora halofitelor din Nordul României. (Numiri populare, distribuţie, origine şi vechime.) — Die Halophyten Nordrumäniens. (Volksnamen, Verbreitung, Herkunft und Alter.) — (Bul. Grăd. Bot. de la Univ. Cluj, XIX, 3—4, 127—142.)

Treitz Péter, 1908. — Die Alkaliböden des ungarischen Großen Alföld. — (Földtani Közlöny, XXXVIII.)

— — 1914. — La géographie des sols. — (Bull. soc. Hongroise de géographie, 41.)

— — 1921. — Über die Bewegung der Binnengewässer in der Umgebung von Szeged. — (Hidrologiai Közlöny — Zeitschr. f. Hydrol., I.)

Treitz Péter, 1924. — A sós és szíkes talajok természetrajza. — Naturgeschichte der Salz- und Szíkböden. — (Budapest; nur ung.)

— — 1925. — A szíkes talajok természetrajza. — Naturgeschichte der Szíkböden I. — (Ung.)

— — 1926. — Führer zur Informationsreise der III. Komm. der Intern. bodenkundlichen Gesellschaft. — (Publ. d. kgl. ung. geol. Anst.)

— — 1927. — Preliminary Report on the Alkali-Land Investigations in the Hungarian Great-Plain in the Year 1926. — (Publ. of the Roy. Hung. Geol. Survey, Budapest.)

— — 1931. — Die Binnengewässer zwischen Donau und Tisza und ihre Verwertung. — (Hidrologiai Közlöny — Zeitschr. f. Hydrologie, 8—11.)

— — 1933. — Ein Beispiel für moderne Bodenuntersuchung. Die Bodenkarte Ungarns. — (Ernährung der Pflanze, 29, 2, Berlin.)

Tüxen Reinhold, 1937. — Die Pflanzengesellschaften Nordwestdeutschlands. — (Mitt. d. Flor.-soziol. Arbgemeinsch. in Niedersachsen, 3, 1—170.)

— — 1940. — Niedersächsische Grünlandfragen in soziologischer und wirtschaftlicher Betrachtung. — (Aus d. Zentralst. f. Vegkart. d. Reiches Nr. 5, 17—26.)

— — und Ellenberg Heinz, 1937. — Der systematische und der ökologische Gruppenwert. — (Mitt. d. Flor.-soziol. Arbgemeinsch. in Niedersachsen, 3, 171—184.)

— — und Preising E., 1942. — Grundbegriffe und Methoden zum Studium der Wasser- und Sumpf-pflanzengesellschaften. — (Deutsche Wasserwirtschaft, 37, 1, 11—17, und 2, 57—69.)

Tuzson János von, 1911. — Magyarország Fejlödéstörténeti növényföldrajzának föbb vonásai. — Grund-züge der entwicklungsgeschichtlichen Pflanzengeographie Ungarns. — (Math. Term. Ért. — Math.-natwiss. Ber. aus Ungarn, XXIX, 4.)

— — 1915. — A Magyar Alföld növényföldrajzi tagolódása. — Die pflanzengeographische Gliederung des ungarischen Tieflandes. — (Math. Termész. Ért., XXXIII, 143—220. Ung.)

— — 1929. — Beitrag zur Kenntnis der Urvegetation des ungarischen Tieflandes. — (Math.-natwiss. Ber. aus Ungarn, 46.)

Ubrizsy M. G., 1946. — Unveröffentlichte Arbeiten. (Aus Soó 1947 b.)

Ujvárosi Miklós, 1937. — Hajdúnánás vegetációja és flórája. — (Acta Geobot. Hung., II, 169—214.)

Ulbrich E., 1916. — Die Flora der Salzstellen Deutschlands. — (Aus der Heimat, 20, 116—122.)

Vági I., 1934/35. — Gibt es in Ungarn eine tausendjährige Pußta... ? — (Erd. Lap. Ung.)

Varga Lájos, 1928. — Allgemeine limnologische Charakteristik des Fertő (Neusiedlersee). — (Intern. Rev. d. ges. Hydrobiol. u. Hydrogr., XIX, 289—294.)

— — 1930. — A fertői és hansági kirándulás. — Ausflug zum Fertő-See und in die Hanság. — (Kócsag, III, 61—64.)

— — 1931 a. — Adatok a Fertő tó fizikai és kémiai viszonyainak évi változásához. — Die physikalisch-chemischen Verhältnisse des Fertő (Neusiedlersees). — (Hidr. Közl. — Zeitschr. f. Hydrologie, 11, 21—42, 60—66.)

— — 1931 b. — A hinár (*Potamogeton pectinatus*) érdekes alakulatai a Fertőben. — Interessante Forma-tionen von *Potamogeton pectinatus* L. im Fertő (Neusiedlersee). — (MBKl., IV, 342—355.)

— — 1932. — Katastrophen in der Biozönose des Fertő (Neusiedlersee). — (Rev. d. ges. Hydrobiol. u. Hydrogr., XXVII, 1, 130—150.)

— — 1933. — Sonderbare Ringbildungen von *Potamogeton pectinatus* L. im Fertő (Neusiedlersee). — (Rev. d. ges. Hydrobiol. u. Hydrogr., XXVIII, 3—4, 285—294.)

Vetter Johann, 1908. — Beiträge zur Flora von Niederösterreich, Tirol u. Kärnten. — (VZBG., 59, [190]—[197].)

Vierhapper Fritz, 1929. — Ergänzungen zu Kerner, Pflanzenleben der Donauländer. Innsbruck. —

Vlieger J., 1937. — Aperçu sur les unités phytosociologiques supérieures de Pays-Bas. — (Ned. Kruidkundig Archief, T. 47, 335—353.)

Walter Heinrich, 1942. — Die Vegetation des europäischen Rußlands. — (Deutsche Forscherarbeit in Kolonie und Ausland, Berlin, H. 9.)

Wangerin Walther, 1932. — Florenelemente und Arealtypen. — (Beih. z. bot. Zentralbl., XLIX, Erg.-Bd. Drude-Festschrift, 515—566.)

Warming E. und Graebner P., 1931/32. — Lehrbuch der ökologischen Pflanzengeographie. — 4. Aufl., Berlin,

Wendelberger Gustav, 1943. — Die Salzpflanzengesellschaften des Neusiedler Sees. — (ÖBZ., 92, 3, 124—144.)

— — 1947. — Die Pflanzenwelt des Neusiedler Sees. — (Umwelt, 1, 6, 240—245.)

— — 1948 a. — Die Salzpflanzen des pannonischen Raumes. — (Arb. Bot. Stat. Hallstatt, Nr. 84, Rikli-Festschr., 6—13.)

— — 1948 b. — Zur Entstehung der ungarischen Pußta. — (Wetter u. Leben, Zeitschr. f. prakt. Klimatol., Wien, 1, 3, 69—71.)

— — 1948 c. — Die pflanzengeographische Stellung der Salzfluren des Neusiedler Sees. — (Natur und Land, 33/34, 10—12, 287—291.)

— — 1949 a. — Zur Verbreitung von Najas marina L. in Niederösterreich. — (Arb. Bot. Stat. Hallstatt, Nr. 86, Festschr. K. Ronniger.)

Wendelberger Gustav, 1949 b. — Das naturwissenschaftliche Schrifttum über das Gebiet des Neusiedler Sees. — (Burgenld. Heimatbl., 11, 3, 122—134.)

— — 1949 c. — Botanische Kostbarkeiten des Neusiedler Sees. — (Burgenld. Heimatbl., 11, 4, 183—188.)

— — 1950 a. — Die Salzpflanzen des Neusiedler Sees. — Ihre Standorte und ihre Verbreitung im nördlichen Burgenland und in Niederösterreich. — (Arb. a. d. Botan. Station in Hallstatt, Nr. 100, Festschr. „25 Jahre Botan. Stat. in Hallstatt", 1—28.)

— — 1950 b. — Wald und Steppe am Neusiedler See. Gedanken zu einer Wirtschaftsplanung am Neusiedler See. — (Burgenld. Heimatbl., 12, 1, 9—14.)

Wenzl Hans, 1934 a. — Bodenbakteriologische Untersuchungen auf pflanzensoziologischer Grundlage I. — (Beih. Bot. Centralbl., LII, Abt. A, 73—147.)

— — 1934 b. — Bodenbakteriologische Untersuchungen auf pflanzensoziologischer Grundlage II. *Acotobacter chroococcum* in den Kulturböden des Gebietes östlich vom Neusiedler See. — (Zentralbl. f. Bakt., 2. Abt., 80, 353—369.)

Westhoff Victor, 1947. — The Vegetation of Dunes and Salt Marches on the Dutch Islands of Terschelling, Vlieland and Texel. — (Doktordissertation, Vlg. van der Horst, s'Gravenhage.)

Westhoff V., Dijk J. W., Passchier H., 1942. — Overzicht der plantengemeenschappen in Nederland. — (s'Graveland.)

Westhoff Victor, Dijk J. W., Passchier H., Sissingh G., 1946. — Overzicht der plantengemeenschappen in Nederland. — (Bibl. van de Nederlandsche Nat.-hist. Vereenig. Nr. 7, Amsterdam.)

Wettstein Richard von, 1935. — Handbuch der systematischen Botanik. 4. Aufl., herausgegeben von Fritz von Wettstein.

Wierzbicki Peter, 1820. — Flora Mosoniensis. — (Manuskript im Bot. Inst. d. Univ. Wien und ein weiteres im Mus. nat. Hung. Folio 3025—3036.)

Wiesner Julius, 1854. — Exkursion in die Umgebung von Tscheitsch in Mähren. — (Öst. Bot. Wochenblatt, IV, 329—331.)

Wimmer Christian, 1935. — Botanischer Ausflug an den Neusiedler See. — (Heimat und Schule, III, Das Ostufer des Neusiedler Sees, 157—227.)

— — 1948. — Grassteppen, Steppenheiden und Wälder im Bereiche des Neusiedler Sees. — (Natur und Land, 33/34, 10—12, 291—294.)

Winkler P. A. E., 1923. — Die Zisterzienser am Neusiedler See und Geschichte dieses Sees. — Mödling b. Wien.

Winkler Moriz, 1866. — Reise nach dem südöstlichen Ungarn und Siebenbürgen. — (ÖBZ., XVI, 13—21, 44—51.)

Woenig Franz, 1899. — Die Pußtenflora der großen ungarischen Tiefebene. — Leipzig.

Wohlenberg Erich, 1931. — Die grüne Insel in der Eidermündung. — (Arch. d. Seewarte, 50, Nr. 2.)

— — 1933 a. — Über die tatsächliche Leistung von *Salicornia herbacea* L. im Haushalt der Watten. — (Wissensch. Meeresunters., N. F., Abt. Helgoland, 19, Art. 3.)

— — 1933 b. — Das Andelpolster und die Entstehung einer charakteristischen Abrasionsform im Wattenmeer. — (Wissensch. Meeresunters., N. F., Abt. Helgoland, 19, 4.)

— — 1938. — Biologische Kulturmaßnahmen mit dem Queller (*Salicornia herbacea* L.) zur Landgewinnung im Wattenmeer. — (Westküste 1, 2, 52—104.)

Wulff H. O., 1936. — Die Polysomatie der Chenopodieen. — (Planta, 26., 275—290, Berlin.)

— — 1937. — Karyologische Untersuchungen an der Halophytenflora Schleswig-Holsteins. — (Jb. Bot., 84, 812—840.)

Zellner J., 1926. — Zur Chemie der Halophyten. — (Sitz.-Ber. d. Ak. d. Wiss. 135, math.-nat. Kl., Abt. II b, 585—592.)

Ziegenspeck Hermann, 1942. — Zur Frage der lebensgeschichtlichen Entstehung der Sodaböden. — (Biol. Gener., XVI, 1—3, 225—262.)

Ziermann H. — Das Problem des Neusiedler Sees. — (Mitt. d. bgld. Heimat- u. Naturschutzvereines.)

Zimmermann F., 1922. — Über die Fauna der Halophytenstandorte Süd-Mährens. — (VZBG., 72, [15]—[18].)

Zolyomi Balint, 1931 a. — Adatok a Hanság flórájához. — Beiträge zur Flora des „Hanság". Vorläufige Mitteilung. — (Bot. Közl., XXVIII, 191—192.)

— — 1931 b. — A kultúra hatása a vegetációra a Hanság medencéjében. — Die Einflüsse der Kultur auf die Vegetation des Moorgebietes Hanság. — (Debreceni Tisza Tars. II. o. Munkei, 4, 120—128.)

— — 1932. — Adatok a Hanság flórájához II. — Beiträge zur Flora des Hanság. — (Bot. Közl., 29, 153—154.)

— — 1934. — A Hanság növényszövetkezetei. — Die Pflanzengesellschaften des Hanság. — (Vasi Szemle — Folia Sabariensia, I, 146—174.)

— — 1936. — Besprechung der Arbeit von Hugo Bojko: Die Vegetationsverhältnisse im Seewinkel II. — (Bot. Közl., 33, 1—6, 203—205.)

— — 1937. — Festuca pseudovina bei Artern. — (Verh. bot. Ver. d. Prov. Brandenburg, 149—150.)

— — 1946. — Természetes növénytakaró a tiszafüredi öntözörendszer területén. — (Öntözésügyi Közl., 62.)

IX. Tabellen.

Erklärung der Tafelbilder.

(Aufnahmen vom akademischen Maler Voigt † aus dem Institut für Waldbau I, Hann.-Münden.)

Tafel I, Fig. A: *Suaeda maritima* auf vegetationslosem Boden mit Sodaausblühungen: rechts und vorne *Lepidium cartilagineum*.

Tafel I, Fig. B: Keimlinge von *Suaeda maritima* auf ausgetrocknetem Zickboden einer kleinen Bodenmulde. Der Wuchs der Pflanzen ist infolge längerer Überschwemmung aufgerichtet und hochwüchsig. Weiter abgesetzt *Lepidium cartilagineum*.

Tafel II, Fig. A: Keimlinge von *Suaeda maritima*, die Umrisse ehemaliger Trockenrisse nachzeichnend.

Tafel II, Fig. B: *Lepidium cartilagineum*, Hügellandschaft am Unteren Stinker: auf den Hügeln und im Mittelgrund *Puccinellia salinaria*, dazwischen Sodaausblühungen des sandigen Bodens.

Tafel III, Fig. A: *Lepidium cartilagineum*, einzelne Hügel mit *Puccinellia salinaria* auf den Gipfeln.

Tafel III, Fig. B: *Lepidium cartilagineum*, kräftiger alter Stock in Vollblüte.

Fig. A

Fig. B

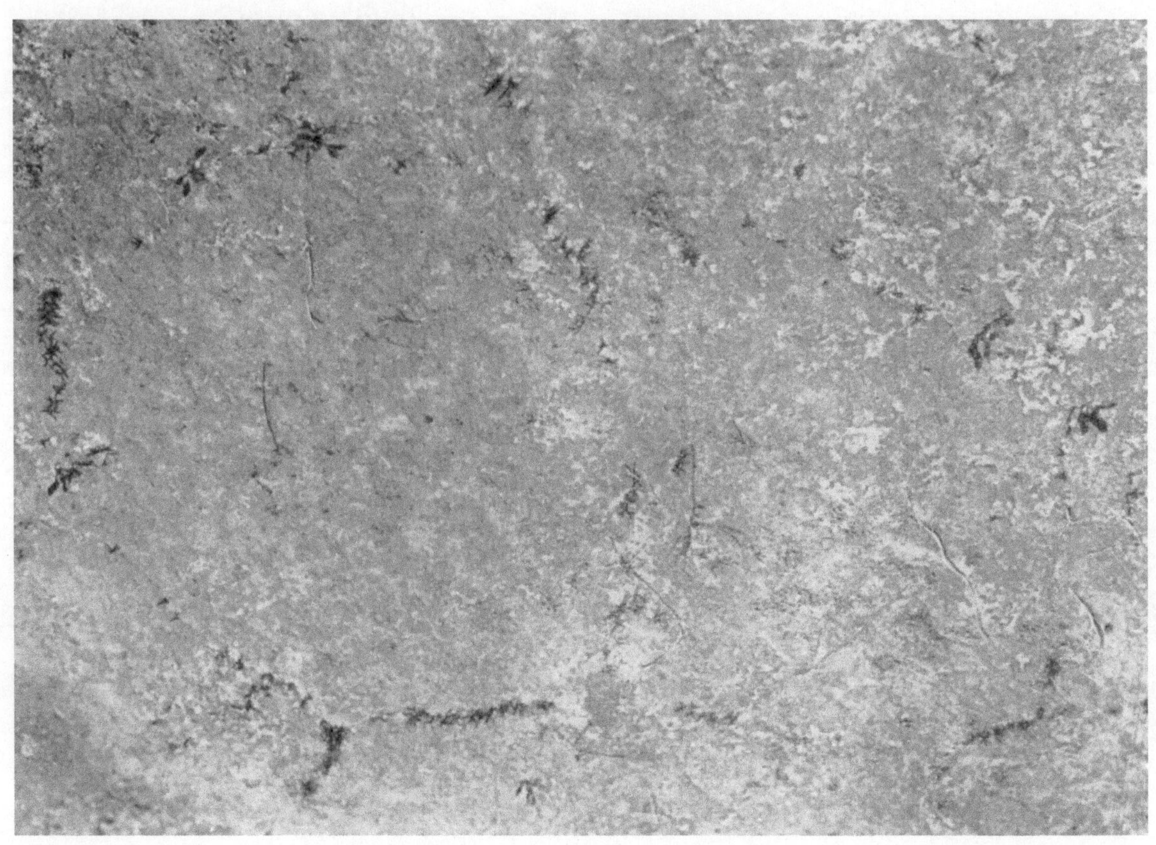

Fig. A

Fig. B

Fig. A

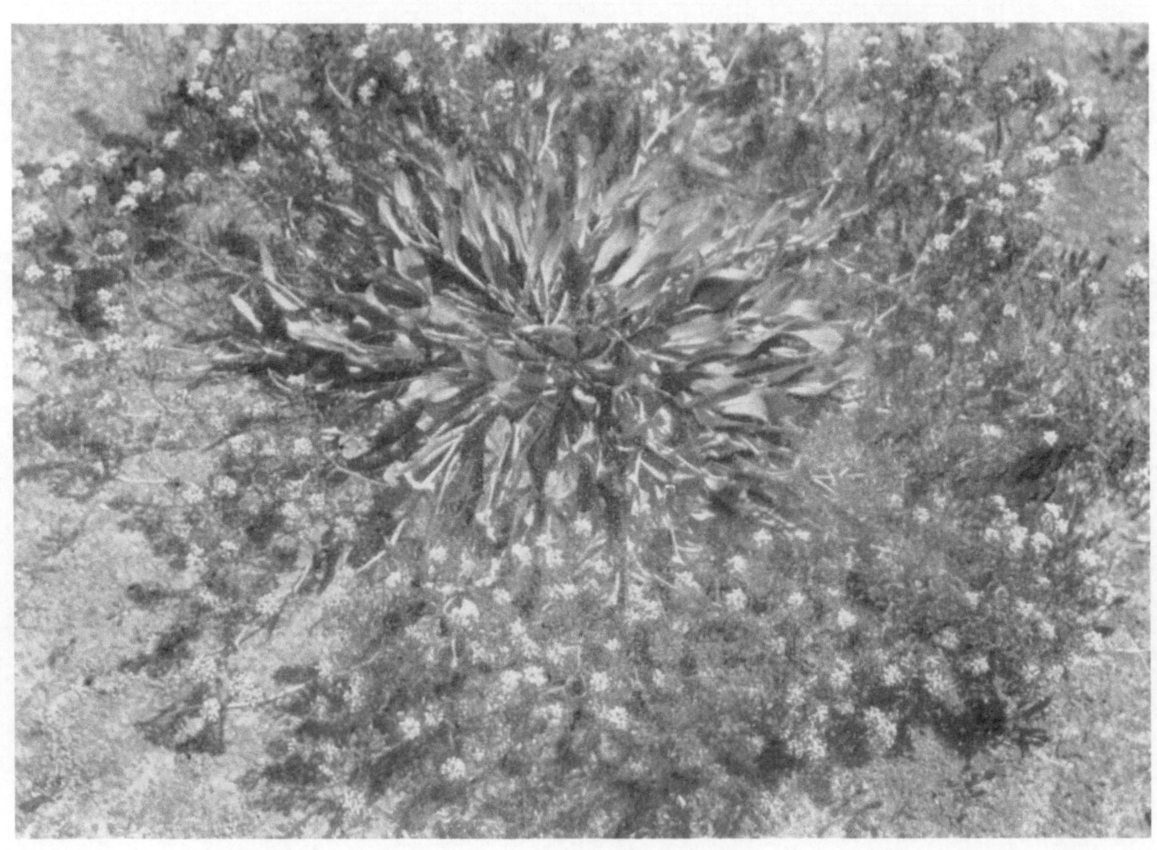

Fig. B

Additional material from *Zur Soziologie der kontinentalen Halophytenvegetation Mitteleuropas*,
ISBN 978-3-7091-3631-7 (978-3-7091-3631-7_OSFO1),
is available at http://extras.springer.com

Die Gürtelung an den Salzlachen des Neusiedler Sees.

I. Schema.

Additional material from *Zur Soziologie der kontinentalen Halophytenvegetation Mitteleuropas,*
ISBN 978-3-7091-3631-7 (978-3-7091-3631-7_OSFO2),
is available at http://extras.springer.com

Die Gürtelung an den Salzlachen des Neusiedler Sees.

II. Die Gürtelung im einzelnen.

Additional material from *Zur Soziologie der kontinentalen Halophytenvegetation Mitteleuropas*,
ISBN 978-3-7091-3631-7 (978-3-7091-3631-7_OSFO3),
is available at http://extras.springer.com

Additional material from *Zur Soziologie der kontinentalen Halophytenvegetation Mitteleuropas*,
ISBN 978-3-7091-3631-7 (978-3-7091-3631-7_OSFO4),
is available at http://extras.springer.com

Tabelle 1: *Crypsis aculeata-Chenopodium glaucum-Bestände.*

Laufende Nummer	1	2	3	4	5	6	7	8	9	10	11	12
Aufnahmefläche m^2	10	25	10	25	25	25	10	10	100	10	1	10
Deckung v. H.	50	15	30		40	35	20	30	45	40	45	25
T *Crypsis aculeata*	4·4	1·2	2·3	1·1	2·2	2·2	r	r	+	r	r	
G *Bolboschoenus maritimus*	2·2	1·1	2·2	2·1	+	2·1			+	+	+	
G *Phragmites communis* var. *Pokornyi*	1·1		(+)	1·2	1·2	1·1	2·2	2·2	1·1	1·1	+	+
T *Chenopodium glaucum*		+	1·1	1·1	2·1	1·2	1·1	1·1	1·1	+	1·1	2·2
H *Agrostis alba*					+·2	1·2	+·2	2·2	3·3			
T *Atriplex* sp.					1·1	+			+		+	
T *Suaeda maritima*				+	+	r			+	2·2	3·3	+
H *Puccinellia salinaria*					+			+·2	+·2	1·2	1·2	1·2
H *Spergularia marginata*					1·1					+		
G *Juncus Gerardi*										+·2		
H *Plantago maritima*												+·2
H *Aster * pannonicus*												+

1 = Westufer der Baderlacke, 18. September 1939. Von Viehtritten stark zerwühlt. — 2 = Oberer Schrändl, 16. September 1939. Wie Aufnahme Nr. 5; größere Bucht am Westufer. — 3 = Westufer der Baderlacke, 18. September 1939. Boden tonig-schlammig, unmittelbar an der Lache, Vegetation auf größeren Flächen homogen. — 4 = Lacke südlich des Oberen Schrändl, 16. September 1939. — 5 = Oberer Schrändl, Westufer, 16. September 1939. — 6 = Lache südlich des Oberen Schrändl, 16. September 1939. Kleine Bucht, etwa 10 *m* breit, von Viehtritten zerwühlt. — 7 = Oberer Schrändl, 16. September 1939. Schlickiger Sand. Vom Vieh zerwühlt. — 8 = Ebenda. — 9 = Ebenda. — 10 = Lache südlich des Oberen Schrändl, 16. September 1939. An einer flachen Böschung. — 11 = Ebenda. — 12 = An den Strohmieten westlich von Illmitz, auf einer breiten Wegfläche, die bereits längere Zeit unbenützt war, 17. September 1939.

Tabelle 2: *Cyperetum pannonici* (Soó 1933) Wendelberger 1943.

	Laufende Nummer	1	2	3	4	5
	Aufnahmefläche m^2	1	4	4	10	10
	Deckung v. H.	95	50	60	45	60
Ass.-Ch.:	T *Cyperus pannonicus*	5·5	3·3	3·3	3·3	4·4
Begl.:	H↓*Aster * pannonicus*	1·2	+	+	+·2	1·1
	T *Suaeda maritima*	+	1·1		1·1	1·2
	H↓*Puccinellia salinaria*			2·2	2·2	1·2
	T *Crypsis aculeata* (Verb.-Ch. ?)	1·1	1·2			
	G *Bolboschoenus maritimus*	+	+	(+)		
	G *Juncus Gerardi*			+		
	H *Agrostis alba*			(+)		

1 = Obere Halbjochlacke, 18. September 1939. — 2 = Ebenda. — 3 = Am Weg durch den Illmitzer Zicksee, 17. September 1939. Oberflächlich verschlickter Sand mit kleinen Steinchen; an der Böschung oberhalb der *Puccinellia*-Rasen. — 4 = Lange Lacke westlich von Illmitz, 17. September 1939. Auf reinem, etwas feuchtem Sand; im tiefsten Teil der Rinne mit *Cyperus pannonicus* bis zu 10 *cm* hoch. — 5 = Obere Halbjochlacke, 18. September 1939. Durchmesser der *Cyperus pannonicus*-Pflanzen 30 *cm*!

Tabelle 3: *Scirpetum maritimi* (Christiansen 1934) Tüxen 1937.

			1	2	3	4	5	6	7	8
		Laufende Nummer	1	2	3	4	5	6	7	8
		Aufnahmefläche m^2		8	16	50	16	16	16	100
		Deckung v. H.		100	100	90	100	100	100	100
		Artenzahl	6	9	8	7	6	9	7	7
Ass.-Ch.:	G	*Bolboschoenus maritimus*	5·3	5·5	5·4	5·5	2·2	+	+·2	1·1
	G	*Schoenoplectus Tabernaemontani*		1·1	1·2	1·1	4·4	5·5	2·2	
Verb.- u. Ordn.-Ch.:	G	*Phragmites communis*	5·3	+°				+	4·5	3·5
	—	*Drepanocladus aduncus* var. *Kneiffii*		+·2				5·5	5·5	5·5
Begl.:	H	*Agrostis alba* coll.	4·5	4·5	2·4	2·2	3·4	3·5	4·5	+·2
	G	*Scorzonera parviflora*		2·1	+		+	1·1	+	
	H	*Cirsium brachycephalum*				+	+			+
	G	*Heleocharis palustris*			+·3			+·2		
	G	*Juncus Gerardi*			+·2			+		
	H	*Aster * pannonicus*	+			+				
	G	*Beckmannia erucaeformis*	2·2							
	H	*Triglochin maritimum*		+						
	HH	*Utricularia vulgaris*		+				+	1·2	
	H	*Carex* sp.			2·2		2·2			
	H	*Carex muricata*			+·2					
	—	*Cladophora*-Watten		1—2						
	H	*Potentilla Anserina*								+
	H	*Plantago maior*	+							
	T	*Chenopodium glaucum*				+				
	T	*Chenopodium rubrum*								+
	T	*Atriplex* sp.				+				

1 = Ţopa (1939 a), Seite 32, Aufnahme Nr. 4 des *Agrostideto-Beckmannietum*: Movileni. — 2 = Einsetzlacke, 7. Juni 1939. Schmieriger, hellgrauer Zick. — 3 = Sumpf zwischen Apetlon und Pamhagen, 8. Juni 1939. — 4 = Haidlacke, Südostufer, 14. September 1939. Sand. — 5 = Sumpf zwischen Apetlon und Pamhagen, 8. Juni 1939. Vgl. Aufnahme Nr. 3. — 6 = Einsetzlacke, 7. Juni 1939. — 7 = Ebenda, etwa 4 *m* breiter Gürtel am Rande der Lache. — 8 = Haidlacke, 14. September 1939. In einer verlandenden Bucht der Lache, unter der Schicht von *Drepanocladus aduncus* var. *Kneiffii* ein dichtes, zähes, gegen 4 *cm* dickes Wurzelgeflecht.

Tabelle 6: *Pholiurus pannonicus-Plantago tenuiflora*-Ass. (Soó 1933) Wendelberger 1943.

		1	2	3	4	5	6	7	8	9	10	11
Laufende Nummer		1	2	3	4	5	6	7	8	9	10	11
Aufnahmefläche m^2					4	2	1·5	1·5	1·8	5	50	
Deckung v. H.					20	15	75	100	60	50	90	
Artenzahl		4	4	4	4	4	7	8	8	7	8	7
Ass.-Ch.:	T *Pholiurus pannonicus*	3·3	1·1	2·2	3·2	2·2	3·3	4·4	3·2	3·2	4·4	2·1
	T *Plantago tenuiflora*	1·1	+	+	1·1	1·1	1·3	1·1	1·1	1·1	2·3	3·4
	T *Polygonum aviculare* var. ?			+·2		+	r	1·1		+	+	
Verb.-Ch.:	H *Puccinellia limosa*	2·2	3·3	3·2	1·2	1·2	2·2	3·2	2·2	2·2	3·3	3·3
	T *Matricaria * Bayeri*	r	+									
	T *Cerastium anomalum*							+				
	Ch *Artemisia maritima*				+				+·2	+	+	1·2
	— *Nostoc commune*						+·2		+	+	+	
	H *Aster * pannonicus*						1·1	+			+	
	H *Plantago maritima*								+·2	+		
	H *Lepidium cartilagineum*								+·2			
	H *Limonium Gmelini*											+
	H *Arachnospermum canum*							r				
	T *Lepidium ruderale*								+			
	T *Gypsophila muralis*										+	
	T *Hordeum Hystrix*											+
	H *Agrostis alba*							+				
	G *Juncus Gerardi*									·		+
	G *Heleocharis palustris*						+·2					

1 = Hortobágy, 1. Juni 1939. — 2 = Ebenda. — 3 = Ebenda. — 4 = Zwischen Langer Lacke und der Straße von Apetlon nach Wallern, 24. Juni 1939. Schmale Abzugsgräben in der *Artemisia maritima*-Steppe. — 5 = Ebenda. — 6 = Südwestufer der östlichen Wörthenlacke, 24. Juni 1939. Gräben in den *Puccinellia limosa*-Beständen. — 7 = Zwischen Langer Lacke und östlicher Wörthenlacke, 24. Juni 1939. Nahe der Schilfhütte. — 8 = Zwischen Langer Lacke und der Straße von Apetlon nach Wallern, 24. Juni 1939. Gesellschaftsfragmente. — 9 = Ebenda. — 10 = Ebenda.

Tabelle 7: *Hordeetum Hystricis* (Felszeghy 1936) Wendelberger 1943.

	1	2	3	4	5
Laufende Nummer	1	2	3	4	5
Aufnahmefläche ... m^2	10	25	50	25	16
Deckung ... v. H.	95	70	95	95	100
Artenzahl	9	8	11	10	10
Ass.-Ch.: T *Hordeum Hystrix*	4·5	3·5	5·5	5·5	5·5
Verb.-Ch.: H *Puccinellia limosa*	3·2	4·3	3·3	3·2	2·1
Ch *Artemisia maritima*		+·2	1·2	+·2	2·2
H *Arachnospermum canum*	+	+	1·1		+
H *Aster * pannonicus*		1·1	2·2		
H *Agrostis alba*			1·2	(+)	+·2
G *Juncus Gerardi*			+·2	1·2	
H *Lotus * tenuifolius*			+	+	(+)
T *Matricaria * Bayeri*	+				
T *Atriplex litoralis*	+				
T *Cerastium anomalum*					(+)
H *Taraxacum officinale*	+	+	+	+	
H *Agropyron repens*	+	+	+		
T *Bromus mollis*	+·2				+
T *Lepidium ruderale*	+				
H *Lolium perenne*		+			
H *Achillea* sp.			+		
G *Phragmites communis*				1·1	1·1°
H *Centaurea jacea*				(+)	+·2
T *Odontites rubra*				+	

1 = Wegrand südlich Apetlon gegen die Apetlon-Pußta, 8. Juni 1939. Assoziationsfragmente am unbefahrenen Wegrand. — 2 = Zwischen Apetlon-Pußta und dem östlich davon gelegenen Gehöft, 8. Juni 1939. Boden vom Vieh zerstampft. — 3 = Ebenda. — 4 = Östlich der Apetlon-Pußta, 8. Juni 1939. — 5 = Südlich der Apetlon-Pußta, 8. Juni 1939. Stellenweise zerstampft. In den Aufnahmen 1—4 der Boden ein harter Zick.

Tabelle 9: *Juncus Gerardi-Scorzonera parviflora*-Ass. (Wenzl 1934) Wendelberger 1943.

		1	2	3	4	5	6	7	8	9	10	11	12	13	14
	Laufende Nummer	1	2	3	4	5	6	7	8	9	10	11	12	13	14
	Aufnahmefläche ... m²	16	16	100	12	100	16	100	4	16	100	100	12	100	100
	Deckung ... v. H.	100	100	85	100	100	95	100	100	100	100	80	95	100	100
	Vegetationshöhe ... cm	50	45	70	100	30	35	40	25	30	80	45	80	80	70
	Artenzahl	10	18	13	14	12	15	16	10	10	11	15	9	11	9
Ass.-Ch.:	G Juncus Gerardi	5·5	5·5	3·3	4·4	5·5	4·4	5·5	2·2		2·4	+	+	+	+·2
	G Scorzonera parviflora	1·1	+	2·3	1·1	1·2		2·1		1·1	+	1·1	+		
	H Triglochin maritimum	1·1	2·2	2·2	+	1·2	+	2·2		2·1			1·1		
	G Heleocharis palustris	(+)			2·2		1·2	1·2	5·5	5·5				(+·2)	(+·2)
Verb.-Ch.:	H Trifolium fragiferum	1·1	1·1		+	1·3		+	+·2			+	1·1	1·2	
Ordn.-Ch.:	H Agrostis alba	3·3	3·3	3·3	2·2	4·5	2·2	+	2·3		5·5	4·4	5·5	5·5	5·5
	H Lotus * tenuifolius					1·1		r			+	2·3		1·1	
Begl.:	H Taraxacum palustre		1·1	+		1·1		1·1		2·1		2·3	1·1		
	H Carex distans		+	1·2		+	+·2					+·2	+	1·2	
	H Potentilla Anserina				+	+·2	+	+	1·1	+		+	+		
	G Phragmites communis	+	+	1·1	+		+	+		+		+			
	H Cirsium brachycephalum		2·1				+	2·1			(+)			1·1	
	G Bolboschoenus maritimus			(+)	+						+			+	+
	G Schoenoplectus Tabernaemontani	(+)			1·1		1·1							r	
	— Drepanocladus aduncus var. Kneiffii	4·5	4·5		5·5	4·2	2·2	5·5	+·2	3·4					
	G Orchis palustris	+	1·1	+		+		1·1	1·1						
	H Juncus articulatus		1·1	+			+·2	1·2		+					
	H Ranunculus repens		2·1		+			2·2	1·1	2·1					
	H Carex Oederi s. lat.		1·1				3·3	+·2		1·1					
	H Carex sp.		+	+	+										
	H Carex muricata		+		+										
	H Triglochin palustre						+	+							
	H Puccinellia salinaria										+·2	+·2			+
	H Aster * pannonicus										+				+

In der Tabelle sind die folgenden Arten nicht enthalten: *Mentha aquatica* 3, 11, *Cladophora*-Watten 3, 14, *Agropyron intermedium* 10 (+·2), 13 (+·2), *Medicago lupulina* 2, *Bromus mollis* 2, *Ranunculus acer* 6, *Teucrium Scordium* 6, *Potentilla reptans* 8, *Carex hirta* 8 (1·2), *Rumex crispus* 10 (1·1), *Lepidium ruderale* 10, *Prunella vulgaris* 11, *Galium palustre* 11, *Taraxacum bessarabicum* 11 (+·2), *Epipactis palustris* 11, *Plantago maior* 12, *Ranunculus sardous* 13, *Chara* sp. 14, *Musci* 14 (4·2). 1 = Einsetzlacke, 7. Juni 1939. Unmittelbar an den Schilfgürtel anschließend. — 2 = Ebenda, zwischen dem *Magnocaricion* und dem Ufer. — 3 = Neusiedl am See, 25. Juni 1939. Zwischen dem Schilfgürtel und dem *Molinietum*. — 4 = Einsetzlacke, 7. Juni 1939. Fragmentarischer Gürtel von 1 m Breite. — 5 = Feldsee, in der Ecke gegen Apetlon, 18. Mai 1939.

Ausgedehnte Wiese oberhalb der *Puccinellia*-Wiese mit einer dichten Schichte von *Drepanocladus*. — 6 = Einsetzlacke, 10. Juni 1939. — 7 = Ebenda, 7. Juni 1939. Unmittelbar im Anschluß an den *magnocaricion*-Gürtel. — 8 = St. Andräer Zicksee, 9. Juni 1939. Feuchte Senke beim Strandbad, vom Vieh stark zertreten und aufgerissen, umgeben von der *Agrostis alba*-Fazies. — 9 = Einsetzlacke, 7. Juni 1939. — 10 = Südlich Apetlon, 8. Juni 1939. Hochwüchsige Wiese am Wege südlich des Ortes, *Plantago maior* mit 40 cm Höhe! — 11 = Neusiedl am See, zwischen Bahnschleife und Ort, 25. Juni 1939. — 12 = Mulde südlich des Feldsees, 22. Juni 1939. An einem Abzugsgraben. — 13 = St. Andräer Zicksee, an der Badeanstalt, 23. Juni 1939. — 14 = Illmitzer Zicksee, am Wegrande nahe dem Betonbrunnen, 24. Juni 1939.

Tabelle 10: Juncetum articulatae.

	1	2	3	4	5	6	7
Laufende Nummer	1	2	3	4	5	6	7
Aufnahmefläche m²	1	10	4	2	10	25	10
Deckung v. H.	85	80	75	100	100	100	100
H *Juncus articulatus*	1·2	2·2	4·4	5·5	3·3	3·3	3·3
H *Samolus Valerandi*					1·2	1·1	+
H *Agrostis alba*	1·2	3·3	+·2	3·3	3·4	4·4	2·3
H *Lotus * tenuifolius*	+	+	+	+	+	+	+
H *Triglochin maritimum*	(+·2)		2·2	1·2	+·2	+	
G *Phragmites communis*			1·2	1·1°	1·1	1·1	1·1
H *Cirsium brachycephalum*			+	+	1·1	1·1	1·2
— *Drepanocladus aduncus* var. *Kneiffii*				+·2	2·2	2·2	3·2
G *Scorzonera parviflora*				+·2	+		
G *Heleocharis palustris*				1·2			
H *Potentilla Anserina*	2·1	2·2	1·2	1·2	2·2	2·2	3·3
H *Plantago maior*	+	1·1			+	+	+
T *Centaurium uliginosum*				+	+	+	
T *Anagallis arvensis*					+	+	
H *Prunella vulgaris*					+		
T *Odontites rubra*						+	+
T *Bidens cernuus*						+	
T *Centaurium pulchellum*						+	
H *Centaurea jacea*				+	+	+	+
H *Inula britannica*				+			1·1
H *Tetragonolobus siliquosus*					+	1·1	
H *Potentilla reptans*						+	3·4
H *Daucus carota*						+	+
H *Pulicaria dysenterica*						+	
H *Leontodon* sp.							+
H *Ranunculus repens*		+					2·3
H *Taraxacum palustre*	+	1·1					
H *Triglochin palustre*	2·1						
H *Aster * pannonicus*	1·2			+	+	+·2	+
H *Plantago maritima*	2·2						
H *Puccinellia salinaria*	1·2						
H *Carex distans*	+·2			+·2			(+·2)
H *Trifolium fragiferum*		1·2					+
G *Schoenoplectus Tabernaemontani*	+·2°		1·2		+°	+°	
G *Bolboschoenus maritimus*	+°		+·2		+		
G *Cynodon dactylon*	3·3						
H *Carex Oederi* s. lat.				+			

1 = Lacke „8" nordöstlich Illmitz, Nordostufer, 15. September 1939. Schmaler Uferstreifen von etwa 60 *cm* Breite, sandiger Boden. — 2 = Baderlacke, Nordwestufer, 18. September 1939. Grejpen in einer Bucht der Lacke, gemäht! Vom Vieh sehr zerstampft. — 3 = Lacke „8" nordöstlich Illmitz, 15. September 1939. Innerer Gürtel am Westufer. — 4 = Ebenda. — 5 = Haidlacke, Nordostufer, 14. September 1939. Ein 1—2 *m* breiter Streifen am äußeren Rande des Schilfgürtels. — 6 = Ebenda, Ruderaler Einschlag. — 7 = Ebenda, flache Mulde.

Tabelle 12: *Artemisia maritima* in den Aufnahmen Altehages aus Mitteldeutschland (1939).

Laufende Nummer	1	2	3	4
Ass.-Ch. I: H *Puccinellia distans*	3·2	+	+	+·2
T *Obione pedunculata*	.	.	.	.
Diff. Sub. von *Salicornia*:				
H *Spergularia marginata*	+·2	+	+	
T *Salicornia europaea*	+			
Ass.-Ch. II: H *Triglochin maritimum*	(+)	+	+	+
G *Juncus Gerardi*		3·3	1·2	2·3
H *Plantago maritima*	1·2			+
H *Melilotus dentatus*			+	+
H *Agrostis alba*				+
H *Lotus * tenuifolius*				+
H *Glaux maritima*	(+)			
Diff.: Ch *Artemisia maritima*	2·1	4·5	5·5	4·4
Ordn.-Ch.: H *Aster Tripolium*	4·3		+	+·2
Begl.: T *Bromus racemosus*		+	1·2	+·2
— Moose		1·2	+·2	
H *Festuca rubra*			1·1	+·2
T *Bromus mollis*			+	+
H *Achillea millefolium*				+·2
T *Atriplex hastata* var. *oppositifolia*				+
H *Lolium perenne*				+
H *Cerastium triviale*				+
H *Poa trivialis*		+		
G *Phragmites communis*	(+)			
G *Agropyron repens*	(+)			

Ass.-Ch. I.: = Charakterarten der *Puccinellia distans-Obione pedunculata*-Ass.
Ass.-Ch. II: = Charakterarten der *Triglochin maritimum-Scorzonera parviflora*-Ass.

1 = Aufnahme Nr. 72 bei Altehage: Artern, 3 *m*², 100 v. H. — 2 = Aufnahme Nr. 98
bei Altehage: Artern, hochliegende Flächenstücke am Solgraben, 75 *m*², 100 v. H. — 3 = Aufnahme Nr. 16 bei Altehage: Artern. — 4 = Aufnahme Nr. 11 bei Altehage: Artern, 4 *m*², 100 v. H.

Tabelle 14: *Festuca pseudovina-Centaurea pannonica*-Ass. Klika 1937.

		1	2	3	4	5
Laufende Nummer		1	2	3	4	5
Aufnahmefläche m^2						
Deckung v. H.						
Artenzahl		6	10	7	1	9
Ass.-Ch.:	H *Festuca pseudovina*	5·5	5·5	4·4	2·2	3·3
	H *Centaurea pannonica*	1·1	+	+	+	1·1
Verb.-Ch. [1]):	H *Thesium linophyllon*		+		1·2	1·2
	H *Potentilla arenaria*				2·2	+·2
	H *Achillea pannonica*			+		
	H *Achillea collina*			+		
	H *Festuca valesiaca*			+		
	Ch *Thymus Marschallianus*					+·2
Ordn.-Ch. [2]):	H *Andropogon ischaemum*		2·2		2·1	+·2
	T *Euphorbia cyparissias*			1·1	1·1	1·1
	H *Aster linosyris*				3·2	1·2
	H *Hieracium pilosella*				3·3	+·2
	Ch *Linum tenuifolium*				+	+
	H *Plantago media*				+	+
	H *Galium verum*	+		+	+	
	H *Eryngium campestre*	+	+			
	T *Medicago minima*	+				
	H *Scabiosa ochroleuca*		+			2·2
	H *Ononis spinosa*				+	1·1
	Ch *Sedum boloniense*				+	
Begl.-Hal.:	H *Aster * pannonicus*	+·2		+	+	
	H *Plantago maritima*		+		+	1·1
	T *Bupleurum tenuissimum*	+	+			
	H *Agrostis alba*	+		+		
	H *Arachnospermum canum*	+				+
	Ch *Artemisia maritima*				+	
	T *Centaurium * uliginosum*					+
	T *Centaurium pulchellum*					+
Begl.:	G *Cynodon dactylon*	2·3	2·2	3·3	1·1	2·2
	H *Plantago lanceolota * dubia*	1·1		2·1		1·1
	H *Carduus acanthoides*	+	+	+		
	H *Achillea millefolium*	+	+			
	H *Inula britannica*	+		1·1		

[1]) Verb.-Ch. = Verbandscharakterarten des *Festucion valesiacae* bei Klika 1939 = Arten der Kontinentalen Verbandsgruppe und des *Astragalo-Stipion* bei Knapp 1942.

[2]) Ordn.-Ch. = Ordnungscharakterarten der *Brometalia* bei Klika 1939 = Arten der *Festucetea ovinae* und der *Brometalia* bei Knapp 1942.

In der Tabelle sind die folgenden Arten nicht enthalten: *Leontodon hispidus* 1, *Poa compressa* 1. (Aus Klika 1937.)